高等学校"十三五"规划教材

无机及分析化学

侯振雨　李　英　郝海玲　主编

化学工业出版社
·北京·

《无机及分析化学》共分为十二章，内容包括气体、溶液和胶体，化学反应基本原理，定量分析基础，酸碱平衡和酸碱滴定法，沉淀平衡和沉淀滴定法，氧化还原平衡和氧化还原滴定法，配位平衡和配位滴定法，分析化学中的分离和富集方法，吸光光度法，电势分析法，物质结构基础，生命元素简介。每章末均有思考题和习题，有利于学生更好地理解和掌握课程内容。文后有附录，便于学生在计算中查阅数据。根据本书每章后的网址和二维码，学生可以实现网上学习、检测及进一步扩展阅读，开拓视野。

《无机及分析化学》可作为化工类、材料类、生物类、食品类、环境类、农林类等专业本科生的教材，也可供相关人员参考。

图书在版编目（CIP）数据

无机及分析化学/侯振雨，李英，郝海玲主编 .—北京：化学工业出版社，2016.9（2024.8重印）
高等学校"十三五"规划教材
ISBN 978-7-122-27545-5

Ⅰ.①无… Ⅱ.①侯…②李…③郝… Ⅲ.①无机化学-高等学校-教材②分析化学-高等学校-教材 Ⅳ.①O61②O65

中国版本图书馆 CIP 数据核字（2016）第 153038 号

责任编辑：宋林青　　　　　　　　　　加工编辑：李　玥
责任校对：王素芹　　　　　　　　　　装帧设计：关　飞

出版发行：化学工业出版社（北京市东城区青年湖南街 13 号　邮政编码 100011）
印　　装：北京天宇星印刷厂
787mm×1092mm　1/16　印张 18　彩插 1　字数 451 千字　2024 年 8 月北京第 1 版第 7 次印刷

购书咨询：010-64518888（传真：010-64519686）　　售后服务：010-64518899
网　　址：http://www.cip.com.cn
凡购买本书，如有缺损质量问题，本社销售中心负责调换。

定　价：35.00 元　　　　　　　　　　　　　　　　　　版权所有　违者必究

《无机及分析化学》编写成员

主　　编：侯振雨　李　英　郝海玲

副 主 编：范文秀　侯玉霞　李芸玲　赵　宁

参编人员（以姓氏拼音为序）：

邓绍新　段凌瑶　高慧玲　龚文君

侯超逸　刘　露　娄慧慧　马晶晶

杨晓迅　张玉泉

前 言

"无机及分析化学"主要由高等院校化学课程中的"无机化学"及"分析化学"整合而成。经过近20年的教学实践,合并后的"无机及分析化学"课程已经得到了高等院校非化学专业的普遍认可,是理工类院校、农林类院校及高等职业技术院校等近化学专业的一门必修基础课。该课程设置的主要目的是为学生学好专业基础课、专业课奠定坚实的化学基础。

《无机及分析化学》是在河南科技学院编写的《基础化学》和《无机及分析化学》的基础上,在保证严格的科学性、相对系统性、鲜明的时代性的前提下,以管用、够用、实用为原则,根据大一新生的化学水平(参差不齐)、高等农林院校的专业特色、现代信息技术的发展趋势(如移动通信技术和信息交流平台)和高等教育改革的要求而编写的。该教材的主要特色表现在以下几个方面:

1. 主线突出。为了突出各章内容的内在联系,本教材以物质的化学反应为主线,将教材内容分为物质的分散系、物质的化学反应原理(化学反应的能量、方向、限度和速率)、物质的化学反应及应用(酸碱反应、沉淀反应、氧化还原反应、配位反应及在定量分析中的应用)、常用仪器分析方法及物质的结构和性质等模块,使无机化学和分析化学两门课程融合地更加紧密。常用仪器分析方法及物质的结构和性质模块放在教材的后面,教师可根据学科的专业特点和学时多少进行选择性教学。物质的结构内容也可以安排在第一章,使前四个模块更加紧密。但考虑到非化学专业的特点,本教材将物质的结构内容模块放到了最后,供不同专业和学时的学校进行选择。

2. 网络学习方便。目前,大学生获取信息和资源的平台逐渐从PC电脑转移到移动终端。如何充分利用移动手机的优势,让学生在碎片时间中学习化学,是当前化学教学改革的一项重要内容。考虑到移动互联网技术的发展趋势,我们将教材内容与网络资源内容进行了统筹安排,并建立了丰富的网络学习材料。如大部分章节设计了学习要求、基本知识框架图、自学课件、课本例题、补充例题、思考题、判断题、选择题、习题、电子讲义、课外阅读、微视频和在线测试等模块。课外阅读模块中安排了走进化学和化学拓展(教材上的个别内容安排到这里,实现了教材内容的精简)两部分内容,学生可根据爱好和兴趣选择学习,教师也可根据专业和学时的情况,将部分内容在课堂上选讲。为了实现教材与网络资源的融合,教材设计了网络资源的二维码登录方式,方便学生在碎片时间中学习。

3. 教材、教学方法和网络资源相互交融。教材内容的选择不仅要考虑学科和专业特点,而且要考虑教学方法和网络资源的统筹兼顾。教材内容与网络资源的有机融合需要通过合适的方式来实现。为实现这一目的,我们不仅在教材上设计了二维码登录方式,也设计了配套的模块化多功能"无机及分析化学"多媒体课件(获河南省教育厅教育信息技术一等奖)。该课件不仅将教材与网络资源内容有机地融合在一起,而且教师的教学水平也可得到较大的发挥。如教师可随心所欲地控制教学内容,与学生进行交互式探讨,也可根据学科、专业和学时情况,选择合适的内容进行讲授。该课件的最大特色是适合学生自学。课件中的习题、思考题、判断题和选择题都与教材内容做了对应链接,学生可以通过手机WPS软件进行浏览和选择学习内容，实现了学生的自主学习，充分体现了学生的学习主体地位，使课堂教学得到了更好的延伸。为了更好地利用网络资源，建议每位教师建立一个QQ群，将所有资源链接放入一个word文档，由手机通过这个文档可以很方便地登录任一模块，教师也可以在群中发布作业进行在线测试或进行相关问卷调查。

4. 教材的通用性强。目前，大学新生的化学水平参差不齐，不同学科和专业对化学基础知识要求不同，不同学校安排的教学课时也存在一定差异，给公共化学课程教学的组织增加了较大困难。因此适时地编写既能适用较多专业，又能满足各专业需求的《无机及分析化学》教材是当前高等农林院校教学改革的一个重要内容。

基于上述原因，将教材中的部分内容作为选学，用 * 表示。另外，在网络资源的阅读材料版块安排了走进化学和化学拓展内容，不同学校和专业可根据实际情况选择教学内容。配套的模块化多功能课件也极大地体现了教材的通用性特点。

本教材共分12章，具体编写任务是：绪论，侯振雨、郝海玲负责；第1章，赵宁、马晶晶负责；第2章，李芸玲、段凌瑶负责；第3章，侯超逸、龚文君负责；第4章，高慧玲、娄慧慧负责；第5章，刘露、李英负责；第6章，邓绍新、李芸玲负责；第7章，赵宁、高慧玲负责；第8章，娄慧慧、侯超逸负责；第9章，段凌瑶、杨晓迅负责；第10章，李英、刘露负责；第11章，侯玉霞、邓绍新负责；第12章，杨晓迅、郝海玲负责；附录，范文秀、张玉泉、郝海玲负责。本书主编为侯振雨、李英、郝海玲，副主编为范文秀、侯玉霞、李芸玲、赵宁等。全书由主编共同审阅和定稿。

本书在编写过程中，河南科技学院张裕平教授、陶建中教授、牛红英教授及河南师范大学化学化工学院院长张贵生教授对教材章节的安排、内容的取舍和网络资源内容的设置都提出了宝贵意见，河南科技学院教务处长郭运瑞教授、化学化工学院教材编写委员会及化学工业出版社对本教材的出版也给予了大力支持和帮助，在此致以衷心感谢。

本教材有配套课件，使用本书作教材的教师和同仁，可通过邮箱或QQ向我们索取。

基于教材、多功能课件和移动互联网资源的立体化建设理念编写的《无机及分析化学》教材是一种新的尝试，但由于编者水平所限，书中不妥之处在所难免，如有误漏请与我们联系（6639178@qq.com），殷切希望同行专家、同仁和读者批评指正。

编者

2016年5月

目　录

绪　论 ... 1

- 0.1 物质的组成及表示方法 ... 1
- 0.2 化学研究的对象及其作用 ... 2
- 0.3 无机及分析化学课程的性质和任务 ... 3
- 0.4 有效数字 ... 3
  - 0.4.1 有效数字及位数 ... 3
  - 0.4.2 有效数字的运算规则 ... 4
  - 0.4.3 有效数字的应用 ... 5
- 思考题 ... 5
- 习题 ... 6

第1章　气体、溶液和胶体 ... 8

- 1.1 气体 ... 8
  - 1.1.1 气体的性质 ... 8
  - 1.1.2 理想气体状态方程式 ... 8
  - 1.1.3 分压定律 ... 9
- 1.2 溶液 ... 10
  - 1.2.1 分散系 ... 10
  - 1.2.2 溶液组成的量度及配制 ... 11
- 1.3 稀溶液的依数性 ... 15
  - 1.3.1 电解质 ... 15
  - 1.3.2 非电解质稀溶液的依数性 ... 16
- 1.4 胶体 ... 22
  - 1.4.1 胶团结构 ... 22
  - 1.4.2 胶体的性质 ... 24
  - 1.4.3 溶胶的稳定性和聚沉 ... 26
  - *1.4.4 高分子溶液 ... 27
- *1.5 乳浊液与悬浮液 ... 28
- 思考题 ... 28
- 习题 ... 28

第 2 章 化学反应基本原理 31

2.1 化学反应的能量关系 31
2.1.1 能量守恒定律 31
2.1.2 化学反应热 35
2.1.3 化学反应焓变的计算 38

2.2 化学反应的方向 41
2.2.1 化学反应的自发性 41
2.2.2 化学反应的熵变 42
2.2.3 化学反应的方向 43

2.3 化学反应的限度——化学平衡 46
2.3.1 化学平衡 46
2.3.2 化学平衡常数及相关问题 47
*2.3.3 化学反应等温式 49
2.3.4 化学平衡的移动 50

2.4 化学反应速率 51
2.4.1 化学反应速率及其表示方法 51
2.4.2 浓度对化学反应速率的影响 53
2.4.3 温度对化学反应速率的影响 55
2.4.4 催化剂对化学反应速率的影响 56
2.4.5 化学反应速率理论简介 58

思考题 60
习题 61

第 3 章 定量分析基础 65

3.1 分析化学简介 65
3.1.1 分析方法的分类 65
3.1.2 定量分析的一般程序 67

3.2 定量分析的误差 68
3.2.1 误差的分类 68
3.2.2 准确度和精密度 69
3.2.3 提高分析结果准确度的方法 71
3.2.4 数据的记录与处理 73

3.3 滴定分析概述 75
3.3.1 滴定分析的方法及方式 75
3.3.2 标准溶液 76
3.3.3 滴定分析法的计算 78

思考题 80

习题 81

第 4 章 酸碱平衡和酸碱滴定法 84

4.1 酸碱理论 84
4.1.1 酸碱电离理论 85
4.1.2 酸碱质子理论 85
4.2 酸碱平衡的计算 86
4.2.1 水的离子积和 pH 86
4.2.2 酸（碱）的解离平衡 87
4.2.3 水溶液中酸碱平衡的 pH 计算 91
4.3 缓冲溶液 94
4.3.1 缓冲溶液的缓冲原理 95
4.3.2 缓冲溶液 pH 的计算 95
4.3.3 缓冲容量和缓冲范围 97
4.3.4 缓冲溶液的选择和配制 97
4.4 酸碱指示剂 99
4.4.1 酸碱指示剂的变色原理 99
4.4.2 指示剂的变色范围 100
4.5 酸碱滴定法及应用 101
4.5.1 酸碱滴定曲线和指示剂的选择 101
4.5.2 酸碱滴定法的应用 108
思考题 110
习题 111

第 5 章 沉淀平衡和沉淀滴定法 113

5.1 沉淀反应及沉淀溶解平衡 113
5.1.1 溶度积和溶度积规则 113
5.1.2 溶度积规则的应用 115
5.1.3 沉淀的转化 117
5.2 沉淀滴定法及应用 118
5.2.1 沉淀滴定法对沉淀反应的要求 118
5.2.2 沉淀滴定法 118
5.2.3 硝酸银和硫氰酸铵标准溶液的配制和标定 122
*5.3 重量分析法简介 122
5.3.1 重量分析的一般程序及特点 122
5.3.2 重量分析法对沉淀的要求 123
5.3.3 重量分析的计算 123
思考题 123

习题 124

第6章 氧化还原平衡和氧化还原滴定法 127

6.1 氧化还原反应的基本概念 127
6.1.1 氧化数 127
6.1.2 氧化还原反应 128
6.2 原电池及电极电势 130
6.2.1 原电池 130
6.2.2 电极电势 131
6.2.3 标准电极电势 131
6.3 能斯特方程式及影响电极电势的因素 133
6.3.1 能斯特方程式 133
6.3.2 影响电极电势的因素 134
6.4 电极电势的应用 136
6.4.1 计算原电池的电动势 136
6.4.2 判断氧化还原反应进行的方向 136
6.4.3 判断氧化还原反应进行的程度 137
6.4.4 测定溶度积常数和稳定常数 138
6.4.5 元素电势图及应用 138
6.5 氧化还原滴定法及应用 139
6.5.1 氧化还原滴定法的特点 139
6.5.2 条件电极电势及条件平衡常数 139
6.5.3 氧化还原滴定曲线 140
6.5.4 氧化还原滴定法的指示剂 143
6.5.5 常见的氧化还原滴定法 144

思考题 148
习题 148

第7章 配位平衡和配位滴定法 151

7.1 配位化合物的基本概念 151
7.1.1 配合物的定义 151
7.1.2 配合物的组成 151
7.1.3 配位化合物的命名 152
7.2 配位平衡和影响配合物稳定性的因素 153
7.2.1 配位反应及配位平衡 153
7.2.2 影响配合物稳定性的因素 155
7.3 配位滴定法及应用 157
7.3.1 EDTA及其螯合物的特点 157

7.3.2	影响金属 EDTA 配合物稳定性的因素	160
7.3.3	金属指示剂	163
7.3.4	配位滴定的基本原理	164
*7.3.5	提高配位滴定选择性的方法	168
7.3.6	配位滴定的方式和应用	171

思考题 173
习题 173

*第 8 章　分析化学中的分离和富集方法　　176

8.1　挥发和蒸馏分离法 176
8.2　沉淀分离法 177
  8.2.1　无机沉淀剂分离法 177
  8.2.2　有机沉淀剂分离法 178
  8.2.3　共沉淀分离和富集 178
8.3　萃取分离法 179
  8.3.1　萃取分离的基本原理 180
  8.3.2　重要的萃取体系 182
8.4　离子交换分离法 182
  8.4.1　离子交换剂的种类 183
  8.4.2　离子交换反应及影响因素 183
  8.4.3　离子交换分离操作技术 184
8.5　色谱分离法 184
  8.5.1　纸上萃取色谱分离法 185
  8.5.2　薄层萃取色谱分离法 186

思考题 186
习题 187

第 9 章　吸光光度法　　189

9.1　吸光光度法的基本原理 190
  9.1.1　物质的颜色和对光的选择性吸收 190
  9.1.2　光吸收定律 191
9.2　吸光光度分析的测定方法 194
  9.2.1　单一组分的测定 194
  *9.2.2　多组分的测定 196
9.3　紫外-可见分光光度计 197
  9.3.1　分光光度计的组成 197
  *9.3.2　紫外-可见分光光度计的类型 198
9.4　吸光光度法的测量条件 198

9.4.1 显色反应的要求及影响因素 ———————————————————— 198
9.4.2 分析条件的选择 ———————————————————————— 200
9.5 吸光光度法的应用 ———————————————————————————— 201
*9.5.1 铵的测定——奈氏试剂分光光度法 ———————————————— 201
9.5.2 磷的测定 ———————————————————————————— 202
9.5.3 铁的测定 ———————————————————————————— 202
*9.5.4 啤酒中双乙酰的测定 ———————————————————————— 202
*9.5.5 高含量组分的测定——示差法 —————————————————— 202
思考题 ———————————————————————————————————— 203
习题 ————————————————————————————————————— 203

第10章 电势分析法　　　　　　　　　　　　　　　　　　　　　　206

10.1 电势分析法的基本原理 —————————————————————————— 206
10.1.1 电势分析法的基本原理及分类 —————————————————— 206
10.1.2 参比电极 ———————————————————————————— 207
10.1.3 指示电极 ———————————————————————————— 208
10.2 离子选择性电极 ———————————————————————————— 209
10.2.1 离子选择性电极的分类 —————————————————————— 209
10.2.2 离子选择性电极的选择性 ————————————————————— 211
10.2.3 离子选择性电极的测定原理 ———————————————————— 212
10.2.4 离子选择性电极的定量方法 ———————————————————— 213
10.3 直接电势法测定溶液的 pH ———————————————————————— 215
10.3.1 电势法测定溶液 pH 的原理 ———————————————————— 215
10.3.2 溶液 pH 的测定 ————————————————————————— 215
10.4 电势滴定法 ——————————————————————————————— 217
10.4.1 电势滴定法测定原理与测定方法 ————————————————— 217
10.4.2 电势滴定终点的确定 ——————————————————————— 218
10.4.3 电势滴定分析的类型及其应用 —————————————————— 220
思考题 ———————————————————————————————————— 222
习题 ————————————————————————————————————— 222

第11章 物质结构基础　　　　　　　　　　　　　　　　　　　　　　224

11.1 原子结构基础 —————————————————————————————— 224
11.1.1 原子结构理论发展简史 —————————————————————— 224
11.1.2 原子核外电子的运动特征 ————————————————————— 226
11.1.3 原子核外电子运动状态的描述 —————————————————— 227
11.1.4 原子核外电子排布 ———————————————————————— 231
11.1.5 原子性质的周期性 ———————————————————————— 234

11.2 分子结构基础 237
 11.2.1 离子键及其特点 237
 11.2.2 共价键 237
 11.2.3 杂化轨道理论 240
 11.2.4 分子间力和氢键 242
11.3 配位化合物的化学键理论 244
 11.3.1 价键理论 244
 *11.3.2 配离子的形成 244
*11.4 晶体结构基础 247
 11.4.1 离子晶体 247
 11.4.2 原子晶体 248
 11.4.3 分子晶体 248
 11.4.4 金属晶体 249
思考题 250
习题 250

*第 12 章 生命元素简介 253

12.1 宏量元素 253
12.2 微量元素 256
12.3 有害元素 260
思考题 262
习题 263

附录 264

附录 Ⅰ 常见物质的 $\Delta_f H_m^\ominus$、$\Delta_f G_m^\ominus$ 和 $S_m^\ominus$（298.15K，100kPa） 264
附录 Ⅱ 弱酸、弱碱的解离平衡常数 $K^\ominus$ 267
附录 Ⅲ 常见难溶电解质的溶度积 $K_{sp}^\ominus$(298.15K) 268
附录 Ⅳ 常用的缓冲溶液 268
附录 Ⅴ 常见配离子的稳定常数 $K_f^\ominus$(298.15K) 269
附录 Ⅵ 标准电极电势（298.15K） 270
附录 Ⅶ 一些氧化还原电对的条件电极电势 φ'（298.15K） 271
附录 Ⅷ 一些化合物的相对分子质量 272

参考文献 274

绪 论

> **学习要求**
>
> 1. 了解与物质组成有关的概念：混合物、纯净物、分子、原子、元素、单质、化合物、化学式和分子式等；
> 2. 了解与物质变化有关的概念：化学键、物理变化、化学变化、化学反应的类型等；
> 3. 熟悉化学变化的特征，了解化学学科的分支及在工农业生产和科学研究中的作用；
> 4. 了解无机及分析化学课程的性质和任务；
> 5. 理解有效数字的概念，掌握有效数字位数的确定方法、运算规则和应用。

0.1 物质的组成及表示方法

自然界的物质多种多样，但总的来说可以分为两类，即混合物和纯净物。混合物是由两种或多种物质混合而成的，这些物质相互间没有发生反应，混合物里各物质都保持原来的性质。例如，空气是氧气、氮气、稀有气体、二氧化碳等多种成分组成的混合物，各种成分间没有发生化学反应，它们各自保持原来的性质。纯净物与混合物不同，它是由一种物质组成的。例如，氧气、氮气和氯酸钾等都是纯净物。研究任何一种物质的性质，都必须取用纯净物。

从微观角度看，物质则是由分子组成的，分子是保持物质化学性质的一种微粒。同种物质的分子，性质相同；不同种物质的分子，性质不同。分子虽很小，但其是由更小的原子所组成的。在化学反应中分子发生了变化，生成了新的分子，而原子仍然是原来的原子。因此，原子是化学变化中的最小微粒，即在化学反应中不能再分的微粒叫作原子。原子是由原子核和电子组成的，原子核是由质子和中子组成的。

从宏观上看，物质是由元素组成的。而元素是具有相同核电荷数（即核内质子数）的一类原子的总称，即质子数相同的原子为同一元素。由一种元素组成的纯净物称为单质，由两种或两种以上元素组成的纯净物称为化合物。

自然界的物质成千上万，如果用文字来表示它们的组成将十分麻烦。因此，人们首先确定了一套符号来表示各种元素，即元素符号，再由各元素符号的组合来表示各种物质，也就是用化学的语言来表示各种物质，如化学式、分子式、结构式或最简式等常用来表示物质的组成。

0.2 化学研究的对象及其作用

化学是在原子和分子水平上研究物质的组成、结构、性质、变化以及变化过程中的能量关系的学科。它所研究的物质不仅包括自然界已经存在的物质，也包括由人类创造的新物质。

单质的分子由相同的原子组成，化合物的分子则由不同的原子组成。原子既然可以结合成分子，原子之间必然存在着相互作用，这种相互作用不仅存在于直接相邻的原子之间，而且也存在于分子内的非直接相邻的原子之间。前一种相互作用比较强烈，破坏它要消耗比较大的能量，是使原子互相作用而联结成分子的主要因素。这种相邻的两个或多个原子之间强烈的相互作用，通常叫作化学键。

无论是单质还是化合物都不是静止不动的，而是处于不断的运动之中。这种运动不仅包含其内部原子、分子的运动，也包含其在外界条件的作用下，自身结构和性质的变化。按物质变化的特点可将变化分为两种类型：一类变化不产生新物质，仅是物质的状态发生改变，如水的结冰、碘的升华等，这类变化称为物理变化；另一类变化为化学变化，它使物质的组成和结合方式发生改变，导致与原物质性质完全不同的新物质的生成，如钢铁生锈、煤炭燃烧、食物腐败等。

化学研究的主要内容是物质的化学变化。其基本特征如下。

① 化学变化是物质内部结构发生质变的变化，化学变化的实质是旧的化学键断裂和新的化学键形成，产生新物质，涉及原子结构和分子结构等知识。

② 化学变化是定量的变化，即化学变化前后物质的总质量不变，服从质量守恒定律，参与化学反应的各种物质之间有确定的计量关系，为被测组分的定量分析奠定了基础。

③ 化学变化中伴随着能量的变化。在化学键重新组合的过程中，伴随着能量的吸收和放出，涉及化学热力学的基本理论。

化学反应的实质是旧的化学键断裂和新的化学键形成。因此，化学是在分子、原子或离子等层次上研究物质的组成、结构、性质及其变化规律和变化过程中的能量关系的一门科学。

化学按其研究对象和研究目的的不同，常分为无机化学、有机化学、分析化学、物理化学、结构化学等分支学科。随着科学技术的进步和生产力的发展，学科之间的相互渗透日益增强，化学已经渗透到农业、生物学、药学、环境科学、计算机科学、工程学、地质学、物理学、冶金学等很多领域，形成了许多应用化学的新分支和边缘学科，如农业化学、生物化学、医药化学、环境化学、地球化学、海洋化学、材料化学、计算化学、核化学、激光化学、高分子化学等。不难看出，化学在各学科的发展中处于中心的地位，化学学科的发展直接影响着上述学科的发展。因此，化学科学的发展，不仅与人类生存的衣、食、住、行有关，而且也和人类发展所遇到的能源、材料、信息、环保、医药卫生、资源合理利用、国防等密切相关。如性能优良的人造纤维和化学染料的使用，使人们的衣着五彩缤纷；各种化肥、农药、土壤改良剂、植物生长调节剂、饲料添加剂、食品保鲜剂等化学制剂的研制、开发和生产，解决了人们赖以生存的粮食问题；钢铁、水泥、玻璃、陶瓷、油漆、涂料和高分子材料的使用，使人们的住、行条件得到了较大的改善；石油工业的发展使机械和交通工具的正常运行得到了保障；各种医药制品、化验试剂和检测手段的研制开发，为环境保护、疾病诊断、人类健康提供了可靠保证；高能燃料、高强度的外壳和耐高温材料，使卫星、飞船、航天飞机能够翱翔蓝天；各种自然资源的成分检测、各种产品的质量检验均离不开化学科学。因此，化学在人类发展进步和生存条件改善中起着非常重要的作用。

0.3 无机及分析化学课程的性质和任务

在化学的各门分支学科中，无机化学是研究所有元素的单质和化合物（碳氢化合物及其衍生物除外）的组成、结构、性质和反应规律的学科；分析化学是研究物质组成成分及其含量的测定原理、测定方法和操作技术的学科。无机及分析化学课程是对无机化学（或普通化学）和分析化学两门课程的基本理论、基本知识进行优化组合、有机整合而成的一门新课程，而不是化学学科发展的一门分支学科。

高等学校的食品科学类、动物养殖类、植物生产类、生物技术类、水产类、药学类、环境生态类、动物医学类、医学卫生类、材料科学类等相关专业的课程与化学有着不可分割的联系。如生物化学课程要求掌握生物体的化学组成和性质，以及这些物质在生命中的化学变化和能量转换，这就需要化学反应的基本原理作为基础；生理学课程要求掌握生物体的新陈代谢作用，生物体内的酸碱平衡以及各种代谢平衡，这些平衡都是以化学平衡理论为基础的；土壤学要求掌握土壤的组成、性质和改良方法等内容，这就需要掌握元素的性质和化学反应的基本原理；又如食品科学类专业的食品分析课程，环境生态类专业的环境分析课程，动物养殖类专业的饲料分析课程，材料科学类专业的材料分析检测技术课程，法医学专业的法医毒物分析课程等，这些课程的学习都需要分析化学的基础理论和基本方法。因此，无机及分析化学是高等学校材料类、环境类、农林类、生物类和医学类等专业一门重要的必修基础课。

无机及分析化学课程的主要任务是：通过本课程学习，掌握与农林科学、生物科学、环境科学、材料科学、食品科学等有关的化学基础理论、基本知识与技能；在学习分散系的基础知识上，重点掌握溶液度量的方法，化学反应的基本原理，四大化学平衡理论，滴定分析的基本理论与方法，建立准确的"量"的概念；了解这些理论、知识和技能在专业中的应用，为学生参与和掌握资源综合利用、能源工程、土壤普查、农作物营养诊断、生态农业、配方施肥、优良品种选育、化肥与农药的检验及残留量检测、农副产品质量检验及深加工、水质分析、环境保护和污染综合治理、动植物检疫、食品新资源的开发、动物营养及饲料添加剂生产等问题的研究提供牢固的化学基础，培养学生分析问题和解决实际问题的能力，为后继课程的进一步学习奠定良好的理论和实验基础。

0.4 有效数字

0.4.1 有效数字及位数

有效数字是指在分析工作中实际可以测量到的或代表一定物理意义的数字。它包括确定的数字和最后一位估计的不确定的数字。它不仅能表示测量值的大小，还能表示测量值的精度。例如用万分之一的分析天平称得的坩埚的质量为 18.4285g，则表示该坩埚的质量为

18.4284~18.4286g。因为分析天平有±0.0001g 的误差。18.4285 有 6 位有效数字。前五位是确定的，最后一位"5"是不确定的可疑的数字。如将此坩埚放在百分之一天平上称量，其质量应为（18.42±0.01)g。因为百分之一天平的称量精度为±0.01g。18.42 为四位有效数字。再如，用刻度为 0.1mL 的滴定管测量溶液的体积为 24.00mL，表示可能有±0.01mL 的误差。"24.00"的数字中，前三位是准确的，后一位"0"是估计的、可疑的，但它们都是实际测得的，四位都是有效数字。

有效数字的位数可以用下列几个数据说明：

1.2104	25.315	五位有效数字
0.1000	24.13	四位有效数字
0.0120	$1.65×10^{-6}$	三位有效数字
0.0030	5.0	两位有效数字
0.001	0.3	一位有效数字

数字"0"在有效数字中有两种作用，当用来表示与测量精度有关的数值时，是有效数字；当用来指示小数点的位置，只起定位作用，与测量精度无关时，则不是有效数字。在上列数据中，数字之间的"0"和数字末尾的"0"均为有效数字，而数字前面的"0"只起定位作用，不是有效数字。如，0.0120g 是三位有效数字，若以毫克为单位表示时则为 12.0mg，数字前面的"0"消失，仍是三位有效数字。

以"0"结尾的正整数，有效数字位数不确定，最好用指数形式来表示。例如 450 这个数，可能是两位或三位有效数字，有效数字的位数取决于测量的精度。如只精确到两位数字，那么，它是两位有效数字，应写成 $4.5×10^2$；如精确到三位数字，应写成 $4.50×10^2$。对于含有对数的有效数字位数的确定，如 pH 值，其位数仅取决于小数部分数字的位数，因整数部分只说明这个数的方次。如 pH=11.20 和 pH=0.03 是两位有效数字。

分析化学中常遇到倍数或分数的关系，包括定义中的单位体积或质量（如 1L 或 1kg 溶液中），它们为非测量所得，可视为有无限多位有效数字。

0.4.2 有效数字的运算规则

（1）有效数字的修约规则

有效数字的位数确定后，多余的位数应舍弃。舍弃的方法一般采用"四舍六入，五后有数就进一，五后没数看单双"的规则进行修约。即当尾数≤4 时，弃去；尾数≥6 时进位；尾数等于 5 时，5 后有数就进位，若 5 后无数或为零时，则尾数 5 之前一位为偶数就弃去，若为奇数就进位。

例 0-1 将下列数据修约为四位有效数字。

3.2724、5.3766、4.282502、4.2815、4.2825、4.28150、2.86250

解：3.2724→3.272；5.3766→5.377；4.282502→4.283；4.2815→4.282；4.2825→4.282；4.28150→4.282；2.86250→2.862。

（2）加减运算

几个数字相加或相减时，它们的和或差的有效数字的保留应以小数点后位数最少（即绝对误差最大）的数为准，将多余的数字修约后再进行加减运算。

例 0-2 计算 0.0121+25.64+1.05782 的结果。

解：0.0121+25.64+1.05782=0.01+25.64+1.06=26.71

上面相加的三个数据中，25.64 的小数点后位数最少，绝对误差最大。因此应以 25.64

为准，保留有效数字位数到小数点后第二位。

(3) 乘除运算

几个数相乘或相除时，它们的积或商的有效数字的保留应以有效数字位数最少（相对误差最大）的数为准，将多余的数字修约后再进行乘除。

例 0-3 计算 $0.0121 \times 25.64 \times 1.05782$ 的结果。

解：$0.0121 \times 25.64 \times 1.05782 = 0.0121 \times 25.6 \times 1.06 = 0.328$

三个数的相对误差分别为：

$$\frac{\pm 0.0001}{0.0121} \times 100\% = \pm 0.8\%$$

$$\frac{\pm 0.01}{25.64} \times 100\% = \pm 0.04\%$$

$$\frac{\pm 0.00001}{1.05782} \times 100\% = \pm 0.0009\%$$

可见，0.0121 的相对误差最大，故应以此数为准，将其他各数修约为三位，然后再相乘。

对于含有对数和开方的运算，运算结果的有效数字位数不变。如，$c(H^+) = 6.3 \times 10^{-12}\ mol \cdot L^{-1}$，$pH = -\lg(6.3 \times 10^{-12}) = 11.20$，$\sqrt{7.56} = 2.75$。

若几个数相乘或相除时，位数最少的首位数是 8 或 9，则有效数字可多保留一位。例如，0.9×1.18，可将 0.9 看成 2 位有效数字，因为 0.9 与 1.0 的相对误差相近，因此，$0.9 \times 1.18 = 1.1$。

0.4.3 有效数字的应用

(1) 数据记录

记录测定结果时，只保留一位可疑数据。如在万分之一的分析天平上称得某物体重 0.2500g，只能记录为 0.2500g，不能记成 0.250g 或 0.25000g。又如从滴定管上读取溶液的体积为 24.00mL 时，不能记为 24mL 或 24.0 mL，只能记为 24.00mL。

(2) 仪器选用

有效数字的大小不仅体现了数据的大小，也体现了所使用仪器的精度。因此，根据有效数字的大小和位数，可以选择符合实验要求的仪器。如要求称取约 3.0g 的样品时，就不需要用万分之一的分析天平，用一般的台秤称量即可。

(3) 结果的表示

分析煤样品中含硫量时，若称样量为 3.5g。两次测定结果为 0.042% 和 0.041%，不能表示为 0.04200% 和 0.04100%。

(4) 分析结果的评价

定量分析结果的好坏常用相对误差、相对平均偏差、相对标准偏差等数据来评价。在修约这些数据时，一般保留不超过 2 位有效数字。

目前，计算器的使用已很普及，使用计算器作连续运算时，不必对每一步的计算结果都进行修约，但最后的计算结果应按要求保留有效数字的位数。

思 考 题

0-1 无机及分析化学对你的专业学习有什么帮助？

0-2 无机及分析化学理论课与实验课有什么关系？
0-3 无机及分析化学实验课有什么作用？
0-4 化学反应前后物质的哪些性质不会发生变化？
0-5 有效数字与仪器的精度有什么关系？
0-6 你所学专业的哪些课程需要化学的基础理论？
0-7 有效数字在化学实验上有哪些应用？
0-8 如何计算某元素的相对原子质量？
0-9 人能够感觉和观察到的化学实验现象有哪些？

习 题

0-1 已知某有机酸的解离常数为 $K_a^\ominus$，$pK_a^\ominus = -\lg K_a^\ominus = 12.35$，其 $K_a^\ominus$ 值应为多少？

0-2 某溶液的氢离子浓度为 $1.32 \times 10^{-5} \text{mol} \cdot \text{L}^{-1}$，则该溶液的 pH 为多少？

0-3 根据有效数字修约规则，将下列数据修约为 4 位有效数字：3.1405926，0.51749，15.454546，0.378502，7.691688，2.362568，2.66650，2.6665001。

0-4 已知下列算式，计算出正确的结果。

(1) $213.64 + 0.3244 + 4.4$

(2) $(51.0 \times 4.03 \times 10^{-4})/(2.512 \times 0.002034)$

(3) $[0.1082 \times (20.00 - 13.49) \times 164.207]/(1.4183 \times 1000)$

(4) $\sqrt{4.025}$

0-5 甲、乙二人同时分析某食品中蛋白质的含量，每次称取 2.6g，进行两次平行测定，分析结果报告为：

甲：5.654%，5.646%；乙：5.7%，5.6%

试问哪一份报告合理？为什么？

0-6 从附录中查出氮、氧、氯等元素的相对原子质量（小数点后保留 2 位数字）。并计算氮气、氧气和氯气的相对分子质量。

0-7 从附录中查出镁、铝元素的相对原子质量（小数点后保留 2 位数字），并计算其氧化物的相对分子质量。

0-8 根据附录相对原子质量数据，计算 CO_2 的相对分子质量（保留 3 位有效数字）。

0-9 在农业生产上，常需要用质量分数为 16.0% 的氯化钠溶液选种。现要配制 150kg 这种溶液，需要氯化钠和水各多少千克？

0-10 根据附录的相对原子质量数据，计算 4.00g 碳在氧气中完全燃烧生成 CO_2 多少克？

0-11 根据附录相对原子质量数据，计算 5.00g H_2 在氧气中完全燃烧需要氧气多少克？

0-12 已知镁在氧气中燃烧生成 MgO。根据附录相对原子质量数据，计算需要镁和氧气的质量比等于多少（保留 3 位有效数字）？

0-13 已知某 CuO 的质量为 2.50g，查附录元素周期表，计算 CuO 中 Cu 和 O 的质量各为多少克？

0-14 已知 20℃ 时 NaCl 的溶解度为 36.0g，计算配制该饱和溶液 280g 需要水和 NaCl 各多少克？

0-15 核素 ^{12}C（碳的一种同位素）原子的质量为 1.993×10^{-26}g，一种铁原子的质量

为 $9.288×10^{-26}$g，计算该铁原子的相对原子质量。

0-16　将 0.089g $Mg_2P_2O_7$ 沉淀换算为 MgO 的质量，计算时下列换算因数（$2MgO/Mg_2P_2O_7$）中哪个数字较为合适：0.3623、0.362、0.36？计算结果应为几位有效数字？

0-17　用加热法测定 $BaCl_2·2H_2O$ 中结晶水的质量分数（水的质量与样品质量的比值）时，使用万分之一的分析天平称样 0.5650g，问测定结果应为几位有效数字？

0-18　浓盐酸含 HCl 38%，密度为 1.19g·cm^{-3}，计算 1L 浓盐酸溶液中 HCl 的质量。

0-19　把 100g 质量分数为 98% 的浓硫酸稀释成 10% 的稀硫酸，需要水的质量是多少克？

0-20　某温度时，蒸干 35.0g 氯化钾溶液，得到 7.0g 沉淀，其中氯的质量为 2.0g，问 KCl 溶液中是否有其他物质存在？

0-21　常温下，将 13g 锌样品放入某硫酸溶液（过量）中，反应停止后，收集氢气 22.4L，问锌样品是否为纯锌？

绪论电子资源网址：

http://jpkc.hist.edu.cn/index.php/Manage/Preview/load_content/sub_id/123/menu_id/2986

电子资源网址二维码：

第1章 气体、溶液和胶体

学习要求

1. 掌握理想气体状态方程式、分压定律及有关计算；
2. 了解分散体系的分类，掌握溶液组成量度方法、定义及其相互换算；
3. 熟悉电解质的概念及分类，了解活度、离子强度等概念，掌握稀溶液的依数性及其应用；
4. 了解固体在溶液中的吸附方式及原理，掌握胶体的特性、胶团结构式的书写、胶体的稳定性与聚沉方法；
5. 了解高分子溶液、乳浊液、悬浮液及其应用。

1.1 气 体

1.1.1 气体的性质

气体是指无形状有体积的可变形可流动的流体。气体是物质的一个态。气体的基本特征是具有扩散性和可压缩性。

气体有实际气体和理想气体之分。理想气体被假设为气体分子之间没有相互作用力，气体分子自身没有体积，理想气体只是一种人为的气体模型，并不客观存在。

当实际气体压力不大时，分子之间的平均距离很大，气体分子的体积可以忽略不计；温度不低时，分子的平均动能较大，分子之间的吸引力相比之下也可以忽略不计，此时，实际气体的行为就十分接近理想气体的行为，可当作理想气体来处理。以下内容中讨论的全部为理想气体。

1.1.2 理想气体状态方程式

理想气体状态方程，又称理想气体定律，是描述理想气体在处于平衡态时，压强、体积、物质的量、温度间关系的状态方程，其方程为

$$pV = nRT$$

式中 p——理想气体的压力，Pa 或 kPa；

V——理想气体的体积,m³或dm³(L);

n——气体物质的量,mol;

T——热力学温度,K;

R——理想气体常数,其数值为 8.314,单位为 Pa·m³·mol⁻¹·K⁻¹。

1.1.3 分压定律

1.1.3.1 分压

在实际生活中,气体多为混合气体,在任何容器的气体混合物中只要不发生化学变化,就像单独存在的气体一样,每一种气体都是均匀地分布在整个容器之中。在一定温度时,各组分气体占据与混合气体相同体积时对容器所产生的压力,叫作该组分的分压。

1.1.3.2 分压定律

1801 年,英国科学家道尔顿(J. Dalton)通过实验观察提出:混合气体的总压等于混合气体中各组分气体的分压之和,这一经验定律被称为分压定律。下面我们来做个实验。

在气缸中充入 N_2 和 O_2,温度为 T,体积为 V。

Ⅰ:恒温,抽出 N_2,氧气充满气缸,单独占有总体积 V,则 O_2 产生的压强为分压,根据理想气体状态方程,其表达式为 $p(O_2)V=n(O_2)RT$。

Ⅱ:同理,抽出 O_2,N_2 产生的分压为 $p(N_2)V=n(N_2)RT$。

由此可知:组分气体 i 的分压表达式为 $p_iV=n_iRT$。

当 N_2 和 O_2 单独存在于气缸中时,它们都对于气缸产生压力,那么当两者混合后产生的压力是否等于各自产生的压力之和呢?

Ⅲ:混合气体亦是理想气体,状态方程同样适用。

因为 $p=nRT/V=[n(O_2)+n(N_2)]RT/V=[n(O_2)RT/V]+[n(N_2)RT/V]=p(O_2)+p(N_2)$

所以总压等于分压之和。

由 $p_iV=n_iRT$,$p(总)V=n(总)RT$,可知:$p_i/p(总)=n_i/n(总)=x_i$,这个比值定义为 x_i,称为组分气体 i 的摩尔分数。

所以 $p_i=p(总)x_i$

这是分压定律的第二种表达式,可叙述为:某组分气体的分压等于相同温度下总压与该组分气体摩尔分数之积。分压定律适用于互不作用的混合气体。

例 1-1　在 298.15K 和总压 100kPa 时,一容器中含有 2.00mol O_2、3.00mol N_2 和 1.00mol H_2,求三种气体的分压。

解:混合气体的总量为:

$$n(总)=2.00+3.00+1.00=6.00(mol)$$

$$p(O_2)=\frac{n(B)}{n(总)}p(总)=100\times\frac{2.00}{6.00}=33.3(kPa)$$

$$p(N_2)=\frac{n(B)}{n(总)}p(总)=100\times\frac{3.00}{6.00}=50.0(kPa)$$

$$p(H_2)=100-33.3-50.0=16.7(kPa)$$

1.2 溶 液

1.2.1 分散系

1.2.1.1 分散系的概念

一种或几种物质分散在另一种物质中所形成的体系叫作分散体系，简称分散系。例如糖分散在水中形成糖溶液，黏土分散在水中形成泥浆，水滴分散在空气中形成云雾，奶油、蛋白质和乳糖分散在水中形成牛奶等。分散系中被分散的物质称为分散质，又叫分散相；起分散作用的物质称为分散剂，又叫分散介质。在上述例子中，糖、黏土、水滴、奶油、蛋白质、乳糖等是分散质，水、空气则是分散剂。分散质和分散剂的聚集状态不同，或分散质粒子的大小不同，其分散系的性质也不同。我们可以按照物质的聚集状态或分散质颗粒的大小将分散系进行分类。

1.2.1.2 分散系的分类

分散系的分类方法有两种，一种是按照分散质和分散剂的聚集状态不同，将分散系分为9种，见表1-1；另一种是按照分散质颗粒的大小不同，将分散系分为3类，见表1-2。

表 1-1 分散系按分散质和分散剂聚集状态分类

分散质	分散剂	实例	分散质	分散剂	实例
固	固	矿石、合金、有色玻璃	气	液	汽水、泡沫
液	固	珍珠、硅胶	固	气	烟、灰尘
气	固	泡沫塑料、海绵	液	气	云、雾
固	液	糖水、泥浆	气	气	天然气、空气
液	液	牛奶、石油、酒精			

表 1-2 分散系按分散质颗粒大小分类

分散系类型	分散质粒子直径/nm	分散系名称	主要特征	
低分子或离子分散系	<1（为小分子、离子或原子）	真溶液（如食盐水）	均相,稳定,扩散快,颗粒能透过半透膜	单相体系
胶体分散系	1~100（为大分子或分子的小聚集体）	高分子溶液（如血液）	均相,稳定,扩散慢,颗粒不能透过半透膜,黏度大	
		溶胶（如AgI溶胶）	多相,较稳定,扩散慢,颗粒不能透过半透膜,对光散射强	多相体系
粗分散系	>100（为分子的大聚集体）	乳浊液（如牛奶）悬浊液（如泥浆）	多相,不稳定,扩散慢,颗粒不能透过滤纸及半透膜	

上述两种分类方法各有其特点，本教材采用表 1-2 的分类方法学习溶液和胶体的有关知识。在一个体系（研究的对象）中，物理性质和化学性质完全相同并且组成均匀的部分称为相。例如一瓶气体（不论有几种气体），各部分的性质完全相同且组成均匀一致，称为气相；一种液体，各部分的性质相同并且组成均匀一致，称为液相。如果体系中只有一相，该体系

叫作单相体系。含有两相或两相以上的体系则称为多相体系。

在低分子与离子分散体系中，分散质粒子直径<1nm，一般为小分子或离子，与分散剂的亲和力极强。分散系均匀、无界面，是高度分散、高度稳定的单相体系。这种分散体系即通常所说的溶液，如蔗糖溶液、食盐溶液。

在胶体分散系中，分散质粒子直径为1~100nm，它包括溶胶和高分子化合物溶液两种类型。对于溶胶，其分散质粒子是由许多分子组成的聚集体，这些聚集体分散在分散剂中就形成了溶胶，例如氢氧化铁溶胶、硫化砷溶胶、碘化银溶胶等。对于高分子溶液，分散质粒子是单个的高分子，与分散剂的亲和力强，在某些性质上与溶胶相似，如淀粉溶液、纤维素溶液、蛋白质溶液等。

在粗分散系中，分散质粒子直径>100nm，按分散质的聚集状态不同，又可分为乳浊液和悬浊液两种。乳浊液是液体分散质分散在液体分散剂中形成的分散体系，如牛奶、石油等；悬浊液是固体分散质分散在液体分散剂中形成的分散体系，如泥浆、石灰浆等。粗分散体系中分散质粒子大，容易聚沉，是极不稳定的多相体系。

上述三类分散系之间虽然有明显的区别，但是，分散系之间并没有明显的界线，三者之间的过渡是渐变的，因此以分散质粒子直径大小作为分散系分类的依据是相对的。

1.2.2 溶液组成的量度及配制

由两种或两种以上不同物质组成的均匀、稳定的分散体系，称为溶液。通常所说的溶液为液态溶液。若不特别指明，溶液则为水溶液。

溶液组成的量度可用一定量溶液或溶剂中所含溶质的量来表示。由于溶液、溶剂和溶质的量可用物质的量、质量、体积等方式表示，所以溶液组成的量度可用多种方式表示，如物质的量浓度、质量摩尔浓度、摩尔分数和质量分数等。

1.2.2.1 物质的量及摩尔质量

(1) 相对原子质量与相对分子质量

当我们计算一个水分子质量是多少时，就会发现计算起来极不方便。若是计算其他更复杂的分子质量时那就更麻烦了。因此国际上规定采用相对原子质量和相对分子质量来表示原子、分子的质量关系。

相对原子质量是指以一个 ^{12}C 原子质量的 1/12 作为标准，任何一种原子的原子质量与一个 ^{12}C 原子质量的 1/12 的比值，称为该原子的相对原子质量（又称原子量）。化学式中各个原子的相对原子质量（A_r）的总和，就是相对分子质量（又称分子量），用符号 M_r 表示，其量纲是"1"。

(2) 物质的量及其单位

物质的量是国际单位制（SI）规定的一个基本物理量，它是用来表示体系中基本单元数目多少的一个物理量，用符号 n 表示，其单位为摩尔（简称摩），符号 mol。

根据1971年第十四届国际计量大会的决议，摩尔的定义有两点：

① 摩尔是一物系的物质的量，该物系中所包含的基本单元数与 0.012kg ^{12}C 的原子数目相等。由于 0.012kg ^{12}C 所含的碳原子数目约为 $6.02×10^{23}$ 个（称为阿伏伽德罗常数），所以 1mol 任何物质所包含的基本单元数目约是 $6.02×10^{23}$ 个。

② 在使用摩尔时必须指明基本单元，基本单元可以是分子、原子、离子或其他粒子，

或是它们的特定组合。如 H_2、H、NaOH、H_2SO_4、$\frac{1}{2}H_2SO_4$、$\frac{1}{5}KMnO_4$、SO_4^{2-} 和 $\left(H_2+\frac{1}{2}O_2\right)$ 等。基本单元的选择是任意的,它既可以是实际存在的,也可以根据需要而人为设定。

(3) 摩尔质量

摩尔质量被定义为某物质的质量除以该物质的物质的量:

$$M(B)=\frac{m(B)}{n(B)} \tag{1-1}$$

式中　$M(B)$——B 物系的摩尔质量,$kg \cdot mol^{-1}$ 或 $g \cdot mol^{-1}$;

　　　$m(B)$——B 物系的质量,kg 或 g;

　　　$n(B)$——B 物系的物质的量,mol。

任何基本单元摩尔质量,当单位为 $g \cdot mol^{-1}$ 时,其数值等于相对原子质量或相对分子质量。例如 H_2 的相对分子质量等于 2.00,则 $M(H_2)=2.00 g \cdot mol^{-1}$。

由于摩尔质量是与物质的量有关的量,所以在使用摩尔质量时必须指明基本单元。例如:$M(H_2SO_4)=98.08 g \cdot mol^{-1}$;$M\left(\frac{1}{2}H_2SO_4\right)=49.04 g \cdot mol^{-1}$;$M\left(\frac{1}{5}KMnO_4\right)=31.61 g \cdot mol^{-1}$。质量不变的某物质,如 $KMnO_4$,当选择 $KMnO_4$、$\frac{1}{5}KMnO_4$、$5KMnO_4$ 等不同的基本单元时,由于摩尔质量不同,物质的量也不相同,且有如下关系:

$$n(KMnO_4)=\frac{1}{5}n\left(\frac{1}{5}KMnO_4\right)=5n(5KMnO_4)$$

写成通式:

$$n(B)=an(aB)$$

1.2.2.2　溶液组成的量度

(1) 物质的量浓度

溶质 B 的物质的量浓度用符号"$c(B)$"表示,其定义为:溶液中溶质 B 的物质的量除以溶液的体积,即:

$$c(B)=\frac{n(B)}{V} \tag{1-2}$$

式中　B——溶质的基本单元;

　　　$n(B)$——溶液中溶质 B 的物质的量;

　　　V——溶液的体积。

$c(B)$ 的 SI 单位为 $mol \cdot m^{-3}$,常用单位为 $mol \cdot L^{-1}$ 或 $mol \cdot dm^{-3}$。

由于 $c(B)$ 是 $n(B)$ 的导出量,故选择的基本单元不同,物质的量浓度的数值也不相同。因此,在使用 $c(B)$ 时也应指明基本单元。例如,1L 溶液中含有 9.808g 硫酸,则 $n(H_2SO_4)=0.1000 mol$,$c(H_2SO_4)=0.1000 mol \cdot L^{-1}$,$n\left(\frac{1}{2}H_2SO_4\right)=0.2000 mol$,$c\left(\frac{1}{2}H_2SO_4\right)=0.2000 mol \cdot L^{-1}$。

这里需要指出的是,若不特别指明,浓度指的就是物质的量浓度。

例 1-2　将 36.0g 的 HCl 溶于 64.0g 水中,配成溶液,所得溶液的密度为 $1.19 g \cdot mL^{-1}$,

求 $c(\text{HCl})$ 为多少。

解：已知 $m(\text{HCl}) = 36.0\text{g}$，$m(\text{H}_2\text{O}) = 64.0\text{g}$，$\rho = 1.19\text{g} \cdot \text{mL}^{-1}$，$M(\text{HCl}) = 36.46\text{g} \cdot \text{mol}^{-1}$。

1L 溶液中 HCl 的质量为：

$$m(\text{HCl}) = 1.19 \times 1000 \times \frac{36.0}{36.0 + 64.0} = 428(\text{g})$$

因为

$$n(\text{B}) = \frac{m(\text{B})}{M(\text{B})} \qquad c(\text{B}) = \frac{n(\text{B})}{V}$$

所以

$$c(\text{B}) = \frac{m(\text{B})}{M(\text{B})V}$$

$$c(\text{HCl}) = \frac{m(\text{HCl})}{M(\text{HCl})V} = \frac{428}{36.46 \times 1.0} = 11.7(\text{mol} \cdot \text{L}^{-1})$$

例 1-3 用分析天平称取 1.2346g $\text{K}_2\text{Cr}_2\text{O}_7$，溶解后转移至 100.0mL 容量瓶中定容，试计算 $c(\text{K}_2\text{Cr}_2\text{O}_7)$ 和 $c\left(\frac{1}{6}\text{K}_2\text{Cr}_2\text{O}_7\right)$。

解：已知 $m(\text{K}_2\text{Cr}_2\text{O}_7) = 1.2346\text{g}$ $\qquad M(\text{K}_2\text{Cr}_2\text{O}_7) = 294.19\text{g} \cdot \text{mol}^{-1}$

$$M\left(\frac{1}{6}\text{K}_2\text{Cr}_2\text{O}_7\right) = \frac{1}{6} \times 294.19 = 49.032(\text{g} \cdot \text{mol}^{-1})$$

$$c(\text{K}_2\text{Cr}_2\text{O}_7) = \frac{m(\text{K}_2\text{Cr}_2\text{O}_7)}{M(\text{K}_2\text{Cr}_2\text{O}_7)V} = \frac{1.2346}{294.19 \times 100.0 \times 10^{-3}} = 0.04197(\text{mol} \cdot \text{L}^{-1})$$

$$c\left(\frac{1}{6}\text{K}_2\text{Cr}_2\text{O}_7\right) = \frac{m(\text{K}_2\text{Cr}_2\text{O}_7)}{M\left(\frac{1}{6}\text{K}_2\text{Cr}_2\text{O}_7\right)V} = \frac{1.2346}{49.032 \times 100.0 \times 10^{-3}} = 0.2518(\text{mol} \cdot \text{L}^{-1})$$

(2) 质量摩尔浓度

质量摩尔浓度的定义为：

$$b(\text{B}) = \frac{n(\text{B})}{m(\text{A})} \tag{1-3}$$

式中 $n(\text{B})$——溶质 B 的物质的量，mol；

$m(\text{A})$——溶剂的质量，常用单位为 kg；

$b(\text{B})$——溶质 B 的质量摩尔浓度，其单位由 $n(\text{B})$、$m(\text{A})$ 决定，常用单位为 $\text{mol} \cdot \text{kg}^{-1}$。

由于质量摩尔浓度与体积无关，所以其数值不受温度变化的影响。对于较稀的水溶液来说，质量摩尔浓度近似地等于其物质的量浓度。由于液体溶剂不易称量，实验室常用的仍是物质的量浓度，但在稀溶液依数性的研究中仍采用质量摩尔浓度。

(3) 摩尔分数

若溶液是由溶剂 A 和溶质 B 两组分组成，则溶剂 A 的摩尔分数 $x(\text{A})$、溶质 B 的摩尔分数 $x(\text{B})$ 的定义分别为：

$$x(\text{A}) = \frac{n(\text{A})}{n(\text{B}) + n(\text{A})} \tag{1-4}$$

$$x(\text{B}) = \frac{n(\text{B})}{n(\text{B}) + n(\text{A})} \tag{1-5}$$

显然，$x(\text{A}) + x(\text{B}) = 1$。

对于多组分体系来说，则有 $\sum x(i) = 1$，即溶液中各组分的物质的量分数之和等于 1。在使用物质的量分数时必须指明基本单元。

(4) 质量分数

溶液中，某组分 B 的质量 $m(B)$ 与溶液总质量 m 之比，称为组分 B 的质量分数，用符号 $w(B)$ 表示，定义式为：

$$w(B) = \frac{m(B)}{m} \tag{1-6}$$

质量分数习惯上用百分含量来表示。如氯化钠水溶液的质量分数为 0.10 时，可写成 $w(NaCl) = 10\%$。

例 1-4 将 2.500g NaCl 溶于 497.50g 水中，配制成 NaCl 溶液，所得溶液的密度为 $1.002 \text{g} \cdot \text{mL}^{-1}$。求氯化钠的物质的量浓度、质量摩尔浓度、摩尔分数和质量分数各是多少。

解：根据题意可得：

$$n(NaCl) = \frac{m(NaCl)}{M(NaCl)} = \frac{2.500}{58.44} = 0.04278 (\text{mol})$$

$$n(H_2O) = \frac{m(H_2O)}{M(H_2O)} = \frac{497.50}{18.02} = 27.61 (\text{mol})$$

溶液的体积

$$V = \frac{2.500 + 497.50}{1.002} = 499.0 (\text{mL}) = 0.4990 (\text{L})$$

$$c(NaCl) = \frac{n(NaCl)}{V} = \frac{0.04278}{0.4990} = 0.08573 (\text{mol} \cdot \text{L}^{-1})$$

$$b(NaCl) = \frac{n(NaCl)}{m} = \frac{0.04278}{0.4975} = 0.08599 (\text{mol} \cdot \text{kg}^{-1})$$

$$x(NaCl) = \frac{n(NaCl)}{n(H_2O) + n(NaCl)} = \frac{0.04278}{27.61 + 0.04278} = 1.547 \times 10^{-3}$$

$$w(NaCl) = \frac{m(NaCl)}{m} = \frac{2.500}{2.500 + 497.50} = 0.0050 = 0.50\%$$

1.2.2.3 溶液的配制

(1) 由固体试剂配制溶液

由固体试剂配制溶液时，往往需要先计算固体试剂的质量，然后再进行称量。

例 1-5 配制 $0.2000 \text{mol} \cdot \text{L}^{-1}$ $CuSO_4$ 溶液 250.0mL，问需 $CuSO_4 \cdot 5H_2O$ 多少克？

解：

由

$$n(B) = \frac{m(B)}{M(B)}, \quad c(B) = \frac{n(B)}{V} \text{ 及 } c(B) = \frac{m(B)}{M(B)V}$$

得

$$m(CuSO_4 \cdot 5H_2O) = c(CuSO_4)M(CuSO_4 \cdot 5H_2O)V = 0.2000 \times 249.7 \times 250.0 \times 10^{-3} = 12.48(\text{g})$$

即配制 $0.2000 \text{mol} \cdot \text{L}^{-1}$ $CuSO_4$ 溶液 250mL，需 12.48g $CuSO_4 \cdot 5H_2O$。

许多固体溶质常含有结晶水，计算所配溶液浓度时，有时要考虑结晶水的影响。

(2) 由液体试剂配制溶液

由液体试剂配制溶液，其计算原理和溶液的稀释一样，稀释前后溶质的总量不变，即：

$$c_\text{浓} V_\text{浓} = c_\text{稀} V_\text{稀} \tag{1-7}$$

式中，$c_\text{浓}$ 为稀释前溶液的浓度；$V_\text{浓}$ 为稀释前溶液的体积；$c_\text{稀}$ 为稀释后溶液的浓度；

$V_{稀}$ 为稀释后溶液的体积。

例 1-6 已知浓 H_2SO_4 的密度为 $1.84\text{g}\cdot\text{mL}^{-1}$，含 H_2SO_4 96.0%，试计算 $c(H_2SO_4)$、$c\left(\dfrac{1}{2}H_2SO_4\right)$ 分别是多少。实验室需用 $2.00\text{mol}\cdot\text{L}^{-1}$ H_2SO_4 450mL，需要浓 H_2SO_4 多少毫升加入水中稀释？

解：根据题意可知

$$\rho = 1.84\text{g}\cdot\text{mL}^{-1} = 1.84\times 10^3\text{g}\cdot\text{L}^{-1}$$

$$w = 0.960, \quad M\left(\dfrac{1}{2}H_2SO_4\right) = 49.0\text{g}\cdot\text{mol}^{-1}$$

$$c\left(\dfrac{1}{2}H_2SO_4\right) = \dfrac{\rho V w}{M\left(\dfrac{1}{2}H_2SO_4\right)} = \dfrac{1.84\times 10^3 \times 1.00 \times 0.960}{49.0} = 36.0(\text{mol}\cdot\text{L}^{-1})$$

则 $c(H_2SO_4) = \dfrac{1}{2}c\left(\dfrac{1}{2}H_2SO_4\right) = 18.0\text{mol}\cdot\text{L}^{-1}$

根据稀释公式

$$c_{浓}V_{浓} = c_{稀}V_{稀}$$
$$18.0 V_{浓} = 2.00 \times 450$$
$$V_{浓} = 50.0(\text{mL})$$

即应取该浓 H_2SO_4 50.0mL 加入水中稀释。

1.3 稀溶液的依数性

1.3.1 电解质

1.3.1.1 电解质的概念及分类

电解质是一类重要的化合物。凡是在水溶液中或熔融状态下能解离出离子而导电的化合物叫作电解质，如 HAc、NH_4Cl 等。

电解质可分为强电解质和弱电解质两大类。在水溶液中能完全解离成离子的电解质称为强电解质。在水溶液中仅部分解离成离子的电解质称为弱电解质。电解质离解成离子的过程称为电离（或解离）。强电解质 NaCl 的电离方程式为：

$$\text{NaCl} = \text{Na}^+ + \text{Cl}^-$$

弱电解质的电离是可逆的，电离方程式中用"$\rightleftharpoons$"表示可逆：

$$\text{HAc} \rightleftharpoons \text{H}^+ + \text{Ac}^-$$

1.3.1.2 弱电解质的解离度

电解质在水溶液中已电离的部分与其全量之比称为解离度，符号为 α，一般用百分数表示。电解质在水溶液中已电离的部分和离解前电解质的全量可以是分子数、质量、物质的量、浓度等。

$$\alpha = \frac{\text{已电离的部分}}{\text{电离前的全量}} \times 100\% \tag{1-8}$$

*1.3.1.3 强电解质溶液

(1) 表观解离度

强电解质在水溶液中是完全电离的，其解离度应为 100%，但是实际测得的解离度小于 100%，这是因为强电解质解离的离子是以水合离子的形式存在以及水合离子间相互作用的结果。实际测得的解离度称为表观解离度。

(2) 活度

电解质溶液中表观上的离子浓度，称为有效浓度，也叫活度。

$$a = c\gamma \tag{1-9}$$

式中　a——活度；
　　　c——浓度；
　　　γ——活度系数。

(3) 离子强度

为了表示溶液中离子间复杂的相互作用，路易斯（Lewis）提出了离子强度的概念，并用下式表示离子强度（I）、离子 B 的浓度 $c(B)$ 及离子 B 的电荷数 $Z(B)$ 之间的关系，即：

$$I = \frac{1}{2}\sum_{B} c(B)Z^2(B) \tag{1-10}$$

德拜-休克尔（Debye-Hücke）提出了可用于很稀的溶液中计算离子平均活度系数 $\gamma_\pm$ 的极限公式：

$$\lg\gamma_\pm = -A|Z_+ Z_-|\sqrt{I} \tag{1-11}$$

式中，A 为常数，在 298.15K 时，$A=0.509$。

一般情况下，对于不太浓的溶液，又不要求很精确的计算时，为了简便起见，通常可近似地用浓度代替活度。

1.3.2 非电解质稀溶液的依数性

溶液的性质一般可分为两类：一类性质由溶质的本性决定，如溶液的颜色、密度、酸碱性、导电性等，这些性质因溶质不同各不相同；另一类性质则与溶质的本性无关，只与一定量溶剂中所含溶质的粒子数目有关，如不同种类的难挥发的非电解质如葡萄糖、甘油等配成相同浓度的稀溶液，溶液的蒸气压下降、沸点上升、凝固点下降、渗透压等都相同，所以称为溶液的依数性。

1.3.2.1 蒸气压下降

(1) 纯溶剂的蒸气压

物质分子在不停地运动着。在一定温度下，如果将纯水置于密闭的真空容器中，一方面，水中一部分能量较高的水分子因克服其他水分子对它的吸引而逸出，成为水蒸气分子，这个过程叫蒸发。另一方面，由于水蒸气分子不停地运动，部分水蒸气分子碰到液面又可能被吸引重新回到水中，这个过程叫作凝聚。开始时，蒸发速度较快，随着蒸发的进行，液面上方的水蒸气分子逐渐增多,凝聚速率随之加快。一定时间后,当水蒸发的速率和水凝聚的速率相等时,水和它的水蒸气处于一种动态平衡状态,此时的水蒸气称为水的饱和蒸气,水的饱和蒸气所产生的压力称为水的饱和蒸气压,简称水的蒸气压。不同温度下,水的饱和蒸气压见表 1-3。各种纯液体物质在一定温度下,都具有一定的饱和蒸气压。蒸气压的单位为 Pa 或 kPa。

表 1-3 不同温度下水的饱和蒸气压

温度/℃	饱和蒸气压/kPa	温度/℃	饱和蒸气压/kPa	温度/℃	饱和蒸气压/kPa
0	0.6105	35	5.6230	70	31.1600
5	0.8723	40	7.3760	75	38.5400
10	1.2280	45	9.5832	80	47.3400
15	1.7050	50	12.3300	85	57.8100
20	2.3380	55	15.7400	90	70.1000
25	3.1670	60	19.9200	95	84.5100
30	4.2430	65	25.0000	100	101.3250

(2) 蒸气压下降

在一定温度下,如果在纯溶剂(水)中加入少量难挥发非电解质,如葡萄糖、甘油等,发现在该温度下,稀溶液的蒸气压总是低于纯溶剂(水)的蒸气压,这种现象称为溶液的蒸气压下降。溶液的蒸气压下降等于纯溶剂的蒸气压与溶液的蒸气压之差:

$$\Delta p = p^* - p \tag{1-12}$$

式中 Δp——溶液的蒸气压下降值;
p^*——纯溶剂的蒸气压;
p——溶液的蒸气压,这里所说的溶液的蒸气压,实际上是溶液中溶剂的蒸气压。

稀溶液蒸气压下降的原因是在溶剂中加入难挥发非电解质后,每个溶质分子与若干个溶剂分子相结合,形成了溶剂化分子。溶剂化分子一方面束缚了一些能量较高的溶剂分子,另一方面又占据了溶液的一部分表面,结果使得在单位时间内逸出液面的溶剂分子相应地减少,达到平衡状态时,溶液的蒸气压必定比纯溶剂的蒸气压低,显然溶液浓度越大,蒸气压下降得越多。

(3) 拉乌尔定律

1887 年,法国物理学家拉乌尔(F. M. Raoult)研究了溶质对纯溶剂蒸气压的影响,提出下列观点:在一定温度下,难挥发非电解质稀溶液的蒸气压,等于纯溶剂的蒸气压乘以溶剂在溶液中的摩尔分数,这种定量关系称为拉乌尔定律。其数学表达式为:

$$p = p^* x(A) \tag{1-13}$$

式中 p——溶液的蒸气压;
p^*——纯溶剂的蒸气压;
$x(A)$——溶剂在溶液中的摩尔分数。

若用 $x(B)$ 表示难挥发非电解质的摩尔分数,则 $x(A) + x(B) = 1$,所以:

$$p = p^* x(A) = p^* [1 - x(B)] = p^* - p^* x(B)$$
$$p^* - p = p^* x(B)$$

若用 Δp 表示溶液的蒸气压下降值,则:

$$\Delta p = p^* - p = p^* x(B) \tag{1-14}$$

上式表明：在一定温度下，难挥发非电解质稀溶液的蒸气压下降（Δp），与溶质的摩尔分数 $[x(B)]$ 成正比。这一结论可作为拉乌尔定律的另一表述。

因为 $x(B)=\dfrac{n(B)}{n(A)+n(B)}$ 当溶液很稀时，$n(A)\gg n(B)$ 则 $x(B)\approx\dfrac{n(B)}{n(A)}$

所以 $\Delta p = p^* x(B) \approx p^* \dfrac{n(B)}{n(A)}$

因为 $n(A)=\dfrac{m(A)}{M(A)}$

所以 $\Delta p = p^* \times \dfrac{n(B)}{m(A)} \times M(A) = p^* b(B) M(A)$

在一定温度下，p^* 和 $M(A)$ 为一常数，用 K 表示，则

$$\Delta p = K b(B) \tag{1-15}$$

因此，拉乌尔定律又可表述为：在一定的温度下，难挥发非电解质稀溶液的蒸气压下降，近似地与溶液的质量摩尔浓度成正比，而与溶质的种类无关。

1.3.2.2 沸点上升

某纯液体的蒸气压等于外界压力时，就产生沸腾现象（液体的表面和内部同时进行汽化的过程称为沸腾），此时的温度称为沸点。因此，沸点与压力有关。液体的蒸气压等于外界大气压时的温度，便是该液体的正常沸点。如水的正常沸点是 373.15K（100℃），此时水的饱和蒸气压等于外界大气压 101.325kPa。

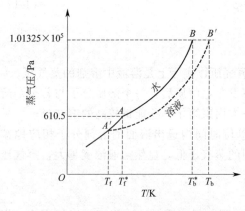

图 1-1 水、冰和溶液的蒸气压曲线
AB—纯水的蒸气压曲线；$A'B'$—稀溶液的蒸气压曲线；AA'—冰的蒸气压曲线

图 1-1 是水、冰和溶液的蒸气压曲线。可以看出，溶液的蒸气压在任何温度下都小于水的蒸气压。在 373.15K 时，即 T_b^*（水的正常沸点）处，水的蒸气压正好等于外压 1.01325×10^5 Pa，水可以沸腾，而此时溶液的蒸气压小于 1.01325×10^5 Pa，溶液不能沸腾。要使溶液的蒸气压达到此值，就必须继续加热到 T_b（溶液的沸点）。由于 $T_b>T_b^*$，所以溶液的沸点总是高于纯溶剂的沸点，这种现象称为溶液的沸点上升。若用 ΔT_b 表示溶液的沸点上升值，则：

$$\Delta T_b = T_b - T_b^* \tag{1-16}$$

由于溶液沸点上升的根本原因是溶液的蒸气压下降，所以，溶液浓度越高，其蒸气压越低，沸点上升越高。溶液的沸点上升 ΔT_b 也与溶质的质量摩尔浓度 $b(B)$ 成正比。其数学表达式为：

$$\Delta T_b = K_b b(B) \tag{1-17}$$

式中 ΔT_b——溶液的沸点上升值，K 或 ℃；

K_b——指定溶剂的质量摩尔浓度沸点上升常数，$K\cdot kg\cdot mol^{-1}$ 或 $℃\cdot kg\cdot mol^{-1}$。

K_b 的大小只与溶剂的性质有关，而与溶质无关。不同的溶剂有不同的 K_b 值，一些常见溶剂的 K_b 值列于表 1-4 中。根据式(1-17)既可以计算溶液的沸点，也可以测定难挥发非电解质的摩尔质量。

表 1-4　一些常见溶剂的 K_b 和 K_f 值

溶剂	T_b/K	K_b/K·kg·mol^{-1}	T_f/K	K_f/K·kg·mol^{-1}
水	373.15	0.512	273.15	1.86
苯	353.25	2.53	278.65	5.12
酚	454.35	3.60	313.15	7.27
醋酸	391.15	2.93	290.15	3.90
环己烷	354.15	2.79	279.65	20.20
樟脑	481.15	5.95	351.15	40.00
氯仿	334.41	3.63	209.65	4.68

例 1-7　在 200g 水中溶解 10.0g 葡萄糖（$C_6H_{12}O_6$），求该溶液在压力为 101.3kPa 时的沸点。已知 $M(C_6H_{12}O_6)=180\text{g·mol}^{-1}$。

解：由表 1-4 可知，水的 $K_b=0.512\text{K·kg·mol}^{-1}$

$$b(C_6H_{12}O_6)=\frac{10.0\times 1000}{180\times 200}=0.278(\text{mol·kg}^{-1})$$

$$\Delta T_b=0.512\times 0.278=0.14(\text{K})$$

$$T_b=T_b^*+\Delta T_b=373.15+0.14=373.29(\text{K})$$

1.3.2.3　凝固点下降

物质的凝固点是在一定外压下，该物质的固相蒸气压与液相蒸气压相等时的温度。溶液的凝固点实际上就是溶液中溶剂的蒸气压与纯固体溶剂的蒸气压相等时的温度。

从图 1-1 可知，A 点是水的凝固点，其对应的温度为 T_f^*（273.15K），此时水的蒸气压与冰的蒸气压相等，都等于 610.5Pa，固液两相达成平衡，水和冰共存。而 273.15K（0℃）时溶液的蒸气压小于 610.5Pa，即小于 273.15K（0℃）时冰的蒸气压，此时溶液和冰不能共存。若两者接触则冰将融化，所以 273.15K（0℃）不是溶液的冰点。从图中曲线可以看出，冰、水和溶液的蒸气压虽然都是随温度的下降而减小，但冰减小的幅度大，在交点 A' 处，溶液的蒸气压与冰的蒸气压相等，冰和溶液达成平衡。交点对应的温度 T_f 就是溶液的凝固点。因为 $T_f<T_f^*$，所以溶液的凝固点总是低于纯溶剂的凝固点，这种现象称为溶液的凝固点下降。若用 ΔT_f 表示溶液的凝固点下降值，则：

$$\Delta T_f=T_f^*-T_f$$

与溶液的沸点上升一样，溶液的凝固点下降也是由溶液的蒸气压下降引起的，所以难挥发非电解质稀溶液的凝固点下降 ΔT_f 也与溶质的质量摩尔浓度 $b(B)$ 成正比。其数学表达式为：

$$\Delta T_f=K_f b(B) \tag{1-18}$$

式中　ΔT_f——溶液的凝固点下降值，K 或℃；

K_f——指定溶剂的质量摩尔浓度凝固点下降常数，K·kg·mol^{-1} 或℃·kg·mol^{-1}。

同 K_b 一样，K_f 也只与溶剂的性质有关，而与溶质的性质无关。一些常见溶剂的 K_f 值也列于表 1-4 中。

根据溶液的沸点上升和凝固点下降与溶质的质量摩尔浓度的关系，可以利用它们来测定溶质的分子量。实际上由于凝固点较易精确测定，而且 K_f 值一般都比 K_b 值大，因而误差较小，所以常用凝固点下降法测定溶质的分子量。即用实验方法测得溶液的凝固点下降值，然后根据式(1-18)计算溶质的摩尔质量，进而可以计算出溶质的分子量。

将式 $b(B)=\dfrac{n(B)}{m(A)}$ 代入式(1-18) 得：

$$\Delta T_f = K_f \frac{n(B)}{m(A)}$$

将 $n(B) = \frac{m(B)}{M(B)}$ 代入上式得：

$$M(B) = \frac{K_f m(B)}{\Delta T_f m(A)} \tag{1-19}$$

例 1-8 将 2.60g 尿素 $CO(NH_2)_2$ 溶于 50.0g 水中，计算此溶液在 1.01325×10^5 Pa 时的沸点和凝固点。

解：已知：$M[CO(NH_2)_2] = 60.0 \text{g} \cdot \text{mol}^{-1}$

由题意可知，$m[CO(NH_2)_2] = 2.60\text{g}$，$m(A) = 0.0500\text{kg}$，$M[CO(NH_2)_2] = 60.0\text{g} \cdot \text{mol}^{-1}$，则

$$n[CO(NH_2)_2] = \frac{m[CO(NH_2)_2]}{M[CO(NH_2)_2]}$$

$$= \frac{2.60}{60.0} = 0.0433(\text{mol})$$

$$b[CO(NH_2)_2] = \frac{n[CO(NH_2)_2]}{m(A)} = \frac{0.0433}{0.0500} = 0.866(\text{mol} \cdot \text{kg}^{-1})$$

由表 1-4 查得水的 $K_b = 0.512 \text{K} \cdot \text{kg} \cdot \text{mol}^{-1}$，$K_f = 1.86 \text{K} \cdot \text{kg} \cdot \text{mol}^{-1}$，则：

$$\Delta T_b = 0.512 \times 0.866 = 0.44(\text{K})$$
$$T_b = 373.15 + 0.45 = 373.60(\text{K})$$
$$\Delta T_f = 1.86 \times 0.866 = 1.61(\text{K})$$
$$T_f = 273.15 - 1.61 = 271.54(\text{K})$$

例 1-9 将 0.400g 葡萄糖溶解于 20.0g 水中，测得溶液的凝固点下降为 0.207K，试计算葡萄糖的分子量。

解：由题意可知，$\Delta T_f = 0.207$ K，$m(A) = 0.0200$kg，$m(C_6H_{12}O_6) = 0.400$g $= 0.00040$kg；查表 1-4 得水的 $K_f = 1.86 \text{K} \cdot \text{kg} \cdot \text{mol}^{-1}$。

将上述数据代入式(1-15) 得 $M(C_6H_{12}C_6) = \frac{1.86 \times 0.400}{0.207 \times 0.02} = 180(\text{g} \cdot \text{mol}^{-1})$

故葡萄糖的分子量为 180。

溶液的蒸气压下降和凝固点下降规律，对植物的耐寒性与抗旱性具有重要意义。实践表明，当外界温度偏离于常温时，不论是升高或降低，在有机细胞中都会强烈地发生可溶物（主要是碳水化合物）的形成过程，从而增加了植物细胞液的浓度。浓度越大，它的冰点就越低，因此细胞液在 0℃ 以下而不致冰冻，植物仍可保持生命活力，表现出耐寒性。另一方面细胞液浓度越大，其蒸气压越小，蒸发过程就越慢，使植物在较高温度时仍能保持着一定的水分而表现出抗旱性。此外，应用凝固点下降的原理，冬天在汽车水箱中加入甘油或乙二醇等物质，可以防止水的结冰。食盐和冰的混合物可以作为冷冻剂，如 1 份食盐和 3 份碎冰混合，体系的温度可降到 −20℃。

1.3.2.4 渗透压

如图 1-2 所示，用一种只让溶剂水分子通过而不使溶质糖分子通过的半透膜将糖溶液和水分隔开。纯溶剂中的水分子可以通过半透膜进入糖溶液中，糖溶液中的水分子也可以通过半透膜进入纯溶剂中去。这种溶剂分子通过半透膜自动进入溶液中的过程称为渗透。但由于单位时间内由纯溶剂一方进入糖溶液中的水分子比由糖溶液进入到纯溶剂中的多，从而使糖

溶液的液面不断升高。

随着渗透作用的进行，管内液柱的静水压增大，当静水压增大到某一定数值时，单位时间内从两个相反方向穿过半透膜的水分子数目相等，管内液面不再上升，此时体系处于渗透平衡状态。若要使半透膜内外溶剂的液面相平，必须在液面上施加一定压力，方可阻止渗透作用的进行，这种为保持半透膜两侧纯溶剂和溶液液面相平而加在溶液液面上的压力叫作溶液的渗透压。

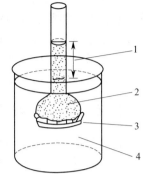

图 1-2　渗透现象实验
1—渗透压；2—糖水溶液；
3—半透膜；4—纯溶剂（水）

1886 年，荷兰理论化学家范特荷夫（Van't Hoff）总结了许多实验结果后指出，稀溶液的渗透压与溶液的物质的量浓度和热力学温度成正比，与溶质的本性无关。其数学表达式为：

$$\pi = c(B)RT \tag{1-20}$$

式中　π——溶液的渗透压，Pa 或 kPa；

　　　$c(B)$——溶液中溶质 B 的物质的量浓度，$mol \cdot m^{-3}$ 或 $mol \cdot L^{-1}$；

　　　R——气体常数，$R = 8.314 Pa \cdot m^3 \cdot mol^{-1} \cdot K^{-1}$ 或 $8.314 kPa \cdot L \cdot mol^{-1} \cdot K^{-1}$；

　　　T——热力学温度，K。

渗透现象不仅可以在纯溶剂与溶液之间进行，也可以在两种不同浓度的溶液之间进行。渗透压相等的溶液称为等渗溶液。渗透压高的溶液称为高渗溶液，渗透压低的溶液称为低渗溶液。溶剂渗透的方向是从稀溶液到浓溶液。

由于直接测定渗透压相当困难。因此对一般难挥发的非电解质的分子量的测定，常用沸点上升和凝固点下降法。通过测定渗透压可测定用其他办法无法测定的高分子化合物的分子量。

例 1-10　在 25℃时，1.00L 溶液中含 5.00g 鸡蛋白，溶液的渗透压为 305.8Pa，求此鸡蛋白的平均摩尔质量。

解：根据公式 $c(B) = \dfrac{n(B)}{V}$，$M(B) = \dfrac{m(B)}{n(B)}$ 以及公式 $\pi = c(B)RT$ 得：

$$\pi = \frac{n(B)}{V}RT = \frac{m(B)RT}{M(B)V}$$

$$M(B) = \frac{m(B)RT}{\pi V}$$

由题意可知，$\pi = 0.3058 kPa$，$m(B) = 5.00g$，$V = 1.00L$，$T = 298.15K$，$R = 8.314 kPa \cdot L \cdot mol^{-1} \cdot K^{-1}$，将各数据代入上式得：

$$\begin{aligned} M(B) &= \frac{5.00 \times 8.314 \times 298}{0.3058 \times 1.00} \\ &= 40510 (g \cdot mol^{-1}) \\ &= 4.05 \times 10^4 (g \cdot mol^{-1}) \end{aligned}$$

渗透作用对生物的生命过程有着重大的意义。植物的细胞壁有一层原生质，起着半透膜的作用，而细胞液是一种溶液。当植物处于水分充足的环境中，水通过半透膜向细胞内渗透，使细胞内产生很大的压力，细胞发生膨胀，植物的茎、叶和花瓣等就会有一定的弹性，这样植物就能更好地向空间伸展枝叶，充分吸收二氧化碳和接受阳光。如果土壤溶液的渗透压高于植物细胞液的渗透压，就会造成植物细胞液内的水分向外渗透，导致植物枯萎。农业生产上改造盐碱地、合理施肥和及时灌水就是这个道理。

另外，人体组织内部的细胞膜、血球膜和毛细管壁等都具有半透膜的性质，而人体的体液，如血液、细胞液和组织液等都具有一定的渗透压。对人体静脉输液时，必须使用与体液渗透压相等的等渗溶液，如临床常用的0.9%生理盐水和5%的葡萄糖溶液。否则由于渗透作用，可以引起血球膨胀或萎缩而产生严重后果。当因发烧或其他原因，人体内水分减少时，血液渗透压增高，即产生无尿、虚脱等现象，故应多饮水以降低血液的渗透压。

1.3.2.5 电解质溶液的依数性

应当指出，前面我们讨论的稀溶液通性的定量关系只适应于难挥发非电解质稀溶液，而不适应于浓溶液和电解质溶液。在浓溶液中，溶质粒子间以及溶质与溶剂间的相互作用大大增强，从而使溶液的情况变得复杂，以致使简单的依数性的定量关系不能适用。而在电解质溶液中，由于溶质发生解离，使溶液中溶质粒子数增多，而且离子在溶液中又有相互作用，故上述依数性的定量关系不能应用，必须在实验的基础上加以校正。

1.4 胶 体

1.4.1 胶团结构

1.4.1.1 固体在溶液中的吸附作用

实践证明，在任何两相界面间都存在界面能。在胶体分散系中，分散质的颗粒很小，其总表面积很大，故相应地具有很大的表面能。表面能越大，体系越不稳定，因此，胶体分散系是热力学不稳定体系。

物质微粒自动聚集到界面上的过程，称为吸附。具有吸附能力的物质称为吸附剂。被吸附的物质称为吸附质。例如氯气和一氧化碳可以很快地被活性炭或硅胶吸附在它们的表面上。

固体与溶液接触时也会发生上述吸附现象，被吸附的物质既可能是分子，也可能是电解质所产生的离子。

(1) 分子吸附

吸附质以分子的形式被吸附到吸附剂表面，这种吸附称为分子吸附。其吸附的基本规律是：相似相吸，即吸附剂更容易吸附与其性质相似的分子。如极性的吸附剂容易吸附极性溶质或溶剂；非极性的吸附剂容易吸附非极性的溶质或溶剂。也就是说这类吸附与溶质、溶剂及固体吸附剂三者的性质有关。

(2) 离子吸附

吸附质以离子的形式被吸附到吸附剂表面，这种吸附称为离子吸附，离子吸附又分为离子选择吸附和离子交换吸附。

① 离子选择吸附。吸附剂从电解质溶液中选择吸附其中的某种离子，称为离子选择吸附。其吸附规律为：固体吸附剂优先吸附与其组成有关的离子。例如，固体AgCl在NaCl溶液中优先吸附Cl^-。

② 离子交换吸附。吸附剂从电解质溶液中吸附某离子的同时，将已经吸附在吸附剂表面上等电量的同号离子置换到溶液中去。这种过程称为离子交换吸附或离子交换。离子交换

吸附是一个可逆过程，能进行离子交换吸附的吸附剂称为离子交换剂。

离子交换树脂是一种常见的离子交换剂，按其性能常分为阳离子交换树脂和阴离子交换树脂。阳离子交换树脂一般含有—SO_3H、—$COOH$等基团，可与阳离子进行交换；阴离子交换树脂一般含有—NH_2、≡N、—$N^+(CH_3)_3$等基团，可与阴离子进行交换。

实验室中常用离子交换树脂法制备去离子水。其过程一般为：

天然水 $\xrightarrow{}$ 阳离子交换树脂 $\xrightarrow{\text{去除 } Na^+、K^+、Ca^{2+}、Mg^{2+}、Fe^{3+} \text{ 等阳离子}}$ 阴离子交换树脂 $\xrightarrow{\text{去除 } Cl^-、SO_4^{2-}、CO_3^{2-} \text{ 等阴离子}}$ 去离子水

生成的去离子水常代替蒸馏水在化学实验中使用。

1.4.1.2 胶团结构

以$FeCl_3$水解制备$Fe(OH)_3$溶胶为例说明胶团的结构。$FeCl_3$水解反应如下：

$$Fe^{3+} + H_2O \rightleftharpoons Fe(OH)^{2+} + H^+$$
$$Fe(OH)^{2+} + H_2O \rightleftharpoons Fe(OH)_2^+ + H^+$$
$$Fe(OH)_2^+ + H_2O \rightleftharpoons Fe(OH)_3 + H^+$$
$$Fe(OH)_2^+ \rightleftharpoons FeO^+ + H_2O$$

水解产生的$Fe(OH)_3$分子聚集成直径在$1\sim100nm$范围内的$[Fe(OH)_3]_m$ [m为$Fe(OH)_3$分子的个数]颗粒，构成溶胶颗粒的核心，称为胶核。胶核优先吸附溶液中与本身组成有关的FeO^+后，使胶核带正电。FeO^+称为电位离子。由于静电引力，带电的胶核又吸附与其符号相反的Cl^-，Cl^-称为反离子。溶液中的反离子一方面受电位离子的静电吸引，有靠近胶核的趋势；另一方面由于本身的热运动，有离开胶核扩散出去的趋势。在这两种相互作用的影响下，反离子就分为两部分：一部分反离子受电位离子的吸引而被束缚在胶核表面，与电位离子一起构成吸附层；另一部分反离子在吸附层之外扩散分布，构成扩散层，这样由吸附层和扩散层构成了胶粒表面的双电层结构。在扩散层中，离胶核表面越远，反离子浓度越小，最后达到与溶液本体中的浓度相等。

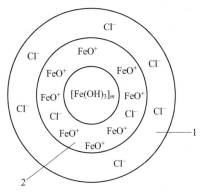

图 1-3　$Fe(OH)_3$溶胶的胶团结构
1—扩散层；2—吸附层

在电场作用下，胶核是带着吸附层一起运动的，胶核与吸附层构成的运动单元称为胶粒。由于胶粒中反离子所带电荷总数比电位离子的电荷总数要少，所以胶粒是带电的，而且电荷符号与电位离子相同。胶粒和扩散层反离子包括在一起总称为胶团。在胶团中，吸附层和扩散层内反离子所带电荷总数与电位离子的电荷总数相等，但电荷符号相反，故胶团是电中性的。$Fe(OH)_3$溶胶的胶团结构如图1-3所示，其胶团结构式及各部分的名称表示如下：

$$\{\underbrace{\underbrace{[Fe(OH)_3]_m}_{\text{胶核}} \cdot \underbrace{nFeO^+}_{\text{电位离子}} \cdot \underbrace{(n-x)Cl^-}_{\text{反离子}}\}^{x+}_{\text{吸附层}} \cdot \underbrace{xCl^-}_{\substack{\text{反离子}\\\text{扩散层}}}}_{\substack{\text{胶粒}\\\text{胶团}}}$$

式中　m——胶核中$Fe(OH)_3$的分子数；

　　　n——电位离子（FeO^+）的数目，n比m的数值要小得多；

　　　x——扩散层反离子（Cl^-）的数目；

　　　$n-x$——吸附层中反离子（Cl^-）的数目。

在外加电场的作用下,胶团在吸附层和扩散层之间的界面上发生分离,胶粒向一个电极移动,扩散层反离子向另一个电极移动。由此可见,胶团在电场作用下的行为与电解质很相似。

再如 As_2S_3 胶体,其制备反应为:
$$2H_3AsO_3 + 3H_2S \rightleftharpoons As_2S_3 + 6H_2O$$

溶液中过量的 H_2S 则发生解离:
$$H_2S \rightleftharpoons H^+ + HS^-$$

在这种情况下,HS^- 是和 As_2S_3 组成有关的离子,因此 HS^- 被选择吸附而使 As_2S_3 溶胶带负电。

As_2S_3 溶胶的胶团结构式表示如下:
$$[(As_2S_3)_m \cdot nHS^- \cdot (n-x)H^+]^{x-} \cdot xH^+$$

硅酸溶胶是一种常见的溶胶。胶核是由许多 H_2SiO_3 分子缩合而成的,在表面上的 H_2SiO_3 分子可发生如下解离:
$$H_2SiO_3 \rightleftharpoons H^+ + HSiO_3^- \qquad HSiO_3^- \rightleftharpoons H^+ + SiO_3^{2-}$$

结果 H^+ 则进入溶液,在胶粒表面留下 $HSiO_3^-$ 和 SiO_3^{2-} 而使胶体粒子带负电。硅酸溶胶的胶团结构式表示如下:
$$[(H_2SiO_3)_m \cdot nHSiO_3^- \cdot (n-x)H^+]^{x-} \cdot xH^+$$

用 $AgNO_3$ 溶液与 KI 溶液作用制备的 AgI 溶胶,当 KI 过量时,制得 AgI 负溶胶,胶团结构式为:
$$[(AgI)_m \cdot nI^- \cdot (n-x)K^+]^{x-} \cdot xK^+$$

相反,若 $AgNO_3$ 过量,制得 AgI 正溶胶,则 AgI 溶胶的胶团结构式为:
$$[(AgI)_m \cdot nAg^+ \cdot (n-x)NO_3^-]^{x+} \cdot xNO_3^-$$

从 $Fe(OH)_3$ 溶胶和 H_2SiO_3 溶胶的制备可以看出,胶粒带电的原因分两种情况:①选择性吸附带电,如 $Fe(OH)_3$ 溶胶胶粒是吸附 FeO^+ 而带电的;②胶核表面解离带电,如 H_2SiO_3 溶胶胶粒带电是胶核表面上的 H_2SiO_3 分子解离所致。

1.4.2 胶体的性质

1.4.2.1 光学性质

1869 年丁铎尔(Tyndall)发现,让一束聚光光束照射到胶体时,在与光束垂直的方向上可以观察到一个发光的圆锥体,这种现象称为丁铎尔现象或丁铎尔效应(见图1-4)。

丁铎尔现象的产生与分散质颗粒的大小及入射光的波长有关。当光束照射到大小不同的分散质粒子上时,除了光的吸收之外,还可能产生光的反射和散射。如果分散质粒子远大于入射光波长,光在分散质粒子表面发生反射。如果分散质粒子小于入射光波长,则在分散质粒子表面产生光的散射。这时分散质粒子本身就好像是一个光源,光波绕过分散质粒子向各个方向散射出去,散射出的光称为乳光。由于胶体中分散质颗粒的直径在 1~100nm,小于可见光的波长(400~760nm),因此光通过胶体时便产生明显的散射作用。

在分子或离子分散系中,由于分散质粒子太小,散射作用十分微弱,观察不到丁铎尔现象。故丁铎尔效应是胶体所特有的光学性质。

根据光的散射原理,设计制造的超显微镜(见图1-5),可以观察到直径 10~300nm 的粒子。由超显微镜观察到的粒子,并不是粒子本身的实际大小,而是比粒子本身大若干倍的发光点，这些发光点是由粒子对光的散射所形成的。

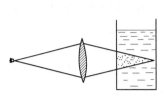

图 1-4　丁铎尔效应

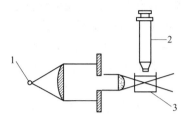

图 1-5　超显微镜
1—光源；2—显微镜；3—样品池

1.4.2.2　动力学性质

用超显微镜对胶体溶液进行观察，可以看到代表分散质粒子的发光点在不断地作无规则的运动，这种运动称为布朗（Brown）运动（见图 1-6）。产生布朗运动的原因是分散体系本身的热运动，分散剂分子从不同方向不断撞击胶粒，某一瞬间其合力不为零时，胶粒就有可能产生运动，由于合力的方向不确定，所以胶粒的运动方向也不确定，即表现为曲折的运动。对于粗分散体系，分散质粒子较大，某一瞬间受到分散剂分子从各个方向冲击的合力不足以使其产生运动，所以就看不到布朗运动。

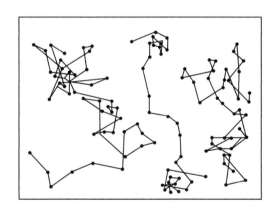

图 1-6　布朗运动

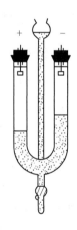

图 1-7　电泳管

溶胶粒子的布朗运动导致其具有扩散作用，即可以自发地从粒子浓度大的区域向浓度小的区域扩散，但由于溶胶粒子比一般的分子或离子大得多，所以它的扩散速度比真溶液中溶质分子或离子要慢得多。

在溶胶中，由于溶胶粒子本身的重力作用，溶胶粒子将会发生沉降，沉降过程导致粒子浓度分布不均匀，即下部较浓上部较稀。布朗运动会使溶胶粒子由下部向上部扩散，因而在一定程度上抵消了由于溶胶粒子的重力作用而引起的沉降，使溶胶具有一定的稳定性，这种稳定性称为动力学稳定性。

1.4.2.3　溶胶的电学性质

在外电场作用下，分散质和分散剂发生相对移动的现象称为溶胶的电学性质。电学性质主要有电泳和电渗两种。

(1) 电泳

在外电场作用下,溶胶中胶粒定向移动的现象称为电泳。例如,在一 U 形管内首先放入红棕色的 $Fe(OH)_3$ 溶胶(见图 1-7),然后在溶胶液面上小心加入稀 NaCl 溶液,并使两溶液之间有明显的界面。在 U 形管两端各插入一根电极,接上直流电源后,可以看到 $Fe(OH)_3$ 溶胶在阴极端的红棕色界面向上移动,而在阳极端的界面向下移动。这说明 $Fe(OH)_3$ 溶胶的胶粒带正电荷。如果用 As_2S_3 溶胶做同样的实验,可以看到阳极附近的黄色界面上升,阴极附近的界面下降,表明 As_2S_3 溶胶胶粒带负电荷。

(2) 电渗

与电泳现象相反,使溶胶粒子固定不动而分散剂在外电场作用下作定向移动的现象称为电渗。例如,将 $Fe(OH)_3$ 溶胶放入具有多孔性隔膜(如素瓷、多孔性凝胶等)的电渗管中,通电一段时间后,发现正极一侧液面上升,负极一侧液面下降,如图 1-8 所示。可以看出,分散剂向正极方向移动,说明分散剂是带负电的。$Fe(OH)_3$ 溶胶粒子则因不能通过隔膜而附在其表面。实验证明,液体介质的电渗方向总是与胶粒电泳方向相反,这是因为胶粒表面所带电荷与分散剂液体所带电荷是异性的。

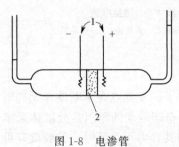

图 1-8 电渗管
1—电极;2—多孔性固体

1.4.3 溶胶的稳定性和聚沉

1.4.3.1 溶胶的稳定性

溶胶和粗分散系相比,具有很高的稳定性。其主要原因可以从以下三方面考虑。

① 胶粒的布朗运动 由于溶胶本身的热运动,胶粒在不停地作无规则运动,使其能够阻止胶粒因本身的重力而下沉。

② 电荷的排斥作用 在溶胶系统中,由于溶胶粒子都带有相同的电荷,当其接近到一定程度时,同号电荷之间的相互排斥作用,阻止了它们近一步靠近而凝聚。

③ 溶剂化作用 胶团中的电位离子和反离子都能发生溶剂化作用,在其表面形成具有一定强度和弹性的溶剂化膜(在水中就称为水化膜),这层溶剂化膜既可以降低溶胶粒子之间的直接接触的能力,又可以降低溶胶粒子的表面能,从而提高了溶胶的稳定性。

1.4.3.2 溶胶的聚沉

在溶胶体系中,由于其颗粒较小,表面能很高,所以其稳定性是暂时的、有条件的、相对的。由溶胶稳定的原因可知,只要破坏了溶胶稳定存在的条件,胶粒就能聚集成大颗粒而沉降。这种胶体粒子聚集成较大颗粒而从分散系中沉降下来的过程称为溶胶的聚沉。

(1) 加入电解质

在溶胶中加入少量强电解质,溶胶就会表现出很明显的聚沉现象,如溶液由澄清变浑浊及颜色发生改变等。这是由于在溶胶中加入电解质后,溶液中离子浓度增大,被电位离子吸引进入吸附层的反离子数目就会增多,其结果是胶粒间的电荷排斥力减小,胶粒失去了静电相斥的保护作用。同时,加入的电解质有很强的溶剂化作用,它可以夺取胶粒表面溶剂化膜中的溶剂分子,破坏胶粒的溶剂化膜,使其失去溶剂化膜的保护,因而胶粒在碰撞过程中会相互结合成大颗粒而聚沉。

电解质对溶胶的聚沉能力，通常用聚沉值来表示。聚沉值是指在一定条件下，使定量的溶胶在一定的时间内明显聚沉所需电解质的最低浓度（mmol·L^{-1}）。显然，某一电解质对溶胶的聚沉值越小，其聚沉能力就越大；反之，聚沉值越大，其聚沉能力就越小。由电解质聚沉的原理可知，电解质的负离子对正溶胶的聚沉起主要作用，正离子对负溶胶的聚沉起主要作用，聚沉能力随离子价数的升高而显著增加，这一规律称为舒尔采-哈迪（Schulze-Hardy）规则。例如，在负电性的 As_2S_3 溶胶中加入 $AlCl_3$、$MgCl_2$ 和 $NaCl$ 溶液均可使其发生聚沉。但由于它们的阳离子价数不同，其聚沉能力存在很大差别，其中 Al^{3+} 的聚沉能力是 Mg^{2+} 的几十倍，是 Na^+ 的数百倍。

（2）加入带相反电荷的溶胶

把电性相反的两种溶胶以适当比例相互混合时，溶胶将发生聚沉，这种聚沉称为溶胶的相互聚沉。如 As_2S_3 溶胶和 $Fe(OH)_3$ 溶胶混合则产生沉淀。

（3）加热

加热可使很多溶胶发生聚沉。这是由于加热不仅能够加快胶粒的运动速度，增加胶粒间相互碰撞的机会，而且也降低了胶核对电位离子的吸附能力，破坏了胶粒的溶剂化膜，使胶粒间碰撞聚结的可能性大大增加。

*1.4.4 高分子溶液

高分子化合物是指具有较大相对分子质量的大分子化合物，如蛋白质、纤维素、淀粉、动植物胶、人工合成的各种树脂等。高分子化合物溶于水或其他溶剂所形成的溶液称为高分子溶液。

高分子溶液是分子分散的、稳定的单相分散系，具有真溶液的特点。但是由于高分子溶液中溶质分子的大小与溶胶粒子相近，故可表现出溶胶的某些特性，如不能透过半透膜、扩散速度慢等，因而又被归入胶体分散系内。由于它易溶于溶剂中形成稳定的单相体系，所以又被称为亲液溶胶。一般的溶胶则因为其分散质不溶于介质，而称为憎液溶胶。高分子溶液与溶胶的性质区别见表 1-5。

表 1-5 高分子溶液和溶胶在性质上的差异

高分子溶液	溶　　胶
分散质能溶于分散介质,形成单相均匀体系	分散质不溶于分散介质,形成介质稳多相体系
丁铎尔效应不明显	具有显著的丁铎尔效应
粒子不带电,其主要的稳定因素是强烈的溶剂化作用	主要的稳定因素是溶胶粒子带电
对电解质不敏感,大量电解质才能使之聚沉	对电解质敏感,少量电解质即可使之聚沉
具有很高的黏度	黏度较小

向溶胶中加入适量高分子溶液，能大大提高溶胶的稳定性，这种作用称为高分子溶液对溶胶的保护作用。由于高分子化合物具有链状而易卷曲的结构，当其被吸附在胶粒表面上时，能够将胶粒包裹在内，降低溶胶对电解质的敏感性；另外，由于高分子化合物具有强烈的溶剂化作用，在溶胶粒子的表面形成了一种水化保护膜，从而阻止了胶粒之间的直接碰撞，提高了溶胶的稳定性。

高分子溶液的保护作用在生理过程中具有重要意义。例如健康人体血液中所含的难溶盐［如 $MgCO_3$、$Ca_3(PO_4)_2$］是以溶胶状态存在的，由血清蛋白等高分子化合物保护着，但在发生某些疾病时，保护物质就会减少，因而可能使这些溶胶在身体的某些部位凝结下来而成为结石。

*1.5 乳浊液与悬浮液

小液滴分散到液体里形成的混合物叫作乳浊液，分散质粒子的直径大于100nm，为很多分子的集合体。乳浊液不透明、不均一、不稳定，能透过滤纸不能透过半透膜。静置后会出现液体上下分层的现象。大于100nm不溶的固体小颗粒悬浮于液体里形成的混合物叫悬浊液。悬浊液不透明、不均一、不稳定，不能透过滤纸，静置后会出现分层。乳浊液与悬浊液有很广泛的用途。

在农业生产中，为了合理使用农药，常把不溶于水的固体或液体农药，配制成悬浊液或乳浊液，用来喷洒受病虫害的农作物。这样农药药液散失的少，附着在叶面上的多，药液喷洒均匀，不仅使用方便，而且节省农药，提高药效。

在医疗方面，常把一些不溶于水的药物配制成悬浊液来使用。治疗扁桃体炎等用的青霉素钾（钠）等，在使用前要加适量注射用水，摇匀后成为悬浊液，供肌肉注射。用X射线检查肠胃病时，让病人服用硫酸钡的悬浊液（俗称钡餐）等。

粉刷墙壁时，常把熟石灰粉（或墙体涂料）配制成悬浊液（内含少量胶质），均匀地喷涂在墙壁上。

思 考 题

1-1 实际气体在什么条件下可作为理想气体处理？
1-2 相与状态是否为同一概念？举例说明。
1-3 雾和霾有什么区别？
1-4 哪些量在使用时需要注明基本单元？
1-5 难挥发的非电解质和电解质稀溶液的微观粒子有什么区别？这些粒子对稀溶液的依数性贡献是否相同？
1-6 为什么盐碱地难以生长作物？
1-7 为什么海水中的鱼在淡水中会死亡？
1-8 什么条件下溶剂可以由低浓度向高浓度渗透？这种渗透有什么意义？
1-9 电泳和电渗有什么区别？
1-10 为什么电荷数较大的离子对溶胶的稳定性影响更大？
1-11 悬浊液和乳浊液在生活中有什么应用？请举例说明。

习 题

1-1 计算298.15K和热力学标准压力下1mol理想气体的体积。
1-2 将10.0g Zn加入到100mL盐酸中，产生的H_2在20℃及101.3kPa下进行收集，体积为2.00L，问：(1)气体干燥后，体积是多少？(20℃时水的饱和蒸气压为2.33kPa) (2)反应是Zn过量还是HCl过量？
1-3 某气体在293K和9.97×10^4Pa时的体积为0.190L，质量为0.132g。求该气体的

相对分子质量。它可能是什么气体？

1-4 浓盐酸含 HCl 37.0%，密度为 $1.19\text{g}\cdot\text{mL}^{-1}$，计算浓盐酸的物质的量浓度、质量摩尔浓度，以及 HCl 和 H_2O 的摩尔分数。

1-5 3.00%碳酸钠溶液的密度为 $1.03\text{g}\cdot\text{mL}^{-1}$，配制此溶液 500mL，需用 $Na_2CO_3\cdot 10H_2O$ 多少克？溶液的物质的量浓度为多少？

1-6 质量分数为 3.00%的某 Na_2CO_3 溶液，密度为 $1.05\text{g}\cdot\text{mL}^{-1}$，试求溶液的 $c(Na_2CO_3)$、$x(Na_2CO_3)$ 和 $b(Na_2CO_3)$。

1-7 质量分数为 0.120 的 $AgNO_3$ 水溶液，在 293.15K 及标准压力时的密度为 $1.1080\times 10^3\text{kg}\cdot\text{m}^{-3}$，求该情况下溶质 $AgNO_3$ 的摩尔分数、物质的量浓度和质量摩尔浓度。

1-8 求 25℃时 450g 水中含有 0.200mol 难挥发非电解质稀溶液的蒸气压。

1-9 计算 5.00%的蔗糖（$C_{12}H_{22}O_{11}$）水溶液及 0.500%的葡萄糖（$C_6H_{12}O_6$）水溶液的沸点。

1-10 比较下列各溶液的指定性质的高低（或大小）次序。

(1) 凝固点：$0.1\text{mol}\cdot\text{kg}^{-1}$ $C_{12}H_{22}O_{11}$ 水溶液；$0.1\text{mol}\cdot\text{kg}^{-1}$ CH_3COOH 的水溶液，$0.1\text{mol}\cdot\text{kg}^{-1}$ KCl 的水溶液。

(2) 渗透压：$0.1\text{mol}\cdot\text{L}^{-1}$ $C_6H_{12}O_6$ 溶液；$0.1\text{mol}\cdot\text{L}^{-1}$ $CaCl_2$ 溶液；$0.1\text{mol}\cdot\text{L}^{-1}$ KCl 溶液。

1-11 甲状腺素是人体中一种重要激素，它能抑制身体里的新陈代谢。如果 0.455g 甲状腺素溶解在 10.0g 苯中，溶液的凝固点是 5.144℃，纯苯在 5.444℃时凝固。问甲状腺素的相对分子质量是多少？（苯的 $K_f=5.12\text{K}\cdot\text{kg}\cdot\text{mol}^{-1}$）

1-12 将 1.01g 胰岛素溶于适量水中配制成 100mL 溶液，测得 298.15K 时该溶液的渗透压力为 4.34kPa，试问该胰岛素的分子量为多少？

1-13 有两种溶液在同一温度时结冰，已知其中一种溶液为 1.50g 尿素 [$CO(NH_2)_2$] 溶于 200g 水中，另一种溶液为 42.8g 某未知物溶于 1000g 水中，求该未知物的摩尔质量（尿素的摩尔质量为 $60.0\text{g}\cdot\text{mol}^{-1}$）。

1-14 取 0.817g 苯丙氨酸溶于 50.0g 水中，测得凝固点为 -0.184℃，求苯丙氨酸的摩尔质量。

1-15 将 100g 质量分数为 95%的浓硫酸加入 100g 水中，稀释后溶液的密度为 $1.13\text{g}\cdot\text{mL}^{-1}$。计算稀释后溶液的质量分数、质量摩尔浓度和物质的量浓度。

1-16 将 3.20g 硫溶于 40.0g 苯中，所得溶液的沸点比纯苯升高了 0.800K。已知苯的沸点升高系数 $k_b=2.56\text{K}\cdot\text{kg}\cdot\text{mol}^{-1}$，$M(S)=32.0\text{g}\cdot\text{mol}^{-1}$，问在此苯溶液中硫分子是由几个硫原子组成的？

1-17 人体血浆的凝固点为 272.50 K，求 310 K 时的渗透压。

1-18 在 2000g 水中溶解多少克甘油（$C_3H_8O_3$）才能与 100g 水中溶解 3.42g 蔗糖（$C_{12}H_{22}O_{11}$）得到的溶液具有相同凝固点？已知 $M(C_3H_8O_3)=92.0\text{g}\cdot\text{mol}^{-1}$，$M(C_{12}H_{22}O_{11})=342\text{g}\cdot\text{mol}^{-1}$。

1-19 把 $0.020\text{mol}\cdot\text{L}^{-1}$ 的 KCl 溶液 12.0mL 和 $0.0050\text{mol}\cdot\text{L}^{-1}$ 的 $AgNO_3$ 溶液 100.0mL 混合制得 AgCl 胶体，电泳时胶粒向哪一个电极移动？并写出胶团结构式。

1-20 在 H_3AsO_3 的稀溶液中通入 H_2S 气体，生成 As_2S_3 溶液。已知 H_2S 能解离成 H^+ 和 HS^-。试写出 As_2S_3 胶团的结构。

1-21 欲制备 AgI 的正溶胶。在浓度为 $0.016\text{mol}\cdot\text{L}^{-1}$、体积为 0.025L 的 $AgNO_3$ 溶

液中最多只能加入 0.0050mol·L^{-1} 的 KI 溶液多少毫升？试写出该溶胶的胶团结构表示式。相同浓度的 $MgSO_4$ 及 $K_3Fe(CN)_6$ 两种溶液，哪一种更容易使上述溶胶聚沉？

1-22　混合等体积 0.0090mol·L^{-1} $AgNO_3$ 溶液和 0.0060mol·L^{-1} K_2CrO_4 溶液制得 Ag_2CrO_4 溶胶。写出该溶胶的胶团结构式，并注明各部分的名称。该溶胶的稳定剂是何种物质？现有 $MgSO_4$、$K_3[Fe(CN)_6]$、$[Co(NH_3)_6]Cl_3$ 三种电解质，它们对该溶胶起凝结作用的是何种离子？三种电解质对该溶胶凝结值的大小次序如何？

第 1 章电子资源网址：

http://jpkc.hist.edu.cn/index.php/Manage/Preview/load_content/sub_id/123/menu_id/2988

电子资源网址二维码：

第 2 章
化学反应基本原理

学习要求

1. 了解热化学方程式及其书写方式，理解状态函数、功、热、热力学能、焓、物质的标准态等概念，掌握热力学第一定律及相关计算、定容反应热与热力学能变的关系、定压反应热与焓变的关系、盖斯定律及化学反应热效应的计算方法；

2. 理解自发过程的趋势和特点，掌握化学反应的标准摩尔熵变和标准摩尔自由能变的计算，掌握自发反应的判断方法、吉布斯-亥姆霍兹方程及相关计算；

3. 掌握 Q、W、ΔU、$\Delta_r H_m$、$\Delta_r H_m^\ominus$、$\Delta_f H_m^\ominus$、$\Delta_r S_m$、$\Delta_r S_m^\ominus$、$S_m^\ominus$、$\Delta_r G_m$、$\Delta_r G_m^\ominus$、$\Delta_f G_m^\ominus$ 等符号的含义；

4. 理解化学平衡的特点，了解化学反应等温方程式，掌握标准平衡常数 $K^\ominus$、$\Delta_r G_m^\ominus$ 与 $K^\ominus$ 的关系及有关化学平衡的计算，熟悉各种因素对化学平衡的影响；

5. 了解有关反应速率的概念和反应速度理论，理解基元反应、反应级数、活化分子、活化能、催化剂等概念，掌握浓度、温度、催化剂对化学反应速率的影响及质量作用定律的应用。

2.1 化学反应的能量关系

2.1.1 能量守恒定律

2.1.1.1 体系和环境

应用化学热力学进行研究和实验时，为了便于研究，常把研究的对象与周围其他部分区分开。我们把研究的对象称为体系，而与体系有关的其余部分称为环境。体系和环境的划分完全是人为的。

为了研究方便，根据体系与环境之间的物质和能量的交换情况，通常将体系划分为三类：

① 封闭体系：体系与环境之间只有能量交换，没有物质交换。

② 敞开体系：体系与环境之间既有能量交换，又有物质交换。

③ 孤立体系（隔离体系）：体系与环境之间既没有能量交换，也没有物质交换。

例如，在一个烧杯中装入加热的食盐水溶液，若以烧杯中的食盐水溶液为体系，而液面以上的水蒸气、空气等是环境，体系与环境之间既有物质交换，又有能量交换，就是敞开体系。若在烧杯上面加上盖子，烧杯中的溶液不再与外面的环境进行物质交换，但还有能量交换，就是一个封闭体系。若再用绝热层将烧杯包住，烧杯中的溶液与外面的环境既不进行物质交换，又不进行能量交换，就构成了一个孤立体系。

由于自然界并无绝对不传热的物质，所以真正的孤立体系是不存在的，它只是为了研究问题的方便，人为的抽象而已。热力学中常常把体系与环境合并在一起视为孤立体系，即：体系＋环境＝孤立体系。

2.1.1.2 状态与状态函数

热力学认为，若已知某一体系中物质的化学成分、数量与形态，同时，体系的温度、压力、体积都有确定的值时，则称该体系处于一定的状态。即体系的状态是体系所有物理和化学性质的综合表现。当体系的所有性质都具有一定值且不随时间而变化时，体系就处于某一宏观的热力学状态，简称为状态。反之，当体系处于一定状态时，则描述体系状态的各种宏观物理量也必定有确定值与之相对应。当体系某性质的值发生了变化，则体系的状态就发生了变化，即由一种状态变化到另一种状态。通常把体系变化前的状态称为始态，变化后的状态称为终态。例如，1mol 的空气由 25℃、101325Pa 变化到 100℃、202650Pa，则前者为始态，后者为终态。由此可见，体系状态与体系性质是密切相关的。体系性质与体系状态保持一种函数关系。因此，用来描述体系状态的各种宏观性质称为状态函数，它具有如下特征：

① 体系的状态确定后，每一个状态函数都具有单一的确定值，而与体系如何形成和将来的变化无关；

② 体系由始态变化到终态，状态函数的改变值仅取决于体系的始态和终态，与体系变化的途径无关；

③ 体系经历循环过程后（始、终态相同），各个状态函数的变化值都等于零。

由于体系的性质之间存在相互联系，因此在确定体系的状态时，只要确定其中几个独立变化的性质即可确定体系的状态，并不需要列出体系所有的性质。如在一定条件下，对物质的量不变的理想气体，只需确定两个性质，就可以根据理想气体状态方程 $pV=nRT$ 确定其他性质，随之状态就确定了。

2.1.1.3 广度性质和强度性质

根据体系状态的宏观性质与体系物质量之间的关系，体系性质可分为广度性质和强度性质两类。

(1) 广度性质

这种性质在数值上与体系中物质的量成正比。将体系分割为若干部分时，体系的某一性质等于各部分该性质之和。如一盛有气体的容器用隔板分成两部分，则气体的总体积为两部分气体体积之和。属于广度性质的有：体积、质量、热力学能、焓、熵、吉布斯自由能等。

(2) 强度性质

它是体系本身的特性，其数值与体系中物质的量无关，不具有加和性。上述分隔为两部分的容器，其内部气体的温度绝不是两部分温度之和。属于强度性质的有：温度、压力、密度、浓度、黏度等等。

强度性质通常是由两个广度性质之比构成的，如物质的量与体积之比为物质的量浓度，质量与体积之比为密度。

2.1.1.4 过程与途径

体系状态发生的变化叫过程。像气体的升温、压缩，液体蒸发为蒸气，晶体从液体中析出以及发生化学反应等等，均称进行了一个热力学过程。常见的特定过程有如下几种：

① 定温过程：体系的始态温度 T_1、终态温度 T_2、环境温度 T_e 均相等的过程，即 $T_1=T_2=T_e$。

② 定容过程：体系的体积始终保持不变的过程。

③ 定压过程：体系的始态压力 p_1、终态压力 p_2、环境压力 p_e 均相等的过程，即 $p_1=p_2=p_e$。

④ 绝热过程：体系与环境间无热交换的过程，即 $Q=0$。

⑤ 循环过程：是指体系从一状态出发经一系列的变化后又回到原来状态的过程。

完成状态变化的具体步骤则称作途径。应该指出，体系在一定的始态和终态之间完成状态变化的具体途径可能有无数条。但其状态函数的变化量则总是相等的，与所经历途径无关，如下所示：

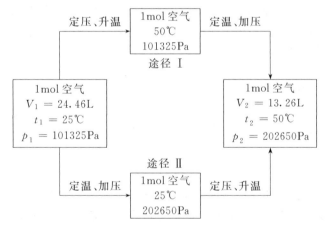

1mol 空气（理想气体）从温度 25℃、压力 101325Pa 变化至温度 50℃、压力 202650Pa，经历了两条不同的途径，但是体系的体积变化值 $\Delta V=V_2-V_1$，不论哪一条途径，ΔV 的值均为 -11.20L。

2.1.1.5 能量守恒定律

热与功是体系状态发生变化时，与环境交换能量的两种不同形式。因热与功只是能量交换形式，而且只有体系进行某一过程时才能以热与功的形式与环境进行能量交换。因此，热与功的数值不仅与体系的始、终状态有关，而且还与体系变化时所经历的具体途径有关，故将功与热称作途径函数。热与功具有能量的单位，为 J 或 kJ。

(1) 热

体系状态发生变化时，因其与环境之间存在温度差而引起的能量交换形式为热，以符号 Q 表示。热力学规定，体系从环境吸热，Q 为正值；体系向环境放热，Q 为负值。

(2) 功

体系状态发生变化时,除热以外,其他与环境进行能量交换的形式均为功,以符号 W 表示。热力学规定,体系对环境做功,W 为负值;环境对体系做功,W 为正值。因为除热之外,体系与环境交换能量的其他形式均归为功,所以功多种多样。热力学将功分为两种:一种是体系的体积发生变化时与环境交换能量的形式,称为体积功(或称膨胀功、无用功);除体积功之外的其他功称为非体积功(或称非膨胀功、有用功、其他功),如电功、机械功、表面功等。

(3) 热力学能

热力学能是指体系内所有粒子全部能量的总和,用符号 U 表示,具有能量的单位焦或千焦(J 或 kJ)。但是热力学能不包括体系整体平动的动能与体系整体处于外力场中所具有的势能。所谓粒子的全部能量之和从微观角度看,它应包括体系中分子、原子、离子等质点的动能(平动能、转动能、振动能);各种微观粒子相互吸引或排斥而产生的势能;原子间相互作用的化学键能;电子运动能;原子核能等。

热力学能是体系本身的性质,仅取决于体系的状态。由于体系内部粒子运动以及离子间相互作用的复杂性,所以迄今为止无法确定体系处于某一状态下热力学能的绝对值。但由于热力学能是体系的状态函数,具有状态函数的一切特征。在热力学中,ΔU 的大小可通过体系与环境交换的热和功的多少来确定。热力学能是体系的广度性质,具有加和性。

(4) 热力学第一定律

人类经过长期的实践,总结出一条极其重要的经验规律——能量守恒定律。该定律指出:能量有各种形式,并能从一种形式转变为另一种形式,从一种物质传递到另一种物质,但在转变和传递过程中总能量不变。把能量守恒定律用在热力学过程,就称为热力学第一定律。

对于封闭体系,当体系从始态 1 变至终态 2 时,环境若以热和功的形式分别向体系提供的能量为 Q 和 W。根据热力学第一定律,环境传递给体系的这两部分能量只能转变为体系的热力学能。即体系从始态 1 变至终态 2 的热力学能变化量 $\Delta U = U_2 - U_1$ 来自于环境供给的热和功。故:

$$\Delta U = Q + W \tag{2-1}$$

式中,Q、W 的正负号如前所述规定,均以体系实际得失来确定,即体系从环境得功与热,W、Q 的数值规定为正;反之,W、Q 的数值规定为负。即,热力学能增加为正,减少为负。

从式(2-1)还可得到如下结论:

① 孤立体系因与环境之间既无物质交换又无能量交换,所以孤立体系进行任何过程时,Q、W 均为零,故孤立体系中的热力学能 U 不变,即孤立体系中热力学能守恒。这是热力学第一定律的又一种说法。

② 由热力学第一定律表达式可知,若体系在相同的始态、终态间经历不同途径时,各个途径的 Q、W 值可能各不相同,但 $Q+W$ 的数值必然相同,都等于 ΔU,而与具体途径无关。

例 2-1 某体系在一定的变化中从环境吸收 50kJ 的能量,对环境做了 30kJ 的功,求体系和环境的热力学能变化各是多少?

解:体系吸热 50kJ,所以 $Q_体 = 50$kJ,体系对环境做了 30kJ 的功,故 $W_体 = -30$kJ
根据式(2-1) $\Delta U_体 = Q_体 + W_体 = 50 + (-30) = 20 (\text{kJ})$

对于环境而言，体系吸热，环境就要放热，故 $Q_环=-50\text{kJ}$，环境接受体系做的功，故 $W_环=30\text{kJ}$
根据式(2-1) $\Delta U_环=Q_环+W_环=-20(\text{kJ})$

计算结果表明，变化过程中体系增加了 20kJ 的能量，环境减少了 20kJ 的能量。若将体系和环境加和组成一个大的孤立体系，则体系和环境总能量保持不变。

2.1.2 化学反应热

化学反应总是伴有能量的吸收或放出，对化学反应体系来说，这种能量的变化是非常重要的。

2.1.2.1 化学计量数及化学反应进度

(1) 化学计量数
对于某化学反应
$$a\text{A}+d\text{D}=\!=\!=g\text{G}+h\text{H}$$
在热力学中，状态函数的增量习惯用终态减去始态的方式，上述计量方程可移项表示为：
$$g\text{G}+h\text{H}-a\text{A}-d\text{D}=0$$
即
$$0=\sum_{\text{B}}\nu_\text{B}\text{B}$$

式中 B——该化学反应中任一反应物或产物的化学式；
ν_B——反应物或产物 B 的化学计量数，是化学反应计量方程式中物质 B 的系数（整数或简分数），其量纲为一，对于反应物取负值，对于产物取正值。相应于上式所表示的反应计量方程式 $\nu_\text{A}=-a$、$\nu_\text{D}=-d$、$\nu_\text{G}=g$、$\nu_\text{H}=h$。

(2) 化学反应进度
为了表示化学反应进行的程度，国家标准 GB 3102.8—1993 规定了一个物理量——化学反应进度，其符号为 ξ，单位为 mol。虽然 ξ 的单位与物质的量 n 的单位相同，但其含义却不同。ξ 是不同于物质的量的一种新的物理量。化学反应进度 ξ 的定义式为：
$$\text{d}\xi=\nu_\text{B}^{-1}\text{d}n_\text{B} \quad 或 \quad \text{d}n_\text{B}=\nu_\text{B}\text{d}\xi \tag{2-2}$$
式(2-2)是化学反应进度的微分定义式。
若系统发生有限的化学反应，则：
$$\xi=\frac{n_\text{B}(t)-n_\text{B}(0)}{\nu_\text{B}}=\frac{\Delta n_\text{B}}{\nu_\text{B}} \tag{2-3}$$

在反应开始 $t=0$ 时，各物质的量为 $n_\text{B}(0)$，随反应进行到时刻 $t=t$ 时，反应物的量减少，产物的量增加，此时各物质的量为 $n_\text{B}(t)$。显然各物质的量的增加或减少，均与化学计量系数有关。ξ 的单位是 mol。从式(2-3)可以看出，$\xi=1\text{mol}$ 的物理意义表示有 a mol 的反应物 A 和 d mol 的反应物 D 参加反应完全消耗，可以生成 g mol 的产物 G 和 h mol 的产物 H。
例如合成氨反应：
$$3\text{H}_2+\text{N}_2=\!=\!=2\text{NH}_3$$
反应进度 $\xi=1\text{mol}$，表示 3mol H_2 和 1mol N_2 完全反应，生成 2mol NH_3。若将该反应式写成 $\frac{3}{2}\text{H}_2+\frac{1}{2}\text{N}_2=\!=\!=\text{NH}_3$ 时，反应进度 $\xi=1\text{mol}$，则表示有 $\frac{3}{2}$ mol 的 H_2 和 $\frac{1}{2}$ mol 的 N_2 参加反应完全消耗，生成 1mol NH_3。显然，反应进度与反应计量方程式的写法有关，它是按计

量方程式为单元来表示反应进行的程度的。同一化学反应，计量方程写法不同，消耗同样量的反应物，ξ 的数值不相同。对于同一计量方程，用反应体系中的任何一种物质的变化来表示反应进度，所得的数值均相同。故国际纯粹与应用化学联合会（IUPAC）建议在化学计算中采用反应进度进行相关计算。

测定化学反应热并研究其规律的科学称为热化学。热化学的基本理论是热力学第一定律。热化学中规定：只做体积功的化学反应体系，在反应物和产物的温度相等的条件下，反应体系所吸收或放出的热称为化学反应热，简称反应热。反应热通常指反应进度为 1mol 时的热。

热与过程有关，化学反应的热效应通常是在定容或定压条件下测定的，因此反应热有定容反应热和定压反应热。

2.1.2.2 定容反应热

在定温定容且不做非体积功的条件下，化学反应的反应热，称为定容反应热，用符号 Q_V 表示。

当体系经历一个定容过程时，因 $\Delta V=0$，故体积功 $W_{体}=0$，又因过程中体系与环境无非体积功交换，则 $W_{非}=0$，即 $W=W_{体}+W_{非}=0$。根据式(2-1)得：

$$Q_V = \Delta U \tag{2-4}$$

上式的物理意义为：在不做非体积功的条件下，过程的定容反应热 Q_V 等于体系的热力学能的变化 ΔU。就是说，若计算不做非体积功定容过程中的热 Q_V，只需求出热力学能的变化值 ΔU 即可。因为热力学能 U 是状态函数，其变化值 ΔU 只与体系的始态 1 和终态 2 有关。这样 ΔU 值的求取可在同一始、终态下通过别的途径来计算。另外，我们也可以利用弹式量热计测定体系的 Q_V 来确定 ΔU 的值。

2.1.2.3 定压反应热

在定温定压且不做非体积功的条件下，化学反应的反应热，称为定压反应热，用符号 Q_p 表示。由热力学第一定律可得：

$$\Delta U = Q + W = Q_p - p\Delta V$$

所以
$$\begin{aligned}Q_p &= \Delta U + p\Delta V \\ &= (U_2 - U_1) + p(V_2 - V_1) \\ &= (U_2 + pV_2) - (U_1 + pV_1)\end{aligned}$$

热力学中定义一个新的状态函数焓，用符号 H 表示：

令
$$H = U + pV \tag{2-5}$$

则
$$Q_p = H_2 - H_1 = \Delta H \tag{2-6}$$

上式的物理意义为：在不做非体积功的条件下，定压反应热等于体系焓的改变量。对于焓我们还应作如下的理解：

① 由焓的定义式 $H=U+pV$ 可知，焓 H 也具有能量的量纲。

② 由于 U、p、V 都是状态函数，而焓是 $U+pV$ 的组合，所以 H 也是状态函数，其变化值 ΔH 只取决于体系的始态和终态，而与途径无关。焓是体系的容量性质，具有加和性。

③ 由于热力学能 U 的绝对值无法测量，而 $H=U+pV$，所以焓的绝对值也无法测量。

④ 焓没有明确的物理意义，只是为了使用方便而在热力学上引入的一个物理量。

2.1.2.4 物质的标准态

前面提到的热力学函数 U、H 以及后面的 S、G 等均为状态函数，不同的系统或同一系统的不同状态均有不同的数值，同时它们的绝对值又无法确定。为了比较不同的系统或同一系统不同状态的这些热力学函数的变化，需要规定一个状态作为比较的标准，这就是热力学的标准状态。热力学中规定，标准状态是在温度 T 及标准压力 $p^{\ominus}$（$p^{\ominus}=100\text{kPa}$）下的状态，简称标准状态，用右上标"$\ominus$"表示。当系统处于标准态时，指系统中各物质均处于各自的标准态。对具体的物质而言，相应的标准态如下：

① 纯理想气体物质的标准态是该气体处于标准压力 $p^{\ominus}$ 下的状态；混合理想气体中任一组分的标准态是该气体组分的分压为 $p^{\ominus}$ 时的状态（在无机及分析化学中把气体均近似作理想气体）。

② 纯液体（或纯固体）物质的标准态就是标准压力 $p^{\ominus}$ 下的纯液体（或固体）。

③ 溶液中溶质的标准态是指标准压力 $p^{\ominus}$ 下溶质的浓度为 $c^{\ominus}$（$c^{\ominus}=1\text{mol}\cdot\text{L}^{-1}$）的溶液。

必须注意，在标准态的规定中只规定了标准压力 $p^{\ominus}$，并没有规定温度。处于标准状态的不同温度下的系统的热力学函数有不同的值。一般的热力学函数值均为 298.15K（即 25℃）时的数值，若非 298.15K 须特别指明。

2.1.2.5 热化学反应方程式

热化学方程式是表示化学反应与反应热关系的方程式。例如热化学方程式：

$$H_2(g)+I_2(g) \Longrightarrow 2HI(g) \quad \Delta_r H_m^{\ominus}(298.15\text{K})=-25.9\text{kJ}\cdot\text{mol}^{-1}$$

该式表示在标准态时，$1\text{mol H}_2(g)$ 和 $1\text{mol I}_2(g)$ 完全反应生成 $2\text{mol HI}(g)$，反应放热 25.9kJ。标准态时化学反应的摩尔焓变称为标准摩尔反应焓，用符号 $\Delta_r H_m^{\ominus}$ 表示。

书写和应用热化学方程式时必须注意以下几点：

① 明确写出反应的计量方程式。各物质化学式前的化学计量数可以是整数，也可以是分数。

② 在各物质化学式右侧的圆括弧（ ）中注明物质的聚集状态。用 g、l、s 分别代表气态、液态、固态。固体有不同晶态时，还需将晶态注明，例如 S（斜方）、S（单斜）、C（石墨）、C（金刚石）等。溶液中的反应物质，则需注明其浓度。以 aq 代表水溶液，本书对在水溶液中进行的反应，aq 略去不写。

③ 反应热与反应方程式相互对应。若反应式的书写形式不同，则相应的化学计量数不同，从而反应热亦不同。

④ 热化学方程式必须标明反应的浓度、温度和压力等条件，若 $p=100\text{kPa}$、$T=298.15\text{K}$ 时可省略。如反应热 $\Delta_r H_m^{\ominus}(298.15\text{K})$ 可写成 $\Delta_r H_m^{\ominus}$，不必标明温度。

⑤ $\Delta_r H_m^{\ominus}$ 的意义为：标准压力下，反应进度 $\xi=1\text{mol}$ 时的焓变。下标 r 表示反应（reaction），下标 m 代表反应进度 $\xi=1\text{mol}$，上标 $\ominus$ 表示标准态。

⑥ $\Delta_r H_m^{\ominus}$ 或 $\Delta_r H_m$ 的单位为 $\text{kJ}\cdot\text{mol}^{-1}$ 或 $\text{J}\cdot\text{mol}^{-1}$。$\Delta H$ 表示一个过程的焓变，单位为 kJ 或 J。二者之间的关系为 $\Delta H=\xi\Delta_r H_m$ 或 $\Delta H^{\ominus}=\xi\Delta_r H_m^{\ominus}$。

2.1.2.6 盖斯定律

俄国化学家盖斯（Гесс）根据大量的实验事实总结出关于反应热的定律：一个化学反应，不论是一步完成还是分几步完成，其反应热是相同的，即反应热只与反应体系的始、终态有关，而与变化的途径无关。这一规律称为盖斯定律，是热化学中最基本的定律。盖斯定律适用于任何状态函数的变化。

盖斯定律是在热力学第一定律建立之前提出来的经验定律，在热力学第一定律建立之后，盖斯定律在理论上得到圆满的解释。因为在反应体系不做非体积功时，$Q_V = \Delta U$、$Q_p = \Delta H$。而 ΔU、ΔH 只与体系的始态、终态有关，所以无论是一步完成反应，还是多步完成反应，反应热都一样。

盖斯定律的实用性很强，利用它可将化学方程式像数学方程一样进行计算。根据已准确测定的反应热数据，通过适当运算就可以得到实际上难以测定的反应热。

例 2-2 已知 298.15K，标准状态下：

(1) $\quad Cu_2O(s) + \frac{1}{2}O_2(g) == 2CuO(s) \qquad \Delta_r H_m^\ominus(1) = -146.02 \text{kJ} \cdot \text{mol}^{-1}$

(2) $\quad CuO(s) + Cu(s) == Cu_2O(s) \qquad \Delta_r H_m^\ominus(2) = -11.30 \text{ kJ} \cdot \text{mol}^{-1}$

求 (3) $\quad CuO(s) == Cu(s) + \frac{1}{2}O_2(g)$ 的 $\Delta_r H_m^\ominus$？

解： 由题意可知将(1) 调转方向得：

(4) $\quad 2CuO(s) == Cu_2O(s) + \frac{1}{2}O_2(g) \qquad \Delta_r H_m^\ominus(4) = 146.02 \text{kJ} \cdot \text{mol}^{-1}$

$$(3) = (4) - (2)$$

所以 $\Delta_r H_m^\ominus(3) = \Delta_r H_m^\ominus(4) - \Delta_r H_m^\ominus(2)$
$= 146.02 - (-11.30)$
$= 157.32 (\text{kJ} \cdot \text{mol}^{-1})$

盖斯定律不仅适用于反应热的计算，也适用于各种状态函数改变量的计算。

2.1.3 化学反应焓变的计算

2.1.3.1 摩尔反应焓变与标准摩尔反应焓变

若某化学反应当反应进度为 ξ 时，其反应焓变为 $\Delta_r H$，则 $\Delta_r H_m$ 为：

$$\Delta_r H_m = \frac{\Delta_r H}{\xi} \tag{2-7}$$

$\Delta_r H_m$ 单位为 $J \cdot mol^{-1}$ 或 $kJ \cdot mol^{-1}$。因此，摩尔反应焓变 $\Delta_r H_m$ 为按所给定的化学反应计量方程式当反应进度 ξ 为 1mol 时的反应焓变。

由于反应进度 ξ 与具体化学反应计量方程式有关，因此计算一个化学反应的 $\Delta_r H_m$ 必须明确写出其化学反应计量式。

当化学反应处于温度为 T 的标准状态时，该反应的摩尔反应焓变成为标准摩尔反应焓变，以 $\Delta_r H_m^\ominus(T)$ 表示，T 为反应的热力学温度。

2.1.3.2 标准摩尔反应焓变的计算

如果有一化学反应 $aA + dD == gG + hH$，在温度 T、压力 p 下，各物质的摩尔焓均有定值，分别为 H_A、H_D、H_G、H_H。当反应在温度 T、压力 p 条件下，反应进度为 1mol 时，上述反应的反应热为：

$$\Delta_r H_m = hH_H + gH_G - aH_A - dH_D = \sum_B \nu_B H_B \tag{2-8}$$

假若知道反应中各物质 B 的焓的绝对值，任一反应的热效应就可以直接计算了，这种方法最为简便。但焓的绝对值无法测定，因此需采用其他方法来求算反应热。

(1) 标准摩尔生成焓

由单质生成化合物的反应叫生成反应，如 $C+O_2 \Longrightarrow CO_2$ 是 CO_2 的生成反应。在指定温度及标准状态下，由元素的最稳定单质生成 1mol 化合物的反应热称为该化合物的标准摩尔生成焓，以 $\Delta_f H_m^{\ominus}$ 表示。符号中的下标 f 表示生成（formation），$\Delta_f H_m^{\ominus}$ 常用单位是 $J \cdot mol^{-1}$ 或 $kJ \cdot mol^{-1}$。

热化学规定的标准状态是标准压力 $p^{\ominus}$（100kPa）下的纯物质状态。为了避免温度变化出现无数多个标准态，常常选择 298.15K 作为规定温度。

在热化学中，规定在指定温度及标准状态下，元素的最稳定单质的标准生成焓值为零。如 C（石墨，s）、Br_2(l)、H_2、N_2、O_2 等均为最稳定的单质，因此它们的标准摩尔生成焓值为零。

反应 $H_2(g)+\frac{1}{2}O_2(g) \Longrightarrow H_2O(l)$ 在 298.15K 的标准状态下的 $\Delta_r H_m^{\ominus} = -285.84 kJ \cdot mol^{-1}$。该温度下 H_2、O_2 的稳定状态是气态。因此 $\Delta_f H_m^{\ominus}(H_2O, l, 298.15K) = -285.84 kJ \cdot mol^{-1}$

附录 I 中列出了一些物质在 298.15K 时的标准摩尔生成焓数据。

有了标准摩尔生成焓，就可以很方便地计算化学反应的反应热。对任何一个化学反应都有一个共同的特性，即始态反应物与终态产物都可由相同种类和相同物质的量的单质来生成，也就是由单质开始可以经两条途径合成产物，具体途径如下：

```
                Δ_r H_m^⊖
反应物 ──────────────────→ 产物
    │                        ↑
    │途径 Ⅱ                  │途径 Ⅰ
Δ_r H_m^⊖(反应物)      Δ_r H_m^⊖(产物)
    │                        │
    └────────── 单质 ────────┘
```

根据盖斯定律：$\Delta_r H_m^{\ominus}(反应物) + \Delta_r H_m^{\ominus} = \Delta_r H_m^{\ominus}(产物)$ 移项得：

$$\Delta_r H_m^{\ominus} = \Delta_r H_m^{\ominus}(产物) - \Delta_r H_m^{\ominus}(反应物) \tag{2-9}$$

对于一般的化学反应：

$$aA + dD \Longrightarrow gG + hH$$

$\Delta_r H_m^{\ominus}(产物) = g\Delta_f H_m^{\ominus}(G) + h\Delta_f H_m^{\ominus}(H)$

$\Delta_r H_m^{\ominus}(反应物) = a\Delta_f H_m^{\ominus}(A) + d\Delta_f H_m^{\ominus}(D)$

$$\Delta_r H_m^{\ominus} = [g\Delta_f H_m^{\ominus}(G) + h\Delta_f H_m^{\ominus}(H)] - [a\Delta_f H_m^{\ominus}(A) + d\Delta_f H_m^{\ominus}(D)] \tag{2-10}$$

上式表明，一个化学反应的标准摩尔反应焓，等于生成物的标准摩尔生成焓之和减去反应物的标准摩尔生成焓之和。

注意，化学计量系数 ν 与 a、d 等化学式前面的系数是有区别的，作为化学式的系数 a、d 本身只有正值，但按前述化学计量系数的规定，$\nu_A = -a$、$\nu_D = -d$、$\nu_G = g$、$\nu_H = h$，故式(2-10)还可以表示为：

$$\Delta_r H_m^{\ominus} = \sum_B \nu_B \Delta_f H_m^{\ominus}(产物) - \sum_B (-\nu_B) \Delta_f H_m^{\ominus}(反应物)$$

$$= \sum_B \nu_B \Delta_f H_m^{\ominus}(产物) + \sum_B \nu_B \Delta_f H_m^{\ominus}(反应物)$$

$$= \sum_B \nu_B \Delta_f H_m^{\ominus}(B) \tag{2-11}$$

例 2-3 由附录 I 的数据计算反应 $C_2H_4(g) + \frac{1}{2}O_2(g) = C_2H_4O(l)$ 在 298.15K、$p^{\ominus}$ 时的反应热。

解： 由式 (2-11) 得

$$\Delta_r H_m^{\ominus} = \sum_B \nu_B \Delta_f H_m^{\ominus}(\text{产物}) + \sum_B \nu_B \Delta_f H_m^{\ominus}(\text{反应物})$$

$$= \Delta_f H_m^{\ominus}[C_2H_4O(l)] + \left[-\frac{1}{2}\Delta_f H_m^{\ominus}(O_2,g) - \Delta_f H_m^{\ominus}(C_2H_4,g)\right]$$

$$= -192.3 - 52.26$$

$$= -244.56 (\text{kJ} \cdot \text{mol}^{-1})$$

(2) 标准摩尔燃烧焓

无机化合物的生成热可以通过实验测定出来，而有机化合物的分子比较复杂，很难由元素单质直接合成，生成热的数据不易获得，在计算有机化学反应的热效应方面增加了困难。但几乎所有的有机化合物都能燃烧，生成 CO_2 和 H_2O。燃烧热可以直接测定，从而可以根据燃烧热数据计算有机化学反应的热效应。

在规定温度标准压力 $p^{\ominus}$ 下，1mol 物质完全燃烧生成稳定产物的反应热称为该化合物的标准摩尔燃烧焓，以 $\Delta_c H_m^{\ominus}$ 表示。下标 c 代表燃烧 (combustion)，常用单位为 $\text{kJ} \cdot \text{mol}^{-1}$ 或 $\text{J} \cdot \text{mol}^{-1}$。

上述定义中，要注意"完全燃烧"的含意。C 氧化生成 CO 并非完全氧化反应，因 CO 还能继续氧化成 CO_2。在完全氧化反应中，化合物中元素生成 C→$CO_2(g)$、S→$SO_2(g)$、H→$H_2O(l)$、N→$N_2(g)$ 等反应产物，热化学中规定这些稳定产物及助燃物质 $O_2(g)$ 的标准摩尔燃烧焓为零。298.15K 时部分物质的燃烧焓见表 2-1。

表 2-1 一些物质的标准燃烧焓 (298.15K)

物质	$\Delta_c H_m^{\ominus}/\text{kJ} \cdot \text{mol}^{-1}$	物质	$\Delta_c H_m^{\ominus}/\text{kJ} \cdot \text{mol}^{-1}$
$H_2(g)$	-285.84	HCOOH(l)	-254.64
C(石墨)	-393.51	$CH_3COOH(l)$	-871.54
CO(g)	-283.0	$(COOH)_2(s)$ 草酸	-245.60
$CH_4(g)$	-890.31	$C_6H_6(l)$	-3267.54
$C_2H_6(g)$	-1559.84	$C_6H_5CHO(l)$	-3527.95
$C_3H_8(g)$	-2219.90	$C_6H_5OH(s)$	-3053.48
HCHO(g)	-570.78	$C_6H_5COOH(s)$	-3226.87
$CH_3CHO(l)$	-1166.37	$CO(NH_2)_2(s)$ 尿素	-631.66
$CH_3OH(l)$	-726.51	$C_6H_{12}O_6(s)$ 葡萄糖	-2803.03
$C_2H_5OH(l)$	-1366.83	$C_{12}H_{22}O_{11}(s)$ 蔗糖	-5640.87

有了标准摩尔燃烧焓，就可以很方便地计算化学反应的标准摩尔反应焓。在通常的化学反应中，反应物和产物均含有相同种类和物质的量的单质，则它们分别进行完全氧化反应必得完全相同的氧化产物。如下列反应物和产物均可被氧化为 $CO_2(g)$ 和 $5H_2O(l)$，即由反应物可以通过两条途径生成 $CO_2(g)$ 和 $5H_2O(l)$。

$$C_2H_5OH(l) + CH_3COOH(l) \longrightarrow CH_3COOC_2H_5(l) + H_2O(l)$$

$$+5O_2 \quad \text{途径 I} \qquad \qquad \text{途径 II} \quad +5O_2$$

$$\longrightarrow 4CO_2(g) + 5H_2O(l)$$

根据盖斯定律，与推导式 (2-11) 的方法相似，可得：

$$\Delta_r H_m^\ominus = [a\Delta_c H_m^\ominus(A) + d\Delta_c H_m^\ominus(D)] - [g\Delta_c H_m^\ominus(G) + h\Delta_c H_m^\ominus(H)]$$

上式表明，一个化学反应的标准摩尔反应焓，等于反应物的标准摩尔燃烧焓之和减去生成物的标准摩尔燃烧焓之和。按前述化学计量系数的规定，也可用下述方式表示 $\Delta_r H_m^\ominus(T)$ 的计算公式。

$$\Delta_r H_m^\ominus(T) = \sum_B (-\nu_B)\Delta_c H_m^\ominus(反应物) - \sum_B \nu_B \Delta_c H_m^\ominus(产物)$$
$$= \sum_B (-\nu_B)\Delta_c H_m^\ominus(B) \tag{2-12}$$

例 2-4 在 298.15K、$p^\ominus$ 下，葡萄糖（$C_6H_{12}O_6$）和乳酸（$CH_3CHOHCOOH$）的标准摩尔燃烧焓分别为 $-2803.03 kJ \cdot mol^{-1}$ 和 $-321.2 kJ \cdot mol^{-1}$，求 298.15K 及 $p^\ominus$ 下，酶将葡萄糖转化为乳酸的反应热。

解： $C_6H_{12}O_6(s) \Longrightarrow 2CH_3CHOHCOOH(l)$

由式(2-12)得：

$$\Delta_r H_m^\ominus = \Delta_c H_m^\ominus(葡) - 2\Delta_c H_m^\ominus(乳)$$
$$= -2803.03 - (-312.1 \times 2)$$
$$= -2160.63 (kJ \cdot mol^{-1})$$

2.2 化学反应的方向

2.2.1 化学反应的自发性

人们的实践经验证明，自然界中发生的过程都具有一定的方向性。例如水能从高处流向低处，而绝不会自动从低处往高处流；电流总是从电位高的地方向电位低的地方流动，其反方向也不会自动进行；当两个温度不同的物体互相接触时，热总是从高温物体传向低温物体，直到两物体的温度相等为止；夏天将冰块放置室内，冰会融化；把 NaCl 溶液加入 $AgNO_3$ 溶液中，将自动生成 AgCl 沉淀及 $NaNO_3$ 溶液。这种在一定条件下不需外力作用就能自动进行的过程，称为自发过程。

上述自发变化都不会自动逆向进行，但并不意味着它们根本不可能进行。例如 $H_2(g) + \frac{1}{2}O_2(g) \longrightarrow H_2O(l)$ 是自发变化，而逆反应是非自发的，但这个非自发过程不是不可能发生的，而是可以通过电解来实现的。也就是说只有环境对体系做功才可能实现，否则是不可能进行的。

究竟哪些过程或反应可以自发进行呢？什么是判断反应自发性的标准呢？人们首先认为自发反应是放热的。如果真是如此，则反应的 ΔH 为负值，反应自发进行；反应的 ΔH 为正值，反应不能自发进行。经过大量的研究发现，许多放热反应在常温常压下是自发进行的；但另一方面有许多吸热过程在常温和常压下也是自发的。例如冰的融化，硝酸钾、氯化铵溶于水都是吸热过程。然而冰在 1atm 下于室温时会自动地融化，在室温下，将硝酸钾、氯化铵放入水中就溶解。N_2O_5 自动分解为二氧化氮和氧气，水的蒸发等变化，也都是常见的自发过程。由此可知，把焓变作为化学反应自发性的普遍判据是不准确、不全面的。在热力学中有两个重要的基本规律控制着物质体系的变化方向：①物质的体系倾向于取得最低的能量状态；②物质的体系倾向于取得最大的混乱度。例如，有人手中拿一把整齐排列的火柴，偶一松手，火柴就会自动跌落到地上，变成散乱状态。在这一过程中，一方面体系的势能降低了，另一方面混乱度增大了。要想使地上一堆零乱的火柴自动整齐地回到手上是不可能自动实现的。化学反应也不例外，同样遵从这两个自然规律。

2.2.2 化学反应的熵变

2.2.2.1 熵

熵是反映体系内部质点运动混乱程度的状态函数，用符号 S 表示。熵与混乱度的关系为：$S=k\ln\Omega$，此式叫玻耳兹曼公式，式中 k 是玻耳兹曼常数，Ω 代表体系的混乱度。根据玻耳兹曼公式，熵是体系内部质点运动的混乱程度的量度，代表体系的性质。因此，一定条件下处于一定状态的物质及整个体系都有各自确定的熵值。熵是体系的状态函数，是一个广度量，具有加和性。熵的单位为 $J\cdot K^{-1}$。体系的混乱程度越大，对应的熵值就越大。一物质从固态转化为液态再转为气态时物质内部质点排列的有序性逐步减小并同时增加了运动，即混乱程度逐步增加。所以一物质气态的熵大于液态的熵，一物质液态的熵大于固态的熵。气态物质的量增加的反应，由于反应后体系内部质点运动的混乱度增大而引起熵增大。因此，体系混乱度增加的过程即为熵增过程。

标准状态下物质的摩尔熵称为该物质的标准摩尔熵，用符号 $S_m^{\ominus}$ 表示，其中 SI 单位为 $J\cdot mol^{-1}\cdot K^{-1}$。附录Ⅰ中列出了一些常见重要物质的标准摩尔熵以供查用。

从附录中可以看出，物质的标准摩尔熵值大小的一般规律如下。

① 物质的聚集态：不同聚集态的同种物质在相同条件下其熵值相对大小为：

$$S_m^{\ominus}(g) > S_m^{\ominus}(l) > S_m^{\ominus}(s)$$

② 物质的纯度：混合物或溶液的熵值一般大于纯物质的熵值。

③ 物质的组成、结构：复杂分子的熵值大于简单分子的熵值。

④ 体系的温度、压力：物质在高温时的熵值大于低温时的熵值，气态物质的熵值随压力的增大而减小。

2.2.2.2 熵增原理——热力学第二定律

热力学第二定律有多种说法，其实质都是一样的，都是说明过程自发进行的方向和限度问题。

热力学第二定律存在几种不同的表述方式，其中"孤立体系的熵永不减少"，即熵增原理是热力学第二定律的一种说法。此种说法指出，在孤立体系中，体系与环境没有能量交换，体系总是自发地向混乱度增大的方向，即熵增大的方向进行，直到熵增至最大达到平衡为止，不可能发生熵减少的过程。为此，孤立体系的熵判据为：

$\Delta S_{孤立} > 0$ 自发过程

$\Delta S_{孤立} = 0$ 平衡状态

$\Delta S_{孤立} < 0$ 非自发过程

热力学第二定律是热力学最基本的定律之一。

2.2.2.3 化学反应熵变的计算

熵既然与热力学能、焓一样，是体系的状态函数，故化学反应的熵变（ΔS）与反应熵变（ΔH）的计算原则相同，只取决于反应的始态和终态，而与变化的途径无关。因此应用标准熵的数值可以计算出化学反应的标准熵变量。例如在标准状态下，化学反应 $a\mathrm{A}+d\mathrm{D} \Longrightarrow g\mathrm{G}+h\mathrm{H}$，则：

$$\Delta_r S_m^\ominus = \sum_B \nu_B S_m^\ominus (\text{产物}) + \sum_B \nu_B S_m^\ominus (\text{反应物}) \tag{2-13}$$

例 2-5 试计算反应：$2SO_2(g)+O_2(g) \longrightarrow 2SO_3(g)$ 在 298.15K 时的标准熵变。

解：由附录 I 查得　　$2SO_2(g)+O_2(g) \longrightarrow 2SO_3(g)$

$S_m^\ominus / \mathrm{J \cdot K^{-1} \cdot mol^{-1}}$　　　　248.1　　205.03　　256.6

由式(2-13)得：

$$\begin{aligned}\Delta_r S_m^\ominus &= \sum_B \nu_B S_m^\ominus (\text{产物}) + \sum_B \nu_B S_m^\ominus (\text{反应物}) \\ &= 2\times 256.6 - 2\times 248.1 - 205.03 \\ &= -187.79 (\mathrm{J \cdot K^{-1} \cdot mol^{-1}})\end{aligned}$$

2.2.3 化学反应的方向

2.2.3.1 吉布斯自由能

前面我们已经说明，单凭体系在定温定压下的焓变 ΔH 不能作为自发反应的判据。而后又讨论了体系的熵变。能否单凭体系的熵变 ΔS 来作为过程的判据呢？也不行。例如例 2-5，$SO_2(g)$ 氧化为 $SO_3(g)$ 的反应在 298.15K、标准态下是一个自发反应，但其 $\Delta_r S_m^\ominus < 0$。又如水转化为冰的过程，其 $\Delta S < 0$，但在 $T < 273.15K$ 的条件下却是自发过程。这表明除孤立体系外，单纯用体系的熵变（ΔS）的正、负值来作为自发性的普遍判据也是不妥的。那么，在定温定压条件下有没有判定自发性进行的标准呢？1878 年美国著名的物理学家吉布斯（Gibbs）提出了一个新的状态函数，称为吉布斯自由能（本书简称自由能），符号为 G。其定义式为：

$$G = H - TS \tag{2-14}$$

由于 H、T、S 都是状态函数，所以它们的线性组合 G 也是状态函数，是一种广度性质，具有能量的单位 J 或 kJ。由于 U、H 的绝对值无法求算，所以 G 的绝对值也无法确定。当一个体系从始态（自由能为 G_1）变化到终态（自由能为 G_2）时，体系的自由能变化值 $\Delta G = G_2 - G_1$；若是化学反应体系，则 G_1 和 G_2 分别是反应物和产物的自由能。对可逆反应而言，正逆反应的 ΔG 数值相等，符号相反。

2.2.3.2 化学反应自发性的判断

多数化学反应和相变化都是在定温定压下进行的。大量的实验事实及理论推导可以得出，对于一个定温定压下的封闭体系，体系总是自发地朝着自由能降低（$\Delta G < 0$）的方向进行；当体系的自由能降低到最小值（$\Delta G = 0$）时达到平衡状态；体系的自由能升高（$\Delta G > 0$）的过程不能自发进行，但逆过程可自发进行，这就是自由能判据。即：

$$\begin{aligned}&\Delta G < 0 \quad \text{自发过程} \\ &\Delta G = 0 \quad \text{平衡状态} \\ &\Delta G > 0 \quad \text{非自发过程}\end{aligned} \tag{2-15}$$

2.2.3.3 吉布斯自由能变的计算

(1) 标准摩尔生成自由能

多数化学反应是在定温、定压条件下发生的,因此用自由能的变化来判断化学反应的自发性是很方便的。

如同标准摩尔生成焓一样,热力学规定:在规定温度、标准压力 $p^{\ominus}$ 下,稳定单质的生成自由能为零。在此条件下由稳定单质生成 1mol 物质时自由能的变化,就是该物质的标准摩尔生成自由能,用符号 $\Delta_f G_m^{\ominus}$ 表示,其单位是 $kJ \cdot mol^{-1}$ 或 $J \cdot mol^{-1}$。附录Ⅰ列出了部分物质在 298.15K 时的标准摩尔生成自由能。

(2) 标准摩尔反应自由能变的计算

在标准状态下化学反应的标准摩尔自由能改变量:

$$\Delta_r G_m^{\ominus} = \sum \nu_B \Delta_f G_m^{\ominus}(\text{产物}) + \sum \nu_B \Delta_f G_m^{\ominus}(\text{反应物}) \tag{2-16}$$

例 2-6 求 298.15K 标准态下反应 $Cl_2(g) + 2HBr(g) \Longrightarrow Br_2(l) + 2HCl(g)$ 的 $\Delta_r G_m^{\ominus}$,并判断反应的自发性。

解:从附录Ⅰ查得 $\Delta_f G_m^{\ominus}(HBr) = -53.43 kJ \cdot mol^{-1}$,$\Delta_f G_m^{\ominus}(HCl) = -95.30 kJ \cdot mol^{-1}$。

由式(2-16)得

$$\Delta_r G_m^{\ominus} = 2\Delta_f G_m^{\ominus}(HCl) + \Delta_f G_m^{\ominus}(Br_2) - 2\Delta_f G_m^{\ominus}(HBr) - \Delta_f G_m^{\ominus}(Cl_2)$$
$$= 2 \times (-95.30) + 0 - 2 \times (-53.43) - 0$$
$$= -83.74 (kJ \cdot mol^{-1})$$

$\Delta_r G_m^{\ominus} < 0$,在标准状态下反应可以自发进行。

(3) 吉布斯自由能变的计算(吉布斯-赫姆霍兹方程)

在定温定压下进行的任何化学反应,都有特定的 ΔG、ΔH 和 ΔS 值。ΔG 值的正、负决定反应自发进行的方向,ΔH 是化学反应焓变,ΔS 表示化学反应的熵变,定温下:

$$\Delta G = \Delta H - T\Delta S \tag{2-17}$$

此式叫吉布斯-赫姆霍兹(Gibbs-Helmholts)方程。式中,T 为热力学温度;ΔG、ΔH 和 ΔS 分别为 T 时的自由能变化、焓变和熵变。式(2-17)表明,化学反应的自由能变化 ΔG 由两项决定:一项是焓变 ΔH;另一项是与熵变和温度有关的 $T\Delta S$ 项,即改变混乱度的能量项。如果这两项使 ΔG 为负值,则正反应将是自发反应。因此,焓变和熵变对于反应方向都产生影响,只不过在不同的条件下影响大小不同而已。根据吉布斯-赫姆霍兹方程,ΔH 和 ΔS 的符号在不同的温度下对 ΔG 的影响可能出现以下四种情况(见表 2-2)。

表 2-2 定压下温度对反应自发性的影响

种类	ΔH	ΔS	$\Delta G = \Delta H - T\Delta S$	结 论	实 例
①	−	+	总为 −	在任何温度反应都能自发进行	$2H_2O_2(l) \longrightarrow 2H_2O(l) + O_2(g)$
②	+	−	总为 +	在任何温度反应都不能自发进行	$CO(g) \longrightarrow C(s) + \frac{1}{2}O_2(g)$
③	+	+	低温为 + 高温为 −	低温反应非自发 高温反应自发	$CaCO_3(s) \longrightarrow CaO(s) + CO_2(g)$
④	−	−	低温为 − 高温为 +	低温反应自发 高温反应非自发	$HCl(g) + NH_3(g) \longrightarrow NH_4Cl(s)$

① 体系的 ΔH 为负值（放热反应），ΔS 为正值（混乱度增大的反应），焓变和熵变均有利于反应自发进行，故在任何温度下反应都能自发进行。例如过氧化氢的分解反应：

$$2H_2O_2(l) \longrightarrow 2H_2O(l) + O_2(g)$$

② 体系的 ΔH 为正值（吸热反应），ΔS 为负值（混乱度减小的反应），焓变和熵变均不利于反应自发进行，故不论温度高低，反应均不能正向自发进行。例如一氧化碳气体的分解：

$$CO(g) \longrightarrow C(s) + \frac{1}{2}O_2(g)$$

③ 体系的 ΔH 和 ΔS 均为正值，熵变有利于自发反应，而焓变则相反。ΔG 的正负取决于 $|T\Delta S|$ 与 $|\Delta H|$ 相对数值的大小，升高温度可以增大 $|T\Delta S|$ 项的影响力，有利于反应正向自发进行。例如碳酸钙的受热分解：

$$CaCO_3(s) \longrightarrow CaO(s) + CO_2(g)$$

上述反应室温下不能自发进行，温度升至 1111K 以上就可以自发进行了。

④ 体系的 ΔH 和 ΔS 都是负值，焓变有利于自发反应，而熵变不利于自发反应，在较低温度时 $|T\Delta S| < |\Delta H|$，ΔG 为负值，正反应自发进行，即焓变起主导作用。随着温度的升高，当 $|T\Delta S| > |\Delta H|$ 时，$T\Delta S$ 的影响就超过了 ΔH 的影响，ΔG 就改变了符号成为正值，正反应就不能自发进行，而逆向则可自发进行。例如：

$$HCl(g) + NH_3(g) \longrightarrow NH_4Cl(s)$$

对于定温下进行的化学反应，则得到：

$$\Delta_r G_m = \Delta_r H_m - T\Delta_r S_m \tag{2-18}$$

若反应是在标准状态下进行的，则：

$$\Delta_r G_m^\ominus = \Delta_r H_m^\ominus - T\Delta_r S_m^\ominus \tag{2-19}$$

当反应体系的温度变化不太大时，$\Delta_r H_m^\ominus$ 及 $\Delta_r S_m^\ominus$ 变化不大，可近似看作是常数。计算中常用 298.15K 时的 $\Delta_r H_m^\ominus$ 和 $\Delta_r S_m^\ominus$ 来替代温度为 T 时的 $\Delta_r H_m^\ominus$ 和 $\Delta_r S_m^\ominus$。因此，

$$\begin{aligned}\Delta_r G_m^\ominus(T) &= \Delta_r H_m^\ominus(T) - T\Delta_r S_m^\ominus(T) \\ &\approx \Delta_r H_m^\ominus(298.15) - T\Delta_r S_m^\ominus(298.15)\end{aligned} \tag{2-20}$$

利用式(2-20)可以估算反应自发进行的温度，也可以近似计算不同温度下反应的 $\Delta_r G_m^\ominus$。

例 2-7 求 298.15K 和 1000K 时下列反应的 $\Delta_r G_m^\ominus$，判断在此两温度下反应的自发性，估算反应可以自发进行的最低温度是多少？

$$CaCO_3(s) \Longrightarrow CaO(s) + CO_2(g)$$

解：由附录 I 查得各物质的标准摩尔生成焓及标准摩尔熵的数据求算 $\Delta_r H_m^\ominus$ 及 $\Delta_r S_m^\ominus$。

$$\begin{aligned}\Delta_r H_m^\ominus &= \Delta_f H_m^\ominus[CaO(s)] + \Delta_f H_m^\ominus[CO_2(g)] - \Delta_f H_m^\ominus[CaCO_3(s)] \\ &= -635.09 + (-393.51) - (-1206.92) \\ &= 178.32 (kJ \cdot mol^{-1})\end{aligned}$$

$$\begin{aligned}\Delta_r S_m^\ominus &= S_m^\ominus[CaO(s)] + S_m^\ominus[CO_2(g)] - S_m^\ominus[CaCO_3(s)] \\ &= 39.75 + 213.64 - 92.88 \\ &= 160.51 (J \cdot K^{-1} \cdot mol^{-1})\end{aligned}$$

所以 $\Delta_r G_m^\ominus = \Delta_r H_m^\ominus - T\Delta_r S_m^\ominus$
$= 178.32 \times 10^3 - 298.15 \times 160.51$
$= 130.46 (kJ \cdot mol^{-1})$

由于 $\Delta_r G_m^\ominus = 130.46 kJ \cdot mol^{-1} > 0$，故在 298.15K、$p^\ominus$ 下该反应不能自发进行。

$\Delta_r G_m^\ominus (1000K) \approx \Delta_r H_m^\ominus (298.15K) - T\Delta_r S_m^\ominus (298.15K)$
$= 178.32 - 1000 \times 160.51 \times 10^{-3}$
$= 17.81 (kJ \cdot mol^{-1})$

故在 1000K、$p^\ominus$ 下该反应仍不能自发进行。

设在温度为 T 时反应可自发进行，则
$\Delta_r G_m^\ominus (T) \approx \Delta_r H_m^\ominus (298.15K) - T\Delta_r S_m^\ominus (298.15K) < 0$

即
$178.32 \times 10^3 - T \times 160.51 < 0$
$T > 1111 (K)$

故当温度高于 1111K 时，该反应才能自发进行。

2.3 化学反应的限度——化学平衡

在一定的条件下，有的化学反应能朝一个方向进行到底，即所有的反应物全部转化为生成物，而绝大多数的反应是不能朝一个方向进行到底的，在反应物变成生成物的同时，生成物又变成反应物，也就是反应既可正向进行又可逆向进行，像这样的反应称为可逆反应。

2.3.1 化学平衡

在同一条件下，既能向正反应方向进行又能向逆反应方向进行的反应叫可逆反应。通常用 "$\rightleftharpoons$" 号表示反应可逆性。

对于可逆反应：
$$CO(g) + H_2O(g) \rightleftharpoons CO_2(g) + H_2(g)$$

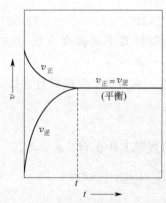

图 2-1 可逆反应的正、逆反应速率变化

若反应开始时，体系中只有 CO(g) 和 H_2O(g) 分子，则只能发生正向反应，这时 CO(g) 和 H_2O(g) 分子数目最多，正反应的速率最大；以后随着反应的进行，CO(g) 和 H_2O(g) 的数目减少，正反应速率逐渐降低。另一方面，体系中出现 CO_2 分子和 H_2 分子后，就出现了可逆反应。随着反应的进行，CO_2 和 H_2 分子数目增多，逆反应速率逐渐增大，直到体系内正反应速率等于逆反应速率时，体系中各种物质的浓度不再发生变化，建立了一种动态平衡，称为化学平衡。可逆反应的进行，必然导致化学平衡状态的实现。平衡状态是化学反应进行的最大限度。平衡时，生成物的分压或浓度都应是在此平衡条件下的最大量。图 2-1 表示了正、逆反应速率随着反应时间的变化情况。

化学平衡是一种动态平衡，体系达到平衡以后，其吉布斯自由能 G 不再变化，$\Delta_r G_m$ 等于零。

2.3.2 化学平衡常数及相关问题

2.3.2.1 化学平衡常数

(1) 实验平衡常数

通过大量实验发现：任何可逆反应，不管反应始态如何，在一定温度下达平衡时，各生成物平衡浓度幂的乘积与反应物平衡浓度幂的乘积之比值为一常数，称为化学平衡常数。其中，以浓度表示的称为浓度平衡常数（K_c），以分压表示的称为压力平衡常数（K_p）。例如反应：

$$a\mathrm{A} + d\mathrm{D} \rightleftharpoons g\mathrm{G} + h\mathrm{H}$$

$$K_c = \frac{c^g(\mathrm{G})c^h(\mathrm{H})}{c^a(\mathrm{A})c^d(\mathrm{D})} \tag{2-21}$$

当A、D、G、H为气态物质时，化学平衡常数也可用K_p表示，其平衡常数表达式如下：

$$K_p = \frac{p^g(\mathrm{G})p^h(\mathrm{H})}{p^a(\mathrm{A})p^d(\mathrm{D})} \tag{2-22}$$

式(2-21)及式(2-22)表明，在一定温度下，可逆反应达到平衡时，生成物浓度（或分压）以化学计量数为指数的幂的乘积与反应物浓度（或分压）以化学计量数为指数的幂的乘积之比是一个常数，称为经验平衡常数或实验平衡常数。

(2) 标准平衡常数

实验平衡常数表达式中的浓度项或分压项分别除以标准浓度 $c^{\ominus}$（$1\mathrm{mol \cdot L^{-1}}$）或标准压力 $p^{\ominus}$（$100\mathrm{kPa}$）所得的平衡常数称为标准平衡常数，符号为"$K^{\ominus}$"。与式(2-21)及式(2-22)相对应的标准平衡常数表达式分别为：

$$K_c^{\ominus} = \frac{[c(\mathrm{G})/c^{\ominus}]^g [c(\mathrm{H})/c^{\ominus}]^h}{[c(\mathrm{A})/c^{\ominus}]^a [c(\mathrm{D})/c^{\ominus}]^d} \tag{2-23}$$

$$K_p^{\ominus} = \frac{[p(\mathrm{G})/p^{\ominus}]^g [p(\mathrm{H})/p^{\ominus}]^h}{[p(\mathrm{A})/p^{\ominus}]^a [p(\mathrm{D})/p^{\ominus}]^d} \tag{2-24}$$

对于气体反应，标准平衡常数既可用 $K_c^{\ominus}$ 表示，也可用 $K_p^{\ominus}$ 表示，当没有指明或没有必要指明化学平衡常数是 $K_c^{\ominus}$ 还是 $K_p^{\ominus}$ 时，则用 $K^{\ominus}$ 表示。$\dfrac{p_\mathrm{B}}{p^{\ominus}}$ 称为平衡时气体物质B的相对分压；$\dfrac{c_\mathrm{B}}{c^{\ominus}}$ 称为平衡时溶液中物质B的相对浓度。可见，标准平衡常数乃是达到化学平衡时，生成物相对分压（或相对浓度）以化学计量数为指数的幂的乘积与反应物相对分压（或相对浓度）以化学计量数为指数的幂的乘积的比值。

由于 $c^{\ominus} = 1\mathrm{mol \cdot L^{-1}}$，为了书写简便，本章的标准平衡常数表达式及以后章节中的标准平衡常数（弱酸或弱碱的解离常数、难溶电解质的溶度积、配合物的稳定常数等）表达式中的浓度项均不再除以标准浓度 $c^{\ominus}$，如式(2-23)简写为：

$$K^{\ominus} = \frac{c^g(\mathrm{G})c^h(\mathrm{H})}{c^a(\mathrm{A})c^d(\mathrm{D})}$$

用相对分压表示的标准平衡常数应该用 $K_p^{\ominus}$ 表示。

化学平衡常数 $K^{\ominus}$ 与 $\Delta_\mathrm{r} G_\mathrm{m}^{\ominus}(T)$ 一样，只是热力学温度的函数，它随温度的变化而变化。$K^{\ominus}(T)$ 是化学反应的特性常数，它不随反应物、生成物浓度（或分压）的变化而变化。当温度一定时，$K^{\ominus}(T)$ 是一定值，反映化学反应的固有本性。对同类型的化学反应，$K^{\ominus}(T)$ 越大，化学反应进行的程度越大。但 $K^{\ominus}(T)$ 大的反应，其反应速率不一定快。

2.3.2.2 书写化学平衡常数表达式时应注意的问题

① 平衡常数表达式中各组分浓度或分压均为平衡时的浓度或分压。

② 反应涉及纯固体、纯液体或稀溶液的溶剂时，其浓度视为常数，不再写进 $K^{\ominus}$ 表达式中。例如，

a. $CaCO_3(s) \rightleftharpoons CaO(s) + CO_2(g)$

$$K^{\ominus} = \frac{p(CO_2)}{p^{\ominus}}$$

b. $CO_2(g) + H_2(g) \rightleftharpoons CO(g) + H_2O(l)$

$$K^{\ominus} = \frac{p(CO)/p^{\ominus}}{[p(CO_2)/p^{\ominus}][p(H_2)/p^{\ominus}]}$$

c. $Cr_2O_7^{2-}(aq) + H_2O(l) \rightleftharpoons 2H^+(aq) + 2CrO_4^{2-}(aq)$

$$K^{\ominus} = \frac{c^2(H^+)c^2(CrO_4^{2-})}{c(Cr_2O_7^{2-})}$$

对于非水溶液中的反应，若有水参加，水的浓度不能视为常数，应书写在平衡常数表达式中。例如：

$C_2H_5OH(l) + CH_3COOH(l) \rightleftharpoons CH_3COOC_2H_5(l) + H_2O(l)$

$$K^{\ominus} = \frac{c(CH_3COOC_2H_5)c(H_2O)}{c(C_2H_5OH)c(CH_3COOH)}$$

d. 化学平衡常数必须与化学反应方程式相对应。

$$2NO_2(g) \rightleftharpoons N_2O_4(g) \qquad K_1^{\ominus} = \frac{c(N_2O_4)}{c(NO_2)^2}$$

$$NO_2(g) \rightleftharpoons \frac{1}{2}N_2O_4(g) \qquad K_2^{\ominus} = \frac{c^{1/2}(N_2O_4)}{c(NO_2)}$$

$$N_2O_4(g) \rightleftharpoons 2NO_2(g) \qquad K_3^{\ominus} = \frac{c^2(NO_2)}{c(N_2O_4)}$$

显然，$K_1^{\ominus} = (K_2^{\ominus})^2 = (K_3^{\ominus})^{-1}$。

2.3.2.3 多重平衡规则

若某反应是由几个反应相加而成，则该反应的平衡常数等于各分反应的平衡常数之积，这种关系称为多重平衡规则。

例 2-8 已知 1123K 时：

(1) $C(石墨, s) + CO_2(g) \rightleftharpoons 2CO(g) \qquad K_1^{\ominus} = 1.3 \times 10^{14}$

(2) $CO(g) + Cl_2(g) \rightleftharpoons COCl_2(g) \qquad K_2^{\ominus} = 6.0 \times 10^{-3}$

计算反应 (3) $C(石墨, s) + CO_2(g) + 2Cl_2(g) \rightleftharpoons 2COCl_2(g)$ 在 1123K 时的 $K_3^{\ominus}$。($COCl_2$，碳酰氯，俗称光气。)

解： 反应式(3) = 反应式(1) + 2×反应式(2)

$$K_3^{\ominus} = K_1^{\ominus} \times (K_2^{\ominus})^2$$
$$= 1.3 \times 10^{14} \times (6.0 \times 10^{-3})^2 = 4.7 \times 10^9$$

2.3.2.4 有关平衡常数的计算

利用某一反应的平衡常数，可以计算达到平衡时各反应物和生成物的量以及反应物的转化率。转化率是指反应物在平衡时已转化为生成物的百分数。常用 α 表示，即：

$$转化率\ \alpha = \frac{某反应物已转化的量}{某反应物起始的量} \times 100\% \qquad (2\text{-}25)$$

转化率 α 越大，表示达到平衡时反应进行的程度越大。

例 2-9 已知反应 $\quad CO(g) + H_2O(g) \rightleftharpoons CO_2(g) + H_2(g)$

在 1173K 达到平衡时，测得平衡常数 $K_c^{\ominus} = 1.00$，若在 100L 密闭容器中加入 CO 和水蒸气各 200mol，试求算在该温度下 CO 的转化率。

解：设反应达到平衡时，CO 已转化的浓度为 $x\ \mathrm{mol \cdot L^{-1}}$，则有：

$$CO(g) \quad + \quad H_2O(g) \rightleftharpoons CO_2(g) + H_2(g)$$

起始浓度/mol·L^{-1} 200/100=2.00   200/100=2.00   0   0
平衡浓度/mol·L^{-1} 2.00−x   2.00−x   x   x

把各物质的平衡浓度代入平衡常数表达式：

$$K_c^{\ominus} = \frac{c(CO_2)c(H_2)}{c(CO)c(H_2O)} = \frac{x \times x}{(2.00-x) \times (2.00-x)}$$

解得 $x = 1.00\ \mathrm{mol \cdot L^{-1}}$，故 CO 的平衡转化率为：

$$\alpha = \frac{1.00}{2.00} = 50.0\%$$

例 2-10 在 573K 时，$PCl_5(g)$ 在密闭容器中按下式分解：

$$PCl_5(g) \rightleftharpoons PCl_3(g) + Cl_2(g)$$

达到平衡时，$PCl_5(g)$ 的转化率为 40%，总压为 300 kPa，求反应的标准平衡常数 $K_p^{\ominus}$。

解：设体系内反应开始前 $PCl_5(g)$ 的量为 n mol。

	$PCl_5(g)$	$\rightleftharpoons$	$PCl_3(g)$	$+$	$Cl_2(g)$
开始时物质的量/mol	n		0		0
平衡时物质的量/mol	$(1-0.40)n$		$0.40n$		$0.40n$
平衡时物质的摩尔分数	$\dfrac{0.60}{1.40}$		$\dfrac{0.40}{1.40}$		$\dfrac{0.40}{1.40}$
平衡分压/kPa	$300 \times \dfrac{0.60}{1.40}$		$300 \times \dfrac{0.40}{1.40}$		$300 \times \dfrac{0.40}{1.40}$

$$K_p^{\ominus} = \frac{[p(PCl_3)/p^{\ominus}][p(Cl_2)/p^{\ominus}]}{[p(PCl_5)/p^{\ominus}]} = \frac{\left(\dfrac{300}{100} \times \dfrac{0.40}{1.40}\right)^2}{\dfrac{300}{100} \times \dfrac{0.60}{1.40}} = 0.57$$

*2.3.3 化学反应等温式

(1) 化学反应等温方程式

对于反应 $aA + dD \rightleftharpoons gG + hH$，我们定义某时刻化学反应的反应商 Q：

$$Q = \frac{[c'(G)/c^{\ominus}]^g \ [c'(H)/c^{\ominus}]^h}{[c'(A)/c^{\ominus}]^a \ [c'(D)/c^{\ominus}]^d} \qquad (2\text{-}26)$$

式中，$c'(A)$、$c'(D)$、$c'(G)$、$c'(H)$均表示反应进行到某一时刻时的浓度，当反应恰好处于平衡状态时，$Q = K^{\ominus}$。

上述化学反应中各物质的浓度不处于平衡状态时，化学热力学中有下面关系式：

$$\Delta_r G_m = \Delta_r G_m^{\ominus} + RT\ln Q \qquad (2\text{-}27)$$

当体系处于平衡状态时，$\Delta_r G_m = 0$，$Q = K^{\ominus}$，即：

$$0 = \Delta_r G_m^{\ominus} + RT\ln K^{\ominus}$$

$$\Delta_r G_m^{\ominus} = -RT\ln K^{\ominus} \qquad (2\text{-}28)$$

将式(2-28)代入式(2-27)，得

$$\Delta_r G_m = -RT\ln K^{\ominus} + RT\ln Q \qquad (2\text{-}29)$$

$$\Delta_r G_m = RT\ln \frac{Q}{K^{\ominus}} \qquad (2\text{-}30)$$

式(2-27)~式(2-30)都称为化学反应等温式。式中，$\Delta_r G_m$、$\Delta_r G_m^{\ominus}$分别表示反应进度为1时，非标准状态及标准状态下反应的吉布斯自由能变化。

(2) 化学反应等温方程式的应用

应用化学反应等温方程式可以计算化学平衡常数。

例 2-11 求反应 $2SO_2(g) + O_2(g) \rightleftharpoons 2SO_3(g)$ 在 298.15K 时的平衡常数 $K_p^{\ominus}$。

解： 查表，得 298.15K 时

$$\Delta_f G_m^{\ominus}(SO_2, g) = -300.19 \text{kJ} \cdot \text{mol}^{-1}$$

$$\Delta_f G_m^{\ominus}(SO_3, g) = -371.1 \text{kJ} \cdot \text{mol}^{-1}$$

故反应 $2SO_2(g) + O_2(g) \longrightarrow 2SO_3(g)$ 的 $\Delta_r G_m^{\ominus}$ 可由下式求得：

$$\Delta_r G_m^{\ominus} = \sum_B \nu_B \Delta_f G_m^{\ominus}(\text{生成物}) + \sum_B \nu_B \Delta_f G_m^{\ominus}(\text{反应物})$$

$$= (-371.1) \times 2 + 300.19 \times 2$$

$$= -141.8 (\text{kJ} \cdot \text{mol}^{-1})$$

由式(2-28) $\Delta_r G_m^{\ominus} = -RT\ln K^{\ominus}$，得：

$$\ln K^{\ominus} = -\frac{\Delta_r G_m^{\ominus}}{RT}$$

代入得：

$$\ln K_p^{\ominus} = \frac{141.8 \times 10^3}{8.314 \times 298.15} = 57.2$$

故 $K_p^{\ominus} = 6.94 \times 10^{24}$

2.3.4 化学平衡的移动

化学平衡如同其他平衡一样，都是相对的和暂时的，它只能在一定的条件下才能保持。这里主要讨论浓度、压力、温度对化学平衡的影响。

(1) 浓度对化学平衡的影响

在其他条件不变的情况下，增大反应物的浓度，正反应速率加快，平衡向正反应方向进行；增大生成物的浓度，逆反应速率加快，平衡向逆反应方向移动。在工业生产中适当增大廉价的反应物的浓度，使化学平衡向正反应方向移动，可提高价格较高原料的转化率，以降

低生产成本。

(2) 压力对化学平衡的影响

压力的变化对没有气体参加的化学反应影响不大。对于有气体参加且反应前后气体的物质的量有变化的反应，压力变化将对化学平衡产生影响。改变压力，对反应前后气体分子数不变的反应的平衡状态没有影响；压力变化只是对那些反应前后气体分子数目有变化的反应有影响；在恒温下，增大压力，平衡向气体分子数目减少的方向移动，减小压力，平衡向气体分子数目增加的方向移动。在体系中加入与反应无关（指不参加反应）的气体，在定容条件下，各组分气体分压不变，对化学平衡无影响；在定压条件下，无关的气体引入，使反应体系体积增大，各组分气体的分压减小，化学平衡向气体物质的量增加的方向移动。

(3) 温度对化学平衡的影响

浓度、总压对化学平衡的影响是改变了平衡时各物质的浓度，不改变平衡常数 $K^{\ominus}$ 值。温度对平衡移动的影响和浓度及压力有着本质的区别。由于平衡常数 $K^{\ominus}$ 是温度的函数，故温度变化时，$K^{\ominus}$ 值就随之发生变化。在其他条件不变的情况下，升高温度，化学平衡向吸热的方向移动；降低温度，化学平衡向放热的方向移动。

1884 年，法国化学家吕·查得里 (Le Chatelier) 从实验中总结出一条规律：如果改变平衡体系的条件之一（如浓度、温度或压力等），平衡就会向减弱这个改变的方向移动。这条规律被称作吕·查得里原理，也称为化学平衡移动原理，是适用于一切平衡的普遍规律。应用这一规律，可以通过改变条件，使反应向所需的方向转化或使所需的反应进行得更完全。

2.4　化学反应速率

有些化学反应进行得很快，几乎瞬间就能完成。例如，炸药的爆炸、酸碱中和反应等；但是也有些反应进行得很慢，例如，煤和石油在地壳内的形成需要几十万年的时间。就是说不同的反应其反应速率不同。为了比较反应的快慢，需要明确化学反应速率的概念。化学反应速率指在一定条件下，反应物转变成为生成物的速率。

2.4.1　化学反应速率及其表示方法

2.4.1.1　平均速率

化学反应的平均速率 ($\bar{v}$) 通常用单位时间内某一反应物浓度的减少或生成物浓度的增加来表示。

$$\bar{v} = \pm \frac{\Delta c(B)}{\Delta t} \tag{2-31}$$

由于反应速率只能是正值，式 (2-31) 中 "+" 表示用生成物浓度的变化表示反应速率，"−" 表示用反应物浓度的变化表示反应速率；$\Delta c(B)$ 表示某物质在 Δt 时间内浓度的变化量，单位常用 $mol \cdot L^{-1}$；Δt 表示时间的变化量，根据实际需要，单位常用秒（s）、分（min）或时（h）等；$\bar{v}$ 是用某物质浓度变化表示的平均速率。

例如 N_2O_5 在四氯化碳溶液中按下面的反应方程式分解：

$$2N_2O_5 \Longrightarrow 4NO_2 + O_2$$

用浓度改变量表示化学反应速率为：

$$\bar{v}(N_2O_5) = -\frac{\Delta c(N_2O_5)}{\Delta t}$$

表 2-3 给出了在不同时间内 N_2O_5 浓度的测定值和相应的反应速率。从数据中可以看出，不同时间间隔里，反应的平均速率不同。

表 2-3　在 CCl_4 溶液中 N_2O_5 的分解速率（298.15K）

经过的时间 t/s	时间的变化 $\Delta t/s$	$c(N_2O_5)$ /mol·L^{-1}	$-\Delta c(N_2O_5)$ /mol·L^{-1}	反应速率 $\bar{v}$/mol·L^{-1}·s^{-1}
0	0	2.10	—	—
100	100	1.95	0.15	1.5×10^{-3}
300	200	1.70	0.25	1.3×10^{-3}
700	400	1.31	0.39	0.98×10^{-3}
1000	300	1.08	0.23	0.77×10^{-3}
1700	700	0.76	0.32	0.46×10^{-3}
2100	400	0.62	0.14	0.35×10^{-3}
2800	700	0.37	0.19	0.27×10^{-3}

2.4.1.2　瞬时速率

上述反应速率为该反应在一段时间内的平均速率 $\bar{v}$。实验证明，几乎所有化学反应的速率都随反应时间的变化而不断变化。一般来说，反应刚开始时速率较快，随着反应的进行，反应物浓度逐渐减小，反应速率不断减慢。因此有必要应用瞬时速率的概念精确表示化学反应在某一指定时刻的速率。用作图的方法可以求出反应的瞬时速率。我们利用表 2-3 中 N_2O_5 的浓度对时间作图，见图 2-2。

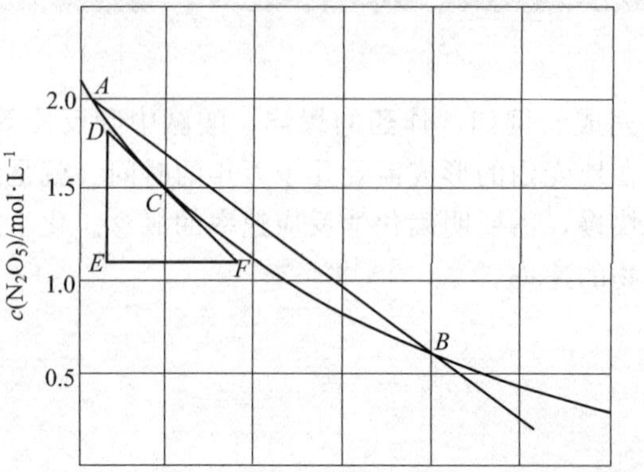

图 2-2 中曲线的分割线 AB 的斜率的绝对值表示时间间隔 $\Delta t = t_B - t_A$ 内反应的平均速率 $\bar{v}$，而过 C 点曲线的切线的斜率的绝对值，则表示该时间间隔内时刻 t_C 时反应的瞬时速率，瞬时速率用 v 表示，因此瞬时速率 $v(N_2O_5)$ 可以用极限的方法来表达出其定义式：

$$v = \pm \lim_{\Delta t \to 0} \frac{\Delta c(B)}{\Delta t} = \pm \frac{dc(B)}{dt} \quad (2\text{-}32)$$

由于瞬时速率真正反映了某时刻化学反应的快慢，所以比平均速率更重要，有着更广泛的应用。故以后提到反应速率，一般指瞬时速率。

图 2-2　瞬时速率的作图求法

当反应体系的体积不变时，反应速率 v 等于单位体积内反应进度 ξ 对时间的变化率：

$$v = \frac{1}{V} \times \frac{d\xi}{dt} = \frac{1}{V\nu_B} \times \frac{dn_B}{dt} = \frac{1}{\nu_B} \times \frac{dc(B)}{dt} \quad (2\text{-}33)$$

对于反应　　　　　　$a\mathrm{A} + d\mathrm{D} \longrightarrow g\mathrm{G} + h\mathrm{H}$

$$v = -\frac{1}{a} \times \frac{dc(\mathrm{A})}{dt} = -\frac{1}{d} \times \frac{dc(\mathrm{D})}{dt} = \frac{1}{g} \times \frac{dc(\mathrm{G})}{dt} = \frac{1}{h} \times \frac{dc(\mathrm{H})}{dt} \quad (2\text{-}34)$$

2.4.2 浓度对化学反应速率的影响

2.4.2.1 质量作用定律

在一定温度下,增大反应物浓度反应速率会加快,而且反应物浓度越大,反应速率越快。这是因为当温度一定时,对某一反应来说,活化分子的百分数是一定的,当增加反应物浓度时,单位体积内活化分子的总数增加,单位时间内分子之间的有效碰撞次数增大,从而使反应速率加快。

大量实验证明:在一定温度下,基元反应(从反应物转化为生成物是一步直接完成的反应)的速率与反应物浓度以化学计量数为指数的幂的乘积成正比。该规律称为质量作用定律。化学反应速率与反应物浓度之间关系的数学表达式叫反应速率方程式,简称速率方程。如基元反应

$$a\text{A} + d\text{D} =\!\!=\!\!= g\text{G} + h\text{H}$$
$$v = kc^a(\text{A})c^d(\text{D}) \tag{2-35}$$

式(2-35)就是质量作用定律的数学表达式,也称为基元反应的速率方程。

式(2-35)中的 v 为瞬时速率。k 为速率常数,在数值上等于反应物浓度均为 $1\text{mol} \cdot \text{L}^{-1}$ 时的反应速率。k 的大小由反应物的本性决定,与反应物浓度或压力大小无关。改变温度或使用催化剂会使 k 的数值发生改变。

2.4.2.2 应用质量作用定律时应注意的问题

① 质量作用定律只适用于基元反应。对于复杂反应(多步完成的反应),速率方程应通过实验确定,不能根据方程式的计量关系来书写。若反应机理已知,则根据定速步骤写出速率方程。复杂反应的反应速率一般是由最慢的一个基元反应所决定的,如 $\text{A}_2 + \text{B} \longrightarrow \text{A}_2\text{B}$ 的反应,是由两个基元反应构成的:

第一步 $\qquad\qquad\qquad \text{A}_2 \longrightarrow 2\text{A} \qquad$ (慢反应)
第二步 $\qquad\qquad\qquad 2\text{A} + \text{B} \longrightarrow \text{A}_2\text{B} \qquad$ (快反应)

该反应的速率方程为: $\qquad\qquad v = kc(\text{A}_2)$

对于这种复杂反应,其反应的速率方程只有通过实验来确定。

② 有纯固体、纯液体参加的化学反应,可将其浓度视为常数,在速率方程式中不表示。

如: $\qquad\qquad\qquad \text{C(s)} + \text{O}_2(\text{g}) =\!\!=\!\!= \text{CO}_2(\text{g})$
$$v = kc(\text{O}_2)$$

③ 稀溶液中溶剂参加的反应,其速率方程中不必列出溶剂的浓度。因为在稀溶液中,溶剂的量很多而溶质的量很少,在整个反应过程中,溶剂的量变化甚微,溶剂的浓度可近似地看作常数而并入速率常数中。

④ 对于气体反应,因 $p = nRT/V = cRT$,所以其速率方程通常也用气体分压来表示。

如: $\qquad\qquad\qquad \text{C(s)} + \text{O}_2(\text{g}) =\!\!=\!\!= \text{CO}_2(\text{g})$
$$v = k_p p(\text{O}_2)$$

例 2-12 303K 时,乙醛分解反应 $\text{CH}_3\text{CHO(g)} =\!\!=\!\!= \text{CH}_4(\text{g}) + \text{CO(g)}$ 为一复杂反应,反应速率与乙醛浓度的关系见表 2-4。

表 2-4　反应速率与乙醛浓度的关系

$c(CH_3CHO)/mol \cdot L^{-1}$	0.10	0.20	0.30	0.40
$v/mol \cdot L^{-1} \cdot s^{-1}$	0.025	0.102	0.228	0.406

(1) 求速率常数 k；(2) 写出该反应的速率方程；(3) 求 $c(CH_3CHO)=0.25 mol \cdot L^{-1}$ 时的反应速率。

解：(1) 设速率方程为：

$$v = kc^n(CH_3CHO)$$

可以任选两组数据，代入速率方程以求 n 值，如选第一、第四组数据得：

$$0.025 = k(0.10)^n$$
$$0.406 = k(0.40)^n$$

两式相除得

$$\frac{0.025}{0.406} = \frac{(0.10)^n}{(0.40)^n} = \left(\frac{1}{4}\right)^n$$

解得 $n \approx 2$

将任一组实验数据（如第三组）代入假设速率方程，可得 k 值：

$$0.228 = k(0.30)^2$$
$$k = 2.53(mol^{-1} \cdot L \cdot s^{-1})$$

(2) 该反应的速率方程为：

$$v = 2.53c^2(CH_3CHO)$$

(3) 当 $c(CH_3CHO) = 0.25 mol \cdot L^{-1}$ 时

$$v = kc^2(CH_3CHO) = 2.53 \times 0.25^2 = 0.158(mol \cdot L^{-1} \cdot s^{-1})$$

2.4.2.3 反应级数及反应分子数

(1) 反应级数

对于一般反应　　　　　　$aA + dD \Longrightarrow gG + hH$

速率方程一般可表示为反应物浓度某方次的乘积，即 $v = kc^\alpha(A)c^\beta(D)$，式中各浓度项幂指数的加和称为反应级数 n，$n = \alpha + \beta$。当 $n=1$ 时称为一级反应，$n=2$ 时称为二级反应，余者类推。

反应级数是通过实验测定的。一般而言，基元反应的反应级数等于反应式中反应物化学计量数之和。而复杂反应中这两者往往不同，且反应级数可能因实验条件改变而发生变化，例如蔗糖水解是二级反应，但在反应体系中水的量较大时，反应前后水的量几乎未改变，则此反应为一级反应。应该注意的是，即使由实验测得的反应级数与反应式中反应物的化学计量数之和相等，该反应也不一定是基元反应。

反应级数的数值可以是整数，也可以是分数或零。

在不同级数的速率方程中，速率常数 k 的单位不一样。速率常数 k 的单位可根据反应级数进行计算。若时间的单位为 s，一级反应 k 的单位为 s^{-1}，二级反应 k 的单位为 $L \cdot mol^{-1} \cdot s^{-1}$，零级反应为 $mol \cdot L^{-1} \cdot s^{-1}$。

(2) 反应分子数

基元反应中同时参加反应的微粒（分子、原子、离子或自由基）的数目称为该基元反应的反应分子数。基元反应的反应分子数与其反应级数在数值上是一致的。根据参加反应的分子数可将反应分为单分子反应、双分子反应和三分子反应，四分子或更多分子反应尚未发现。

2.4.3 温度对化学反应速率的影响

2.4.3.1 范特霍夫（Van't Hoff）规则

温度对化学反应速率的影响特别显著，一般情况下升高温度可使大多数反应的速率加快。范特霍夫依据大量实验提出经验规则：温度每升高 10℃，反应速率就增大到原来的 2～4 倍。

$$\frac{k_{(t+10)}}{k_t}=\gamma \quad 或 \quad \frac{k_{(t+n\times 10)}}{k_t}=\gamma^n \tag{2-36}$$

式中　$k_{(t+10)}$ 和 k_t——温度为 $(t+10)$℃ 和 t℃ 时的反应速率常数；
　　　　γ——温度系数，γ 值在 2～4 范围内。

当温度从 t℃ 升高到 $(t+n\times 10)$℃ 时，则反应速率为原来的 γ^n 倍。

例如某一反应的温度系数 γ 为 2，在反应物浓度不变时，当温度从 10℃ 升高到 100℃，反应速率就是原来的 512 倍。因此利用范特霍夫规则可粗略地估计温度对反应速率的影响。

可以认为，温度升高时分子运动速率增大，分子间碰撞频率增加，反应速率加快。另外一个重要的原因是温度升高，活化分子的百分率增大，有效碰撞的百分率增加，使反应速率大大加快。无论是吸热反应还是放热反应，温度升高时反应速率都是增大的。

2.4.3.2 阿伦尼乌斯（Arrhenius）公式

1889 年阿伦尼乌斯总结了大量实验事实，指出反应速率常数和温度间的定量关系为：

$$k=A\mathrm{e}^{-\frac{E_a}{RT}} \tag{2-37}$$

对式(2-37) 取自然对数，得：

$$\ln k=-\frac{E_a}{RT}+\ln A \tag{2-38}$$

对式(2-37) 取常用对数，得：

$$\lg k=-\frac{E_a}{2.303RT}+\lg A \tag{2-39}$$

式中　k——反应速率常数；
　　　　E_a——反应活化能；
　　　　R——气体常数；
　　　　T——热力学温度；
　　　　A——常数，称为"指前因子"或"频率因子"。

在浓度相同的情况下，可以用速率常数来衡量反应速率。

对于同一反应，在温度为 T_1 和 T_2 时，反应速率常数分别为 k_1 和 k_2。则：

$$\ln\frac{k_2}{k_1}=-\frac{E_a}{R}\left(\frac{1}{T_2}-\frac{1}{T_1}\right) \quad 或 \quad \lg\frac{k_2}{k_1}=\frac{E_a}{2.303R}\left(\frac{T_2-T_1}{T_1 T_2}\right) \tag{2-40}$$

式(2-39) 是阿伦尼乌斯公式的对数形式，由此式可得，$\lg k$ 对 $\frac{1}{T}$ 作图应为一直线，直线的斜率为 $-\frac{E_a}{2.303R}$，截距为 $\lg A$。图 2-3 中两条斜率不同的直线，分别代表活化能不同的两个化学反应。斜率较小的直线Ⅰ代表活化能较小的反应，斜率较大的直线Ⅱ代表活化能较大的反应。活化能较大的反应，其反应速率随温度增加较快，即具有较大的温度系数，所以温度升高对活化能较大的反应更有利。

阿伦尼乌斯公式不仅说明了反应速率与温度的关系，而且还可以说明活化能对反应速率的影响。利用上面的作图方法求出直线的斜率$\left(\text{等于}-\dfrac{E_a}{2.303R}\right)$，便可求出$E_a$。

例 2-13 对于反应：$2\text{NOCl}(g) \rightleftharpoons 2\text{NO}(g) + \text{Cl}_2(g)$ 经实验测得 300K 时，$k_1 = 2.8 \times 10^{-5} \text{L} \cdot \text{mol}^{-1} \cdot \text{s}^{-1}$，400K 时，$k_2 = 7.0 \times 10^{-1} \text{L} \cdot \text{mol}^{-1} \cdot \text{s}^{-1}$，求 NOCl（亚硝酰氯）分解的活化能。

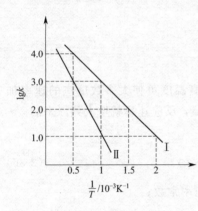

图 2-3 温度与反应速率常数的关系

解： 根据式(2-40)整理得

$$E_a = 2.303R \left(\dfrac{T_1 T_2}{T_2 - T_1}\right) \lg \dfrac{k_2}{k_1}$$

$$= 2.303 \times 8.314 \left(\dfrac{300 \times 400}{400 - 300}\right) \lg \dfrac{7.0 \times 10^{-1}}{2.8 \times 10^{-5}}$$

$$= 1.01 \times 10^5 (\text{J} \cdot \text{mol}^{-1}) = 101 (\text{kJ} \cdot \text{mol}^{-1})$$

2.4.4 催化剂对化学反应速率的影响

2.4.4.1 催化剂和催化作用

对于反应： $2\text{H}_2(g) + \text{O}_2(g) \rightleftharpoons 2\text{H}_2\text{O}(l)$

在 298.15K，标准状态下，可能较长时间看不出反应发生。若在反应系统中加入微量的 Pt 粉，反应立即发生，而且反应相当完全。但 Pt 粉在反应前后几乎毫无改变，Pt 粉在该反应中就是催化剂。

催化剂，又称为触媒，是一种能改变化学反应速率，其本身在反应前后质量和化学组成均不改变的物质。催化剂改变反应速率的作用就是催化作用。

凡能加快反应速率的催化剂叫正催化剂，例如上述反应中的 Pt 粉。凡能减慢反应速率的催化剂叫负催化剂或阻化剂。例如，六亚甲基四胺（CH_2）$_6\text{N}_4$ 作为负催化剂，降低钢铁在酸性溶液中腐蚀的反应速率，也称为缓蚀剂。一般使用催化剂是为了加快反应速率，若不特别说明，所谓催化剂就是指正催化剂。

2.4.4.2 催化作用的基本特征

① 催化剂参与化学反应，改变反应历程，降低反应活化能。图 2-4 表示加催化剂和不加催化剂两种历程中能量的变化，在非催化历程中，须克服活化能为 E_a 的较高势垒，而在催化历程中只需要克服两个活化能较小的势垒 E_{a1} 和 E_{a2}，增加了活化分子百分率，加快了反应速率。

② 催化剂具有一定选择性。催化剂的选择性是指某种催化剂只能催化某一个或某几个反应。有的催化剂选择性较强，如酶的选择性很强，有的达到专一的程度。

③ 催化剂对某些杂质很敏感。某些物质对催化剂的性能有很大的影响，可以大大增强

催化功能的物质叫助催化剂。有些物质可以严重降低甚至完全破坏催化剂的活性，这些物质称为催化剂毒物，这种现象称为催化剂中毒。如合成氨反应中所使用的铁催化剂，可因体系中存在的 H_2O、CO、CO_2、H_2S 等杂质而中毒。

例 2-14 已知反应 $2H_2O_2 \Longrightarrow 2H_2O+O_2$ 的活化能 E_a 为 $71kJ \cdot mol^{-1}$，在过氧化氢酶的催化下，活化能降至 $8.4kJ \cdot mol^{-1}$。试计算 298K 时在酶催化下，H_2O_2 分解速率为原来的多少倍。

解：已知反应：$2H_2O_2 \Longrightarrow 2H_2O+O_2$
$T=298K$　$E_{a1}=71kJ \cdot mol^{-1}$，$E_{a2}=8.4kJ \cdot mol^{-1}$
据公式 $k=Ae^{\frac{-E_a}{RT}}$ 得：

$$k_1 = Ae^{\frac{-E_{a1}}{RT}} = Ae^{\frac{-71 \times 1000}{8.314 \times 298}} \quad ①$$

$$k_2 = Ae^{\frac{-E_{a2}}{RT}} = Ae^{\frac{-8.4 \times 1000}{8.314 \times 298}} \quad ②$$

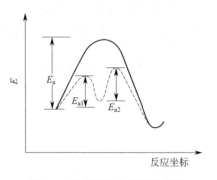

图 2-4　反应进程中能量的变化
（实线为非催化历程，虚线为催化历程）

②/① 得：

$$\frac{k_2}{k_1} = e^{\frac{(71-8.4) \times 1000}{8.314 \times 298}} = e^{25.27} = 9.4 \times 10^{10}$$

在酶的催化作用下，H_2O_2 分解速率为原来的 9.4×10^{10} 倍。

*2.4.4.3　均相催化与多相催化

根据催化剂与反应物所在相的不同，分为均相催化反应和多相催化反应。

(1) 均相催化

反应物与催化剂处于同一相中的催化反应，称为均相催化反应，有气相催化和液相催化两种。在均相催化作用中，催化剂往往首先与一种反应物作用生成中间产物，这类中间产物再经作用生成最终产物，并重新生成原来的催化剂。例如，没有催化剂存在时，过氧化氢的分解反应为：

$$2H_2O_2(aq) \longrightarrow O_2(g) + 2H_2O(l)$$

反应速率较慢。加入催化剂 Br_2，可以加快 H_2O_2 的分解速率，分解反应机理是：

第一步　　　　$H_2O_2(aq) + Br_2 \longrightarrow 2H^+(aq) + O_2(g) + 2Br^-(aq)$
第二步　　$H_2O_2(aq) + 2H^+(aq) + 2Br^-(aq) \longrightarrow 2H_2O(l) + Br_2$
总反应　　　　　$2H_2O_2(aq) \longrightarrow O_2(g) + 2H_2O(l)$

加入催化剂改变了反应机理（见图 2-4），降低了反应活化能，增加了活化分子数，反应速率加快。

(2) 多相催化

催化剂与反应物不处于同一相中的催化反应，称为多相催化。反应是在催化剂的表面上进行的，所以又称表面催化。在多相催化反应中，催化剂往往是固体，而反应物是气体或液体。

例如：汽车尾气（NO 和 CO）的催化转化：

$$2NO(g) + CO(g) \xrightarrow{Pt,Pd,Rh} N_2(g) + CO_2(g)$$

反应在固相催化剂表面的活性中心上进行，催化剂分散在陶瓷载体上，其表面积很大，活性中心足够多，尾气可以与催化剂充分接触。

(3) 酶催化

酶催化是以酶为催化剂的反应。酶在催化过程中，首先与底物结合成不稳定的酶-底物复合体（中间产物），此复合体迅速变成产物和酶，这一过程可表示如下：

$$S + E \longrightarrow ES \longrightarrow E + P$$
底物　　酶　　中间产物　　酶　　产物

酶是生物体内特殊的催化剂，几乎一切生命现象都与酶有关。酶除具有一般催化剂的特点外，还有高效、高选择性、条件温和的特点。

2.4.5　化学反应速率理论简介

2.4.5.1　化学反应的碰撞理论

早在1918年，路易斯（W. C. M. Lewis）运用气体分子运动的理论成果，对气相双分子反应提出了反应速率的碰撞理论，其理论要点如下。

(1) 发生化学反应的先决条件是反应物分子间必须相互碰撞

只有反应物分子间相互碰撞才有可能发生反应，反应物分子碰撞的频率越高，反应速率越快，即反应速率的大小与反应物分子碰撞的频率成正比。在一定的温度下，反应物分子碰撞的频率又与反应物浓度成正比。如气相双分子反应：

$$aA + dD \Longrightarrow gG + hH$$

反应速率与A、D分子的碰撞频率成正比，即Z与$Z_0 c^a(A) c^d(D)$成正比。Z为单位时间单位体积内反应物分子的总碰撞次数；Z_0为单位浓度时的碰撞频率（与温度有关，与浓度无关）。

(2) 有效碰撞、活化分子、活化能

反应物分子不是每一次碰撞都能发生反应，其中绝大多数碰撞都是无效碰撞，只有少数碰撞才能发生反应，这种能发生反应的碰撞称为有效碰撞。

根据气体分子运动论，在常温常压下气体分子之间的碰撞频率极高。如$2HI(g) \longrightarrow H_2(g) + I_2(g)$，浓度为$1.0 \times 10^3 \text{mol} \cdot \text{L}^{-1}$的HI气体，单位体积（1L）内分子碰撞次数每秒高达3.5×10^{28}次，若每次碰撞都能发生反应，则其反应速率大约为$5.8 \times 10^4 \text{mol} \cdot \text{L}^{-1} \cdot \text{s}^{-1}$，但实验测得反应速率仅为$1.2 \times 10^{-8} \text{mol} \cdot \text{L}^{-1} \cdot \text{s}^{1}$。由此可见，绝大多数分子相互碰撞后又彼此分开，有效碰撞的效率很低。

化学反应的实质是原来化学键的断裂和新化学键的形成过程。由于化学键的断裂需要一定的能量（由分子的动能提供），因此，只有那些具有较高能量分子才能实现这一过程。我们把具有较高能量、能发生有效碰撞的反应物分子称为活化分子。活化分子占总分子的百分数越大，有效碰撞频率越高，反应速率越快。

图2-5表示分子的能量分布曲线。图中横坐标表示分子的能量，纵坐标表示具有一定能量的分子分数。$\overline{E}$线的高度代表具有平均能量的分子分数。

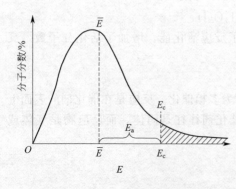

图2-5　分子的能量分布曲线

由图 2-5 可见，只有少数分子的能量比平均能量高，这些分子就是活化分子，即画斜线的面积代表活化分子所占的百分数。对于给定的反应，在一定的温度下，曲线的形状一定，所以活化分子的百分数也是一定的。通常把活化分子所具有的最低能量（E_c）与反应物分子的平均能量（$\overline{E}$）之差称为反应的活化能，用 E_a 表示，单位为 kJ·mol^{-1}。

$$E_a = E_c - \overline{E} \tag{2-41}$$

一个反应的活化能大小，主要由反应的本性决定，与反应物浓度无关，受温度影响较小，当温度变化幅度不大时，一般不考虑其影响。

(3) 方位因子 P

碰撞理论认为，不是活化分子的每次碰撞都能发生反应，因为分子有一定的几何形状，有特有的空间结构。要使活化分子的碰撞能发生化学反应，除了分子必须具有足够高的能量之外，还必须考虑碰撞时分子的空间方位，即活化分子只有在一定取向方位上的碰撞才能发生反应。两分子取向有利于发生反应的碰撞机会占总碰撞机会的百分数称为方位因子（P）。

如 $NO_2 + CO \longrightarrow NO + CO_2$，只有当 CO 分子中的碳原子与 NO_2 分子中的氧原子相碰撞时才能发生化学反应；而碳原子与氮原子相碰撞的这种取向，则不会发生化学反应，见图 2-6。对于一个化学反应，其反应速率 v 与分子间的碰撞频率、活化分子百分率及方位因子有关。

从图 2-5 可以看出，活化能 E_a 越高，活化分子比率越小，反应速率 v 越小。对于不同的反应，活化能是不同

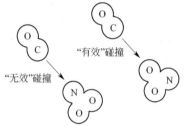

图 2-6 分子碰撞的取向

的。不同类型的反应，活化能 E_a 相差很大，所以反应速率差别很大。碰撞理论成功地解决了某些反应体系的速率计算问题。但是，碰撞理论只是简单地将反应物分子看成没有内部结构的刚性球体，所以该理论存在一些缺陷，特别是无法揭示活化能 E_a 的真正本质，另外方位因子的大小也无法计算，对于涉及结构复杂分子的反应，这个理论适应性则较差。

*2.4.5.2 化学反应的过渡状态理论

过渡状态理论（又称活化配合物理论）是在量子力学和统计力学发展的基础上，1935年由艾林（Eyring）等提出来的，它是从分子的内部结构与运动来研究反应速率问题的。其基本内容如下。

① 反应物分子首先要形成一个中间状态的化合物——活化配合物（又称过渡状态）。化学反应不只是通过分子间的简单碰撞就能完成的，而是要经过一个中间过渡状态即分子互相接近的过程。在此过程中，原有的化学键尚未完全断开，新的化学键又未完全形成。我们把这种化学键新旧交替的状态称为过渡状态。例如，CO 和 NO_2 的反应，当具有较高能量的 CO 和 NO_2 分子彼此以适当的取向相互靠近时，就形成了一种活化配合物，如图 2-7 所示。

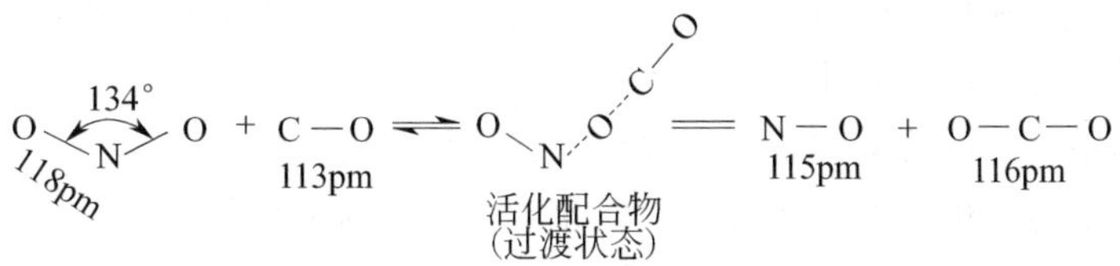

图 2-7 CO 和 NO_2 的反应过程

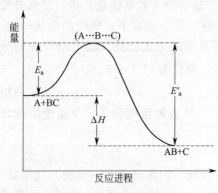

图 2-8 反应的能量变化

② 活化配合物具有极高的势能，极不稳定，一方面与反应物之间存在快速动态平衡，另一方面又能分解为生成物。

图 2-8 表示反应 A+BC $\longrightarrow$ AB+C 的能量变化过程。由图可见，反应物和生成物的能量都较低，由于反应过程中分子之间相互碰撞，分子的动能大部分转化为势能，因而活化配合物（A⋯B⋯C）处于极不稳定的较高势能状态。

③ 活化配合物分解生成产物的趋势大于重新变为反应物的趋势。活化配合物既可分解生成产物，也可分解重新生成反应物。过渡状态理论假设过渡态分解为生成物的步骤是整个反应的速率控制步骤。

④ 活化能。反应物吸收能量成为过渡态。在过渡状态理论中，反应的活化能就是翻越势垒所需的能量，它等于活化配合物的最低能量与反应物分子的平均能量的差值。图 2-8 中 E_a 为正反应活化能，E_a' 为逆反应活化能，两者之差为反应的焓变，即：

$$\Delta H = E_a - E_a' \tag{2-42}$$

当 $E_a < E_a'$ 时，$\Delta H < 0$，反应是放热反应；当 $E_a > E_a'$ 时，$\Delta H > 0$，反应是吸热反应。无论反应正向还是逆向进行，都一定经过同一活化配合物状态。图 2-8 还告诉我们，如果正反应是经过一步即可完成的反应，则其逆反应也可以经过一步完成，而且正逆反应经过同一个活化配合物中间体。这就是微观可逆性原理。

过渡状态理论从分子的结构特点和化学键的特征研究反应速率问题，较好地揭示了活化能的本质，比碰撞理论前进了一步。然而由于活化配合物极不稳定，不易分离，无法通过实验证实，致使这一理论的应用受到限制。反应速率理论至今还很不完善，有待进一步研究发展。

思 考 题

2-1　如何正确理解状态函数？为什么？

2-2　Q_p 与 $Q_{p,m}$ 有什么区别和联系？

2-3　已知一个化学反应的 Q_V 和 Q_p，在什么情况可以认为二者相等？

2-4　根据气体在气缸中的膨胀情况，能否推导出膨胀功 $W = -p\Delta V$？

2-5　根据盖斯定律能否得出"热是状态函数"的结论？

2-6　根据化学平衡移动原理，可采取哪些措施提高某一反应物的转化率？

2-7　化学平衡时哪些量或性质不再改变？

2-8　如何利用热力学数据判断某一温度下化学反应的自发性？

2-9　为什么不能说化学平衡常数越大，化学反应的速率也越大？

2-10　活化能的大小可以解释哪些问题？

2-11　压力、浓度和温度对化学平衡和反应速率有什么影响？

习 题

2-1 计算下列情况体系的热力学能变化:
(1) $Q=200J$, $W=120J$
(2) $Q=-300J$, $W=-750J$
(3) 体系吸收 280J 的热,并且体系对环境做功 460J

2-2 已知下列热化学方程式:

$Fe_2O_3(s)+3CO(g) == 2Fe(s)+3CO_2(g)$ $\quad \Delta_rH_m^\ominus = -24.77 kJ \cdot mol^{-1}$

$3Fe_2O_3(s)+CO(g) == 2Fe_3O_4(s)+CO_2(g)$ $\quad \Delta_rH_m^\ominus = -52.19 kJ \cdot mol^{-1}$

$Fe_3O_4(s)+CO(g) == 3FeO(s)+CO_2(g)$ $\quad \Delta_rH_m^\ominus = -39.01 kJ \cdot mol^{-1}$

不用查表,计算下列反应的 $\Delta_rH_m^\ominus$。

$$FeO(s)+CO(g) == Fe(s)+CO_2(g)$$

2-3 由 $\Delta_fH_m^\ominus$ 的数据计算 298.15K、标准态下的反应热 $\Delta_rH_m^\ominus$。
(1) $CO(g)+H_2O(g) == CO_2(g)+H_2(g)$
(2) $2NH_3(g) == N_2(g)+3H_2(g)$

2-4 大力神火箭发动机采用液态 N_2H_4 和气体 N_2O_4 作燃料,反应产生的大量热量和气体推动火箭升高。反应为

$$2N_2H_4(l)+N_2O_4(g) == 3N_2(g)+4H_2O(g)$$

利用有关数据,计算反应在 298 K 时的标准摩尔焓 $\Delta_rH_m^\ominus$。

2-5 由 $\Delta_fH_m^\ominus$ 和 $S_m^\ominus$ 数据,计算下列反应在 298.15K 时的 $\Delta_rG_m^\ominus$、$\Delta_rS_m^\ominus$ 和 $\Delta_rH_m^\ominus$。
(1) $Ca(OH)_2(s)+CO_2(g) == CaCO_3(s)+H_2O(l)$
(2) $N_2(g)+3H_2(g) == 2NH_3(g)$
(3) $2H_2S(g)+3O_2(g) == 2SO_2(g)+2H_2O(l)$

2-6 由 $\Delta_cH_m^\ominus$ 的数据计算下列反应在 298.15K、标准状态下的 $\Delta_rH_m^\ominus$。
(1) $C_6H_5COOH(s)+H_2(g) == C_6H_6(l)+HCOOH(l)$
(2) $HCOOH(l)+CH_3CHO(l) == CH_3COOH(l)+HCHO(g)$

2-7 评论下列各种陈述:
(1) 放热反应是自发的。
(2) 反应的 ΔS 为正值,该反应是自发的。
(3) 如反应的 ΔH 和 ΔS 皆为正值,当升温时 ΔG 减小。

2-8 定压下苯和氧反应:$C_6H_6(l)+\frac{15}{2}O_2(g) == 6CO_2(g)+3H_2O(l)$。已知 $C_6H_6(l)$ 标准燃烧焓为 $-3267 kJ \cdot mol^{-1}$,$CO_2(g)$ 和 $H_2O(l)$ 的标准生成焓分别为 $-393 kJ \cdot mol^{-1}$ 及 $-285 kJ \cdot mol^{-1}$,求 $C_6H_6(l)$ 的标准摩尔生成焓。

2-9 植物体在光合作用中合成葡萄糖的反应可近似表示为

$$6CO_2(g)+6H_2O(l) == C_6H_{12}O_6(s)+6O_2(g)$$

计算该反应的标准摩尔吉布斯自由能,并判断反应在 298K 及标准状态下能否自发进行 [已知葡萄糖的 $\Delta_fG_m^\ominus(C_6H_{12}O_6,s) = -910.5 kJ \cdot mol^{-1}$]。

2-10 查教材附录数据计算 25℃ 时反应 $C_2H_4(g)+H_2(g) == C_2H_6(g)$ 的 $\Delta_rG_m^\ominus$,指出该反应在 25℃ 和 100kPa 下的反应方向。

2-11 将空气中的单质氮变成各种含氮化合物的反应叫固氮反应。查教材附录根据 $\Delta_f G_m^\ominus$ 数值计算下列三种固氮反应的 $\Delta_r G_m^\ominus$，从热力学角度判断选择哪个反应最好。

(1) $N_2(g)+O_2(g) \Longrightarrow 2NO(g)$

(2) $2N_2(g)+O_2(g) \Longrightarrow 2N_2O(g)$

(3) $N_2(g)+3H_2(g) \Longrightarrow 2NH_3(g)$

2-12 查教材附录数据计算说明在标准状态时，下述反应自发进行的温度。

(1) $N_2(g)+O_2(g) \Longrightarrow 2NO(g)$

(2) $NH_4HCO_3(s) \Longrightarrow NH_3(g)+CO_2(g)+H_2O(g)$

(3) $2NH_3(g)+3O_2(g) \Longrightarrow NO_2(g)+NO(g)+3H_2O(g)$

[已知：$\Delta_f H_m^\ominus(NH_4HCO_3,s)=-849.4 kJ\cdot mol^{-1}$；$S_m^\ominus(NH_4HCO_3,s)=121 J\cdot mol^{-1}\cdot K^{-1}$]。

2-13 固体 $AgNO_3$ 的分解反应为

$$AgNO_3(s) \Longrightarrow Ag(s)+NO_2(g)+\frac{1}{2}O_2(g)$$

查教材附录并计算标准状态下 $AgNO_3(s)$ 分解的温度。若要防止 $AgNO_3$ 分解，保存时应采取什么措施？

2-14 已知 298.15K 时，下列反应

	$BaCO_3(s)$	$BaO(s)$	$CO_2(g)$
$\Delta_f H_m^\ominus/kJ\cdot mol^{-1}$	-1216	-548.10	-393.51
$S_m^\ominus/J\cdot K^{-1}\cdot mol^{-1}$	112	72.09	213.64

求 298.15K 时该反应的 $\Delta_r H_m^\ominus$、$\Delta_r S_m^\ominus$、$\Delta_r G_m^\ominus$，以及该反应可自发进行的最低温度。

2-15 写出下列各化学平衡的标准平衡常数表达式：

(1) $CaCO_3(s) \rightleftharpoons CaO(s)+CO_2(g)$

(2) $2MnO_4^-(aq)+5SO_3^{2-}(aq)+6H^+(aq) \rightleftharpoons 3H_2O(l)+5SO_4^{2-}(aq)+2Mn^{2+}(aq)$

2-16 在下列平衡体系中，要使平衡正向移动，可采取哪些方法？并指出所用方法对平衡常数有无影响，怎样影响（变大还是变小）。

(1) $CaCO_3(s) \rightleftharpoons CaO(s)+CO_2(g)$　　$\Delta_r H_m^\ominus>0$

(2) $N_2(g)+3H_2(g) \rightleftharpoons 2NH_3(g)$　　$\Delta_r H_m^\ominus<0$

(3) $2SO_2(g)+O_2(g) \rightleftharpoons 2SO_3(g)$　　$\Delta_r H_m^\ominus<0$

2-17 400℃时，基元反应 $CO(g)+NO_2(g) \Longrightarrow CO_2(g)+NO(g)$ 的速率常数 k 为 $0.50 L\cdot mol^{-1}\cdot s^{-1}$，当 $c(CO)=0.025 mol\cdot L^{-1}$、$c(NO_2)=0.040 mol\cdot L^{-1}$ 时，反应速率是多少？

2-18 $A(g)\rightarrow B(g)$ 为二级反应。当 A 的浓度为 $0.050 mol\cdot L^{-1}$ 时，其反应速率为 $1.2 mol\cdot L^{-1}\cdot min^{-1}$。(1) 写出该反应的速率方程。(2) 计算速率常数。(3) 在温度不变时欲使反应速率加倍，A 的浓度应为多大？

2-19 已知反应 $2H_2O_2 \Longrightarrow 2H_2O+O_2$ 的活化能 $E_a=71 kJ\cdot mol^{-1}$，在过氧化氢酶的催化下，活化能降为 $8.4 kJ\cdot mol^{-1}$。试计算 298K 时在酶的催化下，H_2O_2 的分解速率为原来的多少倍。

2-20 在 791K 时，反应 $CH_3CHO \Longrightarrow CH_4+CO$ 的活化能为 $190 kJ\cdot mol^{-1}$，加入 I_2 作催化剂约使反应速率增大 4.00×10^3 倍，计算反应在有 I_2 存在时的活化能。

2-21 已知下列反应在 1362K 时的平衡常数：

(1) $H_2(g) + \frac{1}{2}S_2(g) \rightleftharpoons H_2S(g)$ $K_1^\ominus = 0.80$

(2) $3H_2(g) + SO_2(g) \rightleftharpoons H_2S(g) + 2H_2O(g)$ $K_2^\ominus = 1.8 \times 10^4$

计算反应（3） $4H_2(g) + 2SO_2(g) \rightleftharpoons S_2(g) + 4H_2O(g)$ 在 1362K 时的平衡常数 $K_3^\ominus$。

2-22 反应 $C(s) + CO_2(g) \rightleftharpoons 2CO(g)$ 在 1773K 时 $K^\ominus = 2.1 \times 10^3$，1273K 时 $K^\ominus = 1.6 \times 10^2$，计算：

(1) 反应的 $\Delta_r H_m^\ominus$，并说明是吸热反应还是放热反应。

(2) 计算 1773K 时反应的 $\Delta_r G_m^\ominus$。

(3) 计算反应的 $\Delta_r S_m^\ominus$。

2-23 在 800K 下，某体积为 1L 的密闭容器中进行如下反应：

$$2SO_2(g) + O_2(g) \rightleftharpoons 2SO_3(g)$$

$SO_2(g)$ 的起始量为 $0.40\,\text{mol} \cdot \text{L}^{-1}$，$O_2(g)$ 的起始量为 $1.0\,\text{mol} \cdot \text{L}^{-1}$，当 80% 的 SO_2 转化为 SO_3 时反应达平衡，求平衡时三种气体的浓度及平衡常数。

2-24 反应 $2NO(g) + Cl_2(g) \rightleftharpoons 2NOCl(g)$ 为基元反应。

(1) 写出反应的质量作用定律表达式。

(2) 反应级数是多少？

(3) 其他条件不变，如果容器体积增加到原来的 2 倍，反应速率如何变化？

(4) 如果容积不变，将 NO 的浓度增加到原来的 3 倍，反应速率又将怎样变化？

2-25 有一化学反应 $A + 2B \rightleftharpoons 2C$，在 250K 时，其速率和浓度的关系见表 2-5。

表 2-5 习题 2-25 速率和浓度的关系

$c(A)/\text{mol} \cdot \text{L}^{-1}$	$c(B)/\text{mol} \cdot \text{L}^{-1}$	$-\dfrac{dc(A)}{dt}/\text{mol} \cdot \text{L}^{-1} \cdot \text{s}^{-1}$
0.10	0.010	1.2×10^{-3}
0.10	0.040	4.5×10^{-3}
0.20	0.010	2.4×10^{-3}

(1) 写出反应的速率方程，并指出反应级数。

(2) 求该反应的速率常数。

(3) 求出当 $c(A) = 0.010\,\text{mol} \cdot \text{L}^{-1}$、$c(B) = 0.020\,\text{mol} \cdot \text{L}^{-1}$ 时的反应速率。

2-26 某种酶催化剂的活化能是 $50\,\text{kJ} \cdot \text{mol}^{-1}$，正常人的体温为 37℃，当病人发烧到 40℃ 时，此反应速率增大了百分之几？

2-27 在 301K 时，鲜牛奶大约 4.0h 变酸，但在 278K 的冰箱中可保持 48h，假定反应速率与牛奶变酸的时间成反比，求牛奶变酸的活化能。

2-28 反应 $C_2H_4 + H_2 \longrightarrow C_2H_6$ 在 300K 时 $k_1 = 1.3 \times 10^{-3}\,\text{mol} \cdot \text{L}^{-1} \cdot \text{s}^{-1}$，400K 时 $k_2 = 4.5 \times 10^{-3}\,\text{mol} \cdot \text{L}^{-1} \cdot \text{s}^{-1}$，求该反应的活化能。

2-29 反应 $H_2(g) + I_2(g) \rightleftharpoons 2HI(g)$ 在 713K 时 $K^\ominus = 49.0$，若 698K 时 $K^\ominus = 54.3$。

(1) 上述反应 $\Delta_r H_m^\ominus$ 为多少？（698～713K 温度范围内）上述反应是吸热反应还是放热反应？

(2) 计算 713K 时反应的 $\Delta_r G_m^\ominus$。

(3) 当 H_2、I_2 和 HI 的分压分别为 100kPa、100kPa、50.0 kPa 时计算 713K 时反应的 $\Delta_r G_m$。

2-30 反应 $PCl_5(g) \rightleftharpoons PCl_3(g) + Cl_2(g)$ 在 523K 时的 $K^\ominus = 1.78$，欲使在此温度下

有 30% 的 PCl_5 分解为 PCl_3 和 Cl_2,问:(1) 平衡时的总压力是多少?(2) 523K 时的 $\Delta_r G_m^{\ominus}$ 为多少?

2-31 298K 时表数据见表 2-6。

表 2-6 习题 2-31 数据

物 质	$CO_2(g)$	$NH_3(g)$	$H_2O(g)$	$CO(NH_2)_2(s)$
$\Delta_r H_m^{\ominus}/kJ \cdot mol^{-1}$	−393.51	−46.19	−241.83	−333.19
$S_m^{\ominus}/J \cdot mol^{-1} \cdot K^{-1}$	213.64	192.51	188.72	104.60

求 298K 时反应 $CO_2(g) + 2NH_3(g) \rightleftharpoons H_2O(g) + CO(NH_2)_2(s)$ 的 $K_p^{\ominus}$。

第 2 章电子资源网址:
http://jpkc.hist.edu.cn/index.php/Manage/Preview/load_content/sub_id/123/menu_id/2983

电子资源网址二维码:

第 3 章

定量分析基础

学习要求

1. 了解分析化学的任务、作用及定量分析的一般程序，熟悉分析方法的分类；
2. 掌握误差的分类、来源和提高分析结果准确度的方法；
3. 掌握准确度、精密度及实验结果的表示方法，熟悉可疑值的取舍方法；
4. 理解标准溶液、化学计量点、滴定终点、终点误差等滴定分析的相关概念；
5. 了解滴定分析法的分类及对滴定反应的要求，理解常用的滴定方式；
6. 掌握标准溶液浓度表示方法，标准溶液的配制及标定方法；
7. 掌握滴定分析的计算方法。

3.1 分析化学简介

分析化学是研究和获取物质化学组成和结构信息的分析方法及相关理论的一门科学，它包括化学分析和仪器分析两大部分。分析化学几乎与国民经济的所有部门都有重要关系，在生产和科研工作中有着十分重要的意义。如在工业生产中，通过对原料、中间体和产品质量进行分析，可以控制生产流程，改进生产工艺，提高产品质量；在农业、林业、牧业方面，土壤肥力的测定，水质的化验，农药残留的分析，污染状况的检测，肥料、农药、饲料和农产品品质的评定，畜禽的科学饲养和临床诊断等，都广泛用到分析化学的理论和技术。在科学研究中，分析化学更是不可缺少的工具。因此，无论在工、农业生产和国防建设等方面，还是在科学研究中，分析化学都起着"眼睛"的作用。

随着现代科学技术的发展，分析化学的内容已经远远超出化学学科领域，正在形成一门与数学、物理学、生命科学、计算机科学等学科有关的综合科学。它所提供的信息对生命科学、环境科学、食品科学、能源科学及医学科学的理论研究必不可少，是进行理论研究的基础。

3.1.1 分析方法的分类

根据分析的目的和任务、分析对象、分析试样的用量、测定原理等的不同，分析方法可以分为以下几种。

（1）定性分析、定量分析和结构分析

根据分析的目的和任务的不同，分析方法可分为：定性分析、定量分析和结构分析。

定性分析的任务是鉴定试样有哪些元素、原子、原子团、官能团或化合物组成；定量分析的任务是测定试样中有关组分的含量；结构分析的任务是研究和确定物质的分子结构和晶体结构。

（2）无机分析和有机分析

根据分析对象的化学属性不同，分析方法可分为：无机分析和有机分析。

无机分析是以无机物为分析对象；有机分析是以有机物为分析对象。

（3）常量分析、半微量分析、微量分析和超微量分析

根据分析时所需试样的用量不同，分析方法可分为：常量分析、半微量分析、微量分析和超微量分析。各种分析方法的试样用量见表 3-1。

表 3-1　各种分析方法的试样用量

分类名称	所需试样的质量 m/mg	所需试样的体积 V/mL	分类名称	所需试样的质量 m/mg	所需试样的体积 V/mL
常量分析	>100	>10	微量分析	0.1~10	0.01~1
半微量分析	10~100	1~10	超微量分析	<0.1	<0.01

（4）常量组分分析、微量组分分析和痕量组分分析

根据被分析组分在试样中的相对含量的高低，分析方法可粗略分为：常量组分分析、微量组分分析和痕量组分分析。各种分析方法的试样相对含量见表 3-2。

表 3-2　各种分析方法的试样相对含量

分类名称	质量分数/%
常量组分分析	>1
微量组分分析	0.01~1
痕量组分分析	<0.01

（5）化学分析和仪器分析

根据分析时所依据的物理性质和化学性质的不同，分析方法可分为：化学分析和仪器分析。

① 化学分析法　是利用化学反应和它的计量关系来确定被测物质的组成和含量的一类分析方法，主要有重量分析法和滴定分析法。

重量分析法是通过化学反应及一系列操作步骤，使待测组分离出来或转化为另一种化合物，再通过称量而求得待测组分的含量。

滴定分析法是将一种已知准确浓度的试剂溶液，通过滴定管滴加到待测物质溶液中，直到所加试剂恰好与待测组分按化学计量关系定量反应为止。根据滴加试剂的体积和浓度，计算待测组分的含量。

化学分析历史悠久，是分析化学的基础，尤其是滴定分析，操作简便、快速，所需设备简单，且具有足够的准确度。因而，它仍是一类具有很大实用价值的分析方法。

② 仪器分析法　以物质的物理性质和物理化学性质为基础的分析方法。这类分析方法常需要特殊的仪器，故称仪器分析法。

根据测定原理的不同，仪器分析法一般分为以下几大类：光学分析法（如吸收光谱分析法、发射光谱分析法、荧光分析法等）、电化学分析法（如电位分析法、电解和库仑分析法、伏安和极谱法等）、色谱分析法（如液相色谱法、气相色谱法等）和其他仪器分析法（如质谱法、放射性滴定法、活化分析法等)。

仪器分析法具有快速、操作简便、灵敏度高的特点，适用于微量和痕量组分的测量，是分析化学的发展方向。

3.1.2 定量分析的一般程序

定量分析的一般程序包括试样的采取和制备、试样的分解、测定和数据处理等过程。

(1) 试样的采取和制备

定量分析的目的是测定大量物料的某种化学成分的平均含量，但实际上，每次仅用很少的样品进行测定。这就要求所测样品的化学成分与含量，应当与大批物料中的化学成分与含量极为近似，即某种成分的含量应当能够代表大批物料中的平均含量。否则，测定过程无论怎样精密、准确，其测定结果也毫无意义，甚至会酿成事故，给工业生产带来严重损失。

按规定方法采取的、具有代表性的一部分物料称为原始试样或样品，也就是从物料中选择用来代表被测物料总体的部分。从物料中采取试样的过程称为采样。采样前，应按规定将试样总量均匀地分散于各个采样部位（多点采样），然后进行采样。从一个采样部位按规定采取的一份样，称为子样。合并所有的子样，即成为总样。

一个总样所代表的物料数量，称为分析化验单位或取样单位。生产厂（车间）常以一天或一个班的产量为一个分析化验单位。供销双方常以一次运输量或报检量为一个分析化验单位。

一个分析化验单位中应采取子样的最少数目、每个子样的最少质量及总样的质量，由物料中杂质的多少、物料粒度的大小及物料总量等因素确定。如果杂质多、粒度大、总量大，则子样的最少数目、每个子样的最少质量及总样的质量都应增多。如果杂质少、粒度小、总量小，则子样数目、每个子样的最少质量及总样的质量都可减少。一个分析化验单位的子样数目和总样的质量，有关技术标准（如国家标准、行业标准或企业标准）中有详细规定。采样时应按技术标准的规定要求进行采集，不得随意更改采样点的数目、部位和每个采样点的质量。

物料按自然形态分为固体物料、液体物料、气体物料。气体和液体试样较为均匀，采取试样的量也较少，经过充分混合后，即可进行分析。固体试样的粒度和化学组成不均匀，采样量也较大，不能直接用于定量分析，需经过破碎、筛分、掺合、缩分（按规定减少试样数量的过程称为缩分，四分法是常用方法之一）等加工处理，才能符合使用要求。按规定程序减小试样粒度和数量的过程称为试样的制备，简称制样。

在采样和制样过程中，应当采取措施保持试样的代表性，防止因自然或人为的原因使试样的化学成分及含量发生变化。正确地采样和制样是保证测定结果正确的前提条件，分析工作者应当严格遵守技术标准的规定。

(2) 试样的分解

定量分析一般用湿法分析，即将试样分解后转入溶液中，然后进行测定。分解试样的方法很多，主要有水溶法、酸溶法、碱溶法、熔融法（如硅酸盐样品的处理）和灰化法（如食品、植物样品的处理），操作时可根据试样的性质和分析的要求选用适当的分解方法。必要时要进行样品的分离与富集。

(3) 测定

根据分析要求（如准确度和精密度的要求）、样品的性质、含量及实验室的现有条件选取合适的分析方法进行测定。

(4) 数据处理

根据测定的有关数据计算出组分的含量，并对分析结果的可靠性进行分析、评价，最后得出结论。

3.2 定量分析的误差

在定量分析中，分析的结果应具有一定的准确度，因为不准确的分析结果会导致产品的报废和资源的浪费，甚至在科学上得出错误的结论。但是在分析过程中，即使操作很熟练的分析工作者，用同一方法对同一样品进行多次分析，也不能得到完全一致的分析结果，而只能得到在一定范围内波动的结果。也就是说，分析过程的误差是客观存在的。

3.2.1 误差的分类

分析结果与真实值之间的差值称为误差。根据误差的性质和来源，可将其分为系统误差和偶然误差。

(1) 系统误差

系统误差又称为可测误差，它是由分析过程中某些固定的原因造成的，使分析结果系统偏低或偏高。当在同一条件下测定时，它会重复出现，且方向（正或负）是一致的，即系统误差具有重现性或单向性的特点。

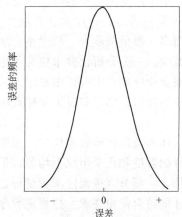

图 3-1　偶然误差的正态分布曲线

根据系统误差的性质和产生的原因，可将其分为三种。

① 方法误差　方法误差是由分析方法本身所造成的误差。例如，在重量分析中，沉淀不完全、共沉淀现象（其他离子和被测组分一起沉淀下来的现象）、灼烧过程中沉淀的分解或挥发；在滴定分析中，反应进行得不完全、滴定终点与化学计量点不符合以及杂质的干扰等都会使系统结果偏高或偏低。

② 仪器和试剂误差　这种误差是由于仪器本身不够精确或试剂不纯引起的。例如，天平砝码不够准确，滴定管、容量瓶和移液管的刻度有一定误差，试剂和蒸馏水含有微量的杂质等都会使分析结果产生一定的误差。

③ 操作误差　操作误差是指在正常条件下，分析人员的操作与正确的操作稍有差别而引起的误差。例如，滴定管的读数系统偏低或偏高、对颜色不够敏锐等所造成的误差。

(2) 偶然误差

偶然误差又称为随机误差或不可测误差，它是一些随机的或偶然的原因引起的。例如，测定时环境的温度、湿度或气压的微小变化，仪器性能的微小变化，操作人员操作的微小差别都可能引起误差。这种误差时大时小，时正时负，难以察觉，难以控制。偶然误差虽然不固定，但在同样的条件下进行多次测定，其分布服从正态分布规律，即正、负误差出现的概率相等；小误差出现的概率大，大误差出现的概率小。偶然误差的正态分布曲线见图 3-1。

除上述两类误差外，分析人员的粗心大意还会引起一种"过失误差"。例如，溶液的溅失、加错试剂、读错读数、记录和计算错误等，这些都是不应有的过失，不属于误差的范围，正确的测量数据不应包括这些错误数据。当出现较大的误差时，应认真考虑原因，剔除由过失引起的错误数据。

3.2.2 准确度和精密度

3.2.2.1 准确度与误差

准确度是指测定值与真实值的符合程度，常用误差表示。误差越小，表示分析结果的准确度越高；反之，误差越大，分析结果的准确度越低。所以，误差的大小是衡量准确度高低的尺度。

误差通常分为绝对误差和相对误差。

绝对误差（E）表示测定值与真实值之差，即：

$$E = 测定值 - 真实值 \tag{3-1}$$

相对误差（E_r）是指绝对误差在真实值中所占的百分数，即：

$$E_r = \frac{绝对误差}{真实值} \times 100\% \tag{3-2}$$

由此可知，绝对误差和相对误差都有正值和负值之分，正值表示分析结果偏高，负值表示分析结果偏低；两次分析结果的绝对误差相等，它们的相对误差却不一定相等，真实值越大者，其相对误差越小，反之，真实值越小者，其相对误差越大。例如，用万分之一的分析天平直接称量两金属铜块，其质量分别为 5.0000g 和 0.5000g，由于使用同一台分析天平，两铜块质量的绝对误差均为 ±0.0001g，但其相对误差分别为：

$$\frac{\pm 0.0001}{5.0000} \times 100\% = \pm 0.002\%$$

$$\frac{\pm 0.0001}{0.5000} \times 100\% = \pm 0.02\%$$

可见，二者的相对误差相差较大，因此，用相对误差表示分析结果的准确性更为确切。

3.2.2.2 精密度与偏差

精密度是表示在相同条件下多次重复测定（称为平行测定）结果之间的符合程度。

精密度高，表示分析结果的再现性好，它取决于偶然误差的大小，精密度常用分析结果的偏差、平均偏差、相对平均偏差、标准偏差或变动系数来衡量。

(1) 偏差

偏差分为绝对偏差和相对偏差。

绝对偏差（d）是个别测定值（x）与各次测定结果的算术平均值（$\bar{x}$）之差，即：

$$d = x - \bar{x} \tag{3-3}$$

设某一组测量数据为 x_1、x_2、$\cdots$、x_n，其算术平均值 $\bar{x}$ 为（n 为测定次数）：

$$\bar{x} = \frac{x_1 + x_2 + \cdots + x_n}{n} = \frac{1}{n}\sum_{i=1}^{n} x_i \tag{3-4}$$

任意一次测定数据的绝对偏差为：

$$d_i = x_i - \bar{x} \tag{3-5}$$

相对偏差（d_r）是绝对偏差占算术平均值的百分数，即：

$$d_r = \frac{d}{\bar{x}} \times 100\% \tag{3-6}$$

平均偏差（$\bar{d}$）是指各次偏差的绝对值的平均值：

$$\bar{d} = \frac{|d_1| + |d_2| + \cdots + |d_n|}{n} = \frac{\sum |d_i|}{n} \tag{3-7}$$

其中 $d_1 = x_1 - \bar{x}$、$d_2 = x_2 - \bar{x}$、$\cdots$、$d_n = x_n - \bar{x}$。

相对平均偏差（$\bar{d}_r$）是指平均偏差占算术平均值（$\bar{x}$）的百分数：

$$\bar{d}_r = \frac{\bar{d}}{\bar{x}} \times 100\% \tag{3-8}$$

（2）标准偏差

标准偏差又叫均方根偏差，是用数理统计的方法处理数据时，衡量精密度高低的一种表示方法，其符号为 S。当测定次数不多时（$n < 20$），则：

$$S = \sqrt{\frac{d_1^2 + d_2^2 + \cdots + d_n^2}{n-1}} = \sqrt{\frac{\sum d_i^2}{n-1}} \tag{3-9}$$

相对标准偏差（S_r）又称为变动系数（CV），是标准偏差占算术平均值的百分数：

$$S_r = \frac{S}{\bar{x}} \times 100\% \tag{3-10}$$

将单次测定的偏差平方之后，较大的偏差能更好地反映出来，能更清楚地说明数据的分散程度。因此，用标准偏差表示精密度比平均偏差好。例如有两批数据，各次测量的偏差分别是：

+0.3、−0.2、−0.4、+0.2、+0.1、+0.4、0.0、−0.3、+0.2、−0.3；

0.0、+0.1、−0.7、+0.2、−0.1、−0.2、+0.5、−0.2、+0.3、+0.1

由计算可知，两批数据的平均偏差均为 0.24，其精密度的好坏是一样的。但明显地看出，第二批数据因有两个较大的偏差而较为分散。若用标准偏差来表示，第一批和第二批数据的标准偏差分别为 0.26 和 0.33，可见第一批数据的精密度较好。

此外，也可以用极差来粗略地表示分析结果的精密度或分散性。极差（R）是一组平行测定值中最大值（$x_{\max}$）与最小值（$x_{\min}$）的差值，即：

$$R = x_{\max} - x_{\min} \tag{3-11}$$

例 3-1 对某试样进行了 5 次测定，结果分别为 10.48%、10.37%、10.47%、10.43%、10.40%，计算分析结果的平均偏差、相对平均偏差、标准偏差和变动系数。

解： $\bar{x} = \dfrac{10.48\% + 10.37\% + 10.47\% + 10.43\% + 10.40\%}{5} = 10.43\%$

$\sum |d_i| = 0.05 + 0.06 + 0.04 + 0.00 + 0.03 = 0.18\%$

$\sum d_i^2 = (0.0025 + 0.0036 + 0.0016 + 0.0000 + 0.0009) \times 10^{-4}$

$= 0.0086 \times 10^{-4}$

$\bar{d} = \dfrac{\sum |d_i|}{n} = \dfrac{0.18}{5} = 0.036\%$

$\bar{d}_r = \dfrac{\bar{d}}{\bar{x}} \times 100\% = \dfrac{0.036}{10.43} \times 100\%$

$= 0.35\%$

$$S=\sqrt{\frac{\sum d_i^2}{n-1}}=\sqrt{\frac{0.0086\times10^{-4}}{4}}=0.046$$

$$S_r=\frac{S}{\bar{x}}\times100\%=\frac{0.047}{10.43}\times100\%=0.44\%$$

对于只有两次测定结果的数据，精密度也可用相差和相对相差表示。若两次测定结果由大到小为 x_1、x_2，则：

$$相差=x_1-x_2 \tag{3-12}$$

$$相对相差=\frac{x_1-x_2}{\bar{x}}\times100\% \tag{3-13}$$

3.2.2.3 准确度与精密度的关系

准确度表示测定值与真实值的符合程度，反映了测量的系统误差和偶然误差的大小。精密度表示平行测定结果之间的符合程度，与真实值无关，精密度反映了测量的偶然误差的大小。因此，精密度高并不一定准确度也高，精密度高只能说明测定结果的偶然误差较小，只有在消除了系统误差之后，精密度好，准确度才高。例如，甲、乙、丙三人同时测定某一铁矿石中 Fe_2O_3 的含量（真实含量为 50.36%），各分析四次，测定结果如下：

甲：50.30%	乙：50.40%	丙：50.36%
50.30%	50.30%	50.35%
50.28%	50.25%	50.34%
50.27%	50.23%	50.33%
平均值：50.29%	50.30%	50.35%

将所得数据绘于图 3-2 中。

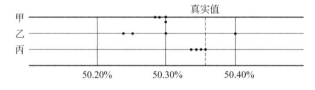

图 3-2 甲、乙、丙分析结果的分布

由图 3-2 可知，甲的分析结果精密度很高，但平均值与真实值相差颇大，说明准确度低；乙的分析结果精密度不高，准确度也不高；丙的分析结果精密度和准确度都比较高。

根据以上分析可知，精密度高不一定准确度高，但准确度高一定要求精密度高。精密度是保证准确度的先决条件。若精密度很差，说明测定结果不可靠，也就失去了衡量准确度的前提。

3.2.3 提高分析结果准确度的方法

准确度表示分析结果的正确性，取决于系统误差和偶然误差的大小，因此，要获得准确的分析结果，必须尽可能地减免系统误差和偶然误差。

3.2.3.1 减免系统误差

(1) 方法误差的减免

不同的分析方法，其准确度和灵敏度各不相同，为了减小方法误差对测定结果的影响，必须对不同方法的准确度和灵敏度有所了解。一般情况下，重量分析法和滴定分析法的灵敏度不高，但相对误差较小，适用于高含量组分的测定。仪器分析法的灵敏度虽高，但相对误差较大，适用于低含量组分的测定。重量分析和容量分析由于灵敏度较低，一般不能用于测定低含量的组分，否则将会造成较大的误差。因此在对样品进行分析时，必须对样品的性质和待测组分的含量有所了解，以便选择合适的分析方法。

分析方法是不是存在系统误差可以做对照试验或采用加标回收法进行检验。对照试验有标准样品对照试验和标准方法对照试验。

标准样品对照试验是选用组成与试样相近的标准试样（含量已知），按分析试样所用的方法，在相同的条件下进行的测定。若标准样品的分析结果与标准样品的含量相差较大，说明分析方法存在较大的系统误差，分析方法需要改进或更换；若标准样品的分析结果与标准样品的含量相差较小，说明系统误差较小，可以通过对照试验求出校正系数，用来校正分析结果。

$$校正系数 = \frac{标准样品的真实含量}{标准试样的分析结果} = \frac{样品的真实含量}{样品的分析结果} \quad (3\text{-}14)$$

标准方法对照试验是用公认的标准方法对分析试样进行的测定。若测定结果与所采用的分析方法测定结果存在较大的差别，则说明分析方法存在较大的系统误差。

加标回收法是在测定试样某组分含量（x_1）的基础上，加入已知含量的该组分（x_2），再次测定其组分含量（x_3）。根据计算所得回收率判断分析方法是否存在较大系统误差。回收率的大小要能够满足分析方法准确度的要求。通常情况下，常量组分的回收率应大于99%，微量组分的回收率一般应在95%～105%之间。

$$回收率 = \frac{x_3 - x_1}{x_2} \times 100\% \quad (3\text{-}15)$$

(2) 仪器和试剂误差的减免

仪器不准确引起的系统误差，可以通过校准仪器减少其影响。例如，砝码、移液管和滴定管等，在精确的分析中必须进行校准。在日常分析中，因仪器出厂时已校准，一般不需要进行校正。

对于试剂或蒸馏水所引入的系统误差可通过空白试验进行检验，即在不加待测试样的情况下，按分析试样所用的方法在相同的条件下进行测定。其测定结果为空白值。从试样分析结果扣除空白值，就可以得到比较可靠的分析结果。

(3) 减小测量误差

在定量分析中，一般要经过很多测量步骤，而每一测量步骤都可能引入误差，因此要获得准确的分析结果，必须减少每一步骤的测量误差。

不同的仪器其准确度是不一样的，因此必须掌握每一种仪器的性能，才能提高分析测定的准确度。例如，采用差减法称量样品，若使用万分之一的分析天平（绝对误差为±0.0001g），称量的绝对误差为±0.0002g（需读取两次数据）。为了使称量的相对误差在0.1%以下，消耗试样的质量必须在0.2g以上。又如测定滴定剂的体积，若使用50mL的酸碱滴定管（读数的绝对误差为±0.01mL），读数的绝对误差为±0.02mL（体积=终读数－初读数）。为了使测量体积的相对误差在0.1%以下，消耗溶液的体积必须在20mL以上。

3.2.3.2 减小偶然误差

由于偶然误差的分布服从正态分布的规律，因此采用多次重复测定取其算术平均值的方法，可以减小偶然误差。重复测定的次数越多，偶然误差的影响越小，但过多的测定次数不仅耗时太多，而且浪费试剂，因而受到一定的限制。在一般的分析中，通常要求对同一样品平行测定 2～4 次即可。

3.2.4 数据的记录与处理

3.2.4.1 数据的记录

在定量分析中，为了获得准确的分析结果，还必须注意正确合理地记录和计算。记录测量结果时，应根据所使用仪器的精度，只保留一位可疑数据。如用万分之一的分析天平对某样品进行称量时，以 g 为单位，小数点后应为 4 位。

3.2.4.2 可疑值的取舍

在一系列的平行测定数据中，有时会出现个别数据和其他数据相差较远，这一数据通常称为可疑值。对于可疑值，若确知该次测定有错误，应将该值舍去，否则不能随意舍弃，要根据数理统计原理，判断是否符合取舍的标准。统计学处理可疑值的方法很多，下面仅介绍较简单的 $4\bar{d}$ 法和 Q 检验法。

（1）$4\bar{d}$ 法的步骤

① 计算除去可疑值（$x_{可疑}$）后剩余数据的算术平均值 $\bar{x}$ 和平均偏差 $\bar{d}$。

② 计算 $|x_{可疑} - \bar{x}|$ 与 $4\bar{d}$。

③ 若 $|x_{可疑} - \bar{x}| \geqslant 4\bar{d}$，则舍去可疑值，反之，保留可疑值。

例 3-2 某试样经 4 次测定的分析结果分别为 30.34%、30.22%、30.42%、30.38%，试问 30.22% 是否应该舍弃？

解：将可疑值 30.22% 除外，其余数据的平均值和平均偏差为

$$\bar{x} = \frac{30.34\% + 30.42\% + 30.38\%}{3} = 30.38\%$$

$$\bar{d} = \frac{|30.34 - 30.38| + |30.42 - 30.38| + |30.38 - 30.38|}{3} = 0.03(\%)$$

$$|30.22 - 30.38| = 0.16 > 4 \times 0.03$$

所以，30.22% 应舍去。

（2）Q 检验法的步骤

① 把测得的数据由小到大排列：$x_1, x_2, x_3, \cdots, x_{n-1}, x_n$。其中 x_1 和 x_n 为可疑值。

② 将可疑值与相邻的一个数值的差，除以最大值与最小值之差（常称为极差），所得的商即为 Q 值，即：

$$Q_{计算} = \frac{x_2 - x_1}{x_n - x_1} \qquad （检验 x_1） \tag{3-16}$$

$$Q_{计算} = \frac{x_n - x_{n-1}}{x_n - x_1} \qquad （检验 x_n） \tag{3-17}$$

③ 根据测定次数 n 和要求的置信度 p（测定值出现在某一范围内的概率，用符号 p 表示）查表 3-3 得 Q_p。

④ 将 $Q_{计算}$ 值与 Q_p 比较，若 $Q_{计算} > Q_p$，则可疑值应舍弃，否则应保留。

表 3-3 Q_p 值表

测定次数 n	置信度 p		
	90%($Q_{0.90}$)	96%($Q_{0.96}$)	99%($Q_{0.99}$)
3	0.94	0.98	0.99
4	0.76	0.85	0.93
5	0.64	0.73	0.82
6	0.56	0.61	0.74
7	0.51	0.59	0.68
8	0.47	0.54	0.63
9	0.44	0.51	0.60
10	0.41	0.48	0.57

$4\bar{d}$ 法与 Q 检验法发生矛盾时，一般以 Q 检验法为准。如例 3-2 用 Q 检验法检验可疑值 30.22%（置信度 90%），$Q_{计算}=\dfrac{30.34\%-30.22\%}{30.42\%-30.22\%}=0.60$，查表 3-3，$n=4$ 时，$Q_{0.90}=0.76$，所以 $Q_{计算}<Q_{0.90}$，则可疑值 30.22% 应保留。

3.2.4.3 分析结果的表示

一般情况下，分析人员总把测定数据的平均值作为分析结果报出，但是，分析结果的可靠性并没有体现出来。因此，在准确度要求较高的分析工作中，不仅需要给出分析结果的平均值，而且还要同时给出分析结果真实值所在的范围（这一范围就称为置信区间），以及真实值落在这一范围的概率（称为置信度或置信水准，用符号 p 表示）。

对于无限次的测定，由数学统计计算可知，测定值落在 $\mu\pm\sigma$、$\mu\pm2\sigma$ 和 $\mu\pm3\sigma$（μ 为真实值，σ 为总体标准偏差）的概率分别为 68.3%、95.5% 和 99.7%。也就是说，在 1000 次的测定中，只有三次测量值的误差大于 $\pm3\sigma$。对于有限次数的测定，真实值 μ 与平均值之间有如下关系：

$$\mu=\bar{x}\pm\dfrac{tS}{\sqrt{n}} \tag{3-18}$$

式中　S——标准偏差；
　　　n——测定次数；
　　　t——在选定的某一置信度下的概率系数，可根据测定次数从表 3-4 中查得。

表 3-4　不同测定次数及不同置信度下的 t 值

测定次数	置信度				
	50%	90%	95%	99%	99.5%
2	1.000	6.314	12.706	63.657	127.32
3	0.816	2.920	4.303	9.925	14.089
4	0.765	2.353	3.182	5.841	7.453
5	0.741	2.132	2.776	4.604	5.598
6	0.727	2.015	2.571	4.032	4.773
7	0.718	1.943	2.447	3.707	4.317
8	0.711	1.895	2.365	3.500	4.029
9	0.706	1.860	2.306	3.355	3.832
10	0.703	1.833	2.262	3.250	3.690
11	0.700	1.812	2.228	3.169	3.581
21	0.687	1.725	2.086	2.845	3.153
无穷大	0.674	1.645	1.960	2.576	2.807

式(3-18)表示在一定置信度下,以测定结果的平均值为中心,包括总体平均值的范围,即平均值的置信区间。

例 3-3 分析铁矿石中铁的含量,结果的平均值 $\bar{x}=35.21\%$,$S=0.06\%$。计算:

(1) 若测定次数 $n=4$,置信度分别为 95% 和 99% 时,平均值的置信区间;

(2) 若测定次数 $n=6$,置信度为 95% 时,平均值的置信区间。

解: (1) $n=4$,置信度为 95% 时,$t_{95\%}=3.18$

$$\mu=\bar{x}\pm\frac{tS}{\sqrt{n}}=35.21\%\pm\frac{3.18\times0.06\%}{\sqrt{4}}=(35.21\pm0.10)\%$$

置信度为 99% 时,$t_{99\%}=5.84$

$$\mu=\bar{x}\pm\frac{tS}{\sqrt{n}}=35.21\%\pm\frac{5.84\times0.06\%}{\sqrt{4}}=(35.21\pm0.18)\%$$

(2) $n=6$,置信度为 95%,$t_{95\%}=2.57$

$$\mu=\bar{x}\pm\frac{tS}{\sqrt{n}}=35.21\%\pm\frac{2.57\times0.06\%}{\sqrt{6}}=(35.21\pm0.06)\%$$

由上面计算可知,在相同测定次数下,随着置信度由 95% 提高到 99%,平均值的置信区间将由 (35.21±0.10)% 扩大至 (35.21±0.18)%;另外,在一定置信度下,增加平行测定次数可使置信区间缩小,即平行测定次数越多,测量的平均值越接近总体平均值。但当测定次数 $n>20$ 时,t 值变化较小,即再增加测定次数对提高测定结果的准确度已经没有什么意义。

3.3 滴定分析概述

3.3.1 滴定分析的方法及方式

滴定分析是一种重要的化学分析方法。此法必须使用一种已知准确浓度的溶液,这种溶液称为标准溶液,也叫滴定剂。该方法是用滴定管将标准溶液滴加到被测物质的溶液中,直到按化学计量关系完全反应为止,根据所加标准溶液的浓度和消耗的体积计算出被测物质的含量。

用滴定管将标准溶液滴加到被测物溶液中的过程叫滴定。在滴定过程中标准溶液与被测物质发生的反应称为滴定反应。当滴定到达标准溶液与被测物质正好按滴定反应式完全反应时,称反应到达了化学计量点。为了确定化学计量点通常加入一种试剂,它能在化学计量点时发生颜色的变化,称为指示剂。指示剂发生颜色变化,停止滴定的那一时刻称为滴定终点,简称终点。终点与化学计量点并不一定完全相符合,由此而造成的误差称为终点误差。终点误差的大小取决于指示剂的性能和实验条件的控制。

滴定分析是实验室常用的基本分析方法之一,主要用来进行常量组分的分析。该方法具有操作简便、测定迅速、准确度高、设备简单、应用广泛的优点。

(1) 滴定分析方法的分类

根据滴定反应的类型不同,滴定分析方法分为四类:

① 酸碱滴定法（又称为中和滴定法）；
② 氧化还原滴定法；
③ 沉淀滴定法；
④ 配位滴定法。

各类滴定方法将在以后的章节中详细讨论。

(2) 滴定分析对滴定反应的要求

用于滴定分析的滴定反应必须符合下列条件：

① 反应必须定量完成。即反应必须按一定的化学计量关系（要求达到99.99%以上）进行，没有副反应发生，这是定量计算的基础。

② 反应必须迅速完成。滴定反应必须在瞬间完成。对反应速度较慢的反应，有时可用加热或加入催化剂等方法加快反应速度。

③ 有比较简单可靠的确定终点的方法。如有适当的指示剂指示滴定终点。

(3) 常用滴定方式

① 直接滴定法　用标准溶液直接滴定被测物质的方式叫直接滴定法。例如，用盐酸标准溶液滴定 NaOH 溶液，用于直接滴定的标准溶液与被测物质之间的反应应符合对滴定反应的要求。

② 返滴定法　当滴定反应的反应速度较慢或被测物质是难溶的固体时，可先准确地加入过量的一种标准溶液，待其完全反应后，再用另一种标准溶液滴定剩余的前一种标准溶液，这种方式称为返滴定法，又叫回滴法。例如，测定 $CaCO_3$ 中的钙含量，可先加入过量的 HCl 标准溶液，待盐酸与 $CaCO_3$ 完全反应后，再用 NaOH 标准溶液滴定过量的 HCl。该方法需要 2 种标准溶液，滴定反应是 2 种标准溶液之间的反应。

③ 置换滴定法　对于不按确定的反应式进行或伴有副反应的反应，可用置换滴定法进行测定，即先用适当的试剂与被测物质起反应，使其置换出另一种物质，再用标准溶液滴定此生成物，这种滴定方式称为置换滴定法。例如，$Na_2S_2O_3$ 不能直接滴定 $K_2Cr_2O_7$ 及其他强氧化剂。因为在酸性溶液中强氧化剂将 $S_2O_3^{2-}$ 氧化为 $S_4O_6^{2-}$ 和 SO_4^{2-} 等混合物，反应没有一定的计量关系，无法进行计算。但在 $K_2Cr_2O_7$ 酸性溶液中加入过量的 KI，I^- 被氧化产生定量的 I_2，而 I_2 就可用 $Na_2S_2O_3$ 标准溶液滴定。该方法需要一种标准溶液和一种非标准溶液，滴定反应是标准溶液与新生成的产物之间的反应。

④ 间接滴定法　不能直接与标准溶液反应的物质，有时可以通过另外的化学反应间接进行滴定。例如，测定 PO_4^{3-}，可将它沉淀为 $MgNH_4PO_4·6H_2O$，沉淀过滤后以 HCl 溶解，加入过量的 EDTA 标准溶液，并调至氨性，用 Mg^{2+} 标准溶液返滴定剩余的 EDTA，再推算出 PO_4^{3-} 含量。

返滴定法，置换滴定法，间接滴定法等的应用，使滴定分析的应用更加广泛。

3.3.2　标准溶液

3.3.2.1　标准溶液的配制

标准溶液的配制通常有两种方法，即直接配制法和间接配制法。

(1) 直接配制法

准确称取一定量的纯物质，溶解后定量地转移到一定体积的容量瓶中，稀释至刻度。根据称取物质的质量和容量瓶的体积即可算出标准溶液的准确浓度。

能用于直接配制标准溶液的物质称为基准物质。基准物质应符合下列条件。
① 纯度高。一般要求纯度99.99%以上，杂质含量少到可以忽略不计。
② 组成恒定，与化学式完全相符。若含结晶水，其结晶水的含量应固定并符合化学式。
③ 稳定性高。在配制和储存中不会发生变化，例如烘干时不分解，称量时不吸湿，不吸收空气中的CO_2，在空气中不易被氧化等。
④ 具有较大的摩尔质量。这样称取的质量较大，称量的相对误差也就较小。

在滴定分析中常用的基准物质有邻苯二甲酸氢钾（$KHC_8H_4O_4$）、$Na_2B_4O_7 \cdot 10H_2O$、无水Na_2CO_3、$CaCO_3$、金属铜、锌、$K_2Cr_2O_7$、KIO_3、As_2O_3、NaCl等。表3-5列出了几种常见的基准物质的干燥条件和应用。

（2）间接配制法

有些试剂不易制纯，有些组成不明确，有些在放置时发生变化，它们都不能用直接法配制标准溶液，而要用间接配制法，即先配成接近所需浓度的溶液，再用基准物质（或另一种标准溶液）来测定它的准确浓度。这种利用基准物质来确定标准溶液浓度的操作过程称为标定。因此，间接配制法也称标定法。标定一般至少做2~3次平行测定。

表3-5 常见基准物质的干燥条件和应用

基准物质		干燥后的组成	干燥条件	测定对象
名称	分子式			
碳酸氢钠	$NaHCO_3$	Na_2CO_3	270~300℃	酸
十水碳酸钠	$Na_2CO_3 \cdot 10H_2O$	Na_2CO_3	270~300℃	酸
硼砂	$Na_2B_4O_7 \cdot 10H_2O$	$Na_2B_4O_7 \cdot 10H_2O$	放在装有NaCl和蔗糖饱和溶液的密闭容器中	酸
碳酸氢钾	$KHCO_3$	K_2CO_3	270~300℃	酸
二水合草酸	$H_2C_2O_4 \cdot 2H_2O$	$H_2C_2O_4 \cdot 2H_2O$	室温干燥空气	碱或$KMnO_4$
邻苯二甲酸氢钾	$KHC_8H_4O_4$	$KHC_8H_4O_4$	110~120℃	碱
重铬酸钾	$K_2Cr_2O_7$	$K_2Cr_2O_7$	140~150℃	还原剂
溴酸钾	$KBrO_3$	$KBrO_3$	130℃	还原剂
碘酸钾	KIO_3	KIO_3	130℃	还原剂
铜	Cu	Cu	室温下干燥器中保存	还原剂
三氧化二砷	As_2O_3	As_2O_3	室温下干燥器中保存	氧化剂
草酸钠	$Na_2C_2O_4$	$Na_2C_2O_4$	130℃	氧化剂
碳酸钙	$CaCO_3$	$CaCO_3$	110℃	EDTA
锌	Zn	Zn	室温下干燥器中保存	EDTA
氧化锌	ZnO	ZnO	900~1000℃	EDTA
氯化钠	NaCl	NaCl	500~600℃	$AgNO_3$
氯化钾	KCl	KCl	500~600℃	$AgNO_3$
硝酸银	$AgNO_3$	$AgNO_3$	220~250℃	氯化物

3.3.2.2 标准溶液的浓度表示方法

在滴定分析中，标准溶液的浓度通常用物质的量浓度或滴定度表示。

物质B的物质的量浓度：

$$c(B)=\frac{n(B)}{V}=\frac{\frac{m(B)}{M(B)}}{V}=\frac{m(B)}{M(B)V} \tag{3-19}$$

式中 $c(B)$——物质B的物质的量浓度，$mol \cdot L^{-1}$；

$m(B)$——物质 B 的质量，g；

$M(B)$——物质 B 的摩尔质量，g·mol^{-1}；

V——溶液体积，如果体积是以 mL 为单位，在代入公式时要转化为 L，也就是乘以 10^{-3} 因数。

滴定度（T）有两种表示方法：一种是指每毫升标准溶液中含有的标准物质的质量，以 T_s 表示，例如，$T_{NaOH}=0.004000 \text{g} \cdot \text{mL}^{-1}$；另一种是指每毫升标准溶液相当于的被测物质的质量，以 $T_{x/s}$ 表示，例如，$T_{Fe/K_2Cr_2O_7}=0.005585\text{g} \cdot \text{mL}^{-1}$ 表示 1.00mL $K_2Cr_2O_7$ 标准溶液相当于 0.005585g Fe。在生产实践中对于分析对象固定的分析，为简化计算，常采用滴定度的表示方法。

物质的量浓度和滴定度间可进行换算。

若滴定反应表示为： aA + bB = P

         滴定剂 被测物质 生成物

$T_{B/A}$ 表示 1.00mL A 溶液相当于 B 的质量（g），即：

$$T_{B/A}=c(A) \times \frac{1.00}{1000} \times M(B) \times \frac{b}{a}$$

$$c(A)=\frac{1000 a T_{B/A}}{M(B)b} \tag{3-20}$$

3.3.3 滴定分析法的计算

3.3.3.1 被测物质与滴定剂的物质的量的关系

(1) 直接滴定法

被测物 B 与滴定剂 A 的反应为：

$$a\text{A}+b\text{B}=\!=\!=\text{P}$$

滴定至化学计量点时，两者的物质的量按 $a:b$ 的关系进行反应，即：

$$n(A)=\frac{a}{b}n(B) \quad 或 \quad n(B)=\frac{b}{a}n(A) \tag{3-21}$$

例如，用基准物 $H_2C_2O_4 \cdot 2H_2O$ 标定 NaOH 溶液的浓度，其反应为：

$$H_2C_2O_4+2NaOH=\!=\!=Na_2C_2O_4+2H_2O$$

则

$$n(NaOH)=2n(H_2C_2O_4 \cdot 2H_2O)$$

$$n(H_2C_2O_4 \cdot 2H_2O)=\frac{1}{2}n(NaOH)$$

(2) 返滴定法

如用盐酸测定 $CaCO_3$ 的含量时，先准确加入一定体积并过量的 HCl 标准溶液，反应完全后，再用 NaOH 标准溶液滴定过量的 HCl 标准溶液。

$$CaCO_3+2HCl(过量)=\!=\!=CaCl_2+CO_2+H_2O$$

$$NaOH+HCl（余）=\!=\!=NaCl+H_2O$$

$$n_{总}(HCl)-n_{余}(HCl)=2n(CaCO_3)$$

$$n_{余}(HCl)=n(NaOH)$$

$$c(HCl)V_{总}(HCl)-c(NaOH)V(NaOH)=2m(CaCO_3)/M(CaCO_3)$$

(3) 置换滴定法和间接滴定法

测定过程一般包括多个反应，计算时需要根据化学反应方程式推导出被测物质的量与滴定剂的物质的量之间的关系。

例如，在酸性介质中，用基准物 $K_2Cr_2O_7$ 标定 $Na_2S_2O_3$ 溶液的反应为：

$$Cr_2O_7^{2-} + 6I^- + 14H^+ = 2Cr^{3+} + 3I_2 + 7H_2O$$

$$I_2 + 2S_2O_3^{2-} = 2I^- + S_4O_6^{2-}$$

总的计量关系为：

$$1Cr_2O_7^{2-} \sim 6I^- \sim 3I_2 \sim 6S_2O_3^{2-}$$

则

$$n(K_2Cr_2O_7) = \frac{1}{6}n(Na_2S_2O_3) \text{ 或 } n(Na_2S_2O_3) = 6n(K_2Cr_2O_7)$$

3.3.3.2 计算被测组分的质量分数

在滴定分析中，被测组分的物质的量 $n(B)$ 是由滴定剂 A 的浓度 $c(A)$ 和消耗体积 $V(A)$ 以及被测组分与滴定剂反应的物质的量的关系求得的，即：

$$n(B) = \frac{b}{a}n(A) = \frac{b}{a}c(A)V(A) \tag{3-22}$$

故被测组分的质量

$$m(B) = \frac{b}{a}c(A)V(A)M(B) \tag{3-23}$$

式中 $M(B)$——物质 B 的摩尔质量。

在滴定分析中，若准确称取试样的质量为 $m(s)$，被测组分的质量为 $m(B)$，则被测组分的质量分数 $w(B)$ 表示为：

$$w(B) = \frac{m(B)}{m(s)} \tag{3-24}$$

故

$$w(B) = \frac{\frac{b}{a}c(A)V(A)M(B)}{m(s)} \tag{3-25}$$

例 3-4 称取 $H_2C_2O_4 \cdot 2H_2O$ 基准物 0.1258g，用 NaOH 溶液滴定至终点消耗 19.85mL，计算 $c(NaOH)$。已知 $M(H_2C_2O_4 \cdot 2H_2O) = 126.07 \text{g} \cdot \text{mol}^{-1}$。

解：

$$H_2C_2O_4 + 2NaOH = Na_2C_2O_4 + 2H_2O$$

$$c(NaOH) = \frac{n(NaOH)}{V(NaOH)} = \frac{2n(H_2C_2O_4 \cdot 2H_2O)}{V(NaOH)}$$

$$= \frac{2m(H_2C_2O_4 \cdot 2H_2O)/M(H_2C_2O_4 \cdot 2H_2O)}{V(NaOH)}$$

$$= \frac{2 \times 0.1258/126.07}{19.85 \times 10^{-3}} = 0.1005 (\text{mol} \cdot \text{L}^{-1})$$

例 3-5 为标定 $Na_2S_2O_3$ 溶液，称取 $K_2Cr_2O_7$ 基准物 0.1260g，用稀 HCl 溶解后，加入过量 KI，置于暗处 5min，待反应完毕后加水 80mL，用待标定的 $Na_2S_2O_3$ 溶液滴定。终点时耗用 $V(Na_2S_2O_3) = 19.47\text{mL}$，计算 $c(Na_2S_2O_3)$。已知 $M(K_2Cr_2O_7) = 294.2 \text{g} \cdot \text{mol}^{-1}$。

解：

$$Cr_2O_7^{2-} + 6I^- + 14H^+ = 2Cr^{3+} + 3I_2 + 7H_2O$$

$$I_2 + 2S_2O_3^{2-} = 2I^- + S_4O_6^{2-}$$

$$n(K_2Cr_2O_7) = \frac{1}{6}n(Na_2S_2O_3); \frac{m(K_2Cr_2O_7)}{M(K_2Cr_2O_7)} = \frac{1}{6}c(Na_2S_2O_3)V(Na_2S_2O_3)$$

$$c(Na_2S_2O_3) = \frac{6 \times 0.1260}{19.47 \times 10^{-3} \times 294.2} = 0.1320(mol \cdot L^{-1})$$

例 3-6 为了标定 $0.1 mol \cdot L^{-1}$ 的 NaOH 标准溶液,应称取邻苯二甲酸氢钾多少克?已知 $M(KHC_8H_4O_4) = 204.2 g \cdot mol^{-1}$。

解:邻苯二甲酸氢钾标定 NaOH 溶液的反应为:

$$KHC_8H_4O_4 + NaOH == KNaC_8H_4O_4 + H_2O$$

由方程式可知,标定时称量 $KHC_8H_4O_4$ 的物质的量等于所消耗 NaOH 溶液的物质的量,即:

$$n(KHC_8H_4O_4) = n(NaOH) = c(NaOH)V(NaOH)$$

$$m(KHC_8H_4O_4) = c(NaOH)V(NaOH)M(KHC_8H_4O_4)$$

在滴定过程中,为了使体积测定误差 $\leqslant 0.1\%$,应控制 NaOH 溶液的用量在 20~30mL。所以有:

$$m(KHC_8H_4O_4) \geqslant 0.1 mol \cdot L^{-1} \times 0.020 L \times 204.2 g \cdot mol^{-1} = 0.41 g$$

$$m(KHC_8H_4O_4) \leqslant 0.1 mol \cdot L^{-1} \times 0.030 L \times 204.2 g \cdot mol^{-1} = 0.61 g$$

即称取 $KHC_8H_4O_4$ 0.41~0.61g 于锥形瓶中,适量水溶解后,加入指示剂,用 NaOH 溶液滴定至终点,即可计算 NaOH 溶液的浓度。

例 3-7 求 $0.1004 mol \cdot L^{-1}$ 的 NaOH 对 H_2SO_4 的滴定度。现将 10.0g $(NH_4)_2SO_4$ 肥料样品溶于水后,其中游离 H_2SO_4 用该溶液滴定,用去 25.24mL NaOH 溶液,求肥料样品中游离 H_2SO_4 的质量分数。已知 $M(H_2SO_4) = 98.08 g \cdot mol^{-1}$。

解:NaOH 滴定 H_2SO_4 的反应为:

$$H_2SO_4 + 2NaOH == Na_2SO_4 + 2H_2O$$

$$T_{H_2SO_4/NaOH} = \frac{m(H_2SO_4)}{V(NaOH)} = \frac{c(NaOH)V(NaOH)M(H_2SO_4)}{2V(NaOH) \times 1000}$$

$$= \frac{0.1004 \times 0.001 \times 98.08}{2 \times 1}$$

$$= 4.924 \times 10^{-3} (g \cdot mL^{-1})$$

$$w(H_2SO_4) = \frac{m(H_2SO_4)}{m} = \frac{T_{H_2SO_4/NaOH}V(NaOH)}{m}$$

$$= \frac{4.924 \times 10^{-3} \times 25.24}{10.0} = 1.24\%$$

思 考 题

3-1 对某一样品进行测定,选择分析方法应考虑哪些因素?

3-2 若测定植物样品中的微量元素含量，分解样品时可采用哪些方法？

3-3 返滴定法有什么特点？

3-4 标定标准溶液的浓度时，如何确定所称基准物质的质量范围？

3-5 分析化学对你所学专业有什么作用？举例说明。

3-6 指出下列情况各引起什么误差？若是系统误差，应如何消除？

(1) 称量时试样吸收了空气中的水分。

(2) 所用砝码锈蚀。

(3) 天平零点稍有变动。

(4) 试样未经充分混匀。

(5) 读取滴定管读数时，最后一位数字估计不准。

(6) 蒸馏水或试剂中，含有微量的被测离子。

(7) 滴定时，操作者不小心从锥形瓶中溅失了少量试剂。

3-7 用基准 Na_2CO_3 标定 HCl 溶液时下列情况会对 HCl 的浓度产生何种影响（偏高、偏低或没有影响）？

(1) 滴定速度太快，附在滴定管内壁上的 HCl 来不及流下来就读取滴定管中 HCl 的体积。

(2) 称取 Na_2CO_3 时，实际质量为 0.1834g，记录时误记为 0.1824g。

(3) 在将 HCl 标准溶液倒入滴定管之前，没有用 HCl 标准溶液荡洗滴定管。

(4) 锥形瓶中的 Na_2CO_3 用蒸馏水溶解时多加了 50mL 蒸馏水。

(5) 滴定管活塞漏出了 HCl 溶液。

(6) 摇动锥形瓶时 Na_2CO_3 溶液溅了出来。

(7) 滴定前忘记了调节零点，HCl 溶液的液面高于零点。

习　题

3-1 某分析天平的称量误差为 ± 0.1mg，当称量样品的质量分别为 0.05g、0.2g、2g 时，称量的相对误差分别为多少？比较分析结果与质量的关系可得出什么结论？

3-2 某铁矿石中含铁 39.16%，若甲的分析结果为 39.12%，39.15%，39.18%。乙的分析结果为 39.19%，39.24%，39.28%。试比较两人分析结果的准确度和精密度（用 $\bar{d}_r$ 表示）。

3-3 如果要求分析结果达到 0.2% 或 1% 的准确度，问至少应用分析天平称取多少克试样？滴定时所用溶液的体积至少要多少毫升？

3-4 用电化学分析法测定某患者血糖含量，6 次的测定结果分别为（单位：mmol·L^{-1}）7.5、7.4、7.7、7.6、7.4、7.8，用 Q 检验法判断 7.8 这个数据是否需要保留？（置信度为 90%）。

3-5 某试样中钙的 5 次测定结果：39.10%，39.21%，9.17%，38.83%，39.14%。用 Q 检验法检查是否有应舍去的数据。

3-6 已知标定盐酸溶液浓度的 5 次结果分别为（单位：mol·L^{-1}）0.1005、0.1008、0.1002、0.1015、0.1003，试用 4 倍法判断 0.1015 这个数据是否应该舍去。

3-7 某药厂分析某批次药品中的活性成分含量，得到下列结果：30.44%、30.52%、

30.60%和30.12%,计算该活性成分含量的平均值及置信度为95%时的置信区间。

3-8 甲、乙两人分析同一试样,各人所得含铁质量分数如下。

甲:20.48%,20.55%,20.58%,20.60%,20.53%,20.50%

乙:20.44%,20.64%,20.56%,20.70%,20.38%,20.52%。

试计算每组数据的平均偏差、相对平均偏差、标准偏差、变异系数,并从标准偏差计算置信度99%($n=6$,$t=4.032$)时的置信区间,以此评价两组结果。

3-9 某铵盐含氮量的平均测定结果$w(N)=21.30\%$,$S=0.06\%$,$n=4$。求置信度为95%和99%时平均值的置信区间。若$n=10$(假定其他数据不变),置信度为99%时平均值的置信区间为多少?结果说明了什么?

3-10 计算下列溶液的物质的量浓度。

(1) 1.3015g $H_2C_2O_4 \cdot 2H_2O$ 溶解后于250.0mL容量瓶中定容。

(2) 250.0mL溶液中含有65.25g $CuSO_4 \cdot 5H_2O$。

(3) 250.0mL溶液中含有2.008g $AgNO_3$。

3-11 已知某铁矿石中铁的含量为43.55%,若以Fe_2O_3表示铁的含量,则$w(Fe_2O_3)$等于多少?

3-12 已知某水样中钙的含量为$100mg \cdot L^{-1}$,若分别以CaO和$CaCO_3$表示钙的含量,则结果分别是多少?

3-13 配制$0.10mol \cdot L^{-1}$ HCl 1.0L,需要浓盐酸[相对密度1.18,$w(HCl)=0.37$]多少毫升?配制$0.20mol \cdot L^{-1}$ NaOH溶液500mL,需要固体NaOH多少克?

3-14 称取无水Na_2CO_3 2.6500g,溶解后定量转移至500mL容量瓶中定容,计算Na_2CO_3的物质的量浓度。

3-15 有一NaOH溶液,其浓度为$0.5450mol \cdot L^{-1}$,取该溶液100mL,需要加水多少毫升才能配制成$0.5000mol \cdot L^{-1}$的溶液?

3-16 计算$0.2015mol \cdot L^{-1}$ HCl溶液对$Ca(OH)_2$和NaOH的滴定度。参考答案:$0.007465g \cdot mL^{-1}$、$0.008062g \cdot mL^{-1}$。

3-17 称取基准物质草酸($H_2C_2O_4 \cdot 2H_2O$)0.5987g溶解后,转入100mL容量瓶中定容,移取25.00mL标定NaOH标准溶液,用去NaOH溶液21.10mL。计算NaOH的物质的量浓度。

3-18 标定$0.20mol \cdot L^{-1}$的HCl溶液,试计算需要Na_2CO_3基准物质的质量范围。

3-19 分析不纯的$CaCO_3$(其中不含干扰物质)。称取试样0.3000g,加入浓度为$0.2500mol \cdot L^{-1}$的HCl溶液25.00mL,煮沸除去CO_2,用浓度为$0.2012mol \cdot L^{-1}$的NaOH溶液返滴定过量的酸,消耗NaOH溶液5.84mL,试计算试样中$CaCO_3$的质量分数。

3-20 用凯氏定氮法测定蛋白质的含氮量,称取粗蛋白试样1.658g,将试样中的氮转化为NH_3并以25.00mL、$0.2018mol \cdot L^{-1}$ HCl标准溶液吸收,剩余的HCl用$0.1600mol \cdot L^{-1}$的NaOH标准溶液返滴定,用去NaOH溶液9.15mL,计算此粗蛋白试样中氮的质量分数。

3-21 称取分析纯试剂$MgCO_3$ 0.1850g,溶于过量的50.00mL HCl溶液中,然后用3.83mL NaOH溶液滴定至终点。已知20.22mL NaOH溶液可以中和24.27mL HCl溶液,计算HCl和NaOH溶液的物质的量浓度各为多少?

第 3 章电子资源网址：

http://jpkc.hist.edu.cn/index.php/Manage/Preview/load_content/sub_id/123/menu_id/2987

电子资源网址二维码：

第4章
酸碱平衡和酸碱滴定法

学习要求

1. 掌握酸碱质子理论：质子酸碱的定义，共轭酸碱对，酸碱反应的实质，共轭酸碱对的 $K_a^{\ominus}$ 与 $K_b^{\ominus}$ 之间的关系；

2. 熟悉溶液酸、碱性的定义及 pH 的测定方法，掌握水的离子积常数 $K_w^{\ominus}$、稀释定律和影响解离平衡常数和解离度的因素，熟悉同离子效应、盐效应、分布系数等基本概念和应用；

3. 掌握一元弱酸、一元弱碱水溶液的 pH 计算，熟悉多元弱酸、多元弱碱水溶液的 pH 计算，了解两性溶液 pH 的计算方法，掌握缓冲溶液的组成、缓冲原理、pH 计算和配制方法，熟悉影响缓冲容量的因素及缓冲溶液的选择和应用；

4. 掌握酸碱指示剂的变色原理、变色范围和理论变色点，熟悉常见酸碱指示剂的变色范围；

5. 掌握滴定强酸、强碱、一元弱酸、一元弱碱过程中的 pH 计算方法、滴定曲线、影响滴定突跃范围的因素及指示剂的选择方法，掌握准确滴定一元弱酸（碱）的判据其应用；

6. 了解多元酸（碱）分步滴定的判据及滴定终点的 pH 计算，指示剂的选择，熟悉滴定多元弱酸、多元弱碱过程中 pH 变化情况及滴定曲线；了解混合酸（碱）的滴定及 CO_2 对酸碱滴定的影响；

7. 熟悉常用酸碱标准溶液的配制及标定方法，掌握混合碱和氮含量的测定原理及相关计算。

4.1 酸碱理论

人类对酸碱的认识经历了漫长的时间，并逐步从感性认识深入到理性认识。近代酸碱理论的发展过程大致如下：阿伦尼乌斯（Arrhenius）提出的酸碱电离理论→布朗斯特（Brönsted）和劳莱（Lowry）提出的酸碱质子理论和路易斯提出的酸碱电子理论→皮尔森（Pearson）提出的软硬酸碱理论。本章仅介绍酸碱电离理论和酸碱质子理论。

4.1.1 酸碱电离理论

1884年，瑞典化学家阿伦尼乌斯在总结大量实验事实的基础上，首次提出了酸碱电离理论。该理论认为：在水中电离时所生成的阳离子全部都是氢离子（H^+）的物质叫作酸；电离时所生成的阴离子全部都是氢氧根离子（OH^-）的物质叫作碱。H^+是酸的特征，OH^-是碱的特征。酸碱反应的实质就是H^+与OH^-反应生成水。

酸碱电离理论从物质的化学组成上揭示了酸碱的本质，第一次从定量的角度来描写酸碱的性质和它们在化学反应中的行为。酸碱电离理论适用于水溶液中的pH、酸碱的解离度、缓冲溶液、溶解度等的计算。但这一理论是有局限性的：其一，电离理论中的酸、碱两种物质包括的范围小，不能解释NaAc的水溶液呈碱性，NH_4Cl的水溶液呈酸性的事实；其二，电离理论仅适用于水溶液，无法解释非水溶液和无溶剂体系中的物质及有关反应，如HCl和NH_3在苯中反应生成NH_4Cl及气态HCl与NH_3直接反应生成NH_4Cl。为了克服电离理论的局限性，布朗斯特和劳莱提出了酸碱质子理论。

4.1.2 酸碱质子理论

(1) 酸碱的定义

根据布朗斯特-劳莱的酸碱质子理论：凡是能给出质子的物质是酸，凡是能接受质子的物质是碱，酸和碱可以是分子也可以是阴、阳离子。例如：

$$HA(酸) \Longleftrightarrow H^+ + A^-(碱)$$

酸（HA）给出一个质子形成碱（A^-）；反过来，碱（A^-）获得一个质子便可成为酸（HA）。酸HA和碱A^-总是成对出现、相互依存。这样一对酸碱的相互依存的关系称为共轭关系，相应的一对酸碱被称为共轭酸碱对，表示为HA-A^-。HA称为A^-的共轭酸，A^-称为HA的共轭碱。共轭酸碱对之间只相差一个H^+。例如：

$$酸 \Longleftrightarrow 质子 + 碱$$
$$HAc \Longleftrightarrow H^+ + Ac^-$$
$$NH_4^+ \Longleftrightarrow H^+ + NH_3$$
$$H_2PO_4^- \Longleftrightarrow H^+ + HPO_4^{2-}$$
$$HPO_4^{2-} \Longleftrightarrow H^+ + PO_4^{3-}$$

酸给出质子生成其共轭碱或碱得到质子生成其共轭酸的过程称为酸碱半反应。像HPO_4^{2-}既可以给出质子又可以接受质子的物质称为两性物质。质子酸碱的强弱是根据给出或接受质子的难易来区分的。显然，酸越强，它的共轭碱越弱；反之，酸越弱，它的共轭碱越强。

(2) 酸碱反应

根据酸碱质子理论，酸碱反应的实质是两个共轭酸碱对之间的质子传递反应，是两个共轭酸碱对共同作用的结果。例如：

$$HCl + NH_3 \Longleftrightarrow NH_4^+ + Cl^-$$

在上述反应中酸HCl把质子给了碱NH_3转变为其共轭碱Cl^-，碱NH_3接受质子转变为其共轭酸NH_4^+，反应涉及两个共轭酸碱对HCl-Cl^-和NH_4^+-NH_3。所以，酸碱反应由两个酸碱半反应共同完成。

酸和碱的解离及盐类水解也是酸碱反应。例如，弱酸 HAc 在水中的解离：

$$HAc + H_2O \rightleftharpoons H_3O^+ + Ac^-$$

（H⁺ 从 HAc 转移到 H₂O）

再如 NaAc 的水解：

$$Ac^- + H_2O \rightleftharpoons HAc + OH^-$$

（H⁺ 从 H₂O 转移到 Ac⁻）

与电离理论相比，酸碱质子理论扩大了酸碱及酸碱反应的范围。当人们提及三大强酸时，自然想到的是 H_2SO_4、HCl、HNO_3。在酸碱质子理论中，当谈及某种物质是酸或是碱时，必须同时提及其共轭碱或共轭酸。H_2O、HCO_3^- 是常见的两性物质，而 NH_3、HAc，甚至 HNO_3 是酸是碱也难以确定，因为有 NH_2^-、NH_4^+、H_2Ac^+、$H_2NO_3^+$ 这样的物质存在。

4.2 酸碱平衡的计算

4.2.1 水的离子积和 pH

(1) 水的离子积

水是最常见的物质，也是常用的溶剂，同时又是一种较特殊的物质。按照酸碱质子理论，H_2O 既能接受 H^+ 形成 H_3O^+，又能给出 H^+ 形成 OH^-。所以，水是一种酸碱两性物质，水分子之间也可发生质子转移，称为水的质子自递作用，相应的解离方程为：

$$H_2O \rightleftharpoons H^+ + OH^-$$

实际上应写成：

$$H_2O + H_2O \rightleftharpoons H_3O^+ + OH^-$$

（H⁺ 从一个 H₂O 转移到另一个 H₂O）

因此，水既是质子酸又是质子碱，水的质子自递作用也是可逆的酸碱反应。达到平衡状态时，反应的平衡常数为：

$$K_w^{\ominus} = c(H_3O^+)c(OH^-)$$

简写为：

$$K_w^{\ominus} = c(H^+)c(OH^-) \tag{4-1}$$

$K_w^{\ominus}$ 称为水的离子积常数，简称水的离子积。在一定温度下，$K_w^{\ominus}$ 是一个常数。298.15K 时，$c(H^+) = c(OH^-) \approx 1.0 \times 10^{-7}$，$K_w^{\ominus} \approx 10^{-14}$。

由于水的质子自递是吸热反应，故 $K_w^{\ominus}$ 随温度的升高而增大（见表 4-1）。

表 4-1 不同温度时的 $K_w^{\ominus}$

温度/K	273.15	283.15	293.15	298.15	323.15	373.15
$K_w^{\ominus}$	1.14×10^{-15}	2.92×10^{-15}	6.81×10^{-15}	1.01×10^{-14}	5.47×10^{-14}	5.50×10^{-13}

(2) 水溶液的 pH

$K_w^{\ominus}$ 是温度的函数，不论是在纯水中还是在水溶液中均是如此，也就是说，在一定的温度下，水溶液中的 H^+ 和 OH^- 浓度的乘积是一个常数，知道了 $c(H^+)$，也就可以算出 $c(OH^-)$。一般情况下 $c(H^+)$ 和 $c(OH^-)$ 均较小，为方便起见，常用 pH 表示 H^+ 的浓度，即用 H^+ 浓度的负对数值表示水溶液的酸碱性。OH^- 浓度也常用 pOH 表示。

$$pH = -\lg c(H^+)$$
$$pOH = -\lg c(OH^-)$$

298.15K 时 $c(H^+)c(OH^-)=1.0\times10^{-14}$：

$$pH + pOH = 14$$

溶液的酸碱性取决于溶液中 $c(H^+)$ 和 $c(OH^-)$ 的相对大小：

$c(H^+)=c(OH^-)=1.0\times10^{-7} mol \cdot L^{-1}$ pH=7   溶液呈中性

$c(H^+)>c(OH^-)$ $c(H^+)>1.0\times10^{-7} mol \cdot L^{-1}$ pH<7   溶液呈酸性

$c(H^+)<c(OH^-)$ $c(H^+)<1.0\times10^{-7} mol \cdot L^{-1}$ pH>7   溶液呈碱性

pH 的应用范围为 0~14，即溶液中的 H^+ 浓度范围为 $1\sim10^{-14} mol \cdot L^{-1}$。当溶液中的 $c(H^+)$ 或 $c(OH^-)$ 大于 $1 mol \cdot L^{-1}$ 时，溶液的酸、碱度一般直接用 $c(H^+)$ 或 $c(OH^-)$ 表示。

需要指出的是，人们常说 pH 等于 7 的溶液呈中性，这里有一个前提条件：温度为 298.15K，严格说来，中性溶液指的是 $c(H^+)=c(OH^-)$ 的溶液。

在实际工作中，pH 的测定有很重要的意义。需要较准确地测定溶液 pH 时可用酸度计，否则用 pH 试纸就可以了。

4.2.2 酸（碱）的解离平衡

4.2.2.1 弱酸（碱）的解离度及解离平衡常数

(1) 解离度

根据酸碱质子理论，当酸或碱加入溶剂水后，就会发生解离并产生相应的共轭碱或共轭酸。弱酸和弱碱属于弱电解质，在水溶液中只是部分解离，常用解离度表示。解离度是指弱酸（碱）在水溶液中已解离的部分与其解离前的全量之比，符号为 α，一般用百分数表示，表达式为：

$$\alpha = \frac{已解离的部分}{解离前的全量}\times 100\% \tag{4-2}$$

其中，弱酸（碱）在水溶液中已解离的部分和解离前的全量可以是分子数、质量、物质的量、浓度等。

(2) 解离平衡常数

在一定温度下，弱酸（碱）分子解离成离子的速度与离子重新结合成弱酸（碱）分子的速度达到相等时，解离对应的酸碱反应达到了平衡状态。该状态常用化学平衡常数表达式表示。例如：某一元弱酸 HA 的解离方程式为：

$$HA \rightleftharpoons H^+ + A^-$$

达到平衡时，HA、H^+ 和 A^- 的浓度不再发生变化，相应的平衡常数表达式为：

$$K^\ominus = \frac{c(H^+)c(A^-)}{c(HA)} \tag{4-3}$$

$K^\ominus$ 称为该弱酸的解离平衡常数，常用 $K_a^\ominus$ 表示，称为该酸的酸常数。若为一元弱碱，解离平衡常数用 $K_b^\ominus$ 表示，称为碱常数。$K_a^\ominus$ 和 $K_b^\ominus$ 的数值大小是衡量酸碱强弱的尺度。$K_a^\ominus$ 值越大,酸的强度越大;$K_b^\ominus$ 值越大,碱的强度越大。

(3) 稀释定律

设一元弱酸 HA 的起始浓度为 c,解离度为 α,达到解离平衡后,有

$$c(H^+)=c(A^-)=c\alpha, \quad c(HA)=c(1-\alpha)$$

代入式(4-3),得:

$$K_a^\ominus = \frac{(c\alpha)(c\alpha)}{c(1-\alpha)} = \frac{c\alpha^2}{1-\alpha}$$

一般情况下,α 值很小,可近似认为 $1-\alpha \approx 1$,故上式可简化为:

$$K_a^\ominus = c\alpha^2$$

即

$$\alpha = \sqrt{\frac{K_a^\ominus}{c}} \tag{4-4}$$

同理,对于一元弱碱有

$$\alpha = \sqrt{\frac{K_b^\ominus}{c}} \tag{4-5}$$

式(4-4)和式(4-5)称为稀释定律,其物理意义:一定温度下,弱电解质的解离度与其浓度的平方根成反比,即溶液越稀,弱酸(碱)的解离度越大。

4.2.2.2 共轭酸碱对 $K_a^\ominus$ 和 $K_b^\ominus$ 的关系

HAc 与 Ac⁻ 为共轭酸碱对,在水溶液中

$$HAc \rightleftharpoons H^+ + Ac^-$$

$$K_a^\ominus = \frac{c(H^+)c(Ac^-)}{c(HAc)} \tag{4-6}$$

$$Ac^- + H_2O \rightleftharpoons HAc + OH^-$$

$$K_b^\ominus = \frac{c(HAc)c(OH^-)}{c(Ac^-)} \tag{4-7}$$

而水的离子积表达式为:

$$K_w^\ominus = c(H^+)c(OH^-)$$

显然

$$K_a^\ominus K_b^\ominus = K_w^\ominus \tag{4-8}$$

上式就是共轭酸碱对 $K_a^\ominus$ 和 $K_b^\ominus$ 的关系式。只要知道酸常数,就能求出共轭碱的碱常数,反之亦然。

例 4-1 已知 25℃时,HCN 的 $K_a^\ominus = 4.93 \times 10^{-10}$,求其共轭碱 CN⁻ 的 $K_b^\ominus$ 值。

解:由共轭酸碱对 $K_a^\ominus$ 和 $K_b^\ominus$ 的关系知

$$K_a^\ominus K_b^\ominus = K_w^\ominus$$

所以

$$K_b^\ominus = \frac{K_w^\ominus}{K_a^\ominus} = \frac{1.00 \times 10^{-14}}{4.93 \times 10^{-10}} = 2.03 \times 10^{-5}$$

多元酸、多元碱的各级酸常数 $K_a^\ominus$ 与各级碱常数 $K_b^\ominus$ 的关系用 H_2CO_3 和 CO_3^{2-} 加以

说明。

$$H_2CO_3 \rightleftharpoons H^+ + HCO_3^- \qquad CO_3^{2-} + H_2O \rightleftharpoons HCO_3^- + OH^-$$

$$K_{a1}^\ominus = \frac{c(H^+)c(HCO_3^-)}{c(H_2CO_3)} \qquad K_{b1}^\ominus = \frac{c(HCO_3^-)c(OH^-)}{c(CO_3^{2-})}$$

$$HCO_3^- \rightleftharpoons H^+ + CO_3^{2-} \qquad HCO_3^- + H_2O \rightleftharpoons H_2CO_3 + OH^-$$

$$K_{a2}^\ominus = \frac{c(H^+)c(CO_3^{2-})}{c(HCO_3^-)} \qquad K_{b2}^\ominus = \frac{c(H_2CO_3)c(OH^-)}{c(HCO_3^-)}$$

$$K_{a1}^\ominus K_{b2}^\ominus = K_w^\ominus \qquad K_{a2}^\ominus K_{b1}^\ominus = K_w^\ominus$$

酸碱平衡是动态的、有条件的。一旦条件改变，则平衡就会发生移动。

4.2.2.3 同离子效应和盐效应

(1) 同离子效应

在 HAc 水溶液中，当解离达到平衡后，加入适量 NaAc 固体，使溶液中 Ac^- 的浓度增大，由浓度对化学平衡移动的影响可知，酸碱平衡向左移动：

$$HAc \rightleftharpoons H^+ + Ac^-$$

从而降低了 HAc 的解离度。显而易见，在 HAc 溶液中加入适量 HCl 等强酸，HAc 的解离度也将降低。

同理，在氨水中加入适量固体 NH_4Cl 或 NaOH：

$$NH_3 \cdot H_2O \rightleftharpoons NH_4^+ + OH^-$$

则平衡向左移动，氨水的解离度降低。

这种在弱酸或弱碱溶液中，加入含有相同离子的易溶强电解质使弱酸或弱碱的解离度降低的现象，叫作同离子效应。

(2) 盐效应

在弱酸或弱碱溶液中，加入不含相同离子的易溶强电解质，如在 HAc 溶液中加入 NaCl。由于溶液中离子强度增大，H^+ 和 Ac^- 的有效浓度降低，平衡向解离的方向移动，HAc 的解离度将增大。这种现象称为盐效应。

同离子效应发生时也伴随有盐效应，二者相比较，前者比后者强得多，在一般计算中，可以忽略盐效应。

4.2.2.4 分布系数

在弱酸（碱）的平衡体系中，弱酸（碱）通常同时存在多种型体。某存在型体 X 的实际浓度称为平衡浓度，用 $c(X)$ 表示，各型体的平衡浓度之和称为总浓度，用 c 表示。某一存在型体占总浓度的比例称为该存在型体的分布系数，用 δ_i 表示。其中，下标 i 通常表示该型体可解离或可结合的质子数。各存在型体平衡浓度的大小由溶液中 H^+ 浓度决定，因此每种型体的分布系数也随着溶液中 H^+ 浓度的变化而变化。

(1) 一元弱酸的分布系数

在水溶液中，一元弱酸仅有两种存在型体，分布比较简单。以醋酸（HAc）为例，其在水溶液中有 HAc 和 Ac^- 两种存在型体。设醋酸的总浓度为 c，δ_1 和 δ_0 分别为 HAc 和 Ac^- 的分布系数，则：

$$c = c(\text{HAc}) + c(\text{Ac}^-)$$

$$\delta_1 = \frac{c(\text{HAc})}{c} = \frac{c(\text{HAc})}{c(\text{HAc}) + c(\text{Ac}^-)} = \frac{c(\text{H}^+)c(\text{Ac}^-)/K_a^\ominus}{c(\text{H}^+)c(\text{Ac}^-)/K_a^\ominus + c(\text{Ac}^-)}$$

$$= \frac{c(\text{H}^+)}{K_a^\ominus + c(\text{H}^+)}$$

$$\delta_0 = \frac{c(\text{Ac}^-)}{c} = \frac{c(\text{Ac}^-)}{c(\text{HAc}) + c(\text{Ac}^-)} = \frac{c(\text{Ac}^-)}{c(\text{H}^+)c(\text{Ac}^-)/K_a^\ominus + c(\text{Ac}^-)}$$

$$= \frac{K_a^\ominus}{K_a^\ominus + c(\text{H}^+)}$$

显然

$$\delta_1 + \delta_0 = 1$$

根据 HAc 和 Ac$^-$ 的分布系数表达式可计算醋酸溶液在不同 pH 时各种型体的分布系数,并绘制 δ-pH 曲线,称为分布系数曲线(见图 4-1)。

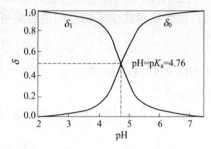

图 4-1 HAc 体系的分布系数曲线

由图 4-1 可见,HAc 的分布系数 δ_1 随溶液 pH 的增大而减小,Ac$^-$ 的 δ_0 随溶液 pH 的增大而增大。溶液 pH=p$K_a^\ominus$=4.76 时,两条分布系数曲线相交,$\delta_1 = \delta_0 = 0.5$,即 HAc 和 Ac$^-$ 各占一半;pH<p$K_a^\ominus$ 时,$\delta_1 > \delta_0$,HAc 为主要存在形式;pH>p$K_a^\ominus$ 时,$\delta_1 < \delta_0$,Ac$^-$ 为主要存在形式。这种情况也适用于其他一元弱酸。

(2) 多元弱酸的分布系数

多元弱酸在水溶液中的存在型体较多,分布要更加复杂。以二元弱酸的碳酸(H_2CO_3)为例,其在水溶液中有 3 种存在型体,分别为 H_2CO_3、HCO_3^- 和 CO_3^{2-}。设碳酸的总浓度为 c,δ_2、δ_1 和 δ_0 分别表示 H_2CO_3、HCO_3^- 和 CO_3^{2-} 的分布系数,则:

$$c = c(\text{H}_2\text{CO}_3) + c(\text{HCO}_3^-) + c(\text{CO}_3^{2-})$$

$$\delta_2 = \frac{c(\text{H}_2\text{CO}_3)}{c} = \frac{c(\text{H}_2\text{CO}_3)}{c(\text{H}_2\text{CO}_3) + c(\text{HCO}_3^-) + c(\text{CO}_3^{2-})}$$

$$= \frac{\dfrac{c^2(\text{H}^+)c(\text{CO}_3^{2-})}{K_{a1}^\ominus K_{a2}^\ominus}}{\dfrac{c^2(\text{H}^+)c(\text{CO}_3^{2-})}{K_{a1}^\ominus K_{a2}^\ominus} + \dfrac{c(\text{H}^+)c(\text{CO}_3^{2-})}{K_{a2}^\ominus} + c(\text{CO}_3^{2-})}$$

$$= \frac{c^2(\text{H}^+)}{c^2(\text{H}^+) + K_{a1}^\ominus c(\text{H}^+) + K_{a1}^\ominus K_{a2}^\ominus}$$

$$\delta_1 = \frac{c(\text{HCO}_3^-)}{c} = \frac{K_{a1}^\ominus c(\text{H}^+)}{c^2(\text{H}^+) + K_{a1}^\ominus c(\text{H}^+) + K_{a1}^\ominus K_{a2}^\ominus}$$

$$\delta_0 = \frac{c(\text{CO}_3^{2-})}{c} = \frac{K_{a1}^\ominus K_{a2}^\ominus}{c^2(\text{H}^+) + K_{a1}^\ominus c(\text{H}^+) + K_{a1}^\ominus K_{a2}^\ominus}$$

同样可以绘制出碳酸体系的 δ-pH 曲线(见图 4-2)。如图 4-2 所示,当溶液 pH 变化时,各组分的分布系数也随之变化。当 pH < p$K_{a1}^{\ominus}$ 时，H_2CO_3 为主要存在型体；pH > p$K_{a2}^{\ominus}$ 时，CO_3^{2-} 为主要存在型体；p$K_{a1}^{\ominus}$ < pH < p$K_{a2}^{\ominus}$ 时，HCO_3^- 为主要存在型体。分布曲线 δ_2 和 δ_1 相交于 pH = p$K_{a1}^{\ominus}$ = 6.37 处，分布曲线 δ_1 和 δ_0 相交于 pH = p$K_{a2}^{\ominus}$ = 10.25 处。

其他多元弱酸的分布系数也可照此类推。对于弱碱体系的分布系数表达式的推导，可通过将弱碱转化为其对应的最高级酸，再按弱酸的分布系数处理。

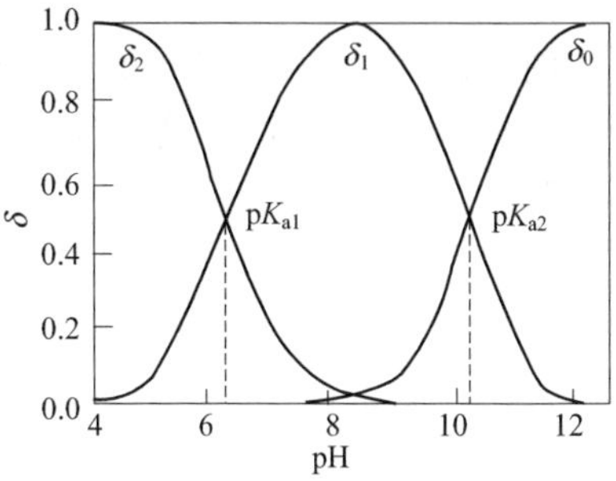

图 4-2 H_2CO_3 的分布系数曲线

4.2.3 水溶液中酸碱平衡的 pH 计算

酸碱平衡理论处理的核心问题是 H^+ 浓度的计算，即根据体系中酸（碱）各组分的分析浓度及相关的 $K_a^{\ominus}$（$K_b^{\ominus}$）计算出平衡时的 H^+ 浓度，进而获得体系的 pH。

4.2.3.1 一元弱酸（弱碱）溶液

一元弱酸以 HAc 为例。设其初始浓度为 c，当 $cK_a^{\ominus} \geqslant 20K_w^{\ominus}$ 时，可以忽略水的质子自递产生的 H^+。

$$HAc \rightleftharpoons H^+ + Ac^-$$

初始浓度 c 0   0

平衡浓度 $c(HAc)$ $c(H^+)$ $c(Ac^-)$

平衡时，$c(H^+) = c(Ac^-)$，$c(HAc) = c - c(H^+)$

$$K_a^{\ominus} = \frac{c(H^+)c(Ac^-)}{c(HAc)} = \frac{c^2(H^+)}{c - c(H^+)}$$

当 $c/K_a^{\ominus} \geqslant 500$ 时，$\alpha < 5\%$，相对误差约为 2%，在准确度基本满足计算要求的情况下，为使计算简便，$c(HAc) = c - c(H^+) \approx c$

则

$$K_a^{\ominus} = \frac{c^2(H^+)}{c}$$

由此可得计算一元弱酸溶液中 H^+ 浓度的近似公式：

$$c(H^+) = \sqrt{K_a^{\ominus} c} \tag{4-9}$$

当 $c/K_a^{\ominus} < 500$ 时，则 $\alpha > 5\%$，此时需解以 $c(H^+)$ 为未知数的一元二次方程：

$$K_a^{\ominus} = \frac{c^2(H^+)}{c - c(H^+)}$$

$$c^2(H^+) + K_a^{\ominus} c(H^+) - cK_a^{\ominus} = 0$$

为使得到的解有意义，即 $c(H^+)$ 为正值，则得：

$$c(H^+) = -\frac{K_a^{\ominus}}{2} + \sqrt{\frac{(K_a^{\ominus})^2}{4} + cK_a^{\ominus}} \tag{4-10}$$

上式为计算一元弱酸溶液中 H^+ 浓度的比较精确的公式。

同样的方法可以导出计算一元弱碱溶液中 $c(OH^-)$ 的计算公式。

当 $c/K_b^{\ominus} \geqslant 500$ 时，

$$c(OH^-) = \sqrt{K_b^{\ominus} c} \tag{4-11}$$

当 $c/K_b^{\ominus} < 500$ 时，则：

$$c(\text{OH}^-) = -\frac{K_b^{\ominus}}{2} + \sqrt{\frac{(K_b^{\ominus})^2}{4} + cK_b^{\ominus}} \qquad (4\text{-}12)$$

例 4-2 $0.10\,\text{mol}\cdot\text{L}^{-1}$ HAc 溶液中的 H^+ 浓度和解离度各为多少？若在该溶液中加入固体 NaAc，使 NaAc 浓度达到 $0.10\,\text{mol}\cdot\text{L}^{-1}$，则 H^+ 浓度和解离度又分别是多少？

解：（1）由于 $c/K_a^{\ominus} > 500$，则

$$c(\text{H}^+) = \sqrt{K_a^{\ominus} c}$$
$$= \sqrt{0.10 \times 1.76 \times 10^{-5}}$$
$$= 1.3 \times 10^{-3}\,(\text{mol}\cdot\text{L}^{-1})$$

$$\alpha = \frac{1.3 \times 10^{-3}}{0.10} \times 100\% = 1.3\%$$

（2）设加入 NaAc 后的 H^+ 的浓度为 $x\,\text{mol}\cdot\text{L}^{-1}$，则

$$\text{HAc} \rightleftharpoons \text{H}^+ + \text{Ac}^-$$

平衡浓度/$\text{mol}\cdot\text{L}^{-1}$ $\quad 0.10-x \quad x \quad 0.10+x$

$\qquad\qquad\qquad\qquad\qquad \approx 0.10 \qquad \approx 0.10$

$$K_a^{\ominus} = \frac{c(\text{H}^+)c(\text{Ac}^-)}{c(\text{HAc})} = \frac{x(0.10+x)}{0.10-x} = 1.76 \times 10^{-5}$$

$$\frac{0.10\,x}{0.10} = 1.76 \times 10^{-5}$$

$$x = 1.76 \times 10^{-5}$$

即 $\qquad\qquad c(\text{H}^+) = 1.76 \times 10^{-5}\,\text{mol}\cdot\text{L}^{-1}$

$$\alpha = \frac{1.76 \times 10^{-5}}{0.10} \times 100\% \approx 0.018\% < 1.3\%$$

以上计算说明，在 HAc 溶液中加入固体 NaAc 后，HAc 的解离度降低。

4.2.3.2 多元弱酸、多元弱碱溶液

可以给出两个或两个以上质子的弱酸，称为多元弱酸。多元弱酸在水溶液中是分步给出质子的，每一步都有相应的酸常数。以二元弱酸 H_2S 为例说明多元弱酸水溶液中有关浓度的计算。

第一步 $\quad \text{H}_2\text{S} \rightleftharpoons \text{H}^+ + \text{HS}^- \qquad K_{a1}^{\ominus} = 9.1 \times 10^{-8}$

第二步 $\quad \text{HS}^- \rightleftharpoons \text{H}^+ + \text{S}^{2-} \qquad K_{a2}^{\ominus} = 1.1 \times 10^{-12}$

由于 $K_{a1}^{\ominus} \gg K_{a2}^{\ominus}$，说明 HS^- 给出质子的能力比 H_2S 小得多，因此在实际计算过程中，当 $c/K_{a1}^{\ominus} > 500$ 时，可按一元弱酸近似计算，即：

$$c(\text{H}^+) = \sqrt{K_{a1}^{\ominus} c}$$

在氢硫酸 H_2S 中，第一步给出的 H^+ 和生成 HS^- 的浓度是相等的，由于第二步 HS^- 给出的 H^+ 和消耗的 HS^- 都很少，可认为溶液中的 $c(\text{H}^+) \approx c(\text{HS}^-)$。由 HS^- 的酸常数表达式：

$$K_{a2}^{\ominus} = \frac{c(\text{H}^+)c(\text{S}^{2-})}{c(\text{HS}^-)}$$

可得：

$$c(\text{S}^{2-}) = \frac{K_{a2}^{\ominus} c(\text{HS}^-)}{c(\text{H}^+)} \approx K_{a2}^{\ominus}$$

对于纯粹的二元弱酸,如果 $K_{a1}^{\ominus} \gg K_{a2}^{\ominus}$,则酸根离子浓度的数值近似等于 $K_{a2}^{\ominus}$,与二元弱酸的起始浓度无关。

由 H_2S 的两级解离方程:

$$H_2S \rightleftharpoons H^+ + HS^- \qquad K_{a1}^{\ominus} = \frac{c(H^+)c(HS^-)}{c(H_2S)}$$

及

$$HS^- \rightleftharpoons H^+ + S^{2-} \qquad K_{a2}^{\ominus} = \frac{c(H^+)c(S^{2-})}{c(HS^-)}$$

相加可得 $H_2S \rightleftharpoons 2H^+ + S^{2-}$,与之相应的平衡常数表达式为:

$$K_a^{\ominus} = \frac{c^2(H^+)c(S^{2-})}{c(H_2S)} = K_{a1}^{\ominus} K_{a2}^{\ominus}$$

并进一步可以得出:

$$c(S^{2-}) = \frac{K_{a1}^{\ominus} K_{a2}^{\ominus} c(H_2S)}{c^2(H^+)}$$

上式说明,二元弱酸根离子的浓度与溶液中 H^+ 浓度的平方成反比,可用调节 $c(H^+)$ 的方法控制 $c(S^{2-})$。

例 4-3 (1) 计算 18℃时饱和氢硫酸 H_2S 溶液 [$c(H_2S)=0.10 \text{mol} \cdot L^{-1}$] 中 H^+、HS^-、S^{2-} 的浓度;(2) 计算在 H_2S 和 HCl 混合溶液中,当 $c(HCl)$ 为 $0.30 \text{mol} \cdot L^{-1}$ 时的 S^{2-} 浓度。

解: (1) 因为 $K_{a1}^{\ominus} \gg K_{a2}^{\ominus}$,且 $c/K_{a1}^{\ominus} > 500$,所以:

$$\begin{aligned} c(HS^-) = c(H^+) &= \sqrt{K_{a1}^{\ominus} c} \\ &= \sqrt{0.1 \times 9.1 \times 10^{-8}} \\ &= 9.5 \times 10^{-5} (\text{mol} \cdot L^{-1}) \end{aligned}$$

由 $c(S^{2-}) = K_{a2}^{\ominus}$,得:

$$c(S^{2-}) = 1.1 \times 10^{-12} (\text{mol} \cdot L^{-1})$$

(2) 因为同离子效应,在 H_2S 与 HCl 的混合液中,H_2S 解离产生的 H^+ 很少,故溶液中 $c(H^+) \approx 0.30 \text{mol} \cdot L^{-1}$。

$$\begin{aligned} c(S^{2-}) &= \frac{K_{a1}^{\ominus} K_{a2}^{\ominus} c(H_2S)}{c^2(H^+)} \\ &= \frac{9.1 \times 10^{-8} \times 1.1 \times 10^{-12} \times 0.10}{0.30^2} \\ &= 1.1 \times 10^{-19} (\text{mol} \cdot L^{-1}) \end{aligned}$$

多元弱碱水溶液中的 OH^- 浓度以及其他有关计算与多元弱酸的计算方法相似。

4.2.3.3 两性物质溶液

常见的两性物质如 $NaHCO_3$、NaH_2PO_4、NH_4Ac 等。$NaHCO_3$ 的两性表现在其溶于水后产生的 HCO_3^- 上:

$$HCO_3^- \rightleftharpoons H^+ + CO_3^{2-}$$

$$HCO_3^- + H_2O \rightleftharpoons H_2CO_3 + OH^-$$

经推导,$c(H^+)$ 可按下式计算:

$$c(H^+) = \sqrt{K_{a1}^{\ominus} K_{a2}^{\ominus}}$$

$$pH = \frac{1}{2}(pK_{a1}^\ominus + pK_{a2}^\ominus) \qquad (4\text{-}13)$$

NaH_2PO_4 溶液中 H^+ 浓度计算与 $NaHCO_3$ 相似，而 Na_2HPO_4 溶液中：

$$c(H^+) = \sqrt{K_{a2}^\ominus K_{a3}^\ominus}$$

$$pH = \frac{1}{2}(pK_{a2}^\ominus + pK_{a3}^\ominus) \qquad (4\text{-}14)$$

NH_4Ac 也是两性物质，它在溶液中的酸碱平衡可表示如下：

$$NH_4^+ + H_2O \rightleftharpoons NH_3 + H_3O^+$$
$$Ac^- + H_2O \rightleftharpoons HAc + OH^-$$

以 $K_a^\ominus$ 表示 NH_4^+ 的酸常数，以 $K_b^\ominus$ 表示 Ac^- 的碱常数，经推导得：

$$c(H^+) = \sqrt{K_w^\ominus \frac{K_a^\ominus}{K_b^\ominus}} \qquad (4\text{-}15)$$

从式(4-15)可知 NH_4Ac 这类两性物质溶液呈酸性、碱性或中性，取决于 $K_a^\ominus$ 和 $K_b^\ominus$ 的相对大小。有下列三种情况：

① 当 $K_a^\ominus > K_b^\ominus$ 时，$c(H^+) > \sqrt{K_w^\ominus}$，溶液呈酸性；

② 当 $K_a^\ominus = K_b^\ominus$ 时，$c(H^+) = \sqrt{K_w^\ominus}$，溶液呈中性；

③ 当 $K_a^\ominus < K_b^\ominus$ 时，$c(H^+) < \sqrt{K_w^\ominus}$，溶液呈碱性。

例 4-4 计算 25℃ 时 $0.040\,mol \cdot L^{-1}\,Na_2HPO_4$ 溶液及 $0.10\,mol \cdot L^{-1}\,NH_4Ac$ 溶液的 pH 值。

解：(1) $\quad c(H^+) = \sqrt{K_{a2}^\ominus K_{a3}^\ominus}$
$$= \sqrt{6.23 \times 10^{-8} \times 2.2 \times 10^{-13}}$$
$$= 1.17 \times 10^{-10}(mol \cdot L^{-1})$$
$$pH = 9.93$$

(2) $K_b^\ominus(Ac^-) = \dfrac{K_w^\ominus}{K_a^\ominus(HAc)}$

$$c(H^+) = \sqrt{K_w^\ominus \frac{K_a^\ominus}{K_b^\ominus}}$$
$$= \sqrt{K_a^\ominus(NH_4) K_a^\ominus(HAc)}$$
$$= \sqrt{5.64 \times 10^{-10} \times 1.76 \times 10^{-5}}$$
$$\approx 1.0 \times 10^{-7}(mol \cdot L^{-1})$$
$$pH = 7.00$$

4.3 缓冲溶液

动物的体液必须维持在一定的 pH 范围内才能进行正常的生命活动。农作物，例如小麦的正常生长需要土壤的 pH 为 6.3~7.5。在容量分析中，某些指示剂必须在一定的 pH 范围内才能显示所需要的颜色。上述的 pH 控制都需要缓冲溶液来完成，因此，缓冲溶液在生产、生活和生命活动中均具有重要的意义。

4.3.1 缓冲溶液的缓冲原理

4.3.1.1 缓冲溶液的定义及组成

(1) 定义

能够抵抗少量外加酸、碱和加水稀释，而本身 pH 不甚改变的溶液称为缓冲溶液。

(2) 组成

常见的缓冲溶液由弱酸及其共轭碱、弱碱及其共轭酸组成。组成缓冲溶液的弱酸及其共轭碱或弱碱及其共轭酸，叫作缓冲对或缓冲系。

4.3.1.2 缓冲原理

以 HAc-NaAc 缓冲溶液为例，HAc 溶液存在如下酸碱平衡：

$$HAc \rightleftharpoons H^+ + Ac^-$$

加入 NaAc 后，NaAc 完全解离

$$NaAc \longrightarrow Na^+ + Ac^-$$

由于同离子效应，HAc 的解离度降低，溶液中 H^+ 浓度很小。在缓冲溶液中，存在大量的 HAc 分子及 Ac^-。当往缓冲溶液中加入少量强酸（如 HCl）时，强电解质解离出来的 H^+ 绝大部分与 Ac^- 结合生成 HAc，溶液中 H^+ 浓度改变很少，即 pH 保持了相对稳定，溶液中的 Ac^- 是抗酸成分。如果加入少量的强碱，强碱解离出来的大部分 OH^- 就会与 HAc 反应生成 H_2O 和 Ac^-，溶液中 OH^- 浓度没有明显的变化，溶液的 pH 也同样保持了相对稳定，HAc 是抗碱成分。当加入适量的水稀释时，$c(H^+)$ 会降低，但由于 HAc 解离度增加，$c(H^+)$ 变化也不大，溶液的 pH 也不甚改变。总之，缓冲溶液具有保持 pH 相对稳定的性能，即具有缓冲作用。

同理，弱碱及其共轭酸体系的缓冲溶液也具有缓冲作用。

4.3.2 缓冲溶液 pH 的计算

以 $HAc-Ac^-$ 共轭酸碱对组成的缓冲溶液为例加以推导。

$$HAc \rightleftharpoons H^+ + Ac^-$$
$$NaAc \longrightarrow Na^+ + Ac^-$$

解离常数

$$K_a^\ominus = \frac{c(H^+)c(Ac^-)}{c(HAc)}$$

所以

$$c(H^+) = K_a^\ominus \frac{c(HAc)}{c(Ac^-)}$$

由于 HAc 的解离度很小，加上 Ac^- 的同离子效应，使 HAc 的解离度更小，故上式中的 $c(HAc)$ 可近似地认为就是 HAc 的初始浓度 c_a，上式中的 $c(Ac^-)$ 可近似地认为就是 NaAc 的初始浓度 c_b，即 $c(Ac^-) = c_b$，代入上式得：

$$c(H^+) = K_a^\ominus \frac{c_a}{c_b} \tag{4-16}$$

$$pH = pK_a^\ominus - \lg \frac{c_a}{c_b} \tag{4-17}$$

在一定的温度下，对于某一种质子弱酸，$K_a^\ominus$ 是一个常数，由式(4-17)可以看出 $c(H^+)$ 或 pH 与弱酸及其共轭碱的浓度的比值有关。

对于弱碱 NH_3（或 $NH_3 \cdot H_2O$）及其共轭酸 NH_4^+（如 NH_4Cl）组成的缓冲溶液，若以 $K_a^\ominus$ 表示 NH_4^+ 的酸常数，c_a 表示 NH_4Cl 的初始浓度，c_b 表示 NH_3 的初始浓度，同样可导出式(4-16)、式(4-17)两个公式。

例 4-5 25℃ 时，在 90mL 纯水中分别加入：（1）10mL 0.010mol·L^{-1} HCl 溶液；（2）10mL 0.010mol·L^{-1} NaOH 溶液。试计算纯水及分别加入 HCl 溶液或 NaOH 溶液后的 pH。

解： 25℃ 时纯水中 $c(H^+) = 1.0 \times 10^{-7}$ mol·L^{-1}，故 pH=7.00。

（1）加入 10mL HCl 溶液后，溶液总体积为 100mL，则

$$c(H^+) = \frac{0.010 \times 10}{100} = 0.0010 (\text{mol} \cdot L^{-1})$$

$$pH = 3.00$$

（2）加入 10mL NaOH 溶液后，溶液总体积也为 100mL，则

$$c(OH^-) = \frac{0.010 \times 10}{100} = 0.0010 (\text{mol} \cdot L^{-1})$$

$$pOH = 3.00$$

$$pH = 11.00$$

计算表明，纯水中加入 HCl 或 NaOH 前后，pH 改变很明显，其改变量为：$\Delta pH = 4$。

例 4-6 在 90mL 浓度均为 0.10mol·L^{-1} 的 HAc-NaAc 缓冲溶液中，分别加入：（1）10mL 0.010mol·L^{-1} HCl 溶液；（2）10mL 0.010mol·L^{-1} NaOH 溶液；（3）10mL 水。试计算上述三种情况缓冲溶液的 pH。

解： 未加 HCl、NaOH、水之前缓冲溶液的 pH 为：

$$pH = pK_a^\ominus - \lg \frac{c_a}{c_b} = 4.75 - \lg \frac{0.10}{0.10} = 4.75$$

（1）$c(HAc) = 0.10 \times \frac{90}{100} + 0.010 \times \frac{10}{100} = 0.091 (\text{mol} \cdot L^{-1})$

$c(Ac^-) = 0.10 \times \frac{90}{100} - 0.010 \times \frac{10}{100} = 0.089 (\text{mol} \cdot L^{-1})$

$$pH = pK_a^\ominus - \lg \frac{c_a}{c_b} = 4.75 - \lg \frac{0.091}{0.089} = 4.74$$

（2）$c(HAc) = 0.10 \times \frac{90}{100} - 0.010 \times \frac{10}{100} = 0.089 (\text{mol} \cdot L^{-1})$

$c(Ac^-) = 0.10 \times \frac{90}{100} + 0.010 \times \frac{10}{100} = 0.091 (\text{mol} \cdot L^{-1})$

$$pH = pK_a^\ominus - \lg \frac{c_a}{c_b} = 4.75 - \lg \frac{0.089}{0.091} = 4.76$$

（3）$c(HAc) = c(Ac^-) = 0.10 \times \frac{90}{100} = 0.090 (\text{mol} \cdot L^{-1})$

$$pH = pK_a^\ominus - \lg \frac{c_a}{c_b} = 4.75 - \lg \frac{0.090}{0.090} = 4.75$$

计算表明，除第三种情况的 pH 不变外，其余两种情况的 pH 改变值只有 0.01，与例

4-5 在相同体积纯水中加入等量 HCl、NaOH 相比，缓冲溶液的 pH 可以称得上不甚改变。

4.3.3 缓冲容量和缓冲范围

缓冲容量 β 是衡量缓冲溶液缓冲作用大小的量。体积相同的两种缓冲溶液，当加入等量的酸或碱时，pH 变化小的缓冲溶液其缓冲作用强。从另一方面也可以衡量缓冲溶液缓冲作用的大小，即缓冲溶液的 pH 改变相同值时，需加入的强酸或强碱越多，则该缓冲溶液的缓冲作用越强。

影响缓冲容量的因素有两个：其一，当缓冲溶液的缓冲组分的浓度比一定时，体系中两组分的浓度越大，缓冲容量越大，一般两组分的浓度控制在 $0.05 \sim 0.5 \, \text{mol} \cdot \text{L}^{-1}$ 较合适；其二，当两缓冲组分的总浓度一定时，缓冲组分的浓度比越接近 1，则缓冲容量越大，等于 1 时，缓冲容量最大。通常缓冲溶液的两组分的浓度比控制在 $0.1 \sim 10$，超出此范围则由于缓冲作用太小而认为失去缓冲作用。

根据公式 $\text{pH} = \text{p}K_a^{\ominus} - \lg \dfrac{c_a}{c_b}$，当 $\dfrac{c_a}{c_b} = \dfrac{1}{10} = 0.1$ 时，$\text{pH} = \text{p}K_a^{\ominus} + 1$；当 $\dfrac{c_a}{c_b} = \dfrac{10}{1} = 10$ 时，$\text{pH} = \text{p}K_a^{\ominus} - 1$。$\text{pH} = \text{p}K_a^{\ominus} \pm 1$ 称为缓冲范围。不同缓冲对组成的缓冲溶液，由于 $\text{p}K_a^{\ominus}$ 不同，其缓冲范围也各异。

4.3.4 缓冲溶液的选择和配制

4.3.4.1 缓冲溶液的选择

常用的缓冲溶液是由一定浓度的缓冲对组成的，一般来说，不同的缓冲溶液具有不同的缓冲容量和缓冲范围。实际工作中，为了满足需要，在选择缓冲溶液时应注意以下两个方面：

① 为了满足化学反应在某 pH 范围内进行，缓冲溶液的缓冲组分不应参与反应。

② 为了保证缓冲溶液具有足够的缓冲容量，缓冲对除了应有适量的足够浓度外，根据 $\text{pH} = \text{p}K_a^{\ominus} - \lg \dfrac{c_a}{c_b}$ 及 $\dfrac{c_a}{c_b} = 1$ 时缓冲容量最大这一特点，应选择 $\text{p}K_a^{\ominus}$ 与 pH 最接近的弱酸及其共轭碱来配制缓冲溶液。

4.3.4.2 缓冲溶液的配制

缓冲溶液的配制方法常用的有以下三种。

① 在一定量的弱酸（或弱碱）溶液中加入固体共轭碱（或酸）。

例 4-7 欲配制 pH 为 5.00，$c(\text{HAc}) = 0.20 \, \text{mol} \cdot \text{L}^{-1}$ 的缓冲溶液 1.0L。求所需要 $\text{NaAc} \cdot 3\text{H}_2\text{O}$ 的质量以及所需 $1.0 \, \text{mol} \cdot \text{L}^{-1}$ HAc 的体积。

解：$\text{pH} = 5.00$，$c(\text{H}^+) = 1.0 \times 10^{-5} \, \text{mol} \cdot \text{L}^{-1}$

根据 $c(\text{H}^+) = K_a^{\ominus} \dfrac{c_a}{c_b}$，则

$$c_b = \dfrac{K_a^{\ominus} c_a}{c(\text{H}^+)} = \dfrac{1.76 \times 10^{-5} \times 0.20}{1.0 \times 10^{-5}} = 0.352 \, (\text{mol} \cdot \text{L}^{-1})$$

$$m(\text{NaAc} \cdot 3\text{H}_2\text{O}) = M(\text{NaAc} \cdot 3\text{H}_2\text{O}) c_b V = 136.1 \times 0.352 \times 1.0 = 47.9 \, (\text{g})$$

HAc 的体积为

$$1.0 \times \frac{0.20}{1.0} = 0.20 \text{ (L)}$$

配制方法：称取 47.9g NaAc·3H$_2$O 溶于适量水中，加入 0.20L 1.0mol·L^{-1} 的 HAc 溶液，然后用水稀释至 1L 即可。必要时可用 pH 试纸或 pH 计检验 pH 是否符合要求。

② 用相同浓度的弱酸（或弱碱）及其共轭碱（或酸）溶液，按适当体积混合。

例 4-8 如何配制 pH 为 4.80 的缓冲溶液 100mL？

解：缓冲溶液的 pH=4.80 很接近 HAc 的 p$K_a^\ominus$ 值 4.75，可选用 HAc-NaAc 缓冲对。根据公式

$$\text{pH} = \text{p}K_a^\ominus - \lg\frac{c_a}{c_b}$$

得

$$4.80 = 4.75 - \lg\frac{V_a}{V_b}$$

$$\frac{V_a}{V_b} = 0.89$$

因为 $V_a + V_b = 100$mL，故 $V_a = 47$mL，$V_b = 53$mL。将浓度相同的 47mL HAc 溶液与 53mL NaAc 溶液混合，即可得 pH=4.80 的缓冲溶液 100mL。

③ 在一定量的弱酸（碱）中加入一定量的强碱（酸），通过酸碱反应生成的共轭碱（酸）与剩余的弱酸（碱）组成缓冲溶液。

例 4-9 欲配制 pH 为 5.00 的缓冲溶液，试计算在 0.10L 浓度为 0.10mol·L^{-1} HAc 溶液中应加浓度为 0.10mol·L^{-1} NaOH 的体积。

解：缓冲溶液是由 HAc 与 NaOH 反应生成的 NaAc 与剩余的 HAc 组成的。

$$\text{HAc} + \text{NaOH} \Longrightarrow \text{NaAc} + \text{H}_2\text{O}$$

设加入 xL NaOH 溶液，缓冲溶液的体积为 $(x+0.10)$L，则

$$c_a = \frac{0.10 \times 0.10 - 0.10x}{0.10 + x}$$

$$c_b = \frac{0.10x}{0.10 + x}$$

$$\frac{c_a}{c_b} = \frac{0.10 \times 0.10 - 0.10x}{0.10x} = \frac{0.10 - x}{x}$$

$$c(\text{H}^+) = K_a^\ominus \frac{c_a}{c_b}$$

$$10^{-5} = 1.76 \times 10^{-5} \times \frac{0.10 - x}{x}$$

解方程得

$$x = 0.064$$

将 0.064L 浓度为 0.10mol·L^{-1} NaOH 溶液加入到 0.10L 浓度为 0.10mol·L^{-1} HAc 溶液可得 pH=5.00 的缓冲溶液。

缓冲溶液通常认为有两类，前面所讲的由缓冲对组成的缓冲溶液，是用来控制溶液酸度的（见表 4-2）；另有一类所谓的标准缓冲溶液，是用作测量溶液 pH 的参照溶液（见表 4-3）。当用酸度计测量溶液的 pH 时，用它来校正仪器。

表 4-2 常用缓冲溶液体系

缓冲溶液	酸的存在形式	碱的存在形式	$pK_a^{\ominus}$
氨基乙酸-HCl	$H_3N^+CH_2COOH$	$H_3N^+CH_2COO^-$	2.35
一氯乙酸-NaOH	$CH_2ClCOOH$	CH_2ClCOO^-	2.86
邻苯二甲酸氢钾-HCl	邻-COOH, COOH	邻-COO⁻, COOH	2.95
甲酸-NaOH	$HCOOH$	$HCOO^-$	3.74
HAc-NaAc	HAc	Ac^-	4.74
六亚甲基四胺-HCl	$(CH_2)_6N_4H^+$	$(CH_2)_6N_4$	5.15
NaH_2PO_4-Na_2HPO_4	$H_2PO_4^-$	HPO_4^{2-}	7.20
三乙醇胺-HCl	$HN^+(CH_2CH_2OH)_3$	$N(CH_2CH_2OH)_3$	7.76
三(羟甲基)甲胺-HCl	$H_3N^+C(CH_2OH)_3$	$H_2NC(CH_2OH)_3$	8.21
$Na_2B_4O_7$-HCl	H_3BO_3	$H_2BO_3^-$	9.24
NH_3-NH_4Cl	NH_4^+	NH_3	9.26
乙醇胺-HCl	$H_3N^+CH_2CH_2OH$	$H_2NCH_2CH_2OH$	9.50
氨基乙酸-NaOH	H_2NCH_2COOH	$H_2NCH_2COO^-$	9.60
$NaHCO_3$-Na_2CO_3	HCO_3^-	CO_3^{2-}	10.25

表 4-3 常用的标准缓冲溶液

pH 标准溶液	pH(实验值,298·15K)
$0.34 mol \cdot L^{-1}$ 饱和酒石酸氢钾	3.56
$0.05 mol \cdot L^{-1}$ 邻苯二甲酸氢钾	4.01
$0.025 mol \cdot L^{-1} KH_2PO_4$-$0.025 mol \cdot L^{-1} Na_2HPO_4$	6.86
$0.01 mol \cdot L^{-1}$ 硼砂	9.18

4.4 酸碱指示剂

4.4.1 酸碱指示剂的变色原理

酸碱滴定过程本身不发生任何外观的变化,常借用其他物质来指示滴定终点。在酸碱滴定中用来指示滴定终点的物质叫酸碱指示剂。

酸碱指示剂一般是有机弱酸或有机弱碱,其酸式与其共轭碱式具有不同的结构,且颜色不同。当溶液 pH 改变时,指示剂得到质子由碱式转变为酸式,或者失去质子由酸式转变为碱式。由于结构的改变,引起溶液颜色发生变化。

例如,酚酞在水溶液中存在以下平衡:

无色(内酯式) ⇌ 红色(醌式) ⇌ 无色(羧酸盐式)

由平衡关系可以看出,在酸性条件下,酚酞以无色的分子形式存在,是内酯结构;在碱性条件下，转化为醌式结构的阴离子，显红色；当碱性强时，则形成无色的羧酸盐式。

又如甲基橙，它的碱式为偶氮式结构，呈黄色；酸式为醌式结构，呈红色。

$$(CH_3)_2N-\!\!\!\!\bigcirc\!\!\!\!-N=N-\!\!\!\!\bigcirc\!\!\!\!-SO_3^- \underset{OH^-}{\overset{H^+}{\rightleftharpoons}} (CH_3)_2\overset{+}{N}-\!\!\!\!\bigcirc\!\!\!\!=N-\overset{H}{N}-\!\!\!\!\bigcirc\!\!\!\!-SO_3^-$$

黄色（碱式色）   红色（酸式色）

当溶液的酸度增大到一定程度时，甲基橙主要以醌式结构的离子形式存在，溶液呈红色；酸度降低到一定程度，则主要以偶氮式结构存在，溶液呈黄色。

4.4.2 指示剂的变色范围

下面以有机弱酸指示剂 HIn 为例，讨论指示剂颜色的变化与酸度的关系。

HIn 在水溶液中存在下列解离平衡：

$$HIn \rightleftharpoons H^+ + In^-$$

$$K^{\ominus}(HIn) = \frac{c(H^+)c(In^-)}{c(HIn)}$$

$$\frac{c(In^-)}{c(HIn)} = \frac{K^{\ominus}(HIn)}{c(H^+)}$$

指示剂所呈的颜色由 $c(In^-)/c(HIn)$ 决定。一定温度下，$K^{\ominus}(HIn)$ 为常数，则 $c(In^-)/c(HIn)$ 的变化取决于 H^+ 的浓度。当 $c(H^+)$ 发生变化时，$c(In^-)/c(HIn)$ 发生变化，溶液的颜色也逐渐改变。根据人的眼睛辨别颜色的能力，当 $c(In^-)/c(HIn) < \frac{1}{10}$ 时，看到的是指示剂的酸色；当 $c(In^-)/c(HIn) > 10$ 时，看到的是指示剂的碱色；而当 $\frac{1}{10} < c(In^-)/c(HIn) < 10$ 时，看到的是指示剂的酸式和碱式的混合色。因此 $pH = pK^{\ominus}(HIn) \pm 1$，称为指示剂变色的 pH 范围，简称指示剂的变色范围。不同的指示剂，其 $K^{\ominus}(HIn)$ 值不同，所以其变色范围也不同。常用的酸碱指示剂的变色范围见表 4-4。

表 4-4 常用酸碱指示剂

指示剂	变色范围 pH	颜色		HIn 的 $pK_a^{\ominus}$	浓度
		酸色	碱色		
百里酚蓝（第一次变色）	1.2~2.8	红	黄	1.6	0.1%的20%乙醇溶液
甲基黄	2.9~4.0	红	黄	3.3	0.1%的90%乙醇溶液
甲基橙	3.1~4.4	红	黄	3.4	0.05%的水溶液
溴酚蓝	3.1~4.6	黄	紫	4.1	0.1%的20%乙醇溶液或其钠盐的水溶液
溴甲酚绿	3.8~5.4	黄	蓝	4.9	0.1%水溶液,每 100mg 指示剂加 0.05mol·L^{-1} NaOH 2.9mL
甲基红	4.4~6.2	红	黄	5.2	0.1%的60%乙醇溶液或其钠盐的水溶液
溴百里酚蓝	6.0~7.6	黄	蓝	7.3	0.1%的20%乙醇溶液或其钠盐的水溶液
中性红	6.8~8.0	红	黄橙	7.4	0.1%的60%乙醇溶液
苯酚红	6.7~8.4	黄	红	8.0	0.1%的60%乙醇溶液或其钠盐的水溶液
酚酞	8.0~10.0	无	红	9.1	0.1%的90%乙醇溶液
百里酚蓝（第二次变色）	8.0~9.6	黄	蓝	8.9	0.1%的20%乙醇溶液
百里酚酞	9.4~10.6	无	蓝	10.0	0.1%的90%乙醇溶液

当 $c(\text{In}^-)/c(\text{HIn})=1$ 时，$\text{pH}=\text{p}K^{\ominus}(\text{HIn})$，此 pH 称为指示剂的理论变色点。指示剂的变色范围理论上应该是 2 个 pH 单位，但实测的各种指示剂的变色范围并非如此。这是因为指示剂的实际变色范围不是根据 $\text{p}K^{\ominus}(\text{HIn})$ 计算出来的，而是根据人眼通过实验观察的结果得来的。人眼对各种颜色的敏感程度不同，加上指示剂的两种颜色之间相互掩盖，导致实测值与理论值有一定差异。

例如甲基橙的 $K^{\ominus}(\text{HIn})=4\times10^{-4}$，$\text{p}K^{\ominus}(\text{HIn})=3.4$，理论变色范围应为 2.4～4.4，而实测范围为 3.1～4.4。当 pH=3.1 时，$c(\text{H}^+)=8\times10^{-4}\,\text{mol}\cdot\text{L}^{-1}$，则 $\dfrac{c(\text{In}^-)}{c(\text{HIn})}=\dfrac{K^{\ominus}(\text{HIn})}{c(\text{H}^+)}=\dfrac{4\times10^{-4}}{8\times10^{-4}}=\dfrac{1}{2}$。当 pH=4.4 时，$c(\text{H}^+)=5\times10^{-5}\,\text{mol}\cdot\text{L}^{-1}$，那么 $\dfrac{c(\text{In}^-)}{c(\text{HIn})}=\dfrac{K^{\ominus}(\text{HIn})}{c(\text{H}^+)}=\dfrac{4\times10^{-4}}{4\times10^{-5}}=10$。

可见，$c(\text{In}^-)/c(\text{HIn})\geqslant10$ 时，才能看到碱式色（黄色），当 $c(\text{HIn})/c(\text{In}^-)\geqslant2$ 时就能观察出酸式色（红色），产生这种差异是由于人眼对红色较黄色更为敏感。

4.5 酸碱滴定法及应用

4.5.1 酸碱滴定曲线和指示剂的选择

酸碱滴定法是以酸碱反应为基础的滴定分析方法，是最重要的和应用最广泛的分析方法之一。在酸碱滴定过程中，溶液的 pH 可利用酸度计直接测量出来，也可以通过公式进行计算。以滴定剂的加入量为横坐标，溶液的 pH 为纵坐标作图，便可得到滴定曲线。

4.5.1.1 强碱（酸）滴定强酸（碱）

现以 $0.1000\,\text{mol}\cdot\text{L}^{-1}$ NaOH 滴定 20.00mL $0.1000\,\text{mol}\cdot\text{L}^{-1}$ 的 HCl 为例，讨论滴定曲线和指示剂的选择。

① 滴定前　溶液中的 $c(\text{H}^+)$ 为：
$$c(\text{H}^+)=0.1000\,\text{mol}\cdot\text{L}^{-1}$$
$$\text{pH}=1.00。$$

② 滴定开始至化学计量点前　例如，加入 18.00mL $0.1000\,\text{mol}\cdot\text{L}^{-1}$ NaOH 溶液（中和百分数为 90%）时：
$$c(\text{H}^+)=0.1000\times\dfrac{2.00}{20.00+18.00}=5.26\times10^{-3}(\text{mol}\cdot\text{L}^{-1})$$
$$\text{pH}=2.28$$

当加入 19.98mL NaOH 溶液（中和百分数为 99.9%）时：
$$c(\text{H}^+)=0.1000\times\dfrac{0.02}{20.00+19.98}=5.00\times10^{-5}(\text{mol}\cdot\text{L}^{-1})$$
$$\text{pH}=4.30$$

③ 计量点时　当加入 20.00mL NaOH 溶液（中和百分数为 100%）时，HCl 全部被中和成中性的 NaCl 水溶液。

$$c(H^+)=c(OH^-)=1.0\times10^{-7}(mol\cdot L^{-1})$$
$$pH=7.00$$

④ 计量点后　按过量的碱进行计算。当加入 20.02mL，即多加入 0.02mL 0.1000mol·L^{-1} NaOH 溶液（中和百分数为 100.1%），此时溶液的体积为 40.02mL，溶液中的 $c(OH^-)$ 为：

$$c(OH^-)=0.1000\times\frac{0.02}{40.02}=5.00\times10^{-5}(mol\cdot L^{-1})$$
$$pH=9.70$$

如此逐一计算，将计算结果列于表 4-5 中，以 NaOH 的加入量（或中和百分数）为横坐标，以 pH 为纵坐标作图，就可得滴定曲线（见图 4-3）。

表 4-5　0.1000mol·L^{-1} NaOH 溶液滴定 0.1000mol·L^{-1} HCl 溶液

加入 NaOH 溶液体积 V/mL	剩余 HCl 溶液体积 V/mL	过量 NaOH 体积 V/mL	溶液 H^+ 浓度/mol·L^{-1}	pH
0.00	20.00		1.00×10^{-1}	1.00
18.00	2.00		5.26×10^{-3}	2.28
19.80	0.20		5.00×10^{-4}	3.30
19.98	0.02		5.00×10^{-5}	4.30
20.00	0.00		1.00×10^{-7}	7.00
20.02		0.02	2.00×10^{-10}	9.70
20.20		0.20	2.00×10^{-11}	10.70
22.00		2.00	2.00×10^{-12}	11.70
40.00		20.00	3.00×10^{-13}	12.50

从表 4-5 和图 4-3 中可以看出，从滴定开始到加入 19.98mL NaOH 溶液，即 99.9% 的 HCl 被滴定，溶液的 pH 变化较慢，只改变了 3.3 个 pH 单位；但从 19.98~20.02mL，即由剩余 0.1% 的 HCl（0.02mL）未被滴定到 NaOH 过量 0.1%（0.02mL），虽然只加了 0.04mL（约一滴 NaOH），pH 却从 4.30 增加到 9.70，变化 5.4 个 pH 单位；再继续加入 NaOH 溶液，pH 的变化又逐渐趋缓，滴定曲线又趋于平坦。在整个滴定过程中，只有在计量点前后很小的范围内，溶液的 pH 变化最大，称为滴定突跃。通常将计量点前后±0.1% 相对误差范围内溶液 pH 的变化称为滴定突跃范围。在本例中

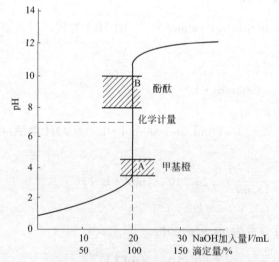

图 4-3　0.1000mol·L^{-1} NaOH 滴定 20.00mL 0.1000mol·L^{-1} HCl 的滴定曲线

滴定突跃范围为 4.30~9.70。

根据滴定突跃范围可以选择合适的指示剂。显然，最理想的指示剂应恰好在计量点时变色，如果根据指示剂的变色结束滴定，实际上在滴定突跃范围内变色的指示剂均可使用。即选择指示剂时应使指示剂的变色范围全部或部分落在滴定的突跃范围之内。

甲基红（4.4～6.2，红色到黄色）在滴定开始显红色，当溶液的 pH 刚大于 4.4，红色中开始带黄色，变成中间颜色；pH 逐渐增大，黄色成分逐渐增加，直到 pH 为 6.2 时，溶液完全呈黄色；继续增大 pH，颜色不会再改变。可见，只要在甲基红呈现中间颜色时结束滴定，不管其中是红色成分多还是黄色成分多，溶液的 pH 都处在突跃范围以内，因此以稍偏黄的中间色或刚完全呈黄色为好。此时，滴定终点的 pH 与计量点更接近，终点误差更小。

酚酞（8.0～10.0，无色至紫红色）在滴定开始时是无色的，计量点也是无色的；当 pH 稍大于 8.0 时，开始出现淡红色；pH 继续增大时，红色加深，直到 pH 为 10.0 时，完全呈现紫红色。再滴入 NaOH，溶液颜色不再改变。可见，只要在酚酞还没有变为深紫红色时结束滴定基本上都是符合要求的。因出现红色时 NaOH 已过量，所以红颜色越淡终点误差越小。

甲基橙（3.1～4.4，红色至黄色）在滴定开始为红色，刚开始改变颜色时，溶液的 pH 已大于 3.1，即使溶液呈偏黄的中间颜色，溶液的 pH 也还可能小于 4.3，因此在甲基橙还呈现中间颜色时结束滴定是不恰当的。当甲基橙恰好完全变成黄色时，溶液的 pH 为 4.4，才处在突跃范围以内，故只有以甲基橙恰好变黄作为滴定终点才是合适的。

从以上讨论可以看出，甲基红和酚酞由于变色范围基本上都处在突跃范围以内，所以它们是非常合适的指示剂；而甲基橙的变色范围仅有很小部分在突跃范围内，虽然还可采用，但不如甲基红和酚酞。

滴定突跃范围的大小与溶液的浓度有关。溶液越浓，突跃范围越大，可供选择的指示剂越多；反之，可供选择的指示剂越少。如图 4-4 所示。

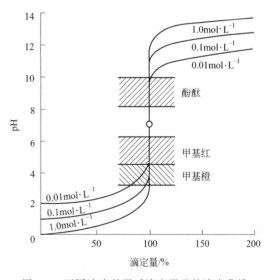

图 4-4　不同浓度的强碱滴定强酸的滴定曲线

如果用 $0.1000\,\mathrm{mol\cdot L^{-1}}$ HCl 滴定 $0.1000\,\mathrm{mol\cdot L^{-1}}$ NaOH，其滴定曲线与 NaOH 滴定 HCl 的滴定曲线相对称，pH 变化相反。

4.5.1.2　强碱（酸）滴定一元弱酸（碱）

以 $0.1000\,\mathrm{mol\cdot L^{-1}}$ NaOH 滴定 $20.00\,\mathrm{mL}$ $0.1000\,\mathrm{mol\cdot L^{-1}}$ HAc 为例进行讨论。滴定时发生如下反应。

$$HAc + OH^- \rightleftharpoons Ac^- + H_2O$$

① 滴定前　由于滴定前为 $0.1000\,\mathrm{mol\cdot L^{-1}}$ HAc 溶液，$c/K_a^\ominus > 500$，所以用最简式计算：

$$c(H^+) = \sqrt{cK_a^\ominus} = \sqrt{0.1000 \times 1.76 \times 10^{-5}} = 1.3 \times 10^{-3}\,(\mathrm{mol\cdot L^{-1}})$$

$$pH = 2.87$$

② 滴定开始至计量点前　溶液中未反应的 HAc 和反应产物 Ac⁻ 同时存在，组成一个缓冲体系。一般情况下可按下式计算：

$$pH = pK_a^{\ominus} - \lg \frac{c_a}{c_b}$$

例如，当加入 19.98mL NaOH 溶液（中和百分数为 99.9%）时：

$$c_a = c(HAc) = \frac{0.02}{20.00+19.98} \times 0.1000 = 5.00 \times 10^{-5} (mol \cdot L^{-1})$$

$$c_b = c(Ac^-) = \frac{19.98}{20.00+19.98} \times 0.1000 = 5.00 \times 10^{-2} (mol \cdot L^{-1})$$

$$pH = pK_a^{\ominus} - \lg \frac{c_a}{c_b} = pK_a^{\ominus} - \lg \frac{c(HAc)}{c(Ac^-)} = 7.74$$

③ 计量点时　当加入 20.00mL NaOH 溶液（中和百分数为 100%）时，HAc 全部被中和生成 NaAc。由于在计量点时溶液的体积增大为原来的 2 倍，所以 Ac⁻ 的浓度为 0.05000mol·L⁻¹，又因为 $c/K_b^{\ominus} > 500$，所以：

$$c(OH^-) = \sqrt{cK_b^{\ominus}} = \sqrt{c \frac{K_w^{\ominus}}{K_a^{\ominus}}} = \sqrt{\frac{0.1000}{2} \times \frac{1.0 \times 10^{-14}}{1.76 \times 10^{-5}}} = 5.3 \times 10^{-6} (mol \cdot L^{-1})$$

pOH = 5.28，pH = 14.00 - 5.28 = 8.72

④ 计量点后　计算方法与强碱滴定强酸时相同。例如，已滴入 NaOH 溶液 20.02mL（过量 0.02mL NaOH），此时溶液的 pH 可计算如下：

$$c(OH^-) = 0.1000 \times \frac{0.02}{20.00+20.02} = 5.0 \times 10^{-5} (mol \cdot L^{-1})$$

pOH = 4.30，pH = 9.70

将以上计算结果列于表 4-6 中，并以此绘制滴定曲线（见图 4-5）。

表 4-6　0.1000mol·L⁻¹ NaOH 溶液滴定 0.1000mol·L⁻¹ HAc 溶液

加入 NaOH 溶液体积 V/mL	剩余 HAc 溶液体积 V/mL	过量 NaOH 体积 V/mL	pH
0.00	20.00		2.87
18.00	2.00		5.70
19.80	0.20		6.74
19.98	0.02		7.75
20.00	0.00		8.72
20.02		0.02	9.70
20.20		0.20	10.70
22.00		2.00	11.70
40.00		20.00	12.50

图 4-5 中的虚线是相同浓度 NaOH 滴定 HCl 的滴定曲线。将两条曲线对比可以看出，NaOH 滴定 HAc 的曲线有以下一些特点。

a. NaOH-HAc 滴定曲线起点 pH 较 NaOH-HCl 的高 2 个单位。这是因为 HAc 的解离度要比等浓度的 HCl 小。

b. 滴定开始后至约 20% 的 HAc 被滴定时，NaOH-HAc 滴定曲线的斜率比 NaOH-HAc 的大。这是因为 HAc 被中和而生成 NaAc。Ac⁻ 的同离子效应，使 HAc 的解离度变得更小，因而 H⁺ 浓度迅速降低，pH 很快增大。但当继续滴加 NaOH 时，由于 NaAc 浓度相应增大，HAc 的浓度相应减小，缓冲作用增强，故溶液的 pH 增加缓慢，因此这一段曲线较

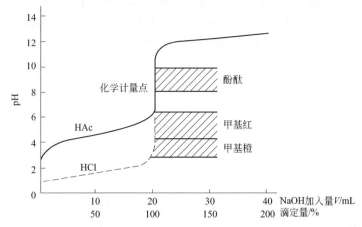

图 4-5　$0.1000 mol \cdot L^{-1}$ NaOH 滴定 20.00mL $0.1000 mol \cdot L^{-1}$ HAc 的滴定曲线

为平坦。当中和百分数为 50% 时，溶液缓冲容量最大，因此该中和百分数附近 pH 改变最慢。接近计量点时，由于溶液中 HAc 已很少，缓冲作用减弱，所以继续滴入 NaOH 溶液，pH 变化速度又逐渐加快。直到计量点时，由于 HAc 浓度急剧减小，使溶液的 pH 发生突变。但是应该注意，由于溶液中产生了大量的 Ac^-，Ac^- 是一种碱，在水溶液中解离后产生了相当数量的 OH^-，而使计量点的 pH 不是 7 而是 8.72，计量点在碱性范围内。计量点以后，溶液 pH 变化规律与强碱滴定强酸时相同。

NaOH-HAc 滴定曲线的突跃范围（pH=7.74～9.70）较 NaOH-HCl 的小得多，且在碱性范围内。因此在酸性范围内变色的指示剂，如甲基橙、甲基红等都不能使用，而酚酞、百里酚酞等均是合适的指示剂。图 4-6 是用 $0.1000 mol \cdot L^{-1}$ NaOH 溶液滴定 $0.1000 mol \cdot L^{-1}$ 不同强度弱酸的滴定曲线。从中可以看出，当酸的浓度一定时，$K_a^\ominus$ 值越大，即酸越强时，滴定突跃范围亦越大。当 $K_a^\ominus \leqslant 10^{-9}$ 时，已无明显的突跃了，在此情况下，已无法利用一般的酸碱指示剂确定其滴定终点。另一方面，当 $K_a^\ominus$ 和浓度 c 两个因素同时变化时，滴定突跃的大小将由 $K_a^\ominus$ 与 c 的乘积所决定。$cK_a^\ominus$ 越大，突跃范围越大；$cK_a^\ominus$ 越小，突跃范围越小。当 $cK_a^\ominus$ 很小时，计量点前后溶液 pH 变化非常小，无法用指示剂准确确定终点，通常以 $cK_a^\ominus \geqslant 10^{-8}$ 作为判断弱酸能否准确进行滴定的界限。

强酸滴定弱碱的情况与强碱滴定弱酸的情况相似，且当 $cK_b^\ominus \geqslant 10^{-8}$ 时，才能被准确滴定。

4.5.1.3　多元酸（碱）的滴定

(1) 多元酸的滴定

多元酸的滴定，主要是指多元弱酸的滴定，重点是多元弱酸能否被准确地分步滴定。若多元弱酸的浓度 c 与每一步的酸常数 $K_a^\ominus$ 的乘积 $cK_a^\ominus \geqslant 10^{-8}$ 且相邻两个酸常数 $K_{a,n}^\ominus$、$K_{a,n+1}^\ominus$ 满足 $K_{a,n}^\ominus / K_{a,n+1}^\ominus \geqslant 10^4$，则可以准确地分步滴定。

例如，用 $0.1000 mol \cdot L^{-1}$ 的 NaOH 标准溶液滴定 $0.1000 mol \cdot L^{-1}$ $H_2C_2O_4$ 溶液，虽然 $cK_{a1}^\ominus = 5.90 \times 10^{-3} > 10^{-8}$，$cK_{a2}^\ominus = 6.40 \times 10^{-6} > 10^{-8}$，但由于 $K_{a1}^\ominus / K_{a2}^\ominus < 10^4$，故第一计量点无明显突跃，不能准确地进行分步滴定。然而第二计量点有明显突跃，因此只能一次被滴定至第二终点。

对于三元、四元弱酸分步滴定的判断与二元弱酸的处理相似。如用 $0.1\text{mol} \cdot \text{L}^{-1}$ NaOH 标准溶液滴定 $0.1\text{mol} \cdot \text{L}^{-1}$ H_3PO_4 溶液时,由 NaOH 滴定 H_3PO_4 的滴定曲线(见图 4-7)可以看出,在第一计量点和第二计量点附近各有一个 pH 突跃。

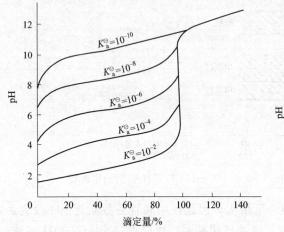

图 4-6　$0.1000\text{mol} \cdot \text{L}^{-1}$ NaOH 滴定 $0.1000\text{mol} \cdot \text{L}^{-1}$ 不同 K_a 的一元弱酸的滴定曲线

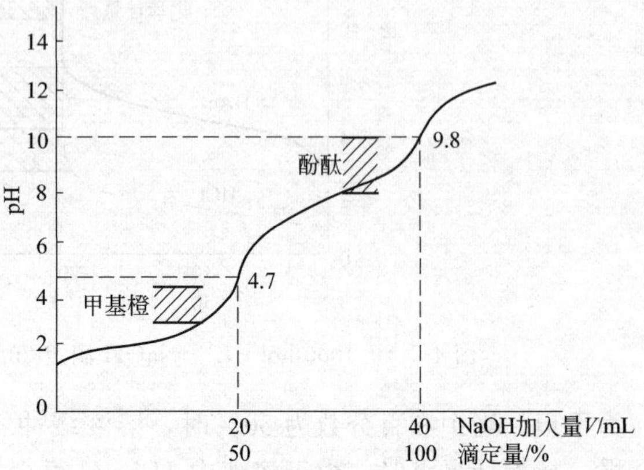

图 4-7　NaOH 滴定 H_3PO_4 溶液的滴定曲线

第一化学计量点时,H_3PO_4 被滴定至 $H_2PO_4^-$,溶液组成为 NaH_2PO_4,这是两性物质,溶液浓度为 $c(NaH_2PO_4) = \dfrac{0.10}{2}\text{mol} \cdot \text{L}^{-1} = 0.05\text{mol} \cdot \text{L}^{-1}$,其水溶液 pH 可按下式计算:

$$c(H^+) = \sqrt{K_{a1}^{\ominus} K_{a2}^{\ominus}} = \sqrt{7.52 \times 10^{-3} \times 6.23 \times 10^{-8}} = 2.2 \times 10^{-5}(\text{mol} \cdot \text{L}^{-1})$$

$$\text{pH} = 4.66$$

故可选甲基橙为指示剂。滴定达到终点时,溶液由红色正好变为黄色。

第二化学计量点时,溶液组成为 Na_2HPO_4,也是两性物质,溶液浓度为 $c(Na_2HPO_4) = 0.033\text{mol} \cdot \text{L}^{-1}$:

$$c(H^+) = \sqrt{K_{a2}^{\ominus} K_{a3}^{\ominus}} = \sqrt{6.23 \times 10^{-8} \times 4.4 \times 10^{-13}} = 1.6 \times 10^{-10}(\text{mol} \cdot \text{L}^{-1})$$

$$\text{pH} = 9.78$$

故可以选择酚酞作为指示剂,终点时由无色变为红色。

(2) 多元碱的滴定

用强酸滴定多元弱碱时,H^+ 与碱的作用也是分步进行的,能否分步滴定的判断原则与多元弱酸的滴定完全相似。现以 $0.1000\text{mol} \cdot \text{L}^{-1}$ HCl 滴定 $0.1000\text{mol} \cdot \text{L}^{-1}$ Na_2CO_3 为例说明多元弱碱的滴定。

Na_2CO_3 溶于水解离出 CO_3^{2-},根据酸碱质子理论,CO_3^{2-} 是二元弱碱。

$$CO_3^{2-} + H_2O \rightleftharpoons HCO_3^- + OH^-$$

$$K_{b1}^{\ominus} = \dfrac{K_w^{\ominus}}{K_{a2}^{\ominus}(H_2CO_3)} = 1.8 \times 10^{-4}$$

$$HCO_3^- + H_2O \rightleftharpoons H_2CO_3 + OH^-$$

$$K_{b2}^{\ominus} = \dfrac{K_w^{\ominus}}{K_{a1}^{\ominus}(H_2CO_3)} = 2.4 \times 10^{-8}$$

$$K_{b1}^{\ominus} / K_{b2}^{\ominus} \approx 10^4$$

对于高浓度的 Na_2CO_3 溶液，近似地认为 Na_2CO_3 两级解离可分步滴定，形成两个滴定突跃。滴定曲线如图4-8所示。

第一计量点时：溶液组成为 $NaHCO_3$，是两性物质，溶液 pH 按下式计算：

$$pH = \frac{1}{2}(pK_{a1}^{\ominus} + pK_{a2}^{\ominus}) = 8.31$$

第二计量点时，产物为饱和的 CO_2 水溶液，浓度约为 $0.04 mol \cdot L^{-1}$，溶液 pH 按下式计算：

$$c(H^+) = \sqrt{cK_{a1}^{\ominus}} = \sqrt{0.04 \times 4.2 \times 10^{-7}} = 1.3 \times 10^{-4} (mol \cdot L^{-1})$$
$$pH = 3.9$$

根据计量点时溶液的 pH，可分别选用酚酞、甲基橙作指示剂，由于 $K_{b2}^{\ominus}$ 不够大，第二计量点时突跃范围也不够大，滴定结果不够理想。又因 CO_2 易形成过饱和溶液，酸度增大，使终点过早出现，所以在滴定接近终点时，应剧烈地摇动。

(3) 混合酸（碱）的滴定

混合酸（碱）的滴定与多元酸（碱）的滴定条件相似。在滴定时，既要看两种酸（碱）的强度，还要看两种酸（碱）的浓度比。

*(4) CO_2 对酸碱滴定的影响

空气或水中溶解的 CO_2 与水生成的 H_2CO_3 是二元弱酸，有时会影响测定的结果。H_2CO_3 在不同 pH 的溶液中各种存在形式的浓度不同，因而终点时 CO_2

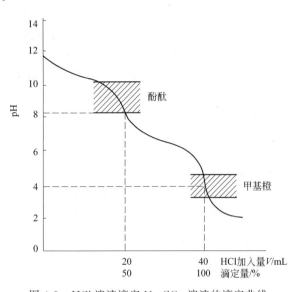

图4-8 HCl溶液滴定 Na_2CO_3 溶液的滴定曲线

带来的误差大小也不相同。终点时 pH 越低，CO_2 的影响越小。如果终点时溶液的 pH 小于5，则 CO_2 的影响可以忽略不计。

强酸强碱之间相互滴定，浓度不太低时，用甲基橙作指示剂，终点 pH≈4.0，这时 CO_2 基本上不与碱相互作用，而碱溶液中的 CO_3^{2-} 也被中和变为 CO_2，此时 CO_2 的影响可以忽略。当两种溶液浓度很低时，由于突跃范围减小，甲基橙的变色范围不在突跃范围之内，如果选用甲基橙已不合适，应选择甲基红，此时 CO_2 的影响不能忽略。这种情况下，应煮沸溶液，除去水中溶解的 CO_2，并重新配制不含 CO_3^{2-} 的标准碱溶液。

配制不含 CO_3^{2-} 的标准 NaOH 溶液的方法：①配制 NaOH 溶液前，蒸馏水先加热煮沸除去水中的 CO_2；②先配成 NaOH 溶液（约50%），用除去 CO_2 的蒸馏水稀释至所需浓度，然后标定。

对于强碱滴定弱酸的过程，终点在碱性范围内，CO_2 的影响不可忽略。

4.5.2 酸碱滴定法的应用

4.5.2.1 标准溶液的配制和标定

酸碱滴定中最常用的标准溶液是 HCl 溶液和 NaOH 溶液，其浓度在 $0.01 \sim 1.0 mol \cdot L^{-1}$

较合适,最常用的浓度为 0.10mol·L^{-1}左右。

(1) 酸标准溶液

HCl 易挥发,其标准溶液应采用间接法配制,即先配制大概所需的浓度,再用基准物质标定其准确浓度,标定方法如下。

a. 无水碳酸钠。无水碳酸钠是标定 HCl 溶液的常用基准物质,其优点是易制得纯品,但由于其易吸收空气中的水分,因此使用之前应在 180~200℃下干燥 2~3h 后置于干燥器内冷却备用。标定反应如下:

$$Na_2CO_3 + 2HCl =\!=\!= 2NaCl + CO_2\uparrow + H_2O$$

选用甲基橙作指示剂,标定结果可按下式计算:

$$c(HCl) = \frac{2m(Na_2CO_3)}{M(Na_2CO_3)V(HCl)}$$

b. 硼砂($Na_2B_4O_7 \cdot 10H_2O$)。硼砂在空气中易风化失去部分结晶水,所以应在水中重结晶两次后,再放在相对湿度为 60%的恒湿器中保存。标定反应如下:

$$Na_2B_4O_7 + 2HCl + 5H_2O =\!=\!= 4H_3BO_3 + 2NaCl$$

选用甲基红作指示剂,终点时溶液呈橙红色,标定结果可按下式计算:

$$c(HCl) = \frac{2m(Na_2B_4O_7 \cdot 10H_2O)}{M(Na_2B_4O_7 \cdot 10H_2O)V(HCl)}$$

(2) 碱标准溶液

NaOH 易吸收水分和空气中的 CO_2,其标准溶液应用间接法配制。标定 NaOH 标准溶液的基准物质常用的有邻苯二甲酸氢钾和草酸等。

a. 邻苯二甲酸氢钾(COOK/COOH)。邻苯二甲酸氢钾易制得纯品,不吸潮,容易保存,摩尔质量大,它是用来标定 NaOH 溶液较好的基准物质。标定反应如下:

$$NaOH + \text{COOK/COOH} =\!=\!= \text{COOK/COONa} + H_2O$$

化学计量点时溶液的 pH 为 9.1,选用酚酞作指示剂,标定结果可按下式计算:

$$c(NaOH) = \frac{m(KHC_8H_4O_4)}{M(KHC_8H_4O_4)V(NaOH)}$$

b. 草酸($H_2C_2O_4 \cdot 2H_2O$)。草酸相当稳定,相对湿度在 5%~95%时不会风化而失水,因此可保存在密闭容器中备用。标定反应如下:

$$H_2C_2O_4 + 2NaOH =\!=\!= Na_2C_2O_4 + 2H_2O$$

化学计量点时溶液的 pH 为 8.4,选用酚酞作指示剂,标定结果可按下式计算:

$$c(NaOH) = \frac{2m(H_2C_2O_4 \cdot 2H_2O)}{M(H_2C_2O_4 \cdot 2H_2O)V(NaOH)}$$

4.5.2.2 应用实例

酸碱滴定法应用非常广泛。许多工业产品如烧碱、纯碱、硫酸铵、碳酸氢铵等,多采用酸碱滴定法测定其主成分的含量。另外某些药物的纯度检验,以及饲料、农产品品质评定等方面,也经常使用酸碱滴定法。

(1) 混合碱的分析

① NaOH 和 Na_2CO_3 的混合物或者 NaOH 吸收 CO_2 而产生 Na_2CO_3 后的成分分析用双指示剂法。

准确称取一定质量 $m(s)$ 的试样，溶于水后，先以酚酞作指示剂，用 HCl 标准溶液滴定至终点，记下用去 HCl 溶液的体积 V_1 (L)。这时 NaOH 全部被滴定，而 Na_2CO_3 只被滴定至 $NaHCO_3$。然后加入甲基橙作指示剂，用 HCl 继续滴定至溶液由黄色变为橙色，此时 $NaHCO_3$ 被滴定至 H_2CO_3，记下用去 HCl 溶液的体积 V_2 (L)。

滴定过程为：

$$\boxed{\begin{array}{c} OH^- \\ CO_3^{2-} \end{array}} + \xrightarrow{HCl(V_1)} \boxed{\begin{array}{c} H_2O \\ HCO_3^- \end{array}} \xrightarrow{+HCl(V_2)} \boxed{H_2CO_3(H_2O+CO_2)}$$

NaOH 和 Na_2CO_3 的质量分数（常用百分数表示）分别为：

$$w(Na_2CO_3) = \frac{c(HCl)V_2(HCl)M(Na_2CO_3)}{m(s)}$$

$$w(NaOH) = \frac{c(HCl)[V_1(HCl)-V_2(HCl)]M(NaOH)}{m(s)}$$

② Na_2CO_3 和 $NaHCO_3$ 的混合物中各自含量的测定。其测定方法与 NaOH 和 Na_2CO_3 的混合物的分析方法类似，亦常用双指示剂法。滴定过程为：

$$\boxed{\begin{array}{c} CO_3^{2-} \\ HCO_3^- \end{array}} \xrightarrow{+HCl(V_1)} \boxed{\begin{array}{c} HCO_3^- \\ HCO_3^- \end{array}} \xrightarrow{+HCl(V_2)} \boxed{H_2CO_3(CO_2+H_2O)}$$

根据滴定过程的分析，可以得出：

$$w(Na_2CO_3) = \frac{c(HCl)V_1(HCl)M(Na_2CO_3)}{m(s)}$$

$$w(NaHCO_3) = \frac{c(HCl)[V_2(HCl)-V_1(HCl)]M(NaHCO_3)}{m(s)}$$

NaOH 和 $NaHCO_3$ 是不能共存的。若某试样中可能含有 NaOH、Na_2CO_3 或 $NaHCO_3$，或由它们组成的混合物，设以酚酞及甲基橙为指示剂的滴定终点用去 HCl 的体积分别为 V_1、V_2，则未知试样的组成与 V_1、V_2 的关系见表 4-7。

表 4-7 V_1、V_2 的大小与试样组成的关系

V_1、V_2 的大小及关系	$V_1>V_2, V_2\neq 0$	$V_1<V_2, V_1\neq 0$	$V_1=V_2\neq 0$	$V_1\neq 0, V_2=0$	$V_1=0, V_2\neq 0$
试样组成	OH^-、CO_3^{2-}	CO_3^{2-}、HCO_3^-	CO_3^{2-}	OH^-	HCO_3^-

(2) 氮含量的测定

常用的铵盐，如 $(NH_4)_2SO_4$、NH_4Cl 等常需要测定其中氮的含量。但由于 $K_a^\ominus(NH_4^+) = 5.64\times 10^{-10}$，酸性太弱，不能直接用 NaOH 进行滴定。

① 蒸馏法。将一定质量 $m(s)$ 的铵盐试样放入蒸馏瓶中，加过量的浓 NaOH 溶液使 NH_4^+ 转化为气态 NH_3，并用过量 HCl 标准溶液（或 H_3BO_3 溶液）吸收 NH_3，再用 NaOH 标准溶液返滴过量的 HCl。计量点时，溶液的 pH 由生成的 NH_4Cl 决定，pH=5.10，可用甲基红作指示剂。氮的含量按下式计算：

$$w(N) = \frac{[c(HCl)V(HCl)-c(NaOH)V(NaOH)]M(N)}{m(s)}$$

蒸馏出的 NH_3 若用过量的 H_3BO_3 溶液吸收，反应方程式为：

$$NH_3 + H_3BO_3 \rightleftharpoons NH_4H_2BO_3$$

用 HCl 标准溶液滴定 $NH_4H_2BO_3$（较弱的碱）的方程式为：

$$NH_4H_2BO_3 + HCl = NH_4Cl + H_3BO_3$$

计量点时 pH≈5，可用甲基红作指示剂，按下式计算氮的含量：

$$w(N) = \frac{c(HCl)V(HCl)M(N)}{m(s)}$$

对于有机物，如蛋白质中氮含量的测定，一般采用凯氏定氮法。将试样经过一系列的处理后，氮则转化为铵态氮（NH_4^+），然后按蒸馏法进行测定。

② 甲醛法。甲醛与铵盐作用可表示如下：

$$4NH_4^+ + 6HCHO \Longrightarrow (CH_2)_6N_4H^+ + 3H^+ + 6H_2O$$

在滴定前溶液为酸性，$(CH_2)_6N_4$（六亚甲基四胺）与质子结合，以它的共轭酸形式存在。在 NaOH 滴定至终点时，仍被中和成 $(CH_2)_6N_4$。计量点时溶液的 pH 为 8.70，可选用酚酞作指示剂。氮的含量按下式计算：

$$w(N) = \frac{c(NaOH)V(NaOH)M(N)}{m(s)}$$

思 考 题

4-1 根据酸碱质子理论，同一种酸在不同的溶剂中，其酸碱性的强弱是否相同？为什么？

4-2 弱酸的解离度和解离平衡常数有什么区别？

4-3 人体内有哪些缓冲体系？

4-4 溶液的酸度有哪些测定方法？

4-5 酸碱滴定时，选择指示剂需要考虑哪些因素？

4-6 学习分布系数有什么意义？

4-7 在 H_2S 的饱和溶液中，H^+ 浓度的来源有哪几方面？

4-8 化肥的含酸量为什么常作为其质量检测指标？

4-9 为什么盐酸标准溶液在使用过程中浓度会发生变化？

4-10 配制 NaOH 标准溶液是否一定需要用分析天平？为什么？

习 题

4-1 写出下列各酸（碱）的共轭碱（酸）。

(1) 酸：HAc、H_2O、H_2CO_3、HCl、OH^-、NH_3、HSO_4^-、H_3PO_4

(2) 碱：H_2O、HCO_3^-、OH^-、NH_3、HS^-、HPO_4^{2-}、CN^-、HAc

4-2 标出下列各反应中的共轭酸碱对。

(1) $H_2O + H_2O \Longrightarrow H_3O^+ + OH^-$

(2) $HAc + H_2O \Longrightarrow H_3O^+ + Ac^-$

(3) $NH_3 + H_2O \Longrightarrow NH_4^+ + OH^-$

(4) $Ac^- + H_2O \Longrightarrow HAc + OH^-$

4-3 什么叫稀释定律？试计算下列不同浓度氨溶液的 $c(OH^-)$ 和解离度：

(1) $1.0 mol \cdot L^{-1}$ (2) $0.10 mol \cdot L^{-1}$ (3) $0.010 mol \cdot L^{-1}$

当溶液稀释时，怎样影响解离度？怎样影响 OH^- 浓度？二者是否矛盾？解释之。

4-4 计算下列各水溶液在浓度为 0.10mol·L^{-1} 时的 pH。

(1) HCOOH (2) NH$_4$Cl (3) NaAc (4) Na$_2$CO$_3$

4-5 计算室温下饱和 CO$_2$ 水溶液（即 0.040mol·L^{-1}）中 $c(H^+)$、$c(HCO_3^-)$、$c(CO_3^{2-})$。

4-6 浓度为 0.010mol·L^{-1} HAc 溶液的 α＝0.042，求 HAc 的 $K_a^{\ominus}$ 及溶液中 $c(H^+)$。

4-7 计算 0.001mol·L^{-1} Na$_2$CO$_3$ 溶液的 pH。已知：H$_2$CO$_3$ 的 $K_{a1}^{\ominus}$＝4.2×10^{-7}，$K_{a2}^{\ominus}$＝5.6×10^{-11}。

4-8 欲配制 pH＝10.0 的缓冲溶液，如果用 0.10mol·L^{-1} 氨溶液 500mL，问：要加入 0.10mol·L^{-1} HCl 多少毫升？或者加入固体 NH$_4$Cl 多少克？（溶液加入固体前后的体积视为不变。）

4-9 欲配制 pH＝5.00 的缓冲溶液，应在 500mL 0.50mol·L^{-1} HAc 中加入 NaAc·3H$_2$O 多少克？

4-10 今有三种酸（CH$_3$）$_2$AsO$_2$H、ClCH$_2$COOH、CH$_3$COOH，它们的解离平衡常数 $K_a^{\ominus}$ 分别为 6.4×10^{-7}、1.4×10^{-3}、1.76×10^{-5}。则：（1）欲配制 pH＝6.50 的缓冲溶液，用哪种酸最好？（2）欲配制 1.00L 这种缓冲溶液，需要这种酸和 NaOH 各多少克？已知其中的酸及其共轭碱的总浓度为 1.00mol·L^{-1}。

4-11 在 100mL 0.1000mol·L^{-1} HAc 溶液中加入 50mL 0.1000mol·L^{-1} NaOH 溶液，所制得的缓冲溶液的 pH 是多少？

4-12 某一元弱酸（HA）纯试样 1.250g，溶于 50.00mL 水中，需 41.20mL 0.09000 mol·L^{-1} NaOH 滴至终点，已知加入 8.24mL NaOH 时，溶液的 pH＝4.30。（1）求弱酸的摩尔质量 M；（2）计算 HA 的酸常数 $K_a^{\ominus}$；（3）求计量点时的 pH，并选择合适的指示剂指示终点。

4-13 某弱酸 p$K_b^{\ominus}$＝9.21，现有其共轭碱 NaA 溶液 20.00mL，浓度为 0.1000mol·L^{-1}，当用 0.1000mol·L^{-1} HCl 溶液滴定时，化学计量点的 pH 为多少？滴定突跃范围的 pH 为多少？

4-14 称取不纯弱酸 HA 试样 1.600g，溶解后稀释至 60.00mL，以 0.2500mol·L^{-1} NaOH 滴定。已知当 HA 被中和一半时，溶液 pH＝5.00；中和至化学计量点时，溶液 pH＝9.00，计算试样中 HA 的质量分数。已知：HA 的摩尔质量为 82.0g·mol^{-1}，试样中无其他酸性物质。

4-15 以 0.1000mol·L^{-1} NaOH 滴定某 0.1000mol·L^{-1} 的二元弱酸 H$_2$A 溶液，当滴定至 pH＝1.92 时，$c(H_2A)$＝$c(HA^-)$；当滴定至 pH＝6.22 时，$c(HA^-)$＝$c(A^{2-})$。计算滴定至第一和第二化学计量点时溶液的 pH。

4-16 一样品仅含有 NaOH 和 Na$_2$CO$_3$，质量为 0.3720g，需 40.00mL 0.1500mol·L^{-1} HCl 溶液滴定至酚酞变色，那么还需要加多少毫升 0.1500mol·L^{-1} HCl 溶液可达到以甲基橙为指示剂的终点？并分别计算试样中 NaOH 和 Na$_2$CO$_3$ 的含量。

4-17 0.1000mol·L^{-1} H$_3$A 能否用 0.1000mol·L^{-1} NaOH 溶液直接滴定？如果能直接滴定，有几个滴定突跃？并求出各计量点的 pH，应选择什么指示剂。已知：$K_{a1}^{\ominus}$＝1.0×10^{-2}，$K_{a2}^{\ominus}$＝1.0×10^{-6}，$K_{a3}^{\ominus}$＝1.0×10^{-12}。

4-18 用草酸（H$_2$C$_2$O$_4$·2H$_2$O）作基准物标定 0.1mol·L^{-1} 氢氧化钠溶液的准确浓度，今欲把用去的氢氧化钠溶液体积控制在 25mL，应称取基准物多少克？已知：H$_2$C$_2$O$_4$·2H$_2$O

的摩尔质量为 $126.7\text{g}\cdot\text{mol}^{-1}$。

4-19 称取混合碱试样 0.6839g，以酚酞为指示剂，用 $0.2000\text{mol}\cdot\text{L}^{-1}$ HCl 溶液滴至终点，用去 23.20mL，再加甲基橙为指示剂滴定至终点，又用去 HCl 溶液 26.81mL，求：(1) 试样中混合碱的成分；(2) 各组分的含量。

4-20 称取含惰性杂质的混合碱（含 NaOH、Na_2CO_3、$NaHCO_3$ 或它们的混合物）试样一份，溶解后，以酚酞作指示剂，滴定至终点消耗标准酸液 V_1；另取相同质量的试样一份，溶解后以甲基橙为指示剂，用相同标准酸液滴定至终点，消耗酸液 V_2。(1) 如果滴定中发现 $2V_1=V_2$，则试样组成如何？(2) 如果试样仅含有等物质的量 NaOH 和 Na_2CO_3，则 V_1 与 V_2 有什么数量关系？

4-21 称粗铵盐 1.000g，加过量的 NaOH 溶液，产生的氨经蒸馏吸收在 56.00mL $0.5000\text{mol}\cdot\text{L}^{-1}$ HCl 溶液中。过量的盐酸用 $0.5000\text{mol}\cdot\text{L}^{-1}$ NaOH 溶液回滴，用去 21.56mL，计算试样中 NH_3 的质量分数。

4-22 蛋白质试样 0.2320g 经凯氏法处理后，加浓 NaOH 蒸馏，用过量的硼酸吸收蒸出的氨，然后用 $0.1200\text{mol}\cdot\text{L}^{-1}$ HCl 21.00mL 滴定至终点，计算试样中氮的质量分数。

第 4 章电子资源网址：
http://jpkc.hist.edu.cn/index.php/Manage/Preview/load_content/sub_id/123/menu_id/2984

电子资源网址二维码：

第 5 章
沉淀平衡和沉淀滴定法

> **学习要求**
>
> 1. 了解难溶电解质的沉淀溶解平衡过程；
> 2. 熟悉难溶电解质的溶度积常数与溶解度的相互换算关系；
> 3. 掌握难溶电解质溶度积规则及其应用；
> 4. 熟悉沉淀滴定法的原理、条件及适用范围；
> 5. 了解重量分析法的特点及要求。

难溶电解质的沉淀溶解平衡是一种多相平衡，其基本理论在物质的制备、分离、提纯等方面得到了广泛的应用。以沉淀反应为基础建立的滴定分析法称为沉淀滴定法。

5.1 沉淀反应及沉淀溶解平衡

5.1.1 溶度积和溶度积规则

5.1.1.1 沉淀反应及沉淀溶解平衡

在一定温度下，将难溶电解质 AgCl 放入水中，在 AgCl 的表面，一部分 Ag^+ 和 Cl^- 脱离 AgCl 表面，成为水合离子进入溶液（这一过程称为沉淀的溶解）。进入溶液中的水合 Ag^+ 和 Cl^- 在不停地运动，当其碰撞到 AgCl 表面后，一部分又重新形成难溶性固体 AgCl（这一过程称为沉淀的生成，简称沉淀）。经过一段时间的溶解和沉淀，溶解的速度和沉淀的速度相等时，即达到沉淀-溶解平衡，此时溶液为 AgCl 的饱和溶液。

对任一难溶强电解质（用 A_mB_n 表示），在一定温度下，在水溶液中达到沉淀-溶解平衡时，其平衡方程式为：

$$A_mB_n \underset{沉淀}{\overset{溶解}{\rightleftharpoons}} m A^{n+}(aq) + n B^{m-}(aq)$$

5.1.1.2 溶度积常数与溶解度的相互换算

平衡时，$c(A^{n+})$、$c(B^{m-})$ 不再变化，$c^m(A^{n+})$ 与 $c^n(B^{m-})$ 的乘积为一常数，用

$K_{sp}^{\ominus}$ 表示，即：

$$K_{sp}^{\ominus}=c^m(A^{n+})c^n(B^{m-})$$

$K_{sp}^{\ominus}$ 称溶度积常数，简称溶度积，它表示在一定温度下，难溶电解质的饱和溶液中，各离子浓度以其计量数为指数的幂的乘积为一常数。

5.1.1.3 溶度积规则

对任一难溶电解质，其水溶液都存在下列解离平衡：

$$A_mB_n \underset{沉淀}{\overset{溶解}{\rightleftharpoons}} mA^{n+}(aq)+nB^{m-}(aq)$$

任一状态时，离子浓度以其计量数为指数的幂乘积用 Q_i 表示，则：

$$Q_i=c^m(A^{n+})c^n(B^{m-})$$

Q_i 称为该难溶电解质的离子积。

当 $Q_i=K_{sp}^{\ominus}$ 时，溶液处于沉淀-溶解平衡状态，此时为饱和溶液，既无沉淀生成，又无固体溶解；

当 $Q_i>K_{sp}^{\ominus}$ 时，溶液为过饱和溶液，可以析出沉淀，并直至溶液中 $Q_i=K_{sp}^{\ominus}$，即溶液达到沉淀-溶解平衡状态为止；

当 $Q_i<K_{sp}^{\ominus}$ 时，溶液为不饱和溶液，若溶液中有难溶电解质固体存在，固体将溶解形成离子进入溶液。若难溶电解质固体的存在量大于其溶解度，则溶液最终达到沉淀溶解平衡，形成饱和溶液。

以上三条称为溶度积规则，利用溶度积规则不仅可以判断溶液中是否有沉淀析出，而且也可以利用溶度积规则，通过控制溶液中某离子的浓度，使沉淀溶解或产生沉淀。

5.1.1.4 影响沉淀溶解度的因素

(1) 同离子效应

同离子效应不仅会使弱电解质的解离度降低，而且会使难溶电解质的溶解度降低。在 $AgNO_3$ 溶液中使 Ag^+ 生成 AgCl 沉淀，若加入与 AgCl 含有相同离子的易溶强电解质 NaCl，由于溶液中 $c(Cl^-)$ 增大，会导致 AgCl 沉淀溶解平衡逆向移动。

$$AgCl \rightleftharpoons Ag^+ + Cl^-$$
$$\text{平衡向左移动}$$
$$NaCl \longrightarrow Na^+ + Cl^-$$

达到新平衡时，溶液中 $c(Ag^+)$ 比原平衡中 $c(Ag^+)$ 小，即 AgCl 的溶解度降低了。

由此可见，利用同离子效应，可以使某种离子沉淀得更完全。因此进行沉淀反应时，为确保沉淀完全（一般来说，离子浓度小于 $10^{-5}\,mol\cdot L^{-1}$ 时，可以认为沉淀基本完全），可加入适当过量（一般过量 20%～50% 即可）的沉淀剂。

(2) 盐效应

往弱电解质的溶液中加入与弱电解质没有相同离子的强电解质时，由于溶液中离子总浓度增大，离子间相互牵制作用增强，使得弱电解质解离的阴、阳离子结合形成分子的机会减小，从而使弱电解质分子浓度减小，离子浓度相应增大，解离度增大，这种效应称为盐效应。盐效应可以使难溶物质溶解度增大。例如，$PbSO_4$ 在 KNO_3 溶液中的溶解度，比它在纯水中的溶解度大。这是因为加入不含相同离子的强电解质时，$PbSO_4$ 沉淀表面碰撞的次数减小,使沉淀过程变慢,平衡向沉淀溶解的方向移动,故难溶物质溶解度增大。

5.1.2 溶度积规则的应用

5.1.2.1 沉淀生成的方法(分步沉淀)

根据溶度积规则,$Q_i > K_{sp}^{\ominus}$ 是沉淀生成的必要条件。

例 5-1 溶液中铬酸根浓度为 $0.001 mol \cdot L^{-1}$,向溶液中滴加硝酸银溶液(不考虑体积变化)。银离子浓度达到多大时,便开始有铬酸银沉淀析出?已知 $K_{sp}^{\ominus}(Ag_2CrO_4) = 1.1 \times 10^{-12}$。

解:
$$2Ag^+ + CrO_4^{2-} \rightleftharpoons Ag_2CrO_4 \downarrow$$
$$Q_i = c^2(Ag^+)c(CrO_4^{2-})$$

在 $c(CrO_4^{2-}) = 0.001 mol \cdot L^{-1}$ 的条件下,沉淀-溶解平衡时,$c(Ag^+)$ 为

$$c(Ag^+) = \sqrt{\frac{K_{sp}^{\ominus}(Ag_2CrO_4)}{c(CrO_4^{2-})}} = \sqrt{\frac{1.1 \times 10^{-12}}{0.001}}$$
$$= 3.3 \times 10^{-5} (mol \cdot L^{-1})$$

根据溶度积规则,当 $c(Ag^+) > 3.3 \times 10^{-5} mol \cdot L^{-1}$ 时才会有铬酸银沉淀析出。

由溶度积规则可知,向溶液中加入的沉淀剂量越大,则被沉淀离子的残留浓度越小,但不可能将该离子完全沉淀下来。如果需要将某离子生成沉淀而除去,沉淀剂的用量一般应比计算的量过量 20%~50%,但不宜过量太多。在分析化学中,某一离子是否沉淀完全,一般是根据该离子的残留浓度进行判断,若该离子的残留浓度不大于 $10^{-5} mol \cdot L^{-1}$,则认为该离子已经沉淀完全,否则,认为沉淀不完全。

例 5-2 向硝酸银溶液中加入过量盐酸溶液,生成氯化银沉淀,反应完成后,溶液中氯离子浓度为 $0.010 mol \cdot L^{-1}$,问此时溶液中银离子是否沉淀完全?$K_{sp}^{\ominus}(AgCl) = 1.8 \times 10^{-10}$。

解:
$$Ag^+ + Cl^- \rightleftharpoons AgCl \downarrow$$

已知 $c(Cl^-) = 0.010 mol \cdot L^{-1}$,根据溶度积规则,这时残留银离子浓度为:

$$c(Ag^+) = \frac{K_{sp}^{\ominus}(AgCl)}{c(Cl^-)} = \frac{1.8 \times 10^{-10}}{0.010}$$
$$= 1.8 \times 10^{-8} (mol \cdot L^{-1})$$

计算得出的银离子浓度小于 $10^{-5} mol \cdot L^{-1}$,所以银离子已被完全沉淀。

如果在某一溶液中含有几种离子能与同一沉淀剂反应生成不同的沉淀,那么,当向溶液中加入该沉淀剂时,根据溶度积规则,生成沉淀时需要沉淀剂浓度小的离子,先生成沉淀;需要沉淀剂浓度大的离子,则后生成沉淀。这种溶液中几种离子按先后顺序沉淀的现象称为分步沉淀。

例 5-3 溶液中氯离子和碘离子的浓度均为 $0.010 mol \cdot L^{-1}$,向该溶液滴加硝酸银溶液,何者先沉淀?后一个沉淀时,前一离子是否沉淀完全?

解:
$$Ag^+ + Cl^- \rightleftharpoons AgCl \downarrow \quad K_{sp}^{\ominus}(AgCl) = 1.8 \times 10^{-10}$$
$$Ag^+ + I^- \rightleftharpoons AgI \downarrow \quad K_{sp}^{\ominus}(AgI) = 8.5 \times 10^{-17}$$

当氯离子和碘离子发生沉淀时,所需银离子浓度分别为:

$$c(Ag^+) = \frac{1.8 \times 10^{-10}}{0.010} = 1.8 \times 10^{-8} (mol \cdot L^{-1})$$

$$c(\mathrm{Ag^+}) = \frac{8.5 \times 10^{-17}}{0.010} = 8.5 \times 10^{-15} (\mathrm{mol \cdot L^{-1}})$$

由计算结果可知，当氯离子和碘离子同时存在时，生成碘化银沉淀所需银离子的浓度较小，所以，滴加硝酸银溶液时，先生成黄色的碘化银沉淀，当溶液中的银离子浓度大于 $1.8 \times 10^{-8} \mathrm{mol \cdot L^{-1}}$ 时，才开始生成氯化银白色沉淀。

当氯离子开始沉淀时，溶液中残留的碘离子浓度为：

$$c(\mathrm{I^-}) = \frac{K_{\mathrm{sp}}^{\ominus}(\mathrm{AgI})}{c(\mathrm{Ag^+})} = \frac{8.5 \times 10^{-17}}{1.8 \times 10^{-8}} = 4.7 \times 10^{-9} (\mathrm{mol \cdot L^{-1}})$$

碘离子的浓度远小于 $10^{-5} \mathrm{mol \cdot L^{-1}}$，说明氯离子还未开始沉淀，碘离子已被沉淀完全，所以两离子可完全分离。

例 5-4 在氯离子和铬酸根浓度均为 $0.050 \mathrm{mol \cdot L^{-1}}$ 的溶液中，滴加硝酸银溶液后（设体积不变），发生沉淀的先后顺序如何？

解：

$$\mathrm{Ag^+ + Cl^- \rightleftharpoons AgCl \downarrow} \quad K_{\mathrm{sp}}^{\ominus}(\mathrm{AgCl}) = 1.8 \times 10^{-10}$$

$$\mathrm{2Ag^+ + CrO_4^{2-} \rightleftharpoons Ag_2CrO_4 \downarrow} \quad K_{\mathrm{sp}}^{\ominus}(\mathrm{Ag_2CrO_4}) = 1.1 \times 10^{-12}$$

滴加硝酸银后，产生氯化银、铬酸银沉淀所需银离子浓度分别为：

$$c(\mathrm{Ag^+}) = \frac{1.8 \times 10^{-10}}{0.05} = 3.6 \times 10^{-9} (\mathrm{mol \cdot L^{-1}})$$

$$c(\mathrm{Ag^+}) = \sqrt{\frac{1.1 \times 10^{-12}}{0.050}} = 4.7 \times 10^{-6} (\mathrm{mol \cdot L^{-1}})$$

由上面计算可知，虽然 $K_{\mathrm{sp}}^{\ominus}(\mathrm{AgCl}) > K_{\mathrm{sp}}^{\ominus}(\mathrm{Ag_2CrO_4})$，但氯化银与铬酸银的沉淀类型不同，铬酸银开始沉淀所需银离子的浓度大于氯化银形成沉淀所需银离子的浓度，所以，氯化银先沉淀，铬酸银后沉淀。

对于同类型难溶电解质，当被沉淀离子的浓度相同或相近时，生成的难溶物其 $K_{\mathrm{sp}}^{\ominus}$ 小的离子先沉淀出来，$K_{\mathrm{sp}}^{\ominus}$ 大的离子则后沉淀下来。

在分析化学中，分步沉淀被广泛地应用于测定或分离混合离子。

5.1.2.2 沉淀溶解的方法

根据溶度积规则，沉淀溶解的必要条件是 $Q_i < K_{\mathrm{sp}}^{\ominus}$。

当 $Q_i < K_{\mathrm{sp}}^{\ominus}$ 时，溶液中的沉淀开始溶解。常用的沉淀溶解方法是在平衡体系中加入一种化学试剂，让其与溶液中难溶电解质的阴离子或阳离子发生化学反应，从而降低该离子的浓度，使难溶电解质溶解。根据反应的类型或反应产物的不同，使沉淀溶解的方法可分为下列几类。

(1) 生成弱电解质

对于弱酸盐沉淀，可通过加入一种试剂使其生成弱电解质而溶解。如碳酸钙、草酸钙、磷酸钙等难溶物，大多数能溶于强酸。以碳酸钙溶于盐酸为例，其溶解过程可表示为：

$$\mathrm{CaCO_3(s) \rightleftharpoons Ca^{2+} + \underset{\underset{\mathrm{H_2CO_3} \rightleftharpoons CO_2 \uparrow + H_2O}{\big\uparrow 2H^+}}{CO_3^{2-}}}$$

即在碳酸钙的沉淀平衡体系中，碳酸根与氢离子结合生成了弱电解质 $\mathrm{H_2CO_3}$（进一步分解为二氧化碳和水），降低了碳酸根的浓度，破坏了碳酸钙在水中的解离平衡，使反应向碳酸钙沉淀溶解的方向进行，并最终溶解。对于一些难溶性氢氧化物，也可以通过加入一种试剂使其生成弱电解质而溶解。如 $\mathrm{Mg(OH)_2}$、$\mathrm{Mn(OH)_2}$、$\mathrm{Al(OH)_3}$ 和 $\mathrm{Fe(OH)_3}$ 都能溶于强酸溶液,其中 $Mg(OH)_2$ 和 $Mn(OH)_2$ 还能溶于足量的铵盐溶液中。以 $Mg(OH)_2$ 沉淀溶于强酸和铵盐为例,其溶解过程为:

$$Mg(OH)_2(s) \rightleftharpoons Mg^{2+} + 2OH^-$$
$$\xrightarrow{NH_4^+} NH_3 \cdot H_2O$$
$$\xrightarrow{H^+} H_2O$$

$Mg(OH)_2$ 在水中解离出 Mg^{2+} 和 OH^-,达到平衡时 $Q_i = K_{sp}^{\ominus}$,此时若加入含有 H^+ 或 NH_4^+ 的溶液,则生成水或氨水,降低了氢氧根离子的浓度,破坏了 $Mg(OH)_2$ 在水中的沉淀-溶解平衡,使 $Q_i < K_{sp}^{\ominus}$,平衡向沉淀溶解的方向移动,致使 $Mg(OH)_2$ 沉淀溶解。

(2) 发生氧化还原反应

对于一些能够发生氧化还原反应的难溶电解质,则可加入氧化剂或还原剂使其溶解。如硫化铜、硫化铅等硫化物,溶度积特别小,一般不能溶于强酸,而加入强氧化剂后发生氧化还原反应,可使硫化物溶解。

$$3CuS(s) + 2NO_3^- + 8H^+ \rightleftharpoons 3Cu^{2+} + 2NO(g) + 3S(s) + 4H_2O$$

由于硫离子被氧化成单质硫析出,降低了硫离子的浓度,使 $Q_i < K_{sp}^{\ominus}$,所以,硫化铜能溶于硝酸。

(3) 生成配合物

对于一些能够发生配位反应的难溶电解质,加入适当配位剂则可使其溶解。如氯化银沉淀中加入适量氨水,由于银离子形成配合离子,降低了银离子浓度,使 $Q_i < K_{sp}^{\ominus}$,从而使氯化银沉淀溶于氨水。

$$AgCl(s) \rightleftharpoons Ag^+ + Cl^-$$
$$\xrightarrow{2NH_3} [Ag(NH_3)_2]^+$$

5.1.3 沉淀的转化

在硝酸银溶液中加入淡黄色铬酸钾溶液后,产生砖红色铬酸银沉淀,再加氯化钠溶液后,砖红色铬酸银沉淀转化为白色氯化银沉淀。这种由一种难溶化合物借助于某试剂转化为另一种难溶化合物的过程叫作沉淀的转化。一种难溶化合物可以转化为更难溶化合物,反之则难以实现。

上述反应的过程为:

$$2Ag^+ + CrO_4^{2-} \rightleftharpoons Ag_2CrO_4(s) \downarrow$$
$$Ag_2CrO_4(s) + 2Cl^- \rightleftharpoons 2AgCl(s) \downarrow + CrO_4^{2-}$$

已知 $K_{sp}^{\ominus}(Ag_2CrO_4) = 1.1 \times 10^{-12}$,$K_{sp}^{\ominus}(AgCl) = 1.8 \times 10^{-10}$。
则第二个反应式的平衡常数为:

$$K_j^{\ominus} = \frac{c(CrO_4^{2-})}{c^2(Cl^-)} = \frac{c(CrO_4^{2-})c^2(Ag^+)}{c^2(Cl^-)c^2(Ag^+)} = \frac{K_{sp}^{\ominus}(Ag_2CrO_4)}{[K_{sp}^{\ominus}(AgCl)]^2}$$
$$= \frac{1.1 \times 10^{-12}}{(1.8 \times 10^{-10})^2} = 3.4 \times 10^7$$

$K_j^{\ominus}$ 值很大,说明正向反应进行的程度很大,即砖红色铬酸银沉淀转化为白色氯化银沉淀很容易发生。

5.2 沉淀滴定法及应用

5.2.1 沉淀滴定法对沉淀反应的要求

沉淀滴定法是以沉淀反应为基础的一种滴定分析法。根据滴定分析对滴定反应的要求，沉淀反应必须满足下列条件：①反应必须迅速，沉淀的溶解度很小；②沉淀的组成要固定，即反应按化学计量式定量进行；③有适当的方法或指示剂指示终点；④吸附现象不妨碍终点的确定。

在已知的化学反应中，能够形成沉淀的反应很多，但由于很多沉淀反应不能完全满足上述基本条件，所以能用于滴定分析的沉淀反应很少。

在沉淀滴定分析中，应用较多的是生成难溶银盐的一些反应。如：

$$Ag^+ + Cl^- \rightleftharpoons AgCl \downarrow$$
$$Ag^+ + I^- \rightleftharpoons AgI \downarrow$$
$$Ag^+ + SCN^- \rightleftharpoons AgSCN \downarrow$$

以生成难溶银盐反应为基础的沉淀滴定法称为银量法。银量法主要用于测定氯离子、溴离子、碘离子、硫氰酸根和银离子等。除了银量法以外，利用其他沉淀反应也能够进行滴定分析。如：六氰合铁（Ⅱ）酸钾 $K_4[Fe(CN)_6]$ 与锌离子、钡离子、硫酸根离子的沉淀反应；四苯硼酸钠 $[NaB(C_6H_5)_4]$ 与钾离子形成的沉淀反应等。这些沉淀反应也符合滴定分析法的要求，都可用于沉淀滴定分析。本章主要学习应用较为广泛的银量法。

5.2.2 沉淀滴定法

银量法是以生成难溶银盐反应为基础的沉淀滴定法，根据滴定分析中所使用的指示剂不同，银量法可以分为：莫尔法、佛尔哈德法、法扬司法。

5.2.2.1 莫尔(Mohr)法

莫尔法是以硝酸银为标准溶液，以铬酸钾为指示剂的银量法。

(1) 基本原理

莫尔法主要用于测定氯的含量，其滴定反应为：

$$Ag^+ + Cl^- \rightleftharpoons AgCl \downarrow \qquad K_{sp}^{\ominus}(AgCl) = 1.8 \times 10^{-10}$$
$$2Ag^+ + CrO_4^{2-} \rightleftharpoons Ag_2CrO_4 \downarrow \qquad K_{sp}^{\ominus}(Ag_2CrO_4) = 1.1 \times 10^{-12}$$

在滴定分析时，首先将适量的 K_2CrO_4 指示剂加入含有 Cl^- 的中性溶液中，然后滴加硝酸银标准溶液。根据溶度积规则，Ag^+ 与 Cl^- 先生成白色的 AgCl 沉淀，当 Cl^- 沉淀完全后，稍加过量的硝酸银标准溶液，Ag^+ 与 CrO_4^{2-} 生成砖红色的 Ag_2CrO_4 沉淀，即为滴定终点。

(2) 滴定条件

① 指示剂的用量。滴定达到化学计量点时，溶液中 Ag^+ 和 Cl^- 浓度相等。

$$c(Ag^+) = c(Cl^-) = \sqrt{1.8 \times 10^{-10}} = 1.34 \times 10^{-5} (\text{mol} \cdot \text{L}^{-1})$$

此时，若刚好有砖红色的 Ag_2CrO_4 沉淀生成，指示反应终点到达，则 CrO_4^{2-} 的浓度应控制为：

$$c(\text{CrO}_4^{2-}) = \frac{K_{sp}^{\ominus}(\text{Ag}_2\text{CrO}_4)}{c^2(\text{Ag}^+)} = \frac{1.1 \times 10^{-12}}{(1.34 \times 10^{-5})^2}$$
$$= 6.1 \times 10^{-3} (\text{mol} \cdot \text{L}^{-1})$$

根据溶度积规则，滴定到终点时，若铬酸根的浓度过大，出现砖红色 Ag_2CrO_4 沉淀所需银离子的浓度就比较小，即滴定终点提前，溶液中剩余氯离子的浓度过大，测定结果偏低，产生负误差；反之，铬酸根浓度过小，滴定到终点时，要使 Ag_2CrO_4 沉淀析出，必须多加一些硝酸银溶液才行，即终点拖后于化学计量点，将产生正误差。因此，指示剂的用量过大过小都不合适。实践证明，若铬酸根浓度太高，则其本身的颜色会影响对 Ag_2CrO_4 沉淀颜色的观察，即影响滴定终点的判断，所以，在滴定分析中，溶液中铬酸根的浓度一般控制在 $5.0 \times 10^{-3} \text{mol} \cdot \text{L}^{-1}$ 左右。

由上述分析可知，铬酸根浓度降低为 $5.0 \times 10^{-3} \text{mol} \cdot \text{L}^{-1}$ 后，将造成终点拖后，产生正误差，但这种误差一般比较小，能够满足滴定分析的要求。若分析结果要求的准确度比较高，必须做空白实验进行校正。

② 溶液的酸度。使用莫尔法测定氯离子的含量，溶液的 pH 值为 6.5~10.5。若酸度过高，则由于铬酸的酸性较弱，铬酸根将产生下列副反应：

$$\text{H}^+ + \text{CrO}_4^{2-} \rightleftharpoons \text{HCrO}_4^-$$
$$2\text{HCrO}_4^- \rightleftharpoons \text{Cr}_2\text{O}_7^{2-} + \text{H}_2\text{O}$$

即有一部分铬酸根离子转化成 HCrO_4^- 和 $\text{Cr}_2\text{O}_7^{2-}$，致使 CrO_4^{2-} 浓度下降，Ag_2CrO_4 沉淀出现过迟，甚至不生成沉淀，无法正确指示滴定终点。因此，实验中 pH 值不能低于 6.5。

若溶液碱性过强，则银离子与氢氧根离子结合生成氧化银沉淀，所以实验中溶液的 pH 值不能高于 10.5。

$$2\text{Ag}^+ + 2\text{OH}^- \rightleftharpoons 2\text{Ag(OH)} \downarrow$$
$$\hookrightarrow \text{Ag}_2\text{O} \downarrow + \text{H}_2\text{O}$$

若溶液的酸性太强，可用硼砂或碳酸氢钠中和；若溶液碱性太强，可用稀硝酸中和。

③ 除去干扰。当溶液中有铵离子存在时，若 pH 值较高，铵离子将变成 NH_3，与银离子生成银氨配离子，消耗部分硝酸银标准溶液，影响滴定。所以，溶液中有铵盐存在时，pH 值一般应控制在 6.5~7.2。

溶液中如果有与银离子、铬酸根离子形成沉淀的干扰离子存在，如：磷酸根、砷酸根、硫离子、碳酸根、草酸根等阴离子或钡离子、铅离子、汞离子等阳离子，都应设法除去。

④ 防止沉淀的吸附作用。用莫尔法测定卤离子或拟卤离子时，生成的沉淀颗粒很小，具有强烈的吸附作用。根据沉淀的吸附原理，生成的卤化银沉淀将优先吸附溶液中的卤离子，使卤离子浓度下降，终点提前到达，因此，滴定时必须剧烈摇动。

碘化银和硫氰酸银沉淀对碘离子和硫氰酸根离子的吸附能力更强，剧烈摇动也达不到解吸的目的。所以，莫尔法可以测定氯离子和溴离子，但不适宜测定碘离子和硫氰酸根离子。

(3) 应用范围

莫尔法的选择性较差，一般应用于测定氯离子、溴离子或银离子。测定氯离子和溴离子时必须用硝酸银标准溶液直接滴定，而不能用氯离子和溴离子直接滴定银离子。这是因为在银离子溶液中加入铬酸钾指示剂后，先生成砖红色 Ag_2CrO_4 沉淀，再用卤离子滴定时，滴定终点是由铬酸银沉淀转化成卤化银沉淀，这种转化反应非常缓慢，不能正确指示滴定终点。同理，银离子的测定要用返滴定法。

5.2.2.2 佛尔哈德（Volhard）法

佛尔哈德法是用硫氰酸铵作标准溶液，以铁铵矾 $[NH_4Fe(SO_4)_2]$ 作指示剂的银量法。根据滴定方式的不同，佛尔哈德法又可分为直接滴定法和返滴定法两种。

(1) 基本原理

① 直接滴定法。在含银离子的酸性溶液中，加入铁铵矾指示剂，用硫氰酸钾或硫氰酸铵标准溶液进行滴定，溶液中首先出现白色的硫氰酸银沉淀，达到化学计量点时，过量的硫氰酸根离子与 Fe^{3+} 形成红色配离子，即为滴定终点。反应如下：

$$Ag^+ + SCN^- \rightleftharpoons AgSCN\downarrow（白色） \quad K_{sp}^{\ominus}=1.0\times10^{-12}$$

$$Fe^{3+} + SCN^- \rightleftharpoons Fe(SCN)^{2+}（红色） \quad K_f^{\ominus}=1.38\times10^2$$

在化学计量点时，若刚好能看到 $Fe(SCN)^{2+}$ 的红色，则滴定终点最为理想，因此 Fe^{3+} 的用量非常重要。达到化学计量点时，硫氰酸根的浓度为：

$$c(SCN^-)=c(Ag^+)=\sqrt{K_{sp}^{\ominus}(AgSCN)}=\sqrt{1.0\times10^{-12}}$$
$$=1.0\times10^{-6}(mol\cdot L^{-1})$$

如果此时刚好能看到 $Fe(SCN)^{2+}$ 的红色，$Fe(SCN)^{2+}$ 的浓度一般应在 $6.0\times10^{-6}\,mol\cdot L^{-1}$ 左右，则 Fe^{3+} 的浓度可由下式计算：

$$c(Fe^{3+})=\frac{c[Fe(SCN)^{2+}]}{K_f^{\ominus}[(FeSCN)^{2+}]c(SCN^-)}$$
$$=\frac{6.0\times10^{-6}}{1.38\times10^2\times1.0\times10^{-6}}=0.04(mol\cdot L^{-1})$$

在上述条件下，溶液呈较深的橙黄色，影响终点观察，所以 Fe^{3+} 的浓度一般控制在 $0.015\,mol\cdot L^{-1}$ 左右。此时的终点误差很小，不足以影响分析结果的准确度。

在滴定过程中产生的硫氰酸银沉淀易吸附银离子，使终点提前到达，因此在滴定过程中，必须剧烈摇动，使被吸附的银离子解吸出来。

② 返滴定法。对于不适宜用硫氰酸铵作标准溶液直接滴定的离子（如 Cl^-、Br^-、I^- 和 SCN^- 等），可以使用返滴定法。即滴定前首先向待测溶液中加入过量的已知准确浓度的硝酸银标准溶液，然后加入铁铵矾作指示剂，以硫氰酸铵标准溶液滴定过量的硝酸银，至等量点时，稍过量的硫氰酸铵即可与 Fe^{3+} 作用，生成红色配合物，指示滴定终点。

用返滴定法测定氯离子时，测定过程可用下列方程式表示：

$$Ag^+（过量）+Cl^- \rightleftharpoons AgCl\downarrow$$
$$SCN^- + Ag^+（余量）\rightleftharpoons AgSCN\downarrow$$
$$SCN^- + Fe^{3+} \rightleftharpoons Fe(SCN)^{2+}（红色）$$

根据沉淀的转化原理，由于氯化银的溶解度比硫氰酸银的溶解度大，在化学计量点加入的硫氰酸铵标准溶液，能够和氯化银沉淀反应生成硫氰酸银沉淀而引起滴定误差。

$$AgCl(s)+SCN^- \rightleftharpoons AgSCN(s)+Cl^-$$

尽管上述反应转化速度较慢，但经剧烈摇动后，红色会消失，使滴定终点难以判断，而产生很大的误差。为避免上述沉淀转化引起的误差，可采取如下方法解决：

a. 在加入过量硝酸银溶液后，将溶液煮沸，使氯化银沉淀聚沉，并过滤，然后在滤液中进行滴定。

b. 加入少量硝基苯等有机溶剂，使生成的氯化银沉淀被有机溶剂包裹后，再用硫氰酸铵标准溶液滴定。

在测定溴离子和碘离子时，由于溴化银和碘化银的溶解度比硫氰酸银的溶解度小，不会发生沉淀转化反应，所以，不必将其沉淀过滤或加入有机溶剂。在测定碘离子时，指示剂必须在加入过量的硝酸银后再加入，否则铁离子将碘离子氧化成为单质碘而干扰测定。

$$2Fe^{3+} + 2I^- \rightleftharpoons 2Fe^{2+} + I_2$$

(2) 滴定条件

① Fe^{3+} 的浓度一般控制在 $0.015mol·L^{-1}$ 左右。Fe^{3+} 的浓度过大时，溶液呈较深的橙黄色，影响终点观察；Fe^{3+} 的浓度过小时，滴定终点拖后。

② 在滴定过程中，溶液的 pH 值一般控制在 0～1。溶液为碱性时，不仅 Fe^{3+} 会生成氢氧化铁沉淀，而且银离子也会生成氧化银沉淀而干扰测定。在该酸度范围内，Fe^{3+} 的黄色较浅，对终点的影响较小。

③ 在接近终点时，应充分摇动，使硫氰酸银沉淀吸附的银离子解吸出来，否则，终点提前达到。

④ 凡能与硫氰酸根起反应的物质，必须预先除去，如铜离子和汞离子等，能与铁离子发生氧化还原反应的物质也应除去。

(3) 应用范围

佛尔哈德法的最大优点是在酸性溶液中进行测定，许多能够和银离子生成沉淀的干扰离子不影响分析结果。采用不同的滴定方式，佛尔哈德法可测定氯离子、溴离子、碘离子、硫氰酸根和银离子等，因此其用途较为广泛。

*5.2.2.3 法扬司（Fajans）法

用吸附指示剂指示滴定终点的银量法，称为法扬司法。

在沉淀滴定过程中，生成的银盐沉淀一般为胶状沉淀，具有强烈的吸附作用，能选择性地吸附溶液中的构晶离子。吸附指示剂一般是一类有色的有机化合物，当它被吸附在沉淀表面之后，可能是由于其结构发生了某种变化，因而引起了颜色的变化。法扬司法就是利用指示剂的这种性质来指示滴定终点的。

常用的吸附指示剂有多种，其名称和性质见表 5-1。以荧光黄指示剂为例，它是一种有机弱酸，可用 HFIn 表示。它在水溶液中存在下列平衡：

$$HFIn \rightleftharpoons H^+ + FIn^-$$

其中 FIn^- 呈黄绿色，被沉淀吸附后，结构发生变化而呈红色。

以硝酸银标准溶液测定氯离子为例，化学计量点之前，溶液中存在大量的氯离子，生成的氯化银沉淀优先吸附氯离子而带负电，带负电的荧光黄阴离子因受同电荷的排斥作用而不被吸附。化学计量点之后，银离子过量，氯化银沉淀优先吸附银离子而带正电，带正电荷的氯化银胶粒吸附 FIn^-，使 FIn^- 的结构发生变化，呈现红色，即为滴定终点。

表 5-1 常用的吸附指示剂

指示剂名称	待测离子	滴定剂	适用 pH 范围
荧光黄	氯	银离子	7～10
二氯荧光黄	氯	银离子	4～10
曙红	溴、碘、硫氰酸根	银离子	2～10
甲基紫	银	氯离子	酸性溶液
二甲基二碘荧光黄	碘	银离子	中性
钍试剂	硫酸根	钡离子	1.5～3.5
溴甲酚绿	硫氰酸根	银离子	4～5

由上可知，吸附指示剂起作用的是它们的阴离子。因此，当溶液pH值太小时，吸附指示剂以分子的形式存在而不被吸附，无法指示终点；若pH值太大时，吸附指示剂几乎全部解离，使阴离子浓度太大，以至在等量点前就出现颜色的变化，造成滴定误差。因此，使用每种吸附指示剂时都应选择适当酸度。

由于吸附作用发生在沉淀微粒表面，因此，溶液浓度越大，沉淀颗粒越小，其表面积越大，对吸附越有利。为防止胶粒聚沉，常加入防止胶体凝聚的试剂（如糊精），以增加其吸附能力。

5.2.3 硝酸银和硫氰酸铵标准溶液的配制和标定

(1) 硝酸银标准溶液的配制和标定

硝酸银标准溶液可以采用直接法配制，也可采用间接法配制。对于基准物硝酸银试剂，可采用直接法配制，但在配制前应先将硝酸银在280℃进行干燥。由于硝酸银见光易分解，因此，作为基准物的硝酸银固体和配制好的溶液都应避光保存。

如果硝酸银纯度不高，必须采用间接法配制，即先配制近似浓度的溶液，然后用基准物氯化钠标定。但基准物氯化钠应先在500℃下灼烧至不发出爆裂声为止，然后放入干燥器内备用。标定时可用莫尔法或法扬司法。选用的方法应和测定待测试样的方法一致，这样可抵消测定方法所引起的系统误差。

(2) 硫氰酸铵标准溶液的配制和标定

硫氰酸铵与硫氰酸钾易吸潮，而且易含杂质，不能用直接法配制其标准溶液，因此，应先配制近似浓度的溶液，然后用硝酸银标准溶液按佛尔哈德法进行标定。

(3) 应用示例

银量法可以用来测定无机卤化物，也可测定有机卤化物，应用范围比较广泛。

① 天然水中氯含量的测定　在水质分析中，一般采用莫尔法对氯的含量进行测定。若水样中含有磷酸盐、亚硫酸盐等阴离子，则应采用佛尔哈德法。

② 有机卤化物中卤素的测定　有机物中所含卤素一般为共价键结合的，因此，测定前应将其进行处理，使其转化为卤素离子后再进行测定。

③ 银合金中银的测定　首先用硝酸溶解银合金，将银转化为硝酸银，但必须逐出氮的氧化物，否则它能与硫氰酸根作用而影响滴定终点。然后用佛尔哈德法测定银的含量。

*5.3　重量分析法简介

在重量分析中，一般是先用适当的方法将被测组分与试样中的其他组分分离后，转化为一定的称量形式，然后称重，由称得的物质的质量计算该组分的含量。

5.3.1 重量分析的一般程序及特点

利用沉淀反应进行重量分析时，通过加入适当的沉淀剂，使被测组分以适当的沉淀形式析出，然后过滤、洗涤，再将沉淀烘干或灼烧成"称量形式"称量。沉淀形式和称量形式可能相同，也可能不相同。为了保证测定有足够的准确度并便于操作，重量法对沉淀形式和称量形式有一定要求。

重量分析法直接通过称量获得分析结果，不需要与标准试样或基准物质进行比较。重量分析法的准确度较高，相对误差一般为±0.1%～±0.2%，但耗时，周期长。

5.3.2 重量分析法对沉淀的要求

① 沉淀的溶解度必须很小，这样才能保证被测组分沉淀完全。

② 沉淀应易于过滤和洗涤。为此，希望尽量获得大颗粒晶型沉淀。如果是无定形沉淀，应注意掌握好沉淀条件，改善沉淀的性质。

③ 沉淀应易于转化为称量形式。

重量分析对称量形式的要求：

a. 称量形式必须有确定的化学组成，这是计算分析结果的依据。

b. 称量形式必须十分稳定，不受空气中水分、CO_2 和 O_2 等影响。

c. 称量形式的摩尔质量要大，待测组分在称量形式中含量应小，以减小称量的相对误差，提高测定的准确度。

5.3.3 重量分析的计算

在重量分析中，多数情况下获得的称量形式与待测组分的形式不同，这就需要将由分析天平称得的称量形式的质量换算成待测组分的质量。待测组分的摩尔质量与称量形式的摩尔质量之比是常数，通常称为换算因数，又称重量分析因数，以 F 表示。换算因数可根据有关化学式求得，如表 5-2 所示。

表 5-2 根据化学式计算换算因数

待测组分	称量形式	换算因数
Cl^-	$AgCl$	$M(Cl^-)/M(AgCl)=0.2474$
S	$BaSO_4$	$M(S)/M(BaSO_4)=0.1374$
MgO	$Mg_2P_2O_7$	$2M(MgO)/M(Mg_2P_2O_7)=0.3622$

由称量形式的质量 m，试样的质量 $m(s)$ 及换算因数 F，即可求得待测组分的质量分数：

$$w=\frac{mF}{m(s)}\times 100\%$$

思 考 题

5-1 莫尔法测氯时，为什么溶液的 pH 须控制在 6.5～10.5？若存在铵离子，溶液的 pH 应控制在什么范围？为什么？

5-2 莫尔法以 K_2CrO_4 为指示剂，指示剂浓度过大或过小对测定有何影响？

5-3 试讨论莫尔法的局限性。

5-4 用银量法测定下列试样中 Cl^- 时，选用什么指示剂指示滴定终点最合适？

(1) $CaCl_2$　　(2) $BaCl_2$　　(3) $FeCl_3$　　(4) $NaCl+Na_3PO_4$

(5) NH_4Cl　　(6) $NaCl+Na_2SO_4$　　(7) $PbNO_3+NaCl$　　(8) $CuCl_2$

5-5 下列情况下，测定结果是准确的，还是偏低或偏高？为什么？

(1) pH 约为 4 时，用莫尔法滴定 Cl^-。

(2) 如果试液中含有铵盐,在 pH 约等于 10 时,用莫尔法滴定 Cl^-。

(3) 用法扬司法滴定 Cl^- 时,用曙红作指示剂。

(4) 用佛尔哈德法滴定 Cl^- 时,未将沉淀过滤也未加入 1,2-二氯乙烷。

(5) 用佛尔哈德法滴定 I^- 时,先加铁铵矾指示剂,再加入过量 $AgNO_3$ 标准溶液。

5-6 采用佛尔哈德法分析 Cl^-,需要返滴定。加入已知量过量的 $AgNO_3$,沉淀为 $AgCl$,用 KSCN 返滴定未反应的 Ag^+,但因为 AgCl 溶解度比 AgSCN 大,请回答:

(1) 为什么 AgCl 和 AgSCN 的相对溶解度会产生滴定误差?

(2) 产生的滴定误差是正误差还是负误差?

(3) 怎样能够改善所描述的过程阻止测定误差来源?

(4) 当用佛尔哈德法分析 Br^- 时,测定误差还将是这样吗?

5-7 某溶液中含 SO_4^{2-}、Mg^{2+} 两种离子,欲用重量法测定,试拟定简要方案。

5-8 重量分析的一般误差来源是什么?怎样减少这些误差?

5-9 试简要讨论重量分析与滴定分析两类化学分析方法的优缺点。

5-10 难溶物的溶解度与溶度积有什么不同?

5-11 什么叫分步沉淀?在含有相同浓度的氯离子、溴离子、碘离子的溶液中滴加硝酸银溶液,沉淀的顺序如何?

5-12 判断题

(1) 溶度积相同的两物质,溶解度也相同。

(2) 能生成沉淀的两种离子混合后没有立即生成沉淀,一定是 $K_{sp}^{\ominus} > Q_i$。

(3) 沉淀剂用量越大,沉淀越完全。

(4) 溶液中若同时含有两种离子都能与沉淀剂发生沉淀反应,则加入沉淀剂总会同时产生两种沉淀。

(5) 分步沉淀的结果总能使两种溶度积不同的离子通过沉淀反应完全分离开。

(6) 所谓沉淀完全就是用沉淀剂将溶液中某一离子除净。

(7) 若某体系的溶液中离子积等于溶度积,则该体系必然存在固相。

习 题

5-1 CaF_2 在水溶液中饱和浓度为 3.3×10^{-4} mol·L^{-1},求氟化钙的溶度积常数。

5-2 已知 CaF_2 的溶度积为 5.2×10^{-9},求 CaF_2 在下列情况时的溶解度(以 mol·L^{-1} 表示):(1) 在纯水中;(2) 在 1.0×10^{-2} mol·L^{-1} NaF 溶液中;(3) 在 1.0×10^{-2} mol·L^{-1} $CaCl_2$ 溶液中。

5-3 已知 25℃时,AgI 溶度积为 8.5×10^{-17},求:(1) 在纯水中;(2) 在 0.01 mol·L^{-1} KI 溶液中 AgI 的溶解度。

5-4 某溶液中含有 0.10 mol·L^{-1} Ba^{2+} 和 0.10 mol·L^{-1} Ag^+,在滴加 Na_2SO_4 溶液时(忽略体积变化),哪种离子首先沉淀出来?当第二种离子沉淀析出时,第一种被沉淀离子是否沉淀完全?两种离子有无可能用沉淀法分离?

5-5 试计算下列沉淀转化反应的 $K^{\ominus}$ 值:

(1) $PbCrO_4(s) + S^{2-} \rightleftharpoons PbS(s) + CrO_4^{2-}$

(2) $Ag_2CrO_4(s) + 2Cl^- \rightleftharpoons 2AgCl(s) + CrO_4^{2-}$

5-6 在离子浓度各为 0.10 mol·L^{-1} 的 Fe^{3+}、Cu^{2+}、H^+ 等离子的溶液中,是否会生

成铁和铜的氢氧化物沉淀？当向溶液中逐滴加入 NaOH 溶液时（设总体积不变）能否将 Fe^{3+}、Cu^{2+} 分离？

5-7 用硫化物使 Cd^{2+} 和 Zn^{2+} 浓度均为 $0.10 mol \cdot L^{-1}$ 的混合溶液中的 Cd^{2+} 沉淀到 $10^{-5} mol \cdot L^{-1}$，而 Zn^{2+} 不沉淀，计算应控制溶液的 pH 范围。

5-8 一溶液中，$c(Fe^{3+}) = c(Fe^{2+}) = 0.050 mol \cdot L^{-1}$，若要求将 Fe^{3+} 沉淀完全而又不生成 $Fe(OH)_2$ 沉淀，溶液的 pH 应控制在何范围？

5-9 某溶液中含有 Mg^{2+}，其浓度为 $0.010 mol \cdot L^{-1}$，混有少量 Fe^{3+} 杂质，欲除去 Fe^{3+} 杂质，应如何控制溶液的 pH？已知 $K_{sp}^{\ominus}[Fe(OH)_3] = 2.8 \times 10^{-39}$，$K_{sp}^{\ominus}[Mg(OH)_2] = 5.6 \times 10^{-12}$。

5-10 某溶液中含有 Ag^+、Pb^{2+}、Ba^{2+}、Sr^{2+}，各种离子浓度均为 $0.10 mol \cdot L^{-1}$，如果逐滴加入 K_2CrO_4 稀溶液（溶液体积变化忽略不计），通过计算说明上述多种离子的铬酸盐开始沉淀的顺序。

5-11 将 $50.0 mL$ 含 $0.95g$ $MgCl_2$ 的溶液与等体积的 $1.80 mol \cdot L^{-1}$ 氨水混合，问在溶液中应加入多少克固体 NH_4Cl 才可防止 $Mg(OH)_2$ 沉淀生成？已知 $K_b^{\ominus}(NH_3) = 1.8 \times 10^{-5}$，$Mg(OH)_2$ 的 $K_{sp}^{\ominus} = 1.2 \times 10^{-11}$。

5-12 已知 HA 和 HCN 的 $K_a^{\ominus}$ 分别为 1.8×10^{-5} 和 4.93×10^{-10}，$K_{sp}^{\ominus}(AgCN) = 1.6 \times 10^{-14}$，求 AgCN 在 $1.0 mol \cdot L^{-1}$ HAc 和 $1.0 mol \cdot L^{-1}$ NaAc 混合溶液中的溶解度。

5-13 人的牙齿表面有一层釉质，其组成为羟基磷灰石 $Ca_5(PO_4)_3OH$（$K_{sp}^{\ominus} = 6.8 \times 10^{-37}$）。为了防止蛀牙，人们常使用含氟牙膏，其中的氟化物可使羟基磷灰石转化为氟磷灰石 $Ca_5(PO_4)_3F$（$K_{sp}^{\ominus} = 1 \times 10^{-60}$）。写出这两种难溶化合物相互转化的离子方程式，并计算出相应的标准平衡常数。

5-14 称量碘化物 $3.000g$，溶解后，加入 $0.2000 mol \cdot L^{-1}$ 硝酸银标准溶液 $49.00 mL$，剩余银离子需用 $0.1000 mol \cdot L^{-1}$ 的硫氰酸钾标准溶液 $6.50 mL$ 返滴定，求试样中碘的百分含量。

5-15 称取可溶性氯化物 $0.2266g$，加水溶解后，加入 $0.1121 mol \cdot L^{-1}$ 的 $AgNO_3$ 标准溶液 $30.00 mL$，过量的 Ag^+ 用 $0.1183 mol \cdot L^{-1}$ 的 NH_4SCN 标准溶液滴定，用去 $6.50 mL$，计算试样中氯的质量分数 w。

5-16 取某生理盐水 $10.00 mL$，加入 K_2CrO_4 指示剂，以 $0.1043 mol \cdot L^{-1}$ $AgNO_3$ 标准溶液滴定至砖红色出现，用去标准溶液 $14.58 mL$，计算每 $100 mL$ 生理盐水所含 NaCl 的质量。已知 $M(NaCl) = 58.44 g \cdot mol^{-1}$。

5-17 将仅含有 $BaCl_2$ 和 NaCl 试样 $0.1036g$ 溶解在 $50 mL$ 蒸馏水中，以法扬司法指示终点，用 $0.07916 mol \cdot L^{-1}$ $AgNO_3$ 滴定，耗去 $19.46 mL$，求试样中 $BaCl_2$ 的质量分数。

5-18 称取含有 NaCl 和 NaBr 的试样 $0.6280g$，溶解后用 $AgNO_3$ 溶液处理，得到干燥的 AgCl 和 AgBr 沉淀 $0.5064g$。另称取相同质量的试样一份，用 $0.1050 mol \cdot L^{-1}$ $AgNO_3$ 溶液滴定至终点，消耗 $28.34 mL$。计算试样中 NaCl 和 NaBr 的质量分数。

5-19 为了测定长石中 K、Na 含量，称取试样 $0.5034g$。首先使其中的 K、Na 定量转化为 KCl 和 NaCl $0.1208g$，然后再溶于水，再用 $AgNO_3$ 溶液处理，得到 AgCl 沉淀 $0.2513g$。计算长石中 K_2O 和 Na_2O 的质量分数。

5-20 用佛尔哈德法分析含有不纯 Na_2CO_3 的试样，在加入 $50.0 mL$ $0.06911 mol \cdot L^{-1}$ $AgNO_3$ 后，用 $0.05781 mol \cdot L^{-1}$ KSCN 返滴定需要 $27.36 mL$ 到反应终点，求 Na_2CO_3 试样纯度。

5-21 称取 NaCl 基准物 0.2000g 溶于水，加入 AgNO₃ 标准溶液 50.00mL，以铁铵矾为指示剂，用 NH₄SCN 标准溶液滴定，用去 25.00mL。已知 1.00mL NH₄SCN 标准溶液相当于 1.20mL AgNO₃ 标准液。计算 AgNO₃ 和 NH₄SCN 溶液的浓度。

5-22 称取纯 KCl 和 KBr 混合物 0.3074g，溶于水后用 0.1007mol·L⁻¹ AgNO₃ 标准溶液滴定至终点，用去 30.98mL，计算混合物中 KCl 和 KBr 的质量分数。

5-23 分析某铬矿时，称取 0.5100g 试样，生成 0.2615g BaCrO₄，求矿中 Cr₂O₃ 的质量分数。

第 5 章电子资源网址：
http://jpkc.hist.edu.cn/index.php/Manage/Preview/load_content/sub_id/123/menu_id/2985

电子资源网址二维码：

第 6 章
氧化还原平衡和氧化还原滴定法

学习要求

1. 掌握氧化数、氧化与还原、氧化剂、还原剂、歧化反应、氧化还原电对、氧化还原半反应等基本概念及确定氧化数的一般规则，掌握氧化还原半反应的配平方法；

2. 了解电极电势的产生原理，掌握电极电势的概念及影响因素，掌握原电池的原理及电池符号的书写，熟悉标准电极电势的测定方法，掌握标准电极电势的概念及应用；

3. 掌握能斯特方程及影响电极电势的因素和相关计算；

4. 掌握氧化还原反应方向的判断、标准电动势与标准平衡常数 $K^{\ominus}$ 的关系及相关计算，熟悉元素电势图及应用；

5. 了解氧化还原滴定法的基本特点、条件电极电势和条件平衡常数的概念，掌握氧化还原滴定对滴定反应的要求，了解氧化还原滴定曲线的计算方法，熟悉影响滴定突跃范围的因素，掌握氧化还原滴定法所用的指示剂；

6. 掌握高锰酸钾法、碘量法和重铬酸钾法的基本原理及相关应用。

6.1 氧化还原反应的基本概念

氧化还原反应是一类重要的化学反应，其定义已有不同的论述，引入氧化数的概念之后对氧化还原反应以及有关的概念给以新的表述。

6.1.1 氧化数

1970 年国际纯粹与应用化学联合会（IUPAC）对氧化数定义如下：氧化数是指某元素一个原子的表观电荷数（又叫荷电数），这种表观电荷数是由假设把每个化学键中的电子指定给电负性（元素的电负性是指元素的原子在分子中对电子吸引能力的大小，电负性越大，元素对电子的吸引力越大）更大的原子而求得。如在氯化钠中氯元素的电负性比钠元素大，所以氯原子获得一个电子，氧化数为 -1，而钠原子的氧化数为 +1；二氧化碳中的碳可以认为是在形式上失去 4 个电子，表观电荷数是 +4，每个氧原子形式上得到 2 个电子，表观电荷数是-2。这种形式上的表观电荷数就表示原子在化合物中的氧化数。

确定氧化数的一般规则如下。

① 任何形态的单质中元素的氧化数为零。如：Ne、F_2、P_4 和 S_8 中的 Ne、F、P 和 S 的氧化数均为零。

② 在化合物中氢元素的氧化数一般为+1，但在与活泼金属生成的离子型氢化物如 NaH、CaH_2 中 H 的氧化数为-1；氧在化合物中的氧化数一般是-2，但在过氧化物如 H_2O_2、Na_2O_2 等中为-1，在超氧化物如 KO_2 中为-1/2，在氟氧化物如 OF_2 中，氧的氧化数为+2；在所有的氟化物中，氟的氧化数均为-1；碱金属元素的氧化数为+1；碱土金属元素的氧化数为+2。

③ 在共价化合物中，把两个原子共用的电子对指定给电负性较大的原子后，各原子所具有的形式电荷数就是它们的氧化数。如在 HCl 分子中，将一对共用电子指定给电负性较大的氯原子，则氯的氧化数是-1，氢的氧化数是+1。

④ 在离子化合物中，元素的氧化数为该元素离子的电荷数。例如 NaCl，NaCl 溶于水解离成 Na^+ 和 Cl^-，Na 的氧化数为+1，Cl 的氧化数为-1，即单原子离子的氧化数等于它所带的电荷数。

⑤ 在中性分子中，各元素氧化数的代数和等于零。多原子离子中所有元素的氧化数之代数和等于该离子所带的电荷数。

根据上述规则，可以计算元素的氧化数。例如，$KMnO_4$ 中 Mn 的氧化数为+7；$S_4O_6^{2-}$ 中 S 的氧化数为+5/2；Fe_3O_4 中 Fe 的氧化数为+8/3。

6.1.2 氧化还原反应

化学反应前后元素的氧化数发生变化的一类反应称为氧化还原反应，例如下列反应：

$$\overset{0}{2Mg} + \overset{0}{O_2} = \overset{+2\ -2}{2MgO}$$

$$\overset{+2}{CuO} + \overset{0}{H_2} = \overset{0}{Cu} + \overset{+1}{H_2O}$$

反应前后元素的氧化数不发生变化的化学反应称为非氧化还原反应，如：

$$NaOH + HCl = NaCl + H_2O$$

(1) 氧化和还原

在氧化还原反应中，失去电子而元素氧化数升高的过程称为氧化；获得电子而元素氧化数降低的过程称为还原。例如：

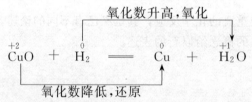

在氧化还原反应中，某些元素的氧化数之所以发生改变，其实质是元素原子之间有电子的得失（包括电子对的偏移），一些元素失去电子，氧化数升高，必定同时有另一些元素得到电子，氧化数降低。也就是说，一个氧化还原反应必然包括氧化和还原两个同时发生的过程。

(2) 氧化剂和还原剂

在氧化还原反应中，得到电子、氧化数降低的物质称为氧化剂；失去电子、氧化数升高的物质称为还原剂。

某些含有中间氧化数的物质，如 SO_2、HNO_2、H_2O_2，在反应时其氧化数可能升高而作为还原剂，也可能降低而作为氧化剂。例如：

$$H_2\overset{-1}{O}_2 + 2Fe^{2+} + 2H^+ = 2Fe^{3+} + 2H_2\overset{-2}{O} \quad (H_2O_2 \text{作氧化剂})$$

$$H_2\overset{-1}{O}_2 + Cl_2 = 2HCl + \overset{0}{O}_2 \quad (H_2O_2 \text{作还原剂})$$

氧化剂和还原剂为同一种物质的氧化还原反应称为自身氧化还原反应，例如：

$$2KClO_3 \xrightarrow{MnO_2} 2KCl + 3O_2\uparrow$$

某一物质中同一氧化态的同一元素的原子部分被氧化，部分被还原的反应称为歧化反应，例如：

$$Cl_2 + H_2O = HClO + HCl$$

歧化反应是自身氧化还原反应的一种特殊类型。

(3) 氧化还原电对和氧化还原半反应的配平

在氧化还原反应中，氧化剂（氧化型）在反应过程中氧化数降低，其产物具有较低的氧化数，为还原型；还原剂（还原型）在反应过程中氧化数升高，其产物具有较高的氧化数，为氧化型。氧化型和其还原型产物（或者还原型和其氧化型产物）构成的共轭体系称为氧化还原电对，简称电对，可用"氧化型/还原型"表示。如在氧化还原反应 $Cu^{2+} + Zn =$ $Cu + Zn^{2+}$ 中，氧化剂 Cu^{2+} 和其还原产物 Cu 构成 Cu^{2+}/Cu 电对，还原剂 Zn 和其氧化产物 Zn^{2+} 构成 Zn^{2+}/Zn 电对。电对中氧化数较大的氧化型在前，氧化数较小的还原型在后。

任何一种物质的氧化型和还原型都可以组成氧化还原电对，而每个电对构成相应的氧化还原半反应，写成通式是：

$$\text{氧化型} + ne^- = \text{还原型}$$

式中 n 表示半反应中电子转移的个数。例如，Cu^{2+}/Cu 电对和 Zn^{2+}/Zn 电对的半反应可以表示为：

$$Cu^{2+} + 2e^- = Cu \qquad ①$$

$$Zn^{2+} + 2e^- = Zn \qquad ②$$

配平氧化还原半反应时不仅要遵循质量守恒定律，还要保证电荷守恒。对于复杂的氧化还原电对，如 MnO_4^-/Mn^{2+} 和 SO_4^{2-}/SO_3^{2-} 电对，氧化型和还原型的 O 原子个数并不相等，在配平其半反应时，应按反应进行的酸碱条件，添加适当数目的 H^+、OH^- 或 H_2O 以配平 H 和 O。如在酸性介质中 O 多的一边要加 H^+，少的一边则加 H_2O；碱性介质中 O 多的一边加 H_2O，少的一边则加 OH^-；中性介质 O 多的一边加 H_2O，另一边则加 H^+ 或 OH^-。

按上述规则，MnO_4^-/Mn^{2+} 和 SO_4^{2-}/SO_3^{2-} 电对的半反应配平后分别为：

$$MnO_4^- + 8H^+ + 5e^- = Mn^{2+} + 4H_2O \qquad ③$$

$$SO_3^{2-} + 2H^+ + 2e^- = SO_3^{2-} + H_2O \qquad ④$$

掌握氧化还原半反应的配平后，根据一个氧化还原反应中两个电对得失电子数相等的原则，将半反应式经适当组合，即可得到一个完整的氧化还原反应式。如①-②移项后得：

$$Cu^{2+} + Zn = Cu + Zn^{2+}$$

③×2-④×5移项整理得：

$$2MnO_4^- + 5SO_3^{2-} + 6H^+ + 5H_2O = 2Mn^{2+} + 5SO_4^{2-} + 8H_2O$$

该反应式为酸性溶液中 $KMnO_4$ 与 K_2SO_3 反应的离子反应方程式。将离子反应式改写为分子反应式，即得 $KMnO_4$ 与 K_2SO_3 反应的化学反应方程式。

$$2KMnO_4 + 5K_2SO_3 + 3H_2SO_4 = 2MnSO_4 + 6K_2SO_4 + 3H_2O$$

6.2 原电池及电极电势

6.2.1 原电池

在硫酸铜溶液中放入一锌片,将发生如下的氧化还原反应:

$$Zn+Cu^{2+} \Longrightarrow Zn^{2+}+Cu$$

由于反应中 Zn 片和 $CuSO_4$ 溶液接触,所以电子直接从 Zn 片转移给 Cu^{2+},得不到电流,反应释放出来的化学能转变为热能。

$$Zn+CuSO_4 \Longrightarrow ZnSO_4+Cu$$
$$\Delta_r H_m^{\ominus} = -211.46 \text{kJ} \cdot \text{mol}^{-1}$$

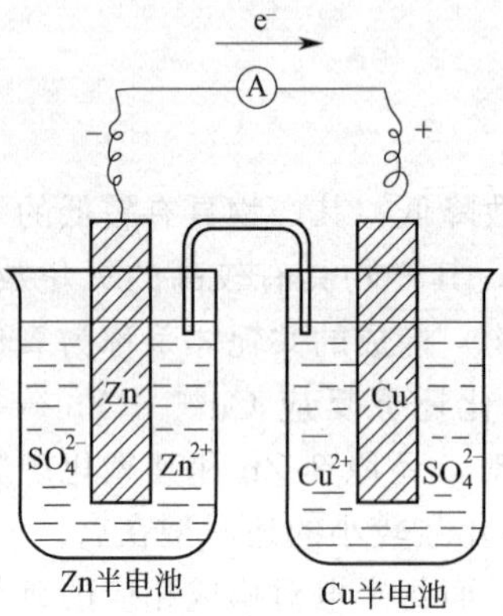

如图 6-1 所示,在一个盛有 $CuSO_4$ 溶液的烧杯中插入 Cu 片,组成铜电极;在另一个盛有 $ZnSO_4$ 溶液的烧杯中插入锌片,组成锌电极,把两个烧杯中的溶液用一个倒置的 U 形管连接起来。U 形管内装满用 KCl 饱和溶液和琼胶做成的冻胶,该 U 形管称为盐桥。当用导线把铜电极和锌电极连接起来时,检流计指针发生偏转,说明导线中有电流通过。这种能将化学能转变为电能的装置,称为原电池。

图 6-1 Cu-Zn 原电池

在上述原电池中,锌电极上的锌失去电子变成 Zn^{2+} 进入溶液,留在锌电极上的电子通过导线流到铜电极,铜电极上的 Cu^{2+} 得到电子而析出金属铜。随着反应的进行,Zn^{2+} 不断进入溶液,过剩的 Zn^{2+} 将使锌电极附近的 $ZnSO_4$ 溶液带正电,这样就会阻止继续生成 Zn^{2+};另一方面,由于铜的析出,将使铜电极附近的 $CuSO_4$ 溶液因 Cu^{2+} 减少而带负电从而阻碍 Cu 的继续析出,最终导致电流中断。盐桥的作用就是消除溶液中正、负电荷的影响,使负离子向 $ZnSO_4$ 溶液扩散,正离子向 $CuSO_4$ 溶液扩散,以保持溶液的电中性,这样,氧化还原反应就能够持续进行,从而获得持续电流。

上述原电池由两部分组成:一部分是 Cu 片和 $CuSO_4$ 溶液,另一部分是 Zn 片和 $ZnSO_4$ 溶液,这两部分各称为半电池或电极,上述原电池中则称为 Cu 电极和 Zn 电极,分别对应着 Cu^{2+}/Cu 电对和 Zn^{2+}/Zn 电对。在电极的金属和溶液界面上发生的反应(半反应)称为电极反应或半电池反应。由 Cu 电极和 Zn 电极组成的原电池称为 Cu-Zn 原电池。

在原电池中,流出电子的电极称为负极,接受电子的电极称为正极。负极上发生氧化反应,正极上发生还原反应。电子流动的方向是从负极到正极,而电流流动的方向则相反。

例如,在 Cu-Zn 原电池中,电极反应为:

负极反应 $\qquad Zn \Longrightarrow Zn^{2+}+2e^-$

正极反应 $\qquad Cu^{2+}+2e^- \Longrightarrow Cu$

将两个电极反应相加,即可得到原电池的总反应,即电池反应:

$$Zn+Cu^{2+} \Longrightarrow Zn^{2+}+Cu$$

为了书写方便,原电池可用电池符号表示。例如 Cu-Zn 原电池可表示如下:

$$(-)Zn \mid ZnSO_4(c_1) \parallel CuSO_4(c_2) \mid Cu(+)$$

其中"｜"表示固液两相的界面；"‖"表示盐桥，盐桥两边为两个半电池；c_1 和 c_2 分别是 $ZnSO_4$ 溶液和 $CuSO_4$ 溶液的浓度（如果电极反应中有气体物质，则应标出其分压）。在书写原电池符号时，习惯上把负极（－）写在左边，正极（＋）写在右边，所以原电池符号两边的（＋）和（－）也可以省略不写。

从理论上来说，任何氧化还原反应，或者说任何两个氧化还原电对都可以设法构成原电池，例如，电对 Fe^{3+}/Fe^{2+}，虽没有金属参加氧化还原反应，但可在一个含有 Fe^{3+} 和 Fe^{2+} 的溶液中插入金属 Pt 片作为导体，构成电极；同样，电对 Sn^{4+}/Sn^{2+} 也可以构成一个电极。这两个电极可构成如下的原电池：

$$(-)Pt|Sn^{2+}(c_1),Sn^{4+}(c_2)\|Fe^{3+}(c_3),Fe^{2+}(c_4)|Pt(+)$$

在这里，Pt 片本身并不参与氧化还原反应，而只起导体的作用。

6.2.2 电极电势

(1) 电极电势的产生

以金属电极为例说明电极电势的产生。在金属晶体中有金属离子和自由电子。当把金属（M）插入它的盐溶液中时，一方面金属表面的金属离子受到极性水分子的吸引，有溶解进入溶液的倾向，金属越活泼或溶液中金属离子浓度越小，金属溶解的趋势越大。另一方面，溶液中的金属离子受到金属表面电子的吸引，也有沉积到金属表面的倾向，金属越不活泼或溶液中金属离子浓度越大，金属离子沉积的趋势越大。在一定条件下，这两种相反的倾向可达到动态平衡：

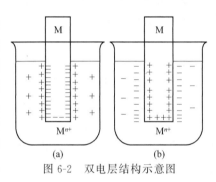

图 6-2 双电层结构示意图

$$M(s) \underset{沉淀}{\overset{溶解}{\rightleftharpoons}} M^{n+} + ne^-$$

如果溶解倾向大于沉积倾向，达到平衡后金属表面将有一部分金属离子进入溶液，使金属表面带负电，而金属附近的溶液带正电 [见图 6-2(a)]；反之，如果沉积倾向大于溶解倾向，达到平衡后金属表面则带正电，而金属附近的溶液带负电 [见图 6-2(b)]。不论是哪一种情况，在达到平衡后，金属与其盐溶液界面之间都会因带相反电荷而形成双电层结构。双电层之间存在电位差，这种由于双电层的作用在金属和它的盐溶液之间产生的电位差称为电极的绝对电势。电极电势的大小除与电极的本性有关外，还与温度、介质及离子浓度等因素有关。

(2) 原电池的电动势与电极电势

目前还无法由实验测定单个电极的绝对电势，但可以用电位差计测定电池的电动势 E，并规定电动势等于两个电极的电极电势的差值。若电极电势用 φ 表示，正极的电极电势为 φ_+，负极的电极电势为 φ_-，则：

$$E = \varphi_+ - \varphi_- \tag{6-1}$$

6.2.3 标准电极电势

(1) 标准氢电极

迄今为止，还无法测得单个电极的绝对电势，只能选定某一电极，以其电极电势作为参比标准，将其他电极的电极电势与之比较，从而得到各种电极的电极电势的相对值。一般用

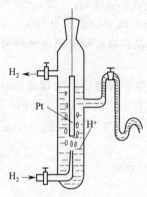

图 6-3 标准氢电极

标准氢电极作为标准,标准氢电极的构造如图 6-3 所示。把一块镀有铂黑的铂片插入含有氢离子(浓度为 1mol·L^{-1},严格地说,应是 H$^+$ 的活度为 1mol·L^{-1})的溶液中,在一定温度下(通常是 298K)通入压力为 10^{5}Pa 的纯氢气,氢气被铂黑所吸附。被 H$_2$ 饱和的铂片与溶液中的 H$^+$ 之间建立动态平衡:

$$2H^+(1mol·L^{-1}) + 2e^- \rightleftharpoons H_2(p^\ominus)$$

H$_2$ 与 H$^+$ 在界面形成双电层,这种状态下的电极电势即为氢电极的标准电极电势。国际上规定标准氢电极的电极电势值为零:

$$\varphi^\ominus_{H^+/H_2} = 0.000V$$

(2) 标准电极电势 $\varphi^\ominus$

在热力学标准状态下,某电极的电极电势称为该电极的标准电极电势。

欲确定某电极的电极电势,在标准状态下,把给定电极和标准氢电极组成一个原电池,测定该原电池的电动势。

$$Pt, H_2(p^\ominus) | H^+(1mol·L^{-1}) \| 给定电极$$

或

$$给定电极 \| H^+(1mol·L^{-1}) | H_2(p^\ominus), Pt$$

例如,要测定铜电极的标准电极电势,可将标准状态下的铜电极作为正极,与标准氢电极组成原电池。该原电池可表示为:

$$(-)Pt, H_2(p^\ominus) | H^+(1mol·L^{-1}) \| Cu^{2+}(1mol·L^{-1}) | Cu(+)$$

此时的电动势为原电池的标准电动势,以 $E^\ominus$ 表示,298.15K 时,测得 $E^\ominus = 0.3419V$,所以

$$E^\ominus = \varphi^\ominus_{Cu^{2+}/Cu} - \varphi^\ominus_{H^+/H_2}$$

得

$$\varphi^\ominus_{Cu^{2+}/Cu} = 0.3419V$$

要测定锌电极的标准电极电势,将标准状态下的锌电极与标准氢电极组成原电池。由实验可知,锌电极为负极,氢电极为正极,该原电池表示为:

$$(-)Zn | Zn^{2+}(1mol·L^{-1}) \| H^+(1mol·L^{-1}) | Pt, H_2(p^\ominus)(+)$$

测得 $E^\ominus = 0.7618V$,所以

$$E^\ominus = \varphi^\ominus_{H^+/H_2} - \varphi^\ominus_{Zn^{2+}/Zn}$$

经计算,得

$$\varphi^\ominus_{Zn^{2+}/Zn} = -0.7618V$$

按上述方法,可以得出各个电极的标准电极电势的数值。附录Ⅵ列出了 298.15K 时较常见的各种电极的标准电极电势。

使用标准电极电势时,应注意几个问题。

① 附录Ⅵ中 $\varphi^\ominus$ 值从上向下依次增大。在氢电极上方的电对,$\varphi^\ominus$ 为负值,而在氢电极下方的电对,$\varphi^\ominus$ 为正值。

② 附录Ⅵ中电极反应都统一写成还原反应

$$氧化态 + ne^- \rightleftharpoons 还原态$$

$\varphi^\ominus$ 值越大,表明电对中的氧化型物质的氧化性越强,还原型物质的还原性越弱;$\varphi^\ominus$ 值越小,表明电对中的还原型物质的还原性越强,氧化型物质的氧化性越弱。例如:

$$MnO_4^- + 8H^+ + 5e^- \rightleftharpoons Mn^{2+} + 4H_2O \quad \varphi^\ominus_{MnO_4^-/Mn^{2+}} = 1.507V$$

$$Zn^{2+} + 2e^- \rightleftharpoons Zn \quad \varphi^\ominus_{Zn^{2+}/Zn} = -0.7618V$$

可知,MnO$_4^-$ 是较强的氧化剂,Mn^{2+} 是较弱的还原剂;相反,Zn^{2+} 是较弱的氧化剂,金

属 Zn 是较强的还原剂。

③ $\varphi^{\ominus}$ 是强度性质，它的数值大小仅表示物质在水溶液中得失电子的能力，与电极反应的写法和得失电子的多少无关。例如，Fe^{3+}/Fe^{2+} 电极，无论反应方程式中物质的计量数是多少，$\varphi^{\ominus}$ 值保持不变。

$$Fe^{3+} + e^{-} \rightleftharpoons Fe^{2+} \quad \varphi^{\ominus}_{Fe^{3+}/Fe^{2+}} = -0.771V$$

$$2Fe^{3+} + 2e^{-} \rightleftharpoons 2Fe^{2+} \quad \varphi^{\ominus}_{Fe^{3+}/Fe^{2+}} = -0.771V$$

④ $\varphi^{\ominus}$ 的大小只表示在标准状态时水溶液中氧化剂的氧化能力或还原剂的还原能力的相对强弱，不适用于高温、非水等其他体系。

⑤ $\varphi^{\ominus}$ 的大小与反应速率无关。$\varphi^{\ominus}$ 的大小是电极处于平衡状态时表现出的特征值，与平衡到达的快慢、反应速度大小无关。

⑥ 酸表和碱表。根据电极反应和电对的性质，电极电势表分为酸表和碱表。

酸表：若电极反应中出现 H^{+}（如 $O_2 + 4H^{+} + 4e^{-} \rightleftharpoons 2H_2O$），或者氧化型、还原型物质能在酸性溶液中存在（如 $Fe^{3+} + e^{-} \rightleftharpoons Fe^{2+}$，$Cl_2 + 2e^{-} \rightleftharpoons 2Cl^{-}$），则有关电对的 $\varphi^{\ominus}$ 值列入酸表中。

碱表：若电极反应中出现 OH^{-}（如 $MnO_4^{-} + 2H_2O + 3e^{-} \rightleftharpoons MnO_2 + 4OH^{-}$），或者氧化型、还原型物质能在碱性溶液中存在（如 S^{2-}），则有关电对的 $\varphi^{\ominus}$ 值列入碱表中。

其他：金属与它的阳离子盐的电对查酸表，如 Mg^{2+}/Mg 电对的 $\varphi^{\ominus}$ 值列入酸表中；表现两性的金属与它的阴离子盐的电对查碱表，如 ZnO_2^{2-}/Zn 的 $\varphi^{\ominus}$ 值列入碱表中。

6.3 能斯特方程式及影响电极电势的因素

6.3.1 能斯特方程式

在一定状态下，电极电势的大小不仅与电对的本性有关，而且也和溶液中离子的浓度、气体的压力、温度等因素有关。

$$\varphi = \varphi^{\ominus} + \frac{RT}{nF} \ln \frac{c(Ox)}{c(Red)} \tag{6-2}$$

这个关系式称为能斯特（Nernst）方程式。

式中 φ——氧化型物质和还原型物质为任意浓度时电对的电极电势；

$\varphi^{\ominus}$——电对的标准电极电势；

R——气体常数，等于 $8.314 J \cdot mol^{-1} \cdot K^{-1}$；

n——电极反应的电子转移数；

F——法拉第常数。

298.15K 时，将各常数代入上式，并将自然对数换成常用对数，得：

$$\varphi = \varphi^{\ominus} + \frac{0.0592}{n} \lg \frac{c(Ox)}{c(Red)} \tag{6-3}$$

使用能斯特方程式时，必须注意几个问题。

① 若电极反应中氧化型或还原型物质的计量数不是1，能斯特方程式中各物质的浓度项要乘以与计量数相同的方次。

② 若电极反应中某物质是固体或液体，则不写入能斯特方程式中。如果是气体，则用

该气体的分压与标准态压力（$p^{\ominus}$）的比值表示。例如：

$$Zn^{2+} + 2e^- \Longrightarrow Zn$$

$$\varphi_{Zn^{2+}/Zn} = \varphi^{\ominus}_{Zn^{2+}/Zn} + \frac{0.0592}{2}\lg c(Zn^{2+})$$

$$Br_2(l) + 2e^- \Longrightarrow 2Br^-$$

$$\varphi_{Br_2/Br^-} = \varphi^{\ominus}_{Br_2/Br^-} + \frac{0.0592}{2}\lg\frac{1}{c^2(Br^-)}$$

$$O_2 + 4H^+ + 4e^- \Longrightarrow 2H_2O$$

$$\varphi_{O_2/H_2O} = \varphi^{\ominus}_{O_2/H_2O} + \frac{0.0592}{4}\lg\frac{p(O_2)}{p^{\ominus}}c^4(H^+)$$

③ 公式中的 $c(Ox)$ 和 $c(Red)$ 并非专指氧化数有变化的物质的浓度，若有氧化剂、还原剂以外的物质参加电极反应（如 H^+、OH^- 等），也应把这些物质的浓度乘以相应的方次表示在公式中。例如：

$$MnO_4^- + 8H^+ + 5e^- \Longrightarrow Mn^{2+} + 4H_2O$$

$$\varphi_{MnO_4^-/Mn^{2+}} = \varphi^{\ominus}_{MnO_4^-/Mn^{2+}} + \frac{0.0592}{5}\lg\frac{c(MnO_4^-)c^8(H^+)}{c(Mn^{2+})}$$

6.3.2 影响电极电势的因素

6.3.2.1 氧化型或还原型物质浓度的改变对电极电势的影响

例 6-1 计算 298K 时电对 Fe^{3+}/Fe^{2+} 在下列情况下的电极电势：
(1) $c(Fe^{3+}) = 0.100\ mol \cdot L^{-1}$，$c(Fe^{2+}) = 1.00\ mol \cdot L^{-1}$；(2) $c(Fe^{3+}) = 1.00\ mol \cdot L^{-1}$，$c(Fe^{2+}) = 0.100\ mol \cdot L^{-1}$。

解：

$$Fe^{3+} + e^- \Longrightarrow Fe^{2+}$$

$$\varphi_{Fe^{3+}/Fe^{2+}} = \varphi^{\ominus}_{Fe^{3+}/Fe^{2+}} + 0.0592\lg\frac{c(Fe^{3+})}{c(Fe^{2+})}$$

(1)
$$\varphi_{Fe^{3+}/Fe^{2+}} = 0.771 + 0.0592\lg\frac{0.100}{1.00} = 0.712(V)$$

(2)
$$\varphi_{Fe^{3+}/Fe^{2+}} = 0.771 + 0.0592\lg\frac{1.00}{0.100} = 0.830(V)$$

计算结果表明，降低电对中氧化型物质的浓度，电极电势数值减小，即电对中氧化型物质的氧化能力减弱或还原型物质的还原能力增强；降低电对中还原型物质的浓度，电极电势数值增大，即电对中氧化型物质的氧化能力增强或还原型物质的还原能力减弱。

6.3.2.2 溶液酸碱性对电极电势的影响

如果电极反应中有 H^+ 或 OH^- 参加，那么溶液的酸碱性会对电极电势产生很大影响。

例 6-2 设 $c(Cr_2O_7^{2-}) = c(Cr^{3+}) = 1.00\ mol \cdot L^{-1}$，计算 298.15K 时电对 $Cr_2O_7^{2-}/Cr^{3+}$ 分别在 $1.00\ mol \cdot L^{-1}$ HCl 和中性溶液中的电极电势。

解： 电极反应为 $Cr_2O_7^{2-} + 6e^- + 14H^+ \Longrightarrow 2Cr^{3+} + 7H_2O$

$$\varphi_{Cr_2O_7^{2-}/Cr^{3+}} = \varphi^{\ominus}_{Cr_2O_7^{2-}/Cr^{3+}} + \frac{0.0592}{6}\lg\frac{c(Cr_2O_7^{2-})c^{14}(H^+)}{c(Cr^{3+})}$$

$$= 1.232 + \frac{0.0592}{6} \lg c^{14}(H^+)$$

在 1.00mol·L^{-1} HCl 溶液中，$c(H^+) = 1.00$mol·L^{-1}，

$$\varphi_{Cr_2O_7^{2-}/Cr^{3+}} = 1.232 + \frac{0.0592}{6} \lg 1.00^{14} = 1.232(V)$$

在中性溶液中，$c(H^+) = 10^{-7}$mol·L^{-1}，

$$\varphi_{Cr_2O_7^{2-}/Cr^{3+}} = 1.232 + \frac{0.0592}{6} \lg(1.00 \times 10^{-7})^{14} = 0.265(V)$$

可见，$K_2Cr_2O_7$（以及大多数含氧酸盐）作为氧化剂的氧化能力受溶液酸度的影响非常大，酸度越高，其氧化能力越强。

溶液酸度不仅影响电对电极电势的数值，也影响氧化还原反应的产物。例如 MnO_4^- 作为氧化剂，在不同的酸碱性溶液中的产物就不同：

$$2MnO_4^- + 5SO_3^{2-} + 6H^+ \xrightleftharpoons{酸性} 2Mn^{2+} + 5SO_4^{2-} + 3H_2O$$

$$2MnO_4^- + 3SO_3^{2-} + H_2O \xrightleftharpoons{中性} 2MnO_2 + 3SO_4^{2-} + 2OH^-$$

$$2MnO_4^- + SO_3^{2-} + 2OH^- \xrightleftharpoons{强碱性} 2MnO_4^{2-} + SO_4^{2-} + H_2O$$

6.3.2.3 生成沉淀对电极电势的影响

若一个电极反应的氧化型或还原型物质生成沉淀，就会降低有关物质的浓度，从而引起电极电势数值的改变。

如电对 Ag^+/Ag，电极反应为：

$$Ag^+ + e^- \rightleftharpoons Ag \qquad \varphi^{\ominus}_{Ag^+/Ag} = 0.800V$$

Ag^+ 为中等强度的氧化剂。若在溶液中加入 NaCl 溶液，则生成 AgCl 沉淀，其反应式为：

$$Ag^+ + Cl^- = AgCl \downarrow \qquad K_{sp} = 1.77 \times 10^{-10}$$

达到平衡时，如果 $c(Cl^-) = 1.00$mol·L^{-1}，则 $c(Ag^+)$ 为

$$c(Ag^+) = \frac{K_{sp}^{\ominus}}{c(Cl^-)} = 1.77 \times 10^{-10} \text{mol·L}^{-1}$$

那么

$$\varphi_{Ag^+/Ag} = \varphi^{\ominus}_{Ag^+/Ag} + \frac{0.0592}{1} \lg c(Ag^+)$$

$$= 0.800 + 0.0592 \lg 1.77 \times 10^{-10}$$

$$= 0.222(V)$$

计算所得的电极电势值是电对 AgCl/Ag 按电极反应 $AgCl + e^- \rightleftharpoons Ag + Cl^-$ 进行的标准电极电势，即 $\varphi^{\ominus}_{AgCl/Ag} = 0.222V$。和 $\varphi^{\ominus}_{Ag^+/Ag} = 0.800V$ 相比，电极电势降低了 0.578V。其本质原因是由于沉淀剂的加入，降低了氧化态 Ag^+ 的浓度，使电极电势降低。反之，若使电对中的还原型物质生成沉淀，则电极电势升高。

6.3.2.4 生成配合物对电极电势的影响

如果参加电极反应的氧化型或还原型物质生成配合物，则氧化型或还原型物质的浓度发生较大变化，会使电对的电极电势发生明显改变。

例 6-3 计算在电对 Ag^+/Ag 溶液中加入 NH_3 后的电极电势。

解： 电极反应为 $Ag^+ + e^- \rightleftharpoons Ag$

加入 NH_3 后，与 Ag^+ 形成稳定的 $[Ag(NH_3)_2]^+$ 配离子：

$$Ag^+ + 2NH_3 \rightleftharpoons [Ag(NH_3)_2]^+$$

平衡常数
$$K_f^\ominus([Ag(NH_3)_2]^+) = \frac{c([Ag(NH_3)_2]^+)}{c(Ag^+)c^2(NH_3)}$$

Ag^+ 形成稳定的 $[Ag(NH_3)_2]^+$ 配离子使溶液中的 Ag^+ 浓度大大降低。若平衡时溶液中的 $c(NH_3) = c([Ag(NH_3)_2]^+) = 1.00 \text{mol} \cdot L^{-1}$，则：

$$c(Ag^+) = \frac{c([Ag(NH_3)_2]^+)}{K_f^\ominus c^2(NH_3)} = \frac{1}{K_f^\ominus}$$

$$\varphi_{Ag^+/Ag} = \varphi_{Ag^+/Ag}^\ominus + \frac{0.0592}{1} \lg c(Ag^+)$$

$$= 0.800 + 0.0592 \lg \frac{1}{1.1 \times 10^7} = 0.388(V)$$

这就是电对 $[Ag(NH_3)_2]^+/Ag$ 按电极反应

$$[Ag(NH_3)_2]^+ + e^- \rightleftharpoons Ag + 2NH_3$$

的标准电极电势，即 $\varphi_{[Ag(NH_3)_2]^+/Ag}^\ominus = 0.388V$。

上例说明在金属与其离子组成的电对溶液中，加入一种能与该金属离子形成配离子的配合剂后，金属离子的浓度降低，从而使电对的电极电势降低，金属离子的氧化性变弱，或金属单质的还原性增强，而且形成的配离子的平衡常数 $K_f^\ominus$ 值越大，上述趋势也越大。

在铜锌原电池中，铜电极为正极，锌电极为负极。若在铜电极中加入氨水，由于 Cu^{2+} 形成 $[Cu(NH_3)_4]^{2+}$ 配离子，铜电极的电极电势降低，即正电极电势降低，电池的电动势减小；反之，若在锌电极中加入氨水，Zn^{2+} 形成 $[Zn(NH_3)_4]^{2+}$ 配离子，锌电极的电极电势降低，即负极的电极电势降低，电池的电动势升高。

6.4 电极电势的应用

6.4.1 计算原电池的电动势

利用能斯特公式分别计算出原电池中正、负极的电极电势，则可计算原电池的电动势。

例 6-4 原电池的组成为

$$(-)Zn|Zn^{2+}(0.00100 \text{mol} \cdot L^{-1}) \| Zn^{2+}(1.00 \text{mol} \cdot L^{-1})|Zn(+)$$

计算 298.15K 时，该原电池的电动势。

解：电极反应为：$Zn^{2+} + 2e^- = Zn$

正极的电极电势：$\varphi_+ = \varphi_{Zn^{2+}/Zn} = \varphi_{Zn^{2+}/Zn}^\ominus = -0.762V$

负极的电极电势：$\varphi_- = \varphi_{Zn^{2+}/Zn} = \varphi_{Zn^{2+}/Zn}^\ominus + \frac{0.0592}{2} \lg c(Zn^{2+})$

$$= -0.762 + \frac{0.0592}{2} \lg 1.00 \times 10^{-3} = -0.851(V)$$

电池的电动势：$E = \varphi_+ - \varphi_- = -0.762 - (-0.851) = 0.089(V)$

6.4.2 判断氧化还原反应进行的方向

从理论上讲，凡是能自发进行的氧化还原反应，均能组成原电池。当原电池的电动势 E

大于零时,则该原电池的总反应为自发反应,所以原电池电动势也是判断氧化还原反应进行方向的依据。

对于氧化还原反应,当 $E>0$ 即 $\varphi_+ > \varphi_-$ 正反应能自发进行
$\qquad E=0$ 即 $\varphi_+ = \varphi_-$ 反应达到平衡
$\qquad E<0$ 即 $\varphi_+ < \varphi_-$ 逆反应能自发进行

如果在标准状态下,则可用 $E^{\ominus}$ 或 $\varphi^{\ominus}$ 进行判断。

所以,要判断一个氧化还原反应进行的方向,只要将此反应组成原电池,使反应物中的氧化剂电对作正极,还原剂电对作负极,比较两电极电势值的相对大小即可。

例 6-5 判断下列两种情况下反应自发进行的方向:

(1) $Pb + Sn^{2+}(1.00 mol \cdot L^{-1}) \rightleftharpoons Pb^{2+}(0.100 mol \cdot L^{-1}) + Sn$

(2) $Pb + Sn^{2+}(0.100 mol \cdot L^{-1}) \rightleftharpoons Pb^{2+}(1.00 mol \cdot L^{-1}) + Sn$

解: $\varphi^{\ominus}_{Sn^{2+}/Sn} = -0.138V \qquad \varphi^{\ominus}_{Pb^{2+}/Pb} = -0.126V$

(1) $\qquad \varphi_+ = \varphi^{\ominus}_{Sn^{2+}/Sn} = -0.138 + \dfrac{0.0592}{2}\lg 1.00 = -0.138(V)$

$\qquad \varphi_- = \varphi^{\ominus}_{Pb^{2+}/Pb} = -0.126 + \dfrac{0.0592}{2}\lg 0.100 = -0.156(V)$

$\varphi_+ > \varphi_-$,反应正向进行。

(2) $\qquad \varphi_+ = \varphi^{\ominus}_{Sn^{2+}/Sn} = -0.138 + \dfrac{0.0592}{2}\lg 0.100 = -0.168(V)$

$\qquad \varphi_- = \varphi^{\ominus}_{Pb^{2+}/Pb} = -0.126 + \dfrac{0.0592}{2}\lg 1.00 = -0.126(V)$

$\varphi_+ < \varphi_-$,反应逆向进行。

此例说明,当氧化剂电对和还原剂电对的 $\varphi^{\ominus}$ 相差不大时,物质的浓度将对反应方向起决定性作用。大多数氧化还原反应如果组成原电池,其电动势一般大于 0.2V,在这种情况下,浓度的变化虽然会影响电极电势,但一般情况下不会使电动势的正负值发生改变。

6.4.3 判断氧化还原反应进行的程度

把一个可逆的氧化还原反应设计成原电池,利用原电池的标准电动势 $E^{\ominus}$ 可计算该氧化还原反应的标准平衡常数 $K^{\ominus}$。

在化学热力学中有如下化学反应等温方程式:

$$\Delta_r G_m^{\ominus} = -RT\ln K^{\ominus} \tag{6-4}$$

式(6-4)中,$\Delta_r G_m^{\ominus}$ 是化学反应的标准摩尔自由能变($J \cdot mol^{-1}$ 或者 $kJ \cdot mol^{-1}$)。当电池中所有物质都处于标准状态时,电池的电动势就是标准电动势 $E^{\ominus}$,其与标准摩尔自由能变具有如下关系:

$$\Delta_r G_m^{\ominus} = -nFE^{\ominus} \tag{6-5}$$

根据式(6-4)和式(6-5)可得:

$$\lg K^{\ominus} = \dfrac{nFE^{\ominus}}{2.303RT} \tag{6-6}$$

当 $T = 298.15K$ 时,将有关常数代入,得:

$$\lg K^{\ominus} = \dfrac{nE^{\ominus}}{0.0592} \tag{6-7}$$

知道了电池的标准电动势或两电对的标准电极电势及电池反应的得失电子数 n，即可计算出该氧化还原反应的标准平衡常数 $K^{\ominus}$。

6.4.4 测定溶度积常数和稳定常数

根据能斯特公式，通过测定原电池的电动势或直接根据电对的电极电势可求得强电解质的溶度积常数和配离子的稳定常数。

例 6-6 已知 298.15K 时下列半反应的 $\varphi^{\ominus}$ 值，试求 AgCl 的 $K_{sp}^{\ominus}$ 值。

$$Ag^+ + e^- \rightleftharpoons Ag \qquad \varphi_{Ag^+/Ag}^{\ominus} = 0.800V$$

$$AgCl + e^- \rightleftharpoons Ag + Cl^- \qquad \varphi_{AgCl/Ag}^{\ominus} = 0.222V$$

解：由题意可知，电对 Ag^+/Ag 作为正极和电对 $AgCl/Ag$ 作为负极可组成一个原电池，其电极反应为：

$$\text{正极} \qquad Ag^+ + e^- \rightleftharpoons Ag$$

$$\text{负极} \qquad Ag + Cl^- \rightleftharpoons AgCl + e^-$$

电池反应为：$Ag^+ + Cl^- \rightleftharpoons AgCl$

则电池的电动势为：$E^{\ominus} = \varphi_{Ag^+/Ag}^{\ominus} - \varphi_{AgCl/Ag}^{\ominus} = 0.800V - 0.222V = 0.578V$

反应的平衡常数为：$\lg K^{\ominus} = \dfrac{nE^{\ominus}}{0.0592} = \dfrac{1 \times 0.578}{0.0592} = 9.764$

而

$$K_{sp}^{\ominus} = \dfrac{1}{K^{\ominus}}$$

解得

$$K_{sp}^{\ominus} = 1.58 \times 10^{-10}$$

6.4.5 元素电势图及应用

(1) 元素电势图

将同一种元素的各种氧化态按氧化数从高到低的顺序自左而右排列，并用线连接，在连线上标明各电对的标准电极电势，这种图形称为元素电势图，又称为 Latimer 图。

例如铁元素通常有 +3、+2、0 等氧化态，铁元素电势图为：

$$Fe^{3+} \xrightarrow{0.771} Fe^{2+} \xrightarrow{-0.441} Fe$$
$$\underset{-0.037V}{\underline{\qquad\qquad\qquad\qquad}}$$

从元素电势图可以全面看出一种元素各氧化态之间的电极电势的高低。

(2) 元素电势图的应用

若已知两个或两个以上的相邻标准电极电势，利用元素电势图则可以计算出另一电对未知的标准电极电势。例如，某元素的电势图为：

$$A \underset{n_1}{\overset{\varphi_1^{\ominus}}{\longrightarrow}} B \underset{n_2}{\overset{\varphi_2^{\ominus}}{\longrightarrow}} C$$
$$\underset{\varphi_3^{\ominus}}{\underline{\qquad\qquad\qquad}}$$

则电对 A/C 的 $\varphi_3^{\ominus} = \dfrac{n_1 \varphi_1^{\ominus} + n_2 \varphi_2^{\ominus}}{n_1 + n_2}$。

若有 i 个相邻电对，则：

$$\varphi^{\ominus} = \dfrac{n_1 \varphi_1^{\ominus} + n_2 \varphi_2^{\ominus} + \cdots + n_i \varphi_i^{\ominus}}{n_1 + n_2 + \cdots + n_i} \tag{6-8}$$

元素电势图的另一个重要用途是判断歧化反应发生的可能性。

例如，在酸性溶液中铜元素电势图：

$$Cu^{2+} \xrightarrow{0.153V} Cu^+ \xrightarrow{0.521V} Cu$$
$$\underline{\quad -0.337V \quad}$$

由电势图可知：$\varphi^{\ominus}_{Cu^+/Cu} > \varphi^{\ominus}_{Cu^{2+}/Cu^+}$，将两电对组成原电池，则正、负极的电极反应分别为：

正极：$Cu^+ + e^- \rightleftharpoons Cu$

负极：$Cu^+ \rightleftharpoons Cu^{2+} + e^-$

原电池反应为：$2Cu^+ \rightleftharpoons Cu^{2+} + Cu$

即 Cu^+ 可以发生歧化反应。

某元素的电势图若为 $A \xrightarrow{\varphi^{\ominus}_{左}} B \xrightarrow{\varphi^{\ominus}_{右}} C$，A、B、C 为同一种元素的不同氧化态，如果 $\varphi^{\ominus}_{右} > \varphi^{\ominus}_{左}$，则 B 可以发生歧化反应；若 $\varphi^{\ominus}_{右} < \varphi^{\ominus}_{左}$，则 B 不能发生歧化反应。

6.5 氧化还原滴定法及应用

6.5.1 氧化还原滴定法的特点

氧化还原滴定法是以氧化还原反应为基础的滴定分析方法，是滴定分析中应用最广泛的方法之一。通常根据所用氧化剂或还原剂的不同，可将氧化还原滴定法分为高锰酸钾法、重铬酸钾法、碘量法、溴酸钾法和铈量法等。

氧化还原滴定法可以直接测定具有还原性、氧化性的物质，也可以间接测定某些不具有氧化性、还原性的物质，如土壤有机质、水中耗氧量、水中溶解氧的测定等。氧化还原滴定对氧化还原反应的一般要求是：

① 滴定剂与被滴定物质电对的电极电势要有较大的差值（一般要求 $\Delta\varphi^{\ominus} \geqslant 0.40V$）；

② 有适当的方法或指示剂指示反应的终点；

③ 滴定反应能迅速完成。

6.5.2 条件电极电势及条件平衡常数

(1) 条件电极电势

在实际工作中，若溶液浓度大且离子价态高，不能忽略离子强度的影响；在实际溶液中，电对的氧化型或还原型具有多种存在形式，溶液的条件一旦发生变化或有副反应发生，电对的氧化型或还原型的存在形式也随之改变，从而引起电极电势的改变。使用能斯特公式时应考虑以上因素，才能使计算结果与实际情况较为相符。

考虑离子强度的影响时，能斯特公式可写成：

$$\varphi_{Ox/Red} = \varphi^{\ominus}_{Ox/Red} + \frac{0.0592}{n} \lg \frac{\gamma_{Ox} c(Ox)}{\gamma_{Red} c(Red)} \tag{6-9}$$

当电对的氧化型或还原型有副反应发生时，可引进副反应系数 α 来计算电对的氧化型和还原型的浓度，则能斯特公式可化为：

$$\varphi_{Ox/Red} = \varphi^{\ominus}_{Ox/Red} + \frac{0.0592}{n} \lg \frac{\gamma_{Ox} \alpha_{Red} c'(Ox)}{\gamma_{Red} \alpha_{Ox} c'(Red)}$$

$$=\varphi_{Ox/Red}^{\ominus}+\frac{0.0592}{n}\lg\frac{\gamma_{Ox}\alpha_{Red}}{\gamma_{Red}\alpha_{Ox}}+\frac{0.0592}{n}\lg\frac{c'(Ox)}{c'(Red)} \qquad (6-10)$$

式中 $c'(Ox)$ 和 $c'(Red)$——氧化型物质和还原型物质的分析浓度。

当 $c'(Ox)=c'(Red)=1mol \cdot L^{-1}$ 时，有

$$\varphi_{Ox/Red}=\varphi_{Ox/Red}^{\ominus}+\frac{0.0592}{n}\lg\frac{\gamma_{Ox}\alpha_{Red}}{\gamma_{Red}\alpha_{Ox}}=\varphi'_{Ox/Red} \qquad (6-11)$$

φ' 称为条件电极电势，它是在特定条件下，当电对的氧化型和还原型的分析浓度均为 $1mol \cdot L^{-1}$ 或它们的比值为 1 时的实际电极电势。条件电极电势的大小表明在各种条件的影响下电对的实际氧化还原能力。在离子强度和副反应系数等条件不变时 φ' 为常数。

引入条件电极电势的概念以后，能斯特公式可以写成

$$\varphi_{Ox/Red}=\varphi'_{Ox/Red}+\frac{0.0592}{n}\lg\frac{c'(Ox)}{c'(Red)} \qquad (6-12)$$

由式（6-12）可以看出，如果知道电对的条件电极电势，则电对的实际电极电势很容易计算。附录Ⅶ列出了部分氧化还原半反应的条件电极电势。

理论上条件电极电势的数值可以通过计算求得，但实际上副反应通常比较复杂，副反应的有关常数还不完全；而且溶液中的离子强度较大时，活度系数 γ 不易计算，所以条件电极电势主要由实验测得。目前条件电极电势的数据很不齐全，在解决实际问题时应尽量采用条件电极电势，若条件电极电势实测数值缺乏，可采用以下方法：

① 根据标准电极电势和溶液的具体情况，按条件电极电势的定义进行理论计算；

② 当没有相同条件下的实测 φ' 数值时，可选用近似条件下的 φ' 值；

③ 用标准电极电势值 $\varphi^{\ominus}$ 代替条件电极电势值 φ' 作近似计算。

*（2）氧化还原反应的条件平衡常数

氧化还原反应的平衡常数 K 的大小反映了反应的完全程度，但反应实际完全程度与反应进行的条件，如反应物是否发生了副反应等有关。类似于引入配合物条件稳定常数，氧化还原反应的条件平衡常数 K' 能更好地说明一定条件下反应实际进行的程度。

$$K'=\frac{[c'(Red_1)]^c[c'(Ox_2)]^d}{[c'(Ox_1)]^a[c'(Red_2)]^b} \qquad (6-13)$$

式中，c' 为有关物质的总浓度，即分析浓度。K' 可依据下式计算：

$$\lg K'=\frac{n[\varphi'(+)-\varphi'(-)]}{0.0592} \qquad (6-14)$$

式中，$\varphi'(+)-\varphi'(-)$ 是两电对条件电极电势差值，显然 $\varphi'(+)-\varphi'(-)$ 越大，反应进行得越完全。

6.5.3 氧化还原滴定曲线

6.5.3.1 滴定曲线

在氧化还原滴定过程中，随着滴定剂（标准溶液）的加入，溶液中氧化态物质和还原态物质浓度逐渐改变，有关电对的电极电势不断发生变化。这种变化与其他类型的滴定过程一样，可用滴定曲线描述，从而找出化学计量点和滴定突跃。滴定曲线可以通过实验方法测得的数据进行描绘，也可以应用能斯特方程进行计算。现以 $0.1000mol \cdot L^{-1}Ce(SO_4)_2$ 滴定 $20.00mL\ 1mol \cdot L^{-1}H_2SO_4$ 中 $0.1000mol \cdot L^{-1}Fe^{2+}$ 溶液为例，计算说明氧化还原滴定曲线。

滴定反应为 $Ce^{4+}+Fe^{2+} \rightleftharpoons Ce^{3+}+Fe^{3+}$

其中各半反应及其条件电极电势为

$$Fe^{3+}+e^- \rightleftharpoons Fe^{2+} \qquad \varphi'_{Fe^{3+}/Fe^{2+}}=0.68V$$

$$Ce^{4+}+e^- \rightleftharpoons Ce^{3+} \qquad \varphi'_{Ce^{4+}/Ce^{3+}}=1.44V$$

① 滴定前 对于 Fe^{2+} 溶液，由于空气中氧的作用会有痕量 Fe^{3+} 存在，组成 Fe^{3+}/Fe^{2+} 电对，但由于 Fe^{3+} 的浓度未知，所以，滴定前溶液的电势无从求得。

② 滴定开始至化学计量点前 在此阶段，溶液中存在 Fe^{3+}/Fe^{2+} 和 Ce^{4+}/Ce^{3+} 两个电对，滴定过程中，这两个电对的电极电势相等，溶液的电势等于其中任一电对的电极电势，即：

$$\varphi=\varphi_{Fe^{3+}/Fe^{2+}}=\varphi_{Ce^{4+}/Ce^{3+}}$$

在化学计量点前，溶液中 Ce^{4+} 浓度很小且不容易直接计算，而溶液中 Fe^{3+} 和 Fe^{2+} 的浓度容易求出，故在化学计量点前用 Fe^{3+}/Fe^{2+} 电对计算溶液中各平衡点的电势，即：

$$\varphi=\varphi'_{Fe^{3+}/Fe^{2+}}+0.0592\lg\frac{c'(Fe^{3+})}{c'(Fe^{2+})}$$

为计算方便，可用滴定过程的百分比代替。例如，当加入 2.00mL Ce^{4+} 溶液时，有 10% 的 Fe^{2+} 被滴定，未被滴定的 Fe^{2+} 为 90%，其电极电势为：

$$\varphi=\varphi'_{Fe^{3+}/Fe^{2+}}+0.0592\lg\frac{c'(Fe^{3+})}{c'(Fe^{2+})}=0.68+0.0592\lg\frac{10}{90}=0.62(V)$$

当加入 19.98mL Ce^{4+} 溶液时，即滴定到化学计量点前半滴时，有 99.9% 的 Fe^{2+} 被滴定，未被滴定的 Fe^{2+} 为 0.1%，此时：

$$\varphi=0.68+0.0592\lg\frac{99.9}{0.1}=0.68+0.0592\times 3=0.86(V)$$

③ 计量点时 滴入 $0.1000\text{mol}\cdot L^{-1}$ $Ce(SO_4)_2$ 溶液 20.00mL，则反应刚好到达计量点。Ce^{4+} 和 Fe^{2+} 按反应方程式定量地转化为 Ce^{3+} 和 Fe^{3+}。但无法确切知道平衡后溶液中 Ce^{4+} 和 Fe^{2+} 的浓度，不可能用两个电对的任一电对计算溶液的电势。

计量点时溶液的电势可分别用两个电对表示出来：

$$\varphi_{ep}=\varphi'_{Fe^{3+}/Fe^{2+}}+0.0592\lg\frac{c'(Fe^{3+})}{c'(Fe^{2+})}$$

$$\varphi_{ep}=\varphi'_{Ce^{4+}/Ce^{3+}}+0.0592\lg\frac{c'(Ce^{4+})}{c'(Ce^{3+})}$$

两式相加，得：

$$2\varphi_{ep}=\varphi'_{Fe^{3+}/Fe^{2+}}+\varphi'_{Ce^{4+}/Ce^{3+}}+0.0592\lg\frac{c'(Fe^{3+})c'(Ce^{4+})}{c'(Fe^{2+})c'(Ce^{3+})}$$

计量点时，$c'(Fe^{2+})=c'(Ce^{4+})$，$c'(Fe^{3+})=c'(Ce^{3+})$，则：

$$\varphi_{ep}=\frac{\varphi'_{Fe^{3+}/Fe^{2+}}+\varphi'_{Ce^{4+}/Ce^{3+}}}{2}$$

氧化还原半反应中的氧化型与还原型计量系数相等时，该电对称为对称电对；若不相等则称为不对称电对。若氧化还原滴定的两个电对均为对称电对，其对应条件电极电势分别 φ'_1 和 φ'_2，则计量点电势为：

$$\varphi_{ep}=\frac{n_1\varphi'_1+n_2\varphi'_2}{n_1+n_2}$$

④ 化学计量点后 化学计量点后，滴定剂 Ce^{4+} 过量，溶液中 Ce^{4+} 和 Ce^{3+} 的浓度均易

求得,而 Fe^{2+} 是痕量,故此时用 Ce^{4+}/Ce^{3+} 电对计算溶液的电势。当 Ce^{4+} 加入到 20.02mL 时,即过量了 0.1%,则有:

$$\varphi = \varphi'_{Ce^{4+}/Ce^{3+}} + 0.0592 \lg \frac{c'(Ce^{4+})}{c'(Ce^{3+})} = 1.44 + 0.0592 \lg \frac{0.1}{100} = 1.26(V)$$

当加入 20.20mL 时,即有 1% 过量,有:

$$\varphi = 1.44 + 0.0592 \lg \frac{1}{100} = 1.32(V)$$

按照上述方法,可以计算出不同滴定剂加入量时溶液各平衡点的电势值,见表 6-1 和图 6-4。

从化学计量点前有 99.9% 的 Fe^{2+} 被滴定到计量点后 Ce^{4+} 过量 0.1%,溶液的电势值由 0.86V 突增到 1.26V,改变了 0.40V,这个变化称 Ce^{4+} 滴定 Fe^{2+} 的电势突跃范围。电势突跃范围是选择氧化还原指示剂的依据。

表 6-1 在 $1 mol \cdot L^{-1} H_2SO_4$ 溶液中用 $0.1000 mol \cdot L^{-1} Ce(SO_4)_2$ 滴定 20.00mL $0.1000 mol \cdot L^{-1} FeSO_4$ 溶液电势的变化情况

滴入溶液/mL	滴入量/%	电势/V
2.00	10.0	0.62
10.00	50.0	0.68
18.00	90.0	0.74
19.80	99.0	0.80
19.98	99.9	0.86 ⎫
20.00	100.0	1.06 ⎬ 滴定突跃
20.02	100.1	1.26 ⎭
22.00	101.0	1.38
30.00	150.0	1.42
40.00	200.0	1.44

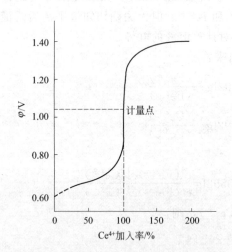

图 6-4 在 $1 mol \cdot L^{-1} H_2SO_4$ 溶液中用 $0.1000 mol \cdot L^{-1} Ce(SO_4)_2$ 滴定 20.00mL $0.1000 mol \cdot L^{-1} Fe^{2+}$ 的滴定曲线

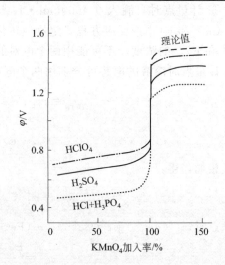

图 6-5 在不同介质中用 $KMnO_4$ 溶液滴定 Fe^{2+} 时实测滴定曲线

6.5.3.2 氧化还原滴定曲线的影响因素

借助指示剂目测化学计量点时,通常要求突跃在 0.2V 以上。化学计量点附近电势突跃范围与两个电对的条件电极电势有关,条件电极电势差值越大,突跃范围越大;差值越小,突跃范围越小。突跃范围越大,滴定时准确度越高。图 6-5 是用 $KMnO_4$ 溶液滴定不同介质中 Fe^{2+} 的实测滴定曲线。其中,以 $HCl+H_3PO_4$ 混合酸作介质时,由于 H_3PO_4 对 Fe^{3+} 的配位作用,使得 $\varphi'_{Fe^{3+}/Fe^{2+}}$ 降低,从而使滴定曲线中的突跃起点低,突跃范围增大,颜色变化较为敏锐。

氧化还原电对常粗略地分为可逆电对与不可逆电对两大类。可逆电对在反应的任一瞬间都能建立起氧化还原平衡,对于可逆电对使用能斯特公式计算所得电势值与实测值基本相符,Fe^{3+}/Fe^{2+} 和 Ce^{4+}/Ce^{3+} 电对属于此类电对;而不可逆电对则不同,在反应的某一瞬间并不能马上建立起化学平衡,其电势计算值与实测值有时相差可达 $0.1\sim0.2V$,如 MnO_4^-/Mn^{2+} 为不可逆电对。用 $KMnO_4$ 滴定 Fe^{2+} 时,化学计量点前溶液电势由 Fe^{3+}/Fe^{2+} 电对计算,故滴定曲线的计算值与实测值无明显差别;但在化学计量点后,溶液电势由 MnO_4^-/Mn^{2+} 电对计算,这时计算得到的滴定曲线在形状上与实测滴定曲线有明显的不同(见图 6-5)。

6.5.4 氧化还原滴定法的指示剂

在氧化还原滴定中,可借用某些物质颜色的变化来确定滴定终点,这类物质就是氧化还原指示剂。在实际应用中,根据指示剂反应性质的不同,氧化还原指示剂可分为以下三种。

(1) 自身指示剂

在氧化还原滴定中,有些标准溶液或被滴定物质本身有颜色,而反应产物为无色或颜色很浅,根据反应物颜色的变化以指示滴定终点的到达,这类物质称为自身指示剂。例如在高锰酸钾法中,$KMnO_4$ 溶液本身显紫红色,在酸性溶液中滴定无色或浅色的还原剂时,MnO_4^- 被还原为无色的 Mn^{2+},因而滴定到达计量点后,稍过量的 $KMnO_4$(浓度仅为 $5\times10^{-6}\,mol\cdot L^{-1}$)就可使溶液呈粉红色,指示滴定终点的到达。

(2) 显色指示剂(专属指示剂)

有些物质本身不具有氧化还原性,但它能与氧化剂或还原剂作用产生特殊的颜色,从而达到指示滴定终点的目的,这类指示剂称为显色指示剂或专属指示剂。例如,I_2 可以与直链淀粉形成深蓝色的包结化合物。在碘量法中,$c(I_2)=1\times10^{-6}\,mol\cdot L^{-1}$ 时,加入淀粉溶液即可看到蓝色,显色反应特效且灵敏,当 I_2 被还原为 I^- 时蓝色消失。碘量法中常用可溶性淀粉溶液作指示剂。

(3) 氧化还原指示剂

氧化还原指示剂是一些本身具有氧化还原性的有机化合物,其氧化型和还原型具有明显不同的颜色,随着溶液电势的变化而发生颜色的变化。

如果用 In_{Ox} 和 In_{Red} 分别表示指示剂的氧化型和还原型,则这一电对的半反应为:

$$In_{Ox}+ne^- \rightleftharpoons In_{Red}$$

其电极电势为

$$\varphi_{In}=\varphi'_{In}+\frac{0.0592}{n}\lg\frac{c'(In_{Ox})}{c'(In_{Red})}$$

式中,φ'_{In} 为指示剂的条件电极电势。在滴定过程中,随溶液电势的变化,指示剂氧化型与还原型的浓度比也逐渐改变,溶液的颜色发生变化。当 $c'(In_{Ox})=c'(In_{Red})$ 时溶液的电势称为指示剂的理论变色点。溶液电极电势的变化范围称为氧化还原指示剂的变色范围,

在理论上为 $\varphi'_{In} \pm \dfrac{0.0592}{n}$。表 6-2 列出了一些重要的氧化还原指示剂。

当指示剂半反应的电子转移数 $n=1$ 时，指示剂变色范围为 $\varphi'_{In} \pm 0.0592V$；$n=2$ 时，为 $\varphi'_{In} \pm 0.030V$。指示剂的变色范围较窄，而氧化还原滴定的突跃范围又较宽（一般要求 $\Delta\varphi > 0.20V$），所以一般可以根据指示剂的条件电极电势和滴定的突跃范围来选择氧化还原指示剂。也就是说，只要指示剂的条件电极电势落在滴定突跃范围内就可选用。

例如，在 $1mol \cdot L^{-1}$ H_2SO_4 溶液中用 Ce^{4+} 滴定 Fe^{2+}，滴定的电势突跃范围是 $0.86 \sim 1.26V$，计量点电势为 $1.06V$，显然可供选择的指示剂有邻苯氨基苯甲酸（$\varphi' = 0.89V$）及邻二氮菲亚铁（$\varphi' = 1.06V$）。

表 6-2 常用的氧化还原指示剂

指示剂	φ'	颜色变化		配制方法
		氧化型	还原型	
亚甲基蓝	0.36	蓝	无色	0.05%水溶液
二苯胺	0.76	紫	无色	1g 溶于 100mL 2% 的 H_2SO_4 中
二苯胺磺酸钠	0.85	紫红	无色	0.8g 溶于 100mL 的 Na_2CO_3 中
邻苯氨基苯甲酸	0.89	紫红	无色	0.107g 溶于 20mL 5% Na_2CO_3 中,用水稀释至 100mL
邻二氮菲亚铁	1.06	浅蓝	红	1.485g 邻二氮菲及 0.965g $FeSO_4$ 溶于 100mL 水中

6.5.5 常见的氧化还原滴定法

6.5.5.1 高锰酸钾法

(1) 概述

高锰酸钾是一种强氧化剂，在不同酸度的溶液中，它的氧化能力和还原产物不同。
在强酸性溶液中：
$$MnO_4^- + 8H^+ + 5e^- \rightleftharpoons Mn^{2+} + 4H_2O \qquad \varphi^\ominus = 1.51V$$
在中性或弱碱性溶液中：
$$MnO_4^- + 2H_2O + 3e^- \rightleftharpoons MnO_2 + 4OH^- \qquad \varphi^\ominus = 0.59V$$
在强碱性溶液中：
$$MnO_4^- + e^- \rightleftharpoons MnO_4^{2-} \qquad \varphi^\ominus = 0.56V$$

在强酸性溶液中 $KMnO_4$ 的氧化能力强，所以一般都在强酸性条件下使用。

高锰酸钾法的优点是氧化能力强，可以采用直接、间接、返滴定等多种滴定方式对多种有机物和无机物进行测定，应用非常广泛。另外，$KMnO_4$ 本身为紫红色，在滴定无色或浅色溶液时无须另加指示剂，其本身即可作为自身指示剂。其缺点是试剂中常含有少量的杂质，配制的标准溶液不太稳定，易与空气和水中的多种还原性物质发生反应，干扰严重，滴定选择性差。

(2) 标准溶液的配制与标定

市售的 $KMnO_4$ 试剂纯度约为 $99\% \sim 99.5\%$，其中常含有少量硫酸盐、氯化物、硝酸盐及二氧化锰等杂质，易还原析出 MnO_2 和 $MnO(OH)_2$ 沉淀。$KMnO_4$ 还能自行分解：
$$4KMnO_4 + 2H_2O \rightleftharpoons 4MnO_2 \downarrow + 4KOH + 3O_2$$
而 Mn^{2+} 和 MnO_2 又能促进 $KMnO_4$ 的分解，上述反应见光时反应速率更快。所以 $KMnO_4$ 标准溶液只能间接配制。具体配制方法如下：

① 称取稍多于理论量的 $KMnO_4$，溶解于一定体积的蒸馏水中。

② 将溶液加热至沸，并保持微沸约 1h，然后放置 2～3d，使溶液中可能含有的还原性物质完全被氧化。

③ 将溶液中的沉淀过滤除去。

④ 将过滤后的 $KMnO_4$ 溶液储存于棕色瓶中，放在暗处，以避免 $KMnO_4$ 的光分解，使用前再进行标定。

标定 $KMnO_4$ 溶液的基准物质很多，常用的有 $Na_2C_2O_4$、$H_2C_2O_4 \cdot 2H_2O$ 等。其中以 $Na_2C_2O_4$ 最常用，因它易提纯、稳定及不含结晶水，在 105～110℃烘干 2h，置于干燥器中冷却后即可使用。

用 $Na_2C_2O_4$ 标定 $KMnO_4$ 的反应在 H_2SO_4 溶液中进行：

$$2MnO_4^- + 5C_2O_4^{2-} + 16H^+ = 2Mn^{2+} + 10CO_2\uparrow + 8H_2O$$

为了使滴定反应定量且迅速，应注意以下条件。

① 温度。滴定反应在室温下反应缓慢，为了提高反应速率，需加热到 75～85℃进行滴定。但温度也不宜过高，温度超过 90℃，$H_2C_2O_4$ 会发生分解：

$$H_2C_2O_4 \xrightarrow{>90℃} H_2O + CO\uparrow + CO_2\uparrow$$

② 酸度。为了保证滴定反应能正常进行，溶液必须保持一定的酸度。酸度过高会促使 $H_2C_2O_4$ 分解；酸度过低会使 $KMnO_4$ 部分还原为 MnO_2。开始滴定时，溶液酸度约为 0.5～1mol·L^{-1}，滴定终点时溶液酸度约为 0.2～0.5mol·L^{-1}。

③ 滴定速度。即便加热 MnO_4^- 与 $C_2O_4^{2-}$ 在无催化剂存在时反应速率也很慢。滴定开始时，第一滴高锰酸钾溶液滴入后，红色很难褪去，需待红色消失后再滴加第二滴。由于反应中产生的 Mn^{2+} 对反应具有催化作用，几滴 $KMnO_4$ 加入后，反应明显加速，这时可适当加快滴定速度，否则加入的 $KMnO_4$ 在热溶液中来不及与 $C_2O_4^{2-}$ 反应，而发生分解：

$$4MnO_4^- + 12H^+ = 4Mn^{2+} + 5O_2\uparrow + 6H_2O$$

若在滴定前加入几滴 $MnSO_4$ 溶液，滴定一开始反应速率就较快。

④ 终点判断。$KMnO_4$ 可作为自身指示剂，滴定至化学计量点时，稍过量的 $KMnO_4$ 溶液可使溶液呈粉红色，若在 30s 内不褪色，即认为达到滴定终点。

用高锰酸钾法间接测定钙或直接滴定 Fe^{2+} 时，若滴定反应中用 HCl 调节酸度，测定结果会偏高。这主要是因为部分 $KMnO_4$ 被 Cl^- 还原所致：

$$2MnO_4^- + 10HCl + 6H^+ = 2Mn^{2+} + 5Cl_2 + 8H_2O$$

而且，$KMnO_4$ 与 Fe^{2+} 的反应能加快 $KMnO_4$ 与 Cl^- 的反应速度。这种由于一种氧化还原反应的发生而促进另一种氧化还原反应进行的过程，称为诱导反应。诱导反应常给定量分析带来误差，应引起重视。

(3) 应用实例

钾是肥料的三大要素之一，草木灰是农业上最常用的钾肥，其钾含量一般在 5%～10%。测定钾首先将试液在 HAc 介质中加入 $Na_3[Co(NO_2)_6]$ 试剂，使之转变为 $K_2Na[Co(NO_2)_6]$ 黄色沉淀：

$$2K^+ + Na^+ + [Co(NO_2)_6]^{3-} = K_2Na[Co(NO_2)_6]\downarrow$$

沉淀经过滤、洗净后溶于已知过量的酸性 $KMnO_4$ 标准溶液中。

$$5K_2Na[Co(NO_2)_6] + 11MnO_4^- + 28H^+ =$$
$$11Mn^{2+} + 5Na^+ + 10K^+ + 30NO_3^- + 14H_2O + 5Co^{2+}$$

剩余的 $KMnO_4$ 用 $Na_2C_2O_4$ 标准溶液回滴至紫红色刚褪去即为终点。

根据下式计算钾的含量（以 K_2O 的质量分数表示）：

$$w(K_2O) = \frac{[c(KMnO_4)V(KMnO_4) - \frac{5}{2}c(Na_2C_2O_4)V(Na_2C_2O_4)] \times \frac{5M(K_2O)}{11}}{1000m(s)}$$

6.5.5.2 重铬酸钾法

(1) 概述

$K_2Cr_2O_7$ 在酸性条件下是一种强氧化剂，其半反应为：

$$Cr_2O_7^{2-} + 14H^+ + 6e^- \rightleftharpoons 2Cr^{3+} + 7H_2O \qquad \varphi^\ominus = 1.232V$$

由其标准电极电势可以看出，$K_2Cr_2O_7$ 的氧化能力没有 $KMnO_4$ 强，测定对象没有高锰酸钾法广泛。但 $K_2Cr_2O_7$ 法具有以下特点。

① $K_2Cr_2O_7$ 容易提纯，在 140~150℃ 干燥后可以直接配制成标准溶液。

② $K_2Cr_2O_7$ 溶液相当稳定，只要存放在密闭的容器中其浓度可长期保持不变。

③ $K_2Cr_2O_7$ 氧化性较弱，选择性较高，在 HCl 浓度不太高时 $K_2Cr_2O_7$ 不能氧化 Cl^-，因此可在盐酸介质中滴定。

④ $K_2Cr_2O_7$ 滴定法需外加指示剂，常用指示剂为二苯胺磺酸钠。

⑤ $K_2Cr_2O_7$ 滴定反应速度快，通常在常温下进行滴定。

应当指出，$K_2Cr_2O_7$ 和 Cr^{3+} 都是污染物，使用时应注意废液的处理，以免污染环境。

(2) 应用实例

在酸性条件下，Fe^{2+} 可以定量地被 $K_2Cr_2O_7$ 氧化成 Fe^{3+}。

在 H_2SO_4-H_3PO_4 混合酸溶液中，以二苯胺磺酸钠为指示剂，用 $K_2Cr_2O_7$ 标准溶液滴定至溶液由浅绿色（Cr^{3+} 色）变为蓝紫色即为滴定终点。

滴定反应为：$Cr_2O_7^{2-} + 6Fe^{2+} + 14H^+ \rightleftharpoons 2Cr^{3+} + 6Fe^{3+} + 7H_2O$

故

$$w(Fe) = \frac{6c(K_2Cr_2O_7)V(K_2Cr_2O_7)M(Fe)}{m}$$

加入 H_3PO_4 的目的有两个：一是与生成的 Fe^{3+} 形成配离子 $[Fe(HPO_4)]^+$，降低 Fe^{3+}/Fe^{2+} 电对的电极电势，扩大滴定突跃范围，使指示剂的变色范围落在滴定突跃范围之内；二是生成的配离子为无色，消除了溶液中 Fe^{3+} 的黄色干扰，有利于滴定终点的观察。

6.5.5.3 碘量法

碘量法是基于 I_2 的氧化性和 I^- 的还原性建立起来的氧化还原分析法。I_2/I^- 电对的半反应为：

$$I_3^- + 2e^- \rightleftharpoons 3I^- \qquad \varphi^\ominus = 0.534V$$

碘量法采用淀粉作指示剂，其灵敏度很高，I_2 的浓度为 $5 \times 10^{-6} mol \cdot L^{-1}$ 时即显蓝色。根据 I_2 的氧化性和 I^- 的还原性，碘量法常分为直接碘量法和间接碘量法。

(1) 直接碘量法

直接碘量法是以 I_2 作滴定剂，故又称碘滴定法。该法只能用于滴定还原性较强的物质，如 S^{2-}、SO_3^{2-}、Sn^{2+}、$S_2O_3^{2-}$、AsO_2^-、SbO_3^{3-} 和抗坏血酸等。其反应条件为酸性或中性。在碱性条件下 I_2 会发生歧化反应：

$$3I_2 + 6OH^- \rightleftharpoons IO_3^- + 5I^- + 3H_2O$$

由于 I_2 所能氧化的物质不多,所以直接碘量法在应用上受到限制。

用升华的方法制得的纯碘,可以直接配制成标准溶液。但通常是用市售的碘先配成近似浓度的碘溶液,然后用已知浓度的 $Na_2S_2O_3$ 标准溶液进行标定。由于碘几乎不溶于水,但能溶于 KI 溶液,故配制碘溶液时,应加入过量的 KI。碘溶液应避免与橡皮等有机物接触,也要防止见光、受热,否则浓度将发生变化。

(2) 间接碘量法

间接碘量法是利用 I^- 的还原性,测定具有氧化性的物质。测定中,首先使被测氧化性物质与过量的 KI 发生反应,定量地析出 I_2,然后用 $Na_2S_2O_3$ 标准溶液滴定析出的 I_2,从而间接测定。间接碘量法又称为滴定碘法,其滴定反应为:

$$I_2 + 2S_2O_3^{2-} \Longrightarrow 2I^- + S_4O_6^{2-}$$

在间接碘量法中,为了获得准确的分析结果,必须严格控制反应条件。

① 控制溶液的酸度。一般在弱酸性或中性条件下进行。在强酸性溶液中 $Na_2S_2O_3$ 会分解,且 I^- 易被空气所氧化:

$$S_2O_3^{2-} + 2H^+ \Longrightarrow SO_2\uparrow + S\downarrow + H_2O$$

$$4I^- + 4H^+ + O_2 \Longrightarrow 2I_2 + 2H_2O$$

而在碱性条件下,$Na_2S_2O_3$ 与 I_2 会发生如下的副反应:

$$S_2O_3^{2-} + 4I_2 + 10OH^- \Longrightarrow 2SO_4^{2-} + 8I^- + 5H_2O$$

这种副反应影响滴定反应的定量关系。另外,在碱性溶液中 I_2 也会发生歧化反应。

② 防止 I_2 的挥发和 I^- 的氧化。为防止 I_2 的挥发可加入过量 KI(比理论量多 2~3 倍),并在室温下进行滴定,滴定的速度要适当,不要剧烈摇动,滴定时最好使用碘量瓶。

硫代硫酸钠($Na_2S_2O_3 \cdot 5H_2O$)常含有少量 S、Na_2SO_3、Na_2SO_4 等杂质,易风化、潮解,且溶液中若溶解有氧、二氧化碳或有微生物时,$Na_2S_2O_3$ 会析出单质硫,所以不能直接配制成标准溶液。

配制 $Na_2S_2O_3$ 溶液时需用新煮沸并冷却了的蒸馏水,以除去氧、二氧化碳和杀死细菌,并加入少量 Na_2CO_3 使溶液呈弱碱性,以防止 $Na_2S_2O_3$ 的分解。光照会促进 $Na_2S_2O_3$ 分解,因此应将溶液储存于棕色瓶中,放置暗处 7~10d,待其浓度稳定后,再进行标定,但不宜长期保存。

用来标定 $Na_2S_2O_3$ 溶液的基准物质有 KIO_3、$KBrO_3$ 和 $K_2Cr_2O_7$ 等。用 $K_2Cr_2O_7$ 标定 $Na_2S_2O_3$ 的反应式为:

$$Cr_2O_7^{2-} + 6I^- + 14H^+ \Longrightarrow 2Cr^{3+} + 3I_2 + 7H_2O$$

$$2S_2O_3^{2-} + I_2 \Longrightarrow S_4O_6^{2-} + 2I^-$$

为防止 I^- 的氧化,基准物质与 KI 反应时,酸度应控制在 0.2~0.4mol·L^{-1},且加入 KI 的量应超过理论用量的 5 倍,以保证反应完全进行。

滴定过程中,应先用 $Na_2S_2O_3$ 溶液将生成的碘大部分滴定后,溶液呈淡黄色时再加入淀粉指示剂,用 $Na_2S_2O_3$ 溶液继续滴定至蓝色刚好消失即为终点。若淀粉加入过早,则大量的 $Na_2S_2O_3$ 与淀粉生成蓝色包结物,这一部分碘被淀粉分子包裹后不易与 $Na_2S_2O_3$ 起反应,造成测定误差。

(3) 应用实例

碘量法可以测定很多无机物和有机物,应用十分广泛。

① 维生素 C 含量的测定(直接碘量法)。维生素 C 是生物体中不可缺少的维生素之一,它具有抗坏血病的功能,所以又称抗坏血酸。它也是衡量蔬菜、水果食用部分品质的常用指

标之一。抗坏血酸分子中的烯醇基具有较强的还原性,能被定量氧化成二酮基:

$$\begin{array}{c} \text{O} \\ \text{C-C-C-C-C-CH} \\ \text{O HOOHH OHH} \end{array} \begin{array}{c} \text{H OH} \\ \text{C-C-C-C-C-CH} \\ \end{array} + I_2 \Longrightarrow \begin{array}{c} \text{O} \\ \text{C-C-C-C-C-CH} \\ \text{O O O H OHH} \end{array} \begin{array}{c} \text{H OH} \\ \end{array} + 2HI$$

用直接碘量法可直接滴定维生素 C。从反应式看,在碱性溶液中有利于反应向右进行,但碱性条件会使抗坏血酸被空气中氧所氧化,也造成 I_2 的歧化反应,所以一般在 HAc 介质中、避免光照等条件下滴定。

$$w(V_C) = \frac{c(I_2)V(I_2)M(VC)}{1000m(s)}$$

② 硫酸铜中铜含量的测定(间接碘量法)。间接碘量法测 Cu^{2+} 是基于 Cu^{2+} 与过量地 KI 反应定量地析 I_2,然后用标准溶液滴定。其反应式为:

$$2Cu^{2+} + 4I^- \Longrightarrow 2CuI \downarrow + I_2$$
$$2S_2O_3^{2-} + I_2 \Longrightarrow S_4O_6^{2-} + 2I^-$$

由此可得:
$$w(Cu) = \frac{c(Na_2S_2O_3)V(Na_2S_2O_3)M(Cu)}{m(s)}$$

由于 CuI 沉淀表面强烈地吸附 I_2,会导致测定结果偏低,为此测定时常加入 KSCN,使 CuI 沉淀转化为溶解度更小的 CuSCN 沉淀:

$$CuI + SCN^- \Longrightarrow CuSCN + I^-$$

这样就可将 CuI 吸附的 I_2 释放出来,提高测定的准确度。

还应注意,KSCN 应当在滴定接近终点时加入,否则 SCN^- 会还原 I_2 使结果偏低。另外,为了防止 Cu^{2+} 水解,反应必须在酸性溶液中进行,一般控制 pH 值在 3~4。酸度过低,反应速度慢,终点拖长;酸度过高,I^- 则被空气氧化为 I_2,使结果偏高。

思 考 题

6-1 氧化数与电负性有什么关联?

6-2 氧化还原电对有哪些类型?举例说明。

6-3 若电对中有氧原子,如何配平其还原半反应中的氧原子?举例说明。

6-4 工业盐外观与食盐相似,味咸,价格低廉。有人误将工业盐当食盐购回食用而中毒。请问食用工业盐为什么易中毒?如果你碰到了这类中毒者,如何帮助他解毒?

6-5 洁厕剂一般为强酸性,若将含有次氯酸钠的消毒剂与之混合使用会出现什么情况?

6-6 溶解在水中氧的含量称为溶解氧。水体被污染时溶解氧的含量将如何变化?为什么?对水产养殖业是否会产生影响?

6-7 氧化还原滴定时,滴定终点的电势与哪些因素有关?

习 题

6-1 求下列物质中元素的氧化数。

(1) CrO_4^{2-} 中的 Cr (2) MnO_4^{2-} 中的 Mn
(3) Na_2O_2 中的 O (4) $H_2C_2O_4 \cdot H_2O$ 中的 C

6-2 下列反应中,哪些元素的氧化数发生了变化?并标出氧化数的变化情况。

(1) $Cl_2 + H_2O \Longrightarrow HClO + HCl$

(2) $Cl_2 + H_2O_2 \rlap{=}{=} 2HCl + O_2$

(3) $Cu + 2H_2SO_4(浓) \rlap{=}{=} CuSO_4 + SO_2 + 2H_2O$

(4) $K_2Cr_2O_7 + 6KI + 14HCl \rlap{=}{=} 2CrCl_3 + 3I_2 + 7H_2O + 8KI$

6-3　用离子-电子法配平下列反应式。

(1) $H_2O_2 + Cr_2(SO_4)_3 + KOH \longrightarrow K_2CrO_4 + K_2SO_4 + H_2O$

(2) $KMnO_4 + KNO_2 + KOH \longrightarrow K_2MnO_4 + KNO_3 + H_2O$

(3) $PbO_2 + HCl \longrightarrow PbCl_2 + Cl_2 + H_2O$

(4) $Na_2S_2O_3 + I_2 \longrightarrow NaI + Na_2S_4O_6$

(5) $CrO_2^- + Cl_2 + OH^- \longrightarrow CrO_4^{2-} + Cl^-$

(6) $KMnO_4 + KOH + K_2SO_3 \longrightarrow 2K_2MnO_4 + K_2SO_4 + H_2O$

6-4　下列物质：$KMnO_4$、$K_2Cr_2O_7$、$CuCl_2$、$FeCl_3$、I_2、Br_2、Cl_2、F_2，在一定条件下都能作氧化剂，试根据标准电极电势表，把它们按氧化能力的大小排列成顺序，并写出它们在酸性介质中的还原产物。

6-5　下列物质：$FeCl_2$、$SnCl_2$、H_2、KI、Mg、Al，在一定条件下都能作还原剂，试根据标准电极电势表，把它们按还原能力的大小排列成顺序，并写出它们在酸性介质中的氧化产物。

6-6　298.15K 时，在 Fe^{3+}、Fe^{2+} 的混合溶液中加入 NaOH 时，有 $Fe(OH)_3$ 和 $Fe(OH)_2$ 沉淀生成（假如没有其他反应发生）。当沉淀反应达到平衡时，保持 $c(OH^-) = 1.00 mol \cdot L^{-1}$，计算 $\varphi_{Fe^{3+}/Fe^{2+}}$。

6-7　计算 298.15K 时下列各电池的标准电动势，并写出每个电池的自发电池反应。

(1) $(-)Pt|I^-, I_2 \| Fe^{3+}, Fe^{2+}|Pt(+)$

(2) $(-)Zn|Zn^{2+} \| Fe^{3+}, Fe^{2+}|Pt(+)$

(3) $(-)Pt|HNO_2, NO_3^-, H^+ \| Fe^{3+}, Fe^{2+}|Pt(+)$

(4) $(-)Pt|Fe^{3+}, Fe^{2+} \| MnO_4^-, Mn^{2+}, H^+|Pt(+)$

6-8　计算 298.15K 时下列各电对的电极电势。

(1) Fe^{3+}/Fe^{2+}，$c(Fe^{3+}) = 0.100 mol \cdot L^{-1}$，$c(Fe^{2+}) = 0.500 mol \cdot L^{-1}$

(2) Sn^{4+}/Sn^{2+}，$c(Sn^{4+}) = 1.00 mol \cdot L^{-1}$，$c(Sn^{2+}) = 0.200 mol \cdot L^{-1}$

(3) $Cr_2O_7^{2-}/Cr^{3+}$，$c(Cr_2O_7^{2-}) = 0.100 mol \cdot L^{-1}$，$c(Cr^{3+}) = 0.200 mol \cdot L^{-1}$，$c(H^+) = 2.00 mol \cdot L^{-1}$

(4) Cl_2/Cl^-，$c(Cl^-) = 0.100 mol \cdot L^{-1}$，$p(Cl_2) = 2.00 \times 10^5 Pa$

6-9　计算 298.15K 时 AgBr/Ag 电对和 AgI/Ag 电对的标准电极电势。

6-10　计算 298.15K 时 $[Fe(CN)_6]^{3-}/[Fe(CN)_6]^{4-}$ 电对的标准电极电势。

6-11　根据标准电极电势判断下列反应能否正向自发进行。

(1) $2Br^- + 2Fe^{3+} \rightleftharpoons Br_2 + 2Fe^{2+}$　　(2) $I_2 + Sn^{2+} \rightleftharpoons 2I^- + Sn^{4+}$

(3) $2Fe^{3+} + Cu \rightleftharpoons 2Fe^{2+} + Cu^{2+}$　　(4) $H_2O_2 + 2Fe^{2+} + 2H^+ \rightleftharpoons 2Fe^{3+} + 2H_2O$

6-12　将 Cu 片插入 $0.100 mol \cdot L^{-1}$ $Cu(NH_3)_4^{2+}$ 和 $0.100 mol \cdot L^{-1}$ NH_3 的混合溶液中，298.15K 时测得该电极的电极电势 $\varphi = 0.056V$。求 $[Cu(NH_3)_4]^{2+}$ 的稳定常数 K_f 值。

6-13　已知 $\varphi^{\ominus}_{MnO_4^-/Mn^{2+}} = 1.507V$，$\varphi^{\ominus}_{MnO_2^-/Mn^{2+}} = 1.224V$，计算 $\varphi^{\ominus}_{MnO_4^-/MnO_2}$ 值。

6-14　一定质量的 $H_2C_2O_4$ 需用 21.26mL 的 $0.2384 mol \cdot L^{-1}$ NaOH 标准溶液滴定，同样质量的 $H_2C_2O_4$ 需用 25.28mL 的 $KMnO_4$ 标准溶液滴定，计算 $KMnO_4$ 标准溶液的物质的量浓度。

6-15 称取软锰矿试样 0.4012g，以 0.4488g $Na_2C_2O_4$ 处理，滴定剩余的 $Na_2C_2O_4$ 需消耗 $0.01012mol·L^{-1}$ 的 $KMnO_4$ 标准溶液 30.20mL，计算试样中 MnO_2 的质量分数。

6-16 用 $KMnO_4$ 法测定硅酸盐样品中 Ca^{2+} 的含量，称取试样 0.5863g，在一定条件下，将钙沉淀为 CaC_2O_4，过滤、洗涤沉淀，将洗净的 CaC_2O_4 溶解于稀 H_2SO_4 中，用 $0.05052mol·L^{-1}$ 的 $KMnO_4$ 滴定，消耗 25.64mL，计算硅酸盐中 Ca 的质量分数。

6-17 将 1.000g 钢样中的铬氧化为 $Cr_2O_7^{2-}$ 加入 25.00mL $0.1000mol·L^{-1}$ $FeSO_4$ 标准溶液，然后用 $0.01800 mol·L^{-1}$ 的 $KMnO_4$ 标准溶液 7.00mL 回滴过量的 $FeSO_4$，计算钢中铬的质量分数。

6-18 称取 KI 试样 0.3507g 溶解后用分析纯 $K_2Cr_2O_7$ 0.1942g 处理，将处理后的溶液煮沸，逐出释出的碘。再加过量的碘化钾与剩余的 $K_2Cr_2O_7$ 作用，最后用 $0.1053mol·L^{-1}$ 的 $Na_2S_2O_3$ 标准溶液滴定，消耗 $Na_2S_2O_3$ 10.00mL。试计算试样中 KI 的质量分数。

6-19 用 KIO_3 作基准物质标定 $Na_2S_2O_3$ 溶液。称取 0.1500g KIO_3 与过量的 KI 作用，析出的碘用 $Na_2S_2O_3$ 溶液滴定，用去 24.00mL，此 $Na_2S_2O_3$ 溶液浓度为多少？每毫升 $Na_2S_2O_3$ 相当于多少克的碘？

6-20 抗坏血酸（摩尔质量为 $176.1g·mol^{-1}$）是一个还原剂，它的半反应为：
$$C_6H_6O_6 + 2H^+ + 2e^- \rightleftharpoons C_6H_8O_6$$
它能被 I_2 氧化。如果 10.00mL 柠檬水果汁样品用 HAc 酸化，并加 20.00mL $0.02500mol·L^{-1}$ I_2 溶液，待反应完全后，过量的 I_2 用 10.00mL $0.01000 mol·L^{-1}$ $Na_2S_2O_3$ 滴定，计算每毫升柠檬水果汁中抗坏血酸的质量。

6-21 测定铜的分析方法为间接碘量法：
$$2Cu^{2+} + 4I^- \Longrightarrow 2CuI\downarrow + I_2$$
$$I_2 + 2S_2O_3^{2-} \Longrightarrow 2I^- + S_4O_6^{2-}$$
用此方法分析铜矿石中铜的含量，为了使 1.00mL $0.1050mol·L^{-1}$ $Na_2S_2O_3$ 标准溶液能准确表示 1.00% 的 Cu，问应称取铜矿样多少克？

6-22 称取含铜试样 0.6000g，溶解后加入过量的 KI，析出的 I_2 用 $Na_2S_2O_3$ 标准溶液滴定至终点，消耗了 20.00mL。已知 $Na_2S_2O_3$ 对 $KBrO_3$ 的滴定度为 $T_{Na_2S_2O_3/KBrO_3}=0.0004175g·mL^{-1}$，计算试样中 CuO 的质量分数。

第 6 章电子资源网址：

http://jpkc.hist.edu.cn/index.php/Manage/Preview/load_content/sub_id/123/menu_id/2982

电子资源网址二维码：

第 7 章
配位平衡和配位滴定法

学习要求

1. 掌握配位化合物的组成及命名，了解影响配位数大小的因素；
2. 掌握配位平衡及有关计算，掌握沉淀反应对配位平衡的影响及有关计算，掌握酸碱反应对配位平衡的影响，了解多重平衡常数及其应用；
3. 掌握螯合物的结构特点及稳定性，了解螯合剂的应用；
4. 掌握 EDTA 的性质、影响 EDTA 配合物稳定性的外部因素及条件稳定常数与绝对稳定常数之间的关系，熟悉酸效应和最高酸度、配位效应和最低酸度之间的关系及相关计算；
5. 掌握金属离子指示剂的作用原理、影响滴定突跃范围的因素、金属离子准确滴定的条件；
6. 了解提高配位滴定选择性的方法，熟悉配位滴定的滴定方式，掌握水硬度的测定原理。

7.1 配位化合物的基本概念

配位化合物是一类具有特征化学结构的重要化合物，已成为化学中十分活跃的研究领域，在贵金属的湿法冶炼、分离与提纯、配位催化、电镀与电镀液的处理及生命科学等领域都有重要的应用，现已成为一门独立的分支学科。

7.1.1 配合物的定义

由形成体和一定数目的配位体以配位键相结合而形成的结构单元称为配位单元。配位单元可以是带电荷的配离子，如$[Cu(NH_3)_4]^{2+}$，也可以是电中性的，如$Ni(CO)_4$。含有配位单元的电中性化合物称为配位化合物（配合物），如$[Cu(NH_3)_4]SO_4$。电中性的配位单元本身就是配位化合物。

7.1.2 配合物的组成

大多数配合物是由内界和外界两部分组成的，如$[Cu(NH_3)_4]SO_4$。配合物中所含的比较复杂的配位单元，称为配合物的内界。一般用方括号括起来，如$[Cu(NH_3)_4]^{2+}$。方括号之外的部分称为外界，如SO_4^{2-}。内界与外界通过离子键相结合，与一般离子化合物一样，在溶液中完全电离。内界是配合物的特征部分，由形成体和配位体通过配位键结合而成。

(1) 形成体

形成体是配合物的核心，在配位单元中与配位体以配位键相连接的部分称为配合物的形成体。它一般为金属离子（常为过渡金属元素）：Fe^{3+}、Co^{2+}、Ni^{2+}、Cu^{2+}、Zn^{2+}、Ag^+等，也可以是中性原子和高氧化态非金属元素，如$[Fe(CO)_5]$中的Fe元素，$[SiF_6]^{2-}$中的Si元素等。

(2) 配位体

在内界中，分布在形成体周围与其紧密结合的阴离子或分子称为配位体（简称配体）。如$[Cu(NH_3)_4]^{2+}$、$[Fe(CO)_5]$中的NH_3、CO。配位体中直接与形成体结合的原子称为配位原子。配位原子带孤电子对，主要是非金属元素如N、O、S、C和卤素原子等。如配体CO、F^-、NH_3、H_2O中的C、F、N和O原子是配位原子。

根据配体所含配位原子数目的不同，分为单基配体和多基配体。只含有一个配位原子的配体称为单基配体，如CO、F^-、NH_3、H_2O等。含有两个或两个以上配位原子的配体为多基配体，如乙二胺、草酸根、酒石酸根等。

(3) 配位数

与形成体直接以配位键相结合的配位原子总数称为形成体的配位数。若配体为单基配体，配位数就等于配体的个数；配位体为同一种多基配位体时配位数等于配体数乘以每个配体中所含的配位原子数。

形成体的配位数通常为2、4、6，而3、5、8较少见（见表7-1）。影响配位数大小的主要因素是中心离子的电荷数与半径大小，其次是配体的电荷数与半径，配合物形成时的外界条件也有一定的影响。一般来讲，中心离子所带电荷越多，吸引配体的能力越强，配位数越大。如$[PtCl_4]^{2-}$中Pt^{2+}的配位数是4，$[PtCl_6]^{2-}$中Pt^{4+}的配位数为6。中心离子的半径越大，其周围能容纳配体的有效空间就越大，配位数就越大。如Al^{3+}的离子半径比B^{3+}大，$[AlF_6]^{3-}$中Al^{3+}的配位数为6，而$[BF_4]^-$中B^{3+}的配位数为4。配体的半径越小，所带电荷越少，中心离子的配位数就越大。

表 7-1　不同价态金属离子的配位数

中心离子电荷	+1	+2	+3
配位数	2(4)	4(6)	6(4)
举例	Ag^+　2 Cu^+,Au^+　2,4	Cu^{2+},Zn^{2+},Ni^{2+},Co^{2+}　4,6 Fe^{2+},Ca^{2+}　6	Al^{3+}　4,6 Fe^{3+},Co^{3+},Cr^{3+}　6

(4) 配离子的电荷数

配离子的电荷数等于形成体的电荷数与各配体电荷数的代数和。如配离子$[CoCl(NH_3)_5]^{2+}$的电荷数为$(+3)+(-1)+0\times5=+2$。

7.1.3　配位化合物的命名

配位化合物的命名遵循一般无机物命名的原则。阴离子为简单离子的称为"某化某"，阴离子为复杂离子的称为"某酸某"。配位化合物的命名重点在于对配位单元的命名。其配位单元的命名顺序为：

配体数（中文数字）—配位体名称—"合"字—中心离子名称及其氧化数（在括号内以

罗马数字说明）

如果含有不同的配体，则配体的命名顺序与列出顺序一致，即：阴离子先于中性分子，无机配体先于有机配体，简单配体先于复杂配体，不同配体的名称之间要用圆点分开。例如：

[Cu(NH$_3$)$_4$]SO$_4$ 硫酸四氨合铜（Ⅱ）
K$_3$[Fe(CN)$_6$]   六氰合铁（Ⅲ）酸钾
H$_2$[PtCl$_6$]   六氯合铂（Ⅳ）酸
[CoCl(NH$_3$)$_5$]Cl$_2$ 二氯化一氯·五氨合钴（Ⅲ）
Pt(NH$_3$)$_2$Cl$_2$ 二氯·二氨合铂（Ⅱ）
[Pt(NH$_3$)$_6$][PtCl$_4$]   四氯合铂（Ⅱ）酸六氨合铂（Ⅱ）

有的配体在与不同的中心离子结合时，所用配体原子不同，命名时应加以区别。例如：

K$_3$[Fe(NCS)$_6$]   六异硫氰酸根合铁（Ⅲ）酸钾
[CoCl(SCN)(en)$_2$]NO$_3$ 硝酸一氯·一硫氰酸根·二(乙二胺)合钴（Ⅲ）
[Co(NO$_2$)$_3$(NH$_3$)$_3$]   三硝基·三氨合钴（Ⅲ）
[Co(ONO)(NH$_3$)$_5$]SO$_4$ 硫酸一亚硝酸根·五氨合钴（Ⅲ）

7.2　配位平衡和影响配合物稳定性的因素

7.2.1　配位反应及配位平衡

(1) 配离子的稳定常数

在 Cu^{2+} 的溶液中滴加氨水，起初生成蓝色 $Cu(OH)_2$ 沉淀，继续滴加氨水，沉淀溶解，生成深蓝色溶液。经研究证明，Cu^{2+} 与 NH_3 发生了如下可逆反应：

$$Cu^{2+} + 4NH_3 \rightleftharpoons [Cu(NH_3)_4]^{2+}$$

反应达到平衡状态时

$$K_f^{\ominus} = \frac{c\{[Cu(NH_3)_4]^{2+}\}}{c(Cu^{2+})c^4(NH_3)} \tag{7-1}$$

$K_f^{\ominus}$ 称为配离子的稳定常数（又称形成常数），$K_f^{\ominus}$ 的大小反映了配位反应完成的程度。同类型的配离子可用 $K_f^{\ominus}$ 来比较它们的稳定性。$K_f^{\ominus}$ 越大，说明配离子越稳定。不同类型的配离子不能直接用 $K_f^{\ominus}$ 来比较它们的稳定性。

配离子在生成或解离时，反应是分步（逐级）进行的，因此溶液中存在一系列的配位平衡。每一步平衡都有一稳定常数，称为逐级稳定常数。

以 $[Cu(NH_3)_4]^{2+}$ 的形成为例，逐级配位反应如下：

$Cu^{2+} + NH_3 \rightleftharpoons [Cu(NH_3)]^{2+}$ $K_1^{\ominus} = \dfrac{c\{[Cu(NH_3)]^{2+}\}}{c(Cu^{2+})c(NH_3)} = 1.35 \times 10^4$

$[Cu(NH_3)]^{2+} + NH_3 \rightleftharpoons [Cu(NH_3)_2]^{2+}$ $K_2^{\ominus} = \dfrac{c\{[Cu(NH_3)_2]^{2+}\}}{c\{[Cu(NH_3)]^{2+}\}c(NH_3)} = 3.02 \times 10^3$

$[Cu(NH_3)_2]^{2+} + NH_3 \rightleftharpoons [Cu(NH_3)_3]^{2+}$ $K_3^{\ominus} = \dfrac{c\{[Cu(NH_3)_3]^{2+}\}}{c\{[Cu(NH_3)_2]^{2+}\}c(NH_3)} = 7.41 \times 10^2$

$$[Cu(NH_3)_3]^{2+} + NH_3 \rightleftharpoons [Cu(NH_3)_4]^{2+} \quad K_4^{\ominus} = \frac{c\{[Cu(NH_3)_4]^{2+}\}}{c\{[Cu(NH_3)_3]^{2+}\}c(NH_3)} = 1.29 \times 10^2$$

$K_1^{\ominus}$、$K_2^{\ominus}$、$K_3^{\ominus}$、$K_4^{\ominus}$ 称为配离子的逐级稳定常数，配离子总的稳定常数等于逐级稳定常数之积：

$$K_f^{\ominus} = K_1^{\ominus} K_2^{\ominus} K_3^{\ominus} K_4^{\ominus} \tag{7-2}$$

通常 $K_1^{\ominus}$、$K_2^{\ominus}$、$K_3^{\ominus}$、$K_4^{\ominus}$ 相差不大，即在 Cu^{2+}-NH_3 配合物的水溶液中总是存在 $[Cu(NH_3)]^{2+}$、$[Cu(NH_3)_2]^{2+}$、$[Cu(NH_3)_3]^{2+}$ 这些低配位离子，在进行配位平衡有关计算时，必须考虑各级配离子的存在。在配体过量较多时，配离子通常是以最高配位数形式存在，因而可用总稳定常数 $K_f^{\ominus}$ 进行计算。但在精确计算时，一定要考虑分级配位所产生的其他配位离子。

(2) 配位平衡的计算

例 7-1 分别计算含 $0.010 \text{mol} \cdot L^{-1}$ CN^- 的 $0.010 \text{mol} \cdot L^{-1}$ $[Ag(CN)_2]^-$ 溶液和含 $0.010 \text{mol} \cdot L^{-1}$ NH_3 的 $0.010 \text{mol} \cdot L^{-1}$ $[Ag(NH_3)_2]^+$ 溶液中 Ag^+ 的浓度。

解： (1) 设平衡时 Ag^+ 浓度为 $x(\text{mol} \cdot L^{-1})$，则：

$$Ag^+ + 2CN^- \rightleftharpoons [Ag(CN)_2]^-$$

平衡浓度/$\text{mol} \cdot L^{-1}$ x $0.010+2x$ $0.010-x$
                               ≈ 0.010 ≈ 0.010

$$K_f^{\ominus} = \frac{c\{[Ag(CN)_2]^-\}}{c(Ag^+)c^2(CN^-)}$$

$$c(Ag^+) = x = \frac{c\{[Ag(CN)_2]^-\}}{K_f^{\ominus} c^2(CN^-)} = \frac{0.010}{1.3 \times 10^{21} \times (0.010)^2}$$

$$= 7.7 \times 10^{-20} (\text{mol} \cdot L^{-1})$$

(2) 设平衡时 Ag^+ 浓度为 $y \, \text{mol} \cdot L^{-1}$，则：

$$Ag^+ + 2NH_3 \rightleftharpoons [Ag(NH_3)_2]^+$$

平衡浓度/ $\text{mol} \cdot L^{-1}$ y $0.010+2y$ $0.010-y$
                                ≈ 0.010 ≈ 0.010

$$c(Ag^+) = \frac{c\{[Ag(NH_3)_2]^+\}}{K_f^{\ominus} c^2(NH_3)} = \frac{0.010}{1.1 \times 10^7 \times (0.010)^2}$$

$$= 9.1 \times 10^{-6} (\text{mol} \cdot L^{-1})$$

从计算结果看出，同类型的配离子，$K_f^{\ominus}$ 值越大解离程度越小，稳定性越高。

例 7-2 将 $0.020 \, \text{mol} \cdot L^{-1}$ $ZnSO_4$ 的溶液与 $1.08 \text{mol} \cdot L^{-1}$ 的氨水等体积混合溶液，溶液中游离的 Zn^{2+} 的浓度为多少？

解： 设混合后溶液中 Zn^{2+} 浓度为 $x \, \text{mol} \cdot L^{-1}$，则：

$$Zn^{2+} + 4NH_3 \rightleftharpoons [Zn(NH_3)_4]^{2+}$$

初始浓度/$\text{mol} \cdot L^{-1}$ 0.010   0.54   0
平衡浓度/$\text{mol} \cdot L^{-1}$ x $0.54-4(0.010-x)$ $0.010-x$
                               ≈ 0.50 ≈ 0.010

$$K_f^{\ominus} = \frac{c\{[Zn(NH_3)_4]^{2+}\}}{c(Zn^{2+})c^4(NH_3)}$$

$$c(Zn^{2+}) = x = \frac{c\{[Zn(NH_3)_4]^{2+}\}}{K_f^{\ominus} c^4(NH_3)} = \frac{0.010}{2.9 \times 10^9 \times (0.50)^4}$$

$$=5.5\times10^{-11}(\text{mol}\cdot\text{L}^{-1})$$

7.2.2 影响配合物稳定性的因素

在溶液中，配离子与组成它的中心离子及配体之间存在配位平衡，可用下列通式表示：
$$\text{M}^{n+}+x\text{L}^{m-}\rightleftharpoons \text{ML}_x^{(n-xm)+}$$

若向溶液中加入某种试剂（如酸、碱、沉淀剂、氧化还原剂或其他配位剂等），平衡将发生移动。配位平衡通常与其他平衡（酸碱平衡、沉淀平衡、氧化还原平衡等）共存，相互影响（竞争），即存在着竞争平衡问题。

(1) 沉淀剂对配合物稳定性的影响

溶液中沉淀-溶解平衡与配位平衡共存时，其竞争反应的实质是配位剂和沉淀剂争夺金属离子的过程。

例如，在含有[Ag(NH$_3$)$_2$]$^+$的溶液中加入NaCl，则NH$_3$和Cl$^-$争夺Ag$^+$，溶液中同时存在配位平衡和沉淀平衡：
$$[\text{Ag}(\text{NH}_3)_2]^+\rightleftharpoons \text{Ag}^++2\text{NH}_3$$
$$\text{Ag}^++\text{Cl}^-\rightleftharpoons \text{AgCl}\downarrow$$

总的竞争反应为：
$$[\text{Ag}(\text{NH}_3)_2]^++\text{Cl}^-\rightleftharpoons \text{AgCl}\downarrow+2\text{NH}_3$$

竞争平衡常数 $K_j^{\ominus}$ 表示为：
$$K_j^{\ominus}=\frac{c^2(\text{NH}_3)}{c\{[\text{Ag}(\text{NH}_3)_2]^+\}c(\text{Cl}^-)}=\frac{c^2(\text{NH}_3)c(\text{Ag}^+)}{c\{[\text{Ag}(\text{NH}_3)_2]^+\}c(\text{Cl}^-)c(\text{Ag}^+)}=\frac{1}{K_f^{\ominus}K_{sp}^{\ominus}}$$

$K_{sp}^{\ominus}$越小（沉淀越难溶解），$K_f^{\ominus}$越小（配离子越不稳定），沉淀反应进行的程度越大，配离子越易解离；$K_{sp}^{\ominus}$越大（沉淀越易溶解），$K_f^{\ominus}$越大（配离子越稳定），沉淀反应进行的程度越小，沉淀越易溶解。

例 7-3 要使 0.10mol AgCl 完全溶解在 1L 氨水中，问氨水的初始浓度至少需多大？若是 0.10mol AgI 呢？

解：0.10mol AgCl 完全溶解后，Ag$^+$ 几乎要完全转化为[Ag(NH$_3$)$_2$]$^+$，则：
$$\text{AgCl(s)}+2\text{NH}_3\rightleftharpoons[\text{Ag}(\text{NH}_3)_2]^++\text{Cl}^-$$

平衡浓度/mol·L^{-1} x 0.10   0.10

$$K_j^{\ominus}=\frac{c\{[\text{Ag}(\text{NH}_3)_2]^+\}c(\text{Cl}^-)}{c^2(\text{NH}_3)}=K_f^{\ominus}K_{sp}^{\ominus}$$

$$c(\text{NH}_3)=x=\sqrt{\frac{c[\text{Ag}(\text{NH}_3)_2^+]c(\text{Cl}^-)}{K_f^{\ominus}K_{sp}^{\ominus}}}=\sqrt{\frac{0.10\times0.10}{1.1\times10^7\times1.77\times10^{-10}}}$$
$$=2.3(\text{mol}\cdot\text{L}^{-1})$$

此为 0.10mol AgCl 完全溶解后氨水的平衡浓度。因此，氨水的初始浓度至少应为：$2.3+0.2=2.5(\text{mol}\cdot\text{L}^{-1})$。

同样可计算出完全溶解 0.10mol AgI 所需氨水的最低浓度为 $3.3\times10^3\text{mol}\cdot\text{L}^{-1}$。实际上氨水不可能达到如此高的浓度，所以 AgI 沉淀不可能溶解在氨水中。

例 7-4 将 $0.20\text{mol}\cdot\text{L}^{-1}$ AgNO$_3$ 溶液与 $1.00\text{mol}\cdot\text{L}^{-1}$ Na$_2$S$_2$O$_3$ 溶液等体积混合，再向此溶液中加入 KBr 固体，使 Br$^-$ 浓度为 $0.010\text{mol}\cdot\text{L}^{-1}$，问有无 AgBr 沉淀产生？

解：设平衡时 Ag$^+$ 浓度为 x mol·L^{-1}，则：

混合后： $Ag^+ + 2S_2O_3^{2-} \rightleftharpoons [Ag(S_2O_3)_2]^{3-}$
初始浓度/mol·L^{-1} 0.10   0.50   0
平衡浓度/mol·L^{-1} x $0.50-2(0.10-x)$ $0.10-x$
                            ≈ 0.30 ≈ 0.10

$$c(Ag^+) = x = \frac{c[Ag(S_2O_3)_2^{3-}]}{K_f^\ominus c^2(S_2O_3^{2-})} = \frac{0.10}{2.9 \times 10^{13} \times (0.30)^2}$$

$$= 3.8 \times 10^{-14} (mol \cdot L^{-1})$$

$$Q = c(Ag^+)c(Br^-) = 3.8 \times 10^{-14} \times 0.010 = 3.8 \times 10^{-16}$$

查表可知 $K_{sp}^\ominus(AgBr) = 5.35 \times 10^{-13}$

$Q < K_{sp}^\ominus$ 故没有 AgBr 沉淀生成。

（2）酸碱溶液对配合物稳定性的影响

配位体在广义上都是酸碱组分，在一个配位平衡体系中，始终存在着酸碱反应和配位反应的竞争，金属离子（M）与 H$^+$ 争夺配体（L）。由于酸碱平衡的存在，使得配体浓度降低，参与配位的能力下降，配位平衡向着解离的方向移动，配离子稳定性降低。这种现象称为配位体的酸效应。

例 7-5 在 $[Ag(NH_3)_2]^+$ 溶液中加入 HNO_3 溶液，会发生什么变化？

解：溶液混合后，HNO_3 解离的 H$^+$ 与 $[Ag(NH_3)_2]^+$ 解离产生的 NH_3 结合生成 NH_4^+，溶液中同时存在酸碱平衡和配位平衡：

$$[Ag(NH_3)_2]^+ \rightleftharpoons Ag^+ + 2NH_3$$
$$NH_3 + H^+ \rightleftharpoons NH_4^+$$

总的反应式为：
$$[Ag(NH_3)_2]^+ + 2H^+ \rightleftharpoons Ag^+ + 2NH_4^+$$

$$K_j^\ominus = \frac{c(Ag^+)c^2(NH_4^+)}{c\{[Ag(NH_3)_2]^+\}c^2(H^+)}$$

$$= \frac{c(Ag^+)c^2(NH_3)c^2(NH_4^+)c^2(OH^-)}{c\{[Ag(NH_3)_2]^+\}c^2(NH_3)c^2(H^+)c^2(OH^-)}$$

$$= \frac{(K_b^\ominus)^2}{K_f^\ominus (K_w^\ominus)^2} = \frac{(1.77 \times 10^{-5})^2}{1.1 \times 10^7 \times (1.0 \times 10^{-14})^2} = 2.8 \times 10^{11}$$

$K_j^\ominus$ 值很大，说明反应进行的程度很大，$[Ag(NH_3)_2]^+$ 完全解离。

（3）其他配位剂对配合物稳定性的影响

属于两个配位平衡之间的竞争反应。加入某种配体后，由 $K_f^\ominus$ 小的配离子转化为 $K_f^\ominus$ 大的配离子。两种配体间竞争的是中心离子。

例如，在血红色 $Fe(SCN)_3$ 溶液中加入 NaF，F$^-$ 和 SCN$^-$ 争夺 Fe^{3+}，溶液中同时存在两个配位平衡：

$$Fe(SCN)_3 \rightleftharpoons Fe^{3+} + 3SCN^-$$
$$Fe^{3+} + 6F^- \rightleftharpoons FeF_6^{3-}$$

总的反应为：
$$Fe(SCN)_3 + 6F^- \rightleftharpoons FeF_6^{3-} + 3SCN^-$$

$$K_j^\ominus = \frac{c(FeF_6^{3-})c^3(SCN^-)}{c[Fe(SCN)_3]c^6(F^-)} = \frac{c(FeF_6^{3-})c(Fe^{3+})c^3(SCN^-)}{c(Fe^{3+})c^6(F^-)c[Fe(SCN)_3]}$$

$$= \frac{K_f^{\ominus}(\text{FeF}_6^{3-})}{K_f^{\ominus}[\text{Fe(SCN)}_3]} = \frac{1.0 \times 10^{16}}{4.0 \times 10^5} = 2.5 \times 10^{10}$$

$K_j^{\ominus}$很大，说明竞争反应进行很完全，Fe(SCN)$_3$可完全转化为[FeF$_6$]$^{3-}$。这也可从溶液的颜色变化看出：在Fe(SCN)$_3$溶液中加入足量F$^-$后，溶液即从血红色变为无色。

(4) 氧化剂、还原剂对配合物稳定性的影响

对配位平衡来说，利用氧化剂或还原剂改变金属离子的价态，从而可使配位平衡发生移动；对氧化还原反应来说，加入配位剂可使金属离子的氧化还原能力发生改变。

例如，在Fe(SCN)$_3$溶液中加入还原剂SnCl$_2$，由于Sn^{2+}能将Fe^{3+}还原为Fe^{2+}，因而降低了Fe^{3+}的浓度，促进Fe(SCN)$_3$的解离：

$$\text{Fe(SCN)}_3 \rightleftharpoons \text{Fe}^{3+} + 3\text{SCN}^-$$

$$2\text{Fe}^{3+} + \text{Sn}^{2+} \rightleftharpoons 2\text{Fe}^{2+} + \text{Sn}^{4+}$$

总的反应为： $2\text{Fe(SCN)}_3 + \text{Sn}^{2+} \rightleftharpoons 2\text{Fe}^{2+} + \text{Sn}^{4+} + 6\text{SCN}^-$

又如溶液中有下列反应：

$$2\text{Fe}^{3+} + 2\text{I}^- \rightleftharpoons 2\text{Fe}^{2+} + \text{I}_2$$

若在此溶液中加入NaF，F$^-$与Fe^{3+}生成稳定的FeF$_6^{3-}$配离子，从而降低了Fe^{3+}的浓度，使得Fe^{3+}氧化能力减弱，Fe^{2+}还原能力增强，氧化还原反应因而逆向进行：

$$2\text{Fe}^{2+} + \text{I}_2 + 12\text{F}^- \rightleftharpoons 2[\text{FeF}_6]^{3-} + 2\text{I}^-$$

7.3 配位滴定法及应用

7.3.1 EDTA及其螯合物的特点

7.3.1.1 配位滴定法及其对反应的要求

配位滴定法是以配位反应为基础，用配位剂作为标准溶液，直接或间接滴定被测金属离子，并选用适当指示剂指示滴定终点的一种方法。

大多数金属离子都能与多种配位剂形成稳定性不同的配合物，但不是所有的配位反应都能用于配位滴定。能用于配位滴定的配位反应除必须满足滴定分析的基本条件外，还必须能生成稳定的、中心离子与配体比例恒定的配合物，而且最好能溶于水。

大多数简单配位反应存在着分级配合现象，如前所述Cu^{2+}和NH$_3$的反应，它们的各级稳定常数相差不大，使得配位数不同的配合物同时存在。因而Cu^{2+}和NH$_3$之间没有固定的化学计量关系并且稳定性差，所以不能用于滴定分析。在简单配位反应中只有汞量法和氰量法能用于滴定分析。

例如，Ag$^+$与CN$^-$可生成稳定的配离子：

$$\text{Ag}^+ + 2\text{CN}^- \rightleftharpoons [\text{Ag(CN)}_2]^- \qquad K_f^{\ominus} = 1.3 \times 10^{21}$$

当用AgNO$_3$溶液滴定CN$^-$到化学计量点时，稍微过量的Ag$^+$即与[Ag(CN)$_2$]$^-$反应生成白色的Ag[Ag(CN)$_2$]沉淀，指示达到终点，利用这个方法可以测定氰化物的含量。

由多基配体与金属离子形成的螯合物稳定性高，螯合比恒定，能满足滴定分析的基本要求。目前应用最多的滴定剂是乙二胺四乙酸等氨羧配位剂，它们能与大多数的金属离子形成稳定的可溶螯合物，能满足配位滴定的要求。因此配位滴定法主要是指形成螯合物的配位滴定法。

7.3.1.2 螯合物

(1) 螯合物的形成

由多基配体与金属离子形成的具有螯环结构的配合物称为螯合物。它是具有特殊结构的配合物，通常具有五元环或六元环，如$[Co(en)_3]^{3+}$。

形成螯合物的多基配体称为螯合剂，它们大多是含 N、S、O 等配位原子的有机分子或离子。螯合剂中两个配位原子之间应间隔 2~3 个其他原子，以便形成稳定的五元或六元环。螯合物中，中心离子与螯合剂数目之比称为螯合比。

(2) 螯合物的稳定性

具有螯环结构的配离子比一般的配离子具有更大的稳定性。这种由于螯环的形成而使配离子稳定性显著增强的作用称为螯合效应。影响螯合物稳定性的主要表观因素：

① 螯环的大小，以五元环或六元环最稳定。

② 螯环的数目，螯合物中螯环数目越多，稳定性越高。

7.3.1.3 EDTA 及其配合物的性质

(1) EDTA 的结构与性质

乙二胺四乙酸简称 EDTA，或 EDTA 酸，常用 H_4Y 表示。其结构式为：

$$\begin{array}{c} HOOCH_2C \\ \\ HOOCH_2C \end{array} N-CH_2-CH_2-N \begin{array}{c} CH_2COOH \\ \\ CH_2COOH \end{array}$$

其配位原子分别为 N 原子和—COOH 中的羧基 O 原子。在水溶液中，乙二胺四乙酸两个羧基上的质子转移到氮原子上，形成双偶极离子：

$$\begin{array}{c} {}^-OOCH_2C \\ \\ HOOCH_2C \end{array} \overset{H}{\underset{+}{N}}-CH_2-CH_2-\overset{+}{\underset{H}{N}} \begin{array}{c} CH_2COOH \\ \\ CH_2COO^- \end{array}$$

H_4Y 在水中的溶解度太低（295K 时每 100mL 水溶解 0.02g），所以滴定剂常用的是其二钠盐 $Na_2H_2Y \cdot 2H_2O$，也称 EDTA。它在水溶液中的溶解度较大，295K 时每 100mL 水可溶解 11.2g，此时溶液的浓度约为 $0.3mol \cdot L^{-1}$，pH 值约为 4.4。

在酸度较高的溶液中，H_4Y 的两个羧基可再接受两个 H^+ 而形成 H_6Y^{2+}，这样它就相当于一个六元酸，有六级解离平衡：

$$H_6Y^{2+} \rightleftharpoons H_5Y^+ + H^+ \qquad K_{a1}^\ominus = \frac{c(H^+)c(H_5Y^+)}{c(H_6Y^{2+})} = 10^{-0.9}$$

$$H_5Y^+ \rightleftharpoons H_4Y + H^+ \qquad K_{a2}^\ominus = \frac{c(H^+)c(H_4Y)}{c(H_5Y^+)} = 10^{-1.6}$$

$$H_4Y \rightleftharpoons H_3Y^- + H^+ \qquad K_{a3}^\ominus = \frac{c(H^+)c(H_3Y^-)}{c(H_4Y)} = 10^{-2.0}$$

$$H_3Y^- \rightleftharpoons H_2Y^{2-} + H^+ \qquad K_{a4}^\ominus = \frac{c(H^+)c(H_2Y^{2-})}{c(H_3Y^-)} = 10^{-2.67}$$

$$H_2Y^{2-} \rightleftharpoons HY^{3-} + H^+ \qquad K_{a5}^\ominus = \frac{c(H^+)c(HY^{3-})}{c(H_2Y^{2-})} = 10^{-6.16}$$

$$HY^{3-} \rightleftharpoons Y^{4-} + H^+ \qquad K_{a6}^{\ominus} = \frac{c(H^+)c(Y^{4-})}{c(HY^{3-})} = 10^{-10.26}$$

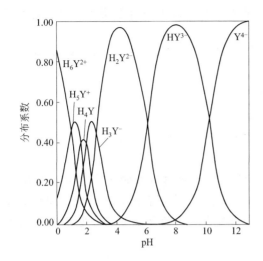

图 7-1　EDTA 各种型体的分布曲线

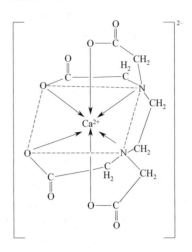

图 7-2　CaY^{2-} 螯合物的立体结构

在水溶液中，EDTA 有 H_6Y^{2+}、H_5Y^+、H_4Y、H_3Y^-、H_2Y^{2-}、HY^{3-}、Y^{4-} 七种型体存在，但是在不同的酸度下，各种型体的浓度是不同的，他们的浓度分布与溶液 pH 的关系如图 7-1 所示。由图可见，在 pH<1 的强酸性溶液中，EDTA 主要以 H_6Y^{2+} 型体存在；在 pH 为 2.67~6.16 的溶液中，主要以 H_2Y^{2-} 型体存在；在 pH>10.26 的碱性溶液中，主要以 Y^{4-} 型体存在。这种关系也可从平衡移动的原理定性说明：

$$H_6Y^{2+} \rightleftharpoons H_5Y^+ \rightleftharpoons H_4Y \rightleftharpoons H_3Y^- \rightleftharpoons H_2Y^{2-} \rightleftharpoons HY^{3-} \rightleftharpoons Y^{4-}$$

pH 增大，平衡向右移动；反之左移。由于只有 Y^{4-} 才能与金属离子直接发生配位反应，所以溶液的酸度便成为影响 EDTA 配合物稳定性及滴定终点敏锐性的一个重要因素。

(2) EDTA 的配位特性

EDTA 分子中含有两个氨基和四个羧基，属于多基配体，它的酸根离子 Y^{4-} 与金属离子形成的配合物具有以下特性。

① 广谱性。EDTA 具有广泛的配位性能，属于广谱型配位剂，它几乎能与所有金属离子形成配合物。但其选择性差，因而如何提高滴定的选择性是 EDTA 滴定中突出的问题。

② 螯合比恒定。每个 EDTA 分子中含有六个配位原子，能与金属离子形成六个配位键，而且 EDTA 分子的体积很大，所以 EDTA 与金属离子形成的配合物的螯合比一般为 1∶1（少数高价金属离子不为 1∶1）。如：

$$M^{2+} + H_2Y^{2-} \rightleftharpoons MY^{2-} + 2H^+$$
$$M^{3+} + H_2Y^{2-} \rightleftharpoons MY^- + 2H^+$$
$$M^{4+} + H_2Y^{2-} \rightleftharpoons MY + 2H^+$$

③ 稳定性高。EDTA 与大多数金属离子形成五元环的螯合物，具有较高的稳定性。图 7-2 为 Ca^{2+} 与 EDTA 所形成螯合物的立体结构示意图。由图可见，配离子中具有多个五元环，因而稳定性较高。为方便起见，金属离子与 EDTA 之间的配位反应简写为：

$$M + Y \rightleftharpoons MY$$

将各组分的电荷略去不写，配合物 MY 的稳定常数为：

$$K_f^{\ominus}(MY) = \frac{c(MY)}{c(M)c(Y)} \tag{7-3}$$

一些金属离子与 EDTA 形成的配合物 MY 的稳定常数见表 7-2。由表中数据可看出，绝大多数金属离子与 EDTA 形成的配合物都相当稳定。

④ EDTA 与无色金属离子形成无色配合物，与有色金属离子形成颜色更深的配合物。如：

CaY^{2-} 无色 　　　　CoY^- 紫红色
MgY^{2-} 无色 　　　　MnY^{2-} 紫红色
NiY^{2-} 蓝绿色　　　　CrY^- 深紫色
CuY^{2-} 深蓝色　　　　FeY^- 黄色

溶液的酸度或碱度较高时，H^+ 或 OH^- 也参与配位，形成酸式或碱式配合物，如 Al^{3+} 形成酸式配合物 AlHY 或碱式配合物 $[Al(OH)Y]^{2-}$。有时还有混合配合物形成，如在氨性溶液中，Hg^{2+} 与 EDTA 可生成 $[Hg(NH_3)Y]^{2-}$。这些配合物都不太稳定，它们的生成不影响金属离子与 EDTA 之间的 1:1 定量关系。

表 7-2　金属离子配合物的 $\lg K_f^{\ominus}$ (MY) ($I=0.1$，293~298K)

离子	$\lg K_f^{\ominus}(MY)$	离子	$\lg K_f^{\ominus}(MY)$	离子	$\lg K_f^{\ominus}(MY)$
Ag^+	7.32	Cd^{3+}	17.37	Sc^{3+}	23.1
Al^{3+}	16.3	HfO^{2+}	19.1	Sm^{3+}	17.14
Ba^{2+}	7.86	Hg^{2+}	21.7	Sn^{2+}	22.11
Be^{2+}	9.3	Ho^{3+}	18.74	Sr^{2+}	8.73
Bi^{3+}	27.94	In^{3+}	25.0	Tb^{3+}	17.67
Ca^{2+}	10.69	La^{3+}	15.50	Th^{4+}	23.2
Cd^{2+}	16.46	Li^+	2.79	Ti^{3+}	21.3
Ce^{3+}	15.98	Lu^{3+}	19.83	TiO^{2+}	17.3
Co^{2+}	16.31	Mg^{2+}	8.7	Tl^{3+}	37.8
Co^{3+}	36	Mn^{2+}	13.87	Tm^{3+}	19.07
Cr^{2+}	23.4	Mo^{2+}	28	$U(IV)$	25.8
Cu^{2+}	18.80	Na^+	1.66	VO^{2+}	18.8
Dy^{3+}	18.30	Nd^{3+}	16.6	VO_2^+	18.1
Er^{3+}	18.85	Ni^{2+}	18.62	Y^{3+}	18.09
Eu^{3+}	17.35	Pb^{2+}	18.04	Yb^{3+}	19.57
Fe^{2+}	14.32	Pd^{2+}	18.5	Zn^{2+}	16.50
Fe^{3+}	25.1	Pm^{3+}	16.75	ZrO^{2+}	29.5
Ga^{3+}	20.3	Pr^{3+}	16.40		

7.3.2　影响金属 EDTA 配合物稳定性的因素

(1) 主反应和副反应

在配位滴定中，往往涉及多个化学平衡。除 EDTA 与被测金属离子 M 之间的配位反应外，溶液中还存在着 EDTA 与 H^+ 和其他共存金属离子 N 的反应，被测金属离子 M 与溶液中其他共存配位剂或 OH^- 的反应，反应产物 MY 与 H^+ 或 OH^- 的作用，等等。一般将 EDTA 与被测金属离子 M 的反应称为主反应，而溶液中存在的其他反应都称为副反应，它们之间的平衡关系如下所示：

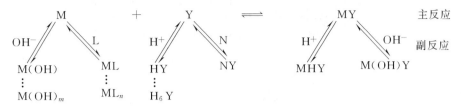

副反应的存在，使主反应的化学平衡发生移动，主反应产物 MY 的稳定性发生变化，因而对配位滴定的准确度可能有较大影响，其中以介质酸度的影响最为重要。

(2) 酸效应和酸效应系数

在滴定体系中有 H^+ 存在时，H^+ 与 EDTA 之间发生反应，使参与主反应的 Y^{4-} 浓度减小，主反应化学平衡向左移动，配位反应的程度降低，这种现象称为 EDTA 的酸效应。酸效应的大小用酸效应系数来衡量，它是指未参与配位反应的 EDTA 各种型体的总浓度 $c(Y')$ 与 Y^{4-} 的平衡浓度 $c(Y^{4-})$ 之比，用符号 $\alpha_{Y(H)}$ 表示，即：

$$\alpha_{Y(H)} = \frac{c(Y')}{c(Y^{4-})} \tag{7-4}$$

式中 $c(Y') = c(Y^{4-}) + c(HY^{3-}) + c(H_2Y^{2-}) + c(H_3Y^-) + c(H_4Y) + c(H_5Y^+) + c(H_6Y^{2+})$。

表 7-3 给出了不同 pH 下的 $\lg\alpha_{Y(H)}$ 值。

由表 7-3 可知，随介质酸度增大，$\lg\alpha_{Y(H)}$ 增大，即酸效应显著，EDTA 参与配合反应的能力显著降低。而在 pH=12 时，$\lg\alpha_{Y(H)}$ 接近于 0，所以，pH≥12 时，可忽略 EDTA 酸效应的影响。以 pH 对 $\lg\alpha_{Y(H)}$ 作图，即得 EDTA 的酸效应曲线（见图 7-3），从酸效应曲线上可查得不同 pH 下的 $\lg\alpha_{Y(H)}$ 值。

表 7-3 不同 pH 时的 $\lg\alpha_{Y(H)}$ 值

pH	$\lg\alpha_{Y(H)}$	pH	$\lg\alpha_{Y(H)}$	pH	$\lg\alpha_{Y(H)}$
0.0	23.64	3.6	9.27	7.2	3.10
0.2	22.47	3.8	8.85	7.4	2.88
0.4	21.32	4.0	8.44	7.6	2.68
0.6	20.18	4.2	8.04	7.8	2.47
0.8	19.08	4.4	7.64	8.0	2.27
1.0	18.01	4.6	7.24	8.2	2.07
1.2	16.98	4.8	6.84	8.4	1.87
1.4	16.02	5.0	6.45	8.6	1.67
1.6	15.11	5.2	6.07	8.8	1.48
1.8	14.27	5.4	5.69	9.0	1.28
2.0	13.51	5.6	5.33	9.2	1.10
2.2	12.82	5.8	4.98	9.6	0.75
2.4	12.19	6.0	4.65	10.0	0.45
2.6	11.62	6.2	4.34	10.5	0.20
2.8	11.09	6.4	4.06	11.0	0.07
3.0	10.60	6.6	3.79	11.5	0.02
3.2	10.14	6.8	3.55	12.0	0.01
3.4	9.70	7.0	3.32	13.0	0.00

(3) 配位效应和配位效应系数

如果滴定体系中存在其他配位剂，并能与被测金属离子形成配合物，则参与主反应的被测金属离子浓度减小，使主反应平衡向左移动，EDTA 与金属离子形成的配合物的稳定性

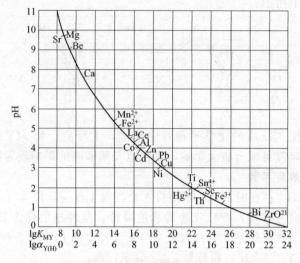

图 7-3 EDTA 的酸效应曲线

下降。这种由于共存配位剂的作用而使被测金属离子参与主反应的能力下降的现象称为配位效应。溶液中的 OH^- 能与金属离子形成氢氧化物或羟基配合物，从而降低其参与主反应的能力，称为金属离子的水解效应，属于配位效应的一种。

配位效应的大小可用配位效应系数来衡量，它是指未与 EDTA 配位的金属离子的各种存在型体的总浓度 $c(M')$ 与游离金属离子的浓度 $c(M)$ 之比，用 $\alpha_{M(L)}$ 表示，即：

$$\alpha_{M(L)} = \frac{c(M')}{c(M)} \tag{7-5}$$

配位效应系数 $\alpha_{M(L)}$ 的大小与共存配位剂 L 的种类和浓度有关。共存配位剂的浓度越大，与被测金属离子形成的配合物越稳定，则配位效应越显著，对主反应的影响越大。

(4) 配合物的条件稳定常数

EDTA 与金属离子形成配合物的稳定常数 $K_f^{\ominus}(MY)$ 越大，表示配位反应进行得越完全，生成的配合物 MY 越稳定。由于 $K_f^{\ominus}(MY)$ 是在一定温度和离子强度理想条件下的平衡常数，溶液中的 $c(Y)$、$c(M)$ 不受溶液其他条件的影响，故也称为 EDTA 配合物的绝对稳定常数。但是，在滴定分析中，由于酸效应和配位效应的存在，未生成配合物 MY 的 EDTA 和金属离子的浓度不再是 $c(Y)$、$c(M)$，而是 $c(Y')$、$c(M')$。而在 EDTA 配合物的绝对稳定常数中，只反映了 $c(Y)$ 和 $c(M)$ 的关系，引入条件稳定常数可以使计算更符合实际。

配合物的条件稳定常数 K'_{MY} 可表示为：

$$K'_{MY} = \frac{c(MY)}{c(M')c(Y')} \tag{7-6}$$

由 $\alpha_{Y(H)} = \frac{c(Y')}{c(Y^{4-})}$，$\alpha_{M(L)} = \frac{c(M')}{c(M)}$ 可得：

$$c(Y') = c(Y^{4-})\alpha_{Y(H)}$$

$$c(M') = c(M)\alpha_{M(L)}$$

所以

$$K'_{MY} = \frac{c(MY)}{c(M')c(Y')} = \frac{c(MY)}{c(M)c(Y^{4-})\alpha_{Y(H)}\alpha_{M(L)}}$$

$$=\frac{K_f^{\ominus}(MY)}{\alpha_{Y(H)}\alpha_{M(L)}} \tag{7-7}$$

即
$$\lg K'_{MY} = \lg K_f^{\ominus}(MY) - \lg\alpha_{Y(H)} - \lg\alpha_{M(L)} \tag{7-8}$$

显然，副反应系数越大，K'_{MY} 越小，酸效应和配位效应越严重，配合物的实际稳定性越低。由于 EDTA 在滴定过程中存在酸效应和配位效应，所以应使用条件稳定常数来衡量 EDTA 配合物的实际稳定性。

例 7-6 计算 pH＝5.00 时，溶液中 AlY^- 的 $\lg K'_{AlY^-}$ 值。

解：查表 7-3 可知 pH＝5.00 时，$\lg\alpha_{Y(H)} = 6.45$

故
$$\lg K'_{MY} = \lg K_f^{\ominus}(AlY^-) - \lg\alpha_{Y(H)}$$
$$= 16.3 - 6.45 = 9.85$$

配位滴定中应注意控制溶液的酸度及其他辅助配位剂的使用，以保证 EDTA 与金属离子所形成的配合物具有足够的稳定性。

7.3.3 金属指示剂

(1) 金属指示剂及其工作原理

在配位滴定中，通常利用一种能与金属离子生成有色配合物的显色剂来指示滴定终点，这种显色剂称为金属离子指示剂，简称金属指示剂。

在滴定开始时，金属指示剂（In）与少量被滴定金属离子反应，形成一种与指示剂本身颜色不同的配合物（MIn）：

$$M + In \rightleftharpoons MIn$$
颜色 A　　　颜色 B

随着 EDTA 的加入，游离金属离子逐渐被配位，形成 MY。当 EDTA 与游离的金属完全反应后，EDTA 从显色配合物 MIn 中夺取金属离子 M，使指示剂 In 游离出来，这样溶液的颜色就从显色配合物 MIn 的颜色（颜色 B）转变为游离指示剂 In 的颜色（颜色 A），指示终点达到：

$$MIn + Y \rightleftharpoons MY + In$$
颜色 B　　　　　　　颜色 A

(2) 金属指示剂应具备的条件

① 指示剂与金属离子形成的配合物 MIn 的颜色与指示剂 In 自身的颜色有显著差别。

② 显色反应灵敏、迅速，且有良好的变色可逆性。

③ 指示剂与金属离子形成的配合物的稳定性要适当，也就是说既要有足够的稳定性，又要比该金属离子的 EDTA 配合物稳定性小。如果 MIn 的稳定性太低，就会提前出现终点，且变色不敏锐；如果 MIn 稳定性太高，终点就会拖后，甚至使 EDTA 不能夺取显色配合物中的金属离子，得不到滴定终点。

④ 金属指示剂应比较稳定，便于储存和使用。

⑤ 指示剂与金属离子形成的配合物应易溶于水，如果生成胶体溶液或沉淀，会使变色不明显。

应当指出，金属指示剂一般为有机弱酸，具有酸碱指示剂性质，即指示剂自身的颜色随溶液 pH 的不同而不同，因而在选用金属指示剂时，应注意控制溶液的 pH，使游离指示剂 In 的颜色与显色配合物 MIn 的颜色有较大差别。

如果滴定体系中存在干扰离子，并能与金属指示剂形成稳定的配合物，那么虽然加入过量的 EDTA，在化学计量点附近仍没有颜色变化。这种现象称为指示剂的封闭现象，可加入适当的掩蔽剂来消除（见表 7-5）。

有些指示剂或指示剂与金属离子形成的配合物在水中溶解度较小，以致在化学计量点时 EDTA 与指示剂置换缓慢，使终点拖长，这种现象称为指示剂的僵化。可通过放慢滴定速度，加入适当的有机溶剂或加热，以增加有关物质的溶解度来消除这一影响。

(3) 常用金属指示剂简介

① 铬黑 T 简称 EBT，使用最适应酸度是 pH=9～10.5，因为在此酸度范围内其自身为蓝色，与 Mg^{2+}、Zn^{2+}、Ca^{2+}、Pb^{2+}、Hg^{2+}、Mn^{2+} 等离子形成的红色配合物明显不同。Al^{3+}、Fe^{3+} 等对 EBT 有封闭作用。铬黑 T 固体性质稳定，但其水溶液只能保存几天，因此常将 EBT 与干燥的纯 NaCl 按 1∶100 混合均匀，研细，密闭保存。也可以用乳化剂 OP（聚乙二醇辛基苯基醚）和 EBT 配成水溶液，其中 OP 为 1%，EBT 为 0.001%，这样的溶液可使用两个月。

② 钙指示剂 简称 NN，适用酸度为 pH=8～13，在 pH=12～13 时与 Ca^{2+} 形成红色配合物，自身为蓝色。Fe^{3+}、Al^{3+} 等对 NN 有封闭作用。

③ 二甲酚橙 简称 XO，适用酸度为 pH<6，在 pH=5～6 时，与 Pb^{2+}、Zn^{2+}、Cd^{2+}、Hg^{2+}、Ti^{3+} 等形成红色配合物，自身显亮黄色。Fe^{3+}、Al^{3+} 等对 XO 有封闭作用。

④ PAN 适用酸度为 pH=2～12，在适宜酸度下与 Th^{4+}、Bi^{3+}、Cu^{2+}、Ni^{2+}、Pb^{2+}、Cd^{2+}、Zn^{2+}、Mn^{2+}、Fe^{2+} 形成紫红色配合物，自身显黄色。红色配合物水溶性差、易僵化。

⑤ 磺基水杨酸 简称 ssal，适用酸度范围为 pH=1.5～2.5，在此范围内与金属离子生成紫红色配合物，自身为无色。

7.3.4 配位滴定的基本原理

7.3.4.1 配位滴定曲线

在配位滴定过程中，随着 EDTA 的不断加入，被滴定的金属离子浓度逐渐减小，反映这一变化规律的曲线也就是配位滴定曲线。一般以 EDTA 的加入量（或加入百分数）为横坐标，金属离子浓度的负对数 pM 为纵坐标。

现以 pH=12.00 时用 0.01000 mol·L^{-1} EDTA 标准溶液滴定 20.00 mL 0.01000 mol·L^{-1} Ca^{2+} 溶液为例，说明不同滴定阶段金属离子浓度的计算。

假设滴定体系中不存在其他辅助配位剂，只考虑 EDTA 的酸效应。已知：$K_f^{\ominus}(CaY)=10^{10.69}$；pH=12.0 时 $\alpha_{Y(H)}=10^{0.01}\approx 1$，所以

$$K'_{CaY}=\frac{K_f^{\ominus}(CaY)}{\alpha_{Y(H)}}=10^{10.69}$$

① 滴定前 $c'(Ca^{2+})=c(Ca^{2+})=0.01000\ mol\cdot L^{-1}$

pCa=2.0

② 化学计量点前 由于 $\lg K'_{CaY}=10.69$，即 CaY^{2-} 很稳定，计量点前其解离作用可忽略。设加入 EDTA 溶液 19.98 mL，此时还剩余的 0.1% 的 Ca^{2+} 没被配位，所以

$$c(Ca^{2+})=\frac{20.00-19.98}{20.00+19.98}\times 0.01000=5.0\times 10^{-6}\ (mol\cdot L^{-1})$$

pCa=5.3

③ 化学计量点时　Ca^{2+} 与 EDTA 几乎全部配位产生 CaY，所以

$$c(CaY) = \frac{20.00}{20.00+20.00} \times 0.01000 = 5.0 \times 10^{-3} (mol \cdot L^{-1})$$

因为此时 $c(Ca^{2+}) = c(Y^{4-})$，所以

$$K'_{CaY} = \frac{c(CaY)}{c(Ca^{2+})c(Y^{4-})} = \frac{c(CaY)}{c^2(Ca^{2+})}$$

$$c(Ca^{2+}) = \sqrt{\frac{c(CaY)}{K'_{CaY}}} = \sqrt{\frac{5.0 \times 10^{-3}}{10^{10.69}}} = 3.2 \times 10^{-7} (mol \cdot L^{-1})$$

$$pCa = 6.5$$

④ 化学计量点后　设加入 EDTA 溶液 20.02mL，此时 EDTA 溶液过量 0.1%，所以

$$c(Y^{4-}) = \frac{20.02-20.00}{20.02+20.00} \times 0.01000 = 5.0 \times 10^{-6} (mol \cdot L^{-1})$$

而此时

$$c(CaY) = \frac{20.00}{20.02+20.00} \times 0.01000 = 5.0 \times 10^{-3} (mol \cdot L^{-1})$$

所以

$$c(Ca^{2+}) = \frac{c(CaY)}{K'_{CaY} c(Y^{4-})} = \frac{5.0 \times 10^{-3}}{10^{10.69} \times 5.0 \times 10^{-6}} = 10^{-7.69} (mol \cdot L^{-1})$$

$$pCa = 7.7$$

按照上述计算方法，所得结果列于表 7-4。以 pCa 对加入 EDTA 溶液的百分数作图，即得到用 EDTA 溶液滴定 Ca^{2+} 的滴定曲线，如图 7-4 所示。

表 7-4　pH＝12 时用 0.01000 mol·L^{-1} EDTA 溶液滴定 20.00mL
0.01000mol·L^{-1} Ca^{2+} 溶液过程中 pCa 值的变化

加入 EDTA 溶液		Ca^{2+} 被配位的百分数/%	过量 EDTA 的百分数/%	pCa
毫升数/mL	百分数/%			
0.00	0.0	0.0		2.0
18.00	90.0	90.0		3.3
19.80	99.0	99.0		4.3
19.98	99.9	99.9		5.3
20.00	100.0	100.0	0.0	6.5
20.02	100.1		0.1	7.7
20.20	101.0		1.0	8.7

用同样的方法计算 pH＝10、9、7、6 时滴定过程中的 pCa，其结果绘成图 7-4。可以看出，在化学计量点附近，溶液的 pM 值发生了突变，称为滴定突跃。在化学计量点附近 ±0.1% 范围内，溶液的 pM 值变化范围，称为滴定突跃范围。

如果滴定过程中使用了辅助配位剂，与被滴定金属离子发生了其他配位反应，这时要同时考虑酸效应和配位效应对滴定过程的影响，滴定曲线应该用 pM′ 代替 pM。

当用 0.01000mol·L^{-1} EDTA 溶液滴定 0.01000mol·L^{-1} 金属离子 M^{n+} 时，若配合物 MY 的 $\lg K'_{MY}$ 分别为 2、4、6、8、10、12、14，绘制出相应的滴定曲线，如图 7-5 所示。

若 $\lg K'_{MY}=10$，用相同浓度的 EDTA 溶液分别滴定不同浓度的金属离子，如 c(M) 分别为 $10^{-1} \sim 10^{-4}$ mol·L^{-1}，滴定过程滴定曲线见图 7-6 所示。

在配位滴定中确定滴定突跃范围和化学计量点是十分重要的，有助于选择合适的指示剂和确定滴定误差。从图 7-4～图 7-6 可看出，在配位滴定中，化学计量点前后存在着滴定突跃，而且突跃范围的大小与配合物的条件稳定常数和被滴定金属离子的浓度直接相关。

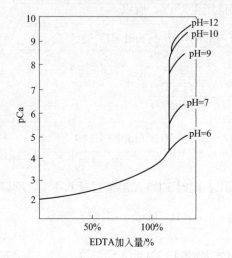
图 7-4 不同 pH 值时用 $0.01\text{mol} \cdot \text{L}^{-1}$ EDTA 溶液滴定 $0.01\text{mol} \cdot \text{L}^{-1}\text{Ca}^{2+}$ 的滴定曲线

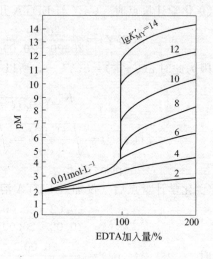
图 7-5 不同 $\lg K'_{MY}$ 时用 $0.01\text{mol} \cdot \text{L}^{-1}$ EDTA 滴定 $0.01 \text{ mol} \cdot \text{L}^{-1} M^{n+}$ 的滴定曲线

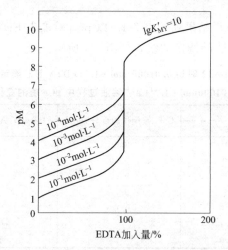
图 7-6 EDTA 滴定不同浓度 M 的滴定曲线

7.3.4.2 滴定突跃范围的影响因素

(1) 配合物条件稳定常数的影响

$\lg K'_{MY}$ 越大,滴定突跃范围也越大(见图 7-5)。而 $\lg K'_{MY}$ 值的大小取决于 $K_f^{\ominus}(MY)$、$\alpha_{M(L)}$ 和 $\alpha_{Y(H)}$。

① 一定条件下,$\lg K_f^{\ominus}(MY)$ 值越大,相应的 $\lg K'_{MY}$ 也越大,pM 突跃范围越大;反之,pM 突跃范围越小。

② 滴定体系的酸度越大,酸效应系数 $\alpha_{Y(H)}$ 就越大,$\lg K'_{MY}$ 变小,引起滴定曲线尾部平台下降,导致 pM 突跃范围变小。

③ 缓冲剂及辅助配位剂的配位作用。当缓冲剂或为防止 M 的水解而加入的辅助配位剂都会对 M 产生配位效应时,缓冲剂或辅助配位剂浓度越大,$\alpha_{M(L)}$ 值就越大,$\lg K'_{MY}$ 变小,使 pM 突跃范围变小。这里特别要指出的是 OH^- 作为辅助配位剂的影响,当 pH 增大时,

$\alpha_{Y(H)}$ 减小,酸效应减弱,但同时 $c(OH^-)$ 增大,$\alpha_{M(OH^-)}$ 也增大,K'_{MY} 可能减小,因此配位滴定中并不是 pH 越高越好,选择和控制溶液的 pH 对滴定非常重要。

(2) 被滴定金属离子浓度的影响

金属离子的浓度越低,滴定曲线的起点就越高,滴定突跃范围越小。反之,滴定突跃范围越大(见图 7-6)。

7.3.4.3 单一金属离子准确滴定的界限

在采用指示剂指示终点和人眼判断颜色的情况下,终点的判断与化学计量点之间会有 ± 0.2 pM 单位的差距,而配位滴定一般要求相对误差不大于 0.1%。根据上面影响滴定突跃范围大小的因素可知,金属离子的初始浓度和条件稳定常数越大,滴定的突跃范围越大。要满足滴定分析的误差要求,则被滴定的金属离子的浓度 $c(M)$ 与配合物的条件稳定常数 K'_{MY} 的乘积应不小于 10^6,即:

$$c(M)K'_{MY} \geqslant 10^6 \quad \text{或} \quad \lg[c(M)K'_{MY}] \geqslant 6 \tag{7-9}$$

式(7-9)即为配位滴定中准确测定单一金属离子的条件。

例 7-7 在 pH=5.00 时,能否用 $0.010\,\text{mol}\cdot\text{L}^{-1}$ EDTA 标准溶液直接准确滴定 $0.010\,\text{mol}\cdot\text{L}^{-1}$ Mg^{2+}?在 pH=10.00 的氨性缓冲溶液中呢?

解:pH=5.00 时,查表 7-3 知 $\lg\alpha_{Y(H)}=6.45$,则

$$\lg K'_{MgY} = \lg K_f^\ominus(MgY) - \lg\alpha_{Y(H)} = 8.7 - 6.45 = 2.25$$

$$\lg[c(Mg^{2+})K'_{MgY}] = -2.00 + 2.25 = 0.25 < 6$$

故 pH=5.00 时不能直接准确滴定 Mg^{2+}。

pH=10.00 时,查表 7-3 知 $\lg\alpha_{Y(H)}=0.45$,则

$$\lg K'_{MgY} = 8.7 - 0.45 = 8.25$$

$$\lg[c(Mg^{2+})K'_{MgY}] = -2.00 + 8.25 = 6.25 > 6$$

在 pH=10.00 时,Mg^{2+} 可被准确滴定。

用 $\lg[c(M)K'_{MY}] \geqslant 6$ 作为判断能否准确滴定的界限是有条件的,如果允许误差较大,则 $\lg[c(M)K'_{MY}]$ 可以允许小一点。如果采用灵敏准确的仪器分析方法来检测滴定终点,则终点与化学计量点间的差距会减小,$\lg[c(M)K'_{MY}]$ 也可允许小一点。

7.3.4.4 配位滴定中的酸度控制

(1) 配位滴定中最高酸度和最低酸度

单一金属离子被准确滴定的界限是 $\lg[c(M)K'_{MY}] \geqslant 6$,假设在配位滴定中除 EDTA 的酸效应之外没有其他副反应,则 $\lg K'_{MY}$ 主要受溶液酸度的影响。单一金属离子准确滴定所允许溶液的最高酸度称为最高酸度,与之相应的溶液 pH 称为最低 pH。

在配位滴定中,被滴定金属离子的浓度 $c(M)$ 一般为 $0.01\,\text{mol}\cdot\text{L}^{-1}$,根据式(7-9)有

$$\lg(0.01 K'_{MY}) \geqslant 6$$

即

$$\lg K'_{MY} \geqslant 8$$

若只考虑 EDTA 的酸效应,则

$$\lg K'_{MY} = \lg K_f^\ominus(MY) - \lg\alpha_{Y(H)} \geqslant 8$$

即

$$\lg\alpha_{Y(H)} \leqslant \lg K_f^\ominus(MY) - 8 \tag{7-10}$$

在 $c(M) = 0.01\,\text{mol}\cdot\text{L}^{-1}$ 且仅考虑酸效应影响时,可由式(7-10)求出配位滴定的最大 $\lg\alpha_{Y(H)}$,然后从表 7-3 或酸效应曲线便可求得相应的 pH,即最低 pH。

例 7-8 计算用 $0.01\text{mol}\cdot\text{L}^{-1}$ EDTA 滴定 $0.01\text{mol}\cdot\text{L}^{-1}\text{Mg}^{2+}$ 的最高酸度（最低 pH）。

解： 已知 $\lg K_f^{\ominus}(\text{MgY}) = 8.7$

则 $\lg \alpha_{Y(H)} \leqslant 8.7 - 8 = 0.7$

查表或酸效应曲线可知，此时 $\text{pH} \geqslant 9.7$，所以滴定 $0.01\text{mol}\cdot\text{L}^{-1}\text{Mg}^{2+}$ 的最低 pH 约为 10。

在 $c'(\text{M}) = 0.01\text{ mol}\cdot\text{L}^{-1}$，相对误差为 0.1% 时，可以计算出用 EDTA 滴定各种金属离子时的最低 pH，并将其标注在 EDTA 的酸效应曲线上（见图 7-3），可供实际工作时参考。该曲线通常又称为林邦（Ringbom）曲线。

从滴定曲线的讨论中可知，pH 越大，由于酸效应越弱，$\lg K'_{MY}$ 越大，配合物越稳定，被滴定金属离子与 EDTA 的反应也越完全，滴定突跃范围也越大。但是，随着 pH 增大，金属离子也可能会发生水解，生成多羟基配合物，降低 EDTA 配合物的稳定性，甚至会因生成氢氧化物沉淀而影响 EDTA 配合物的形成，对滴定不利。因此，对于不同的金属离子，因其性质不同而在滴定时有不同的最高允许 pH 或最低酸度。在没有辅助配位剂存在时，准确滴定某一金属离子的最低允许酸度通常可粗略地由一定浓度的金属离子形成氢氧化物沉淀时的 pH 估算。

例 7-9 试计算用 $0.010\text{mol}\cdot\text{L}^{-1}$ EDTA 滴定 $0.010\text{mol}\cdot\text{L}^{-1}\text{Fe}^{3+}$ 溶液时的最高酸度和最低酸度。

解： 由式（7-10）得

$$\lg \alpha_{Y(H)} \leqslant \lg K_f^{\ominus}(\text{FeY}^-) - 8 = 25.1 - 8 = 17.1$$

查表或酸效应曲线，得到 $\text{pH} \geqslant 1.2$，故滴定时的最低 pH 为 1.2。
最低酸度由 Fe(OH)_3 的 $K_{sp}^{\ominus}$ 求得：

$$c(\text{OH}^-) = \sqrt[3]{\frac{K_{sp}^{\ominus}}{c(\text{Fe}^{3+})}} = \sqrt[3]{\frac{2.64 \times 10^{-39}}{0.010}} = 6.41 \times 10^{-13}(\text{mol}\cdot\text{L}^{-1})$$

$$\text{pOH} = 12.2, \quad \text{pH} = 1.8$$

即滴定时的最高 pH 为 1.8。

显然，此处计算出的最高 pH，是刚开始析出 Fe(OH)_3 沉淀时的 pH。这样按 $K_{sp}^{\ominus}$ 计算所得的最低酸度，可能与实际情况略有出入，因为在计算过程中忽略了羟基配合物、离子强度及沉淀是否易于再溶解等因素的影响。个别氢氧化物沉淀溶解度较大的金属离子，如 Mg^{2+}，就明显地存在这种情况。尽管如此，按这种方式计算而得到的最低酸度仍可供实际滴定时参考。

配位滴定应控制在最高酸度和最低酸度之间进行，将此酸度范围称为配位滴定的适宜酸度范围。

（2）酸度的控制

在配位滴定过程中，随着配合物的不断生成，不断有 H^+ 释放出来：

$$\text{M}^{n+} + \text{H}_2\text{Y}^{2-} \rightleftharpoons \text{MY}^{(4-n)-} + 2\text{H}^+$$

因此，溶液的酸度不断增大。为了保证溶液的酸度在最高酸度和最低酸度之间，常加入缓冲溶液控制溶液的酸度。

*7.3.5 提高配位滴定选择性的方法

实际的分析对象中往往有多种金属离子共存，而 EDTA 又能与很多金属离子形成稳定的配合物，所以在滴定某一金属离子时常常受到共存离子的干扰。如何在多种离子中进行滴定就成为配位滴定的一个重要问题。

7.3.5.1 控制酸度

假设溶液中含有两种金属离子 M、N，它们均可与 EDTA 形成配合物，且 $K'_{MY} > K'_{NY}$。

当用 EDTA 滴定时，若 $c(M) = c(N)$，M 首先被滴定。若 K'_{MY} 与 K'_{NY} 相差足够大，则 M 被定量滴定后，EDTA 才与 N 作用，这样，N 的存在并不干扰 M 的准确滴定。两种金属离子的 EDTA 配合物的条件稳定常数相差越大，准确滴定 M 的可能性就越大。对于有干扰离子存在的配位滴定，一般允许有不超过 0.5% 的相对误差，而如前述，肉眼判断终点颜色变化时，滴定突跃范围至少应有 0.2 个 pM 单位，根据理论推导，在 M、N 两种离子共存时在满足式(7-9)的情况下还须满足：

$$\frac{c(M)K'_{MY}}{c(N)K'_{NY}} \geq 10^5 \tag{7-11}$$

此时我们可以通过控制酸度进行分别滴定。该式称为分别滴定判别式。

例 7-10 若一溶液中 Fe^{3+}、Al^{3+} 浓度均为 $0.01\ mol \cdot L^{-1}$，能否控制酸度用 EDTA 滴定 Fe^{3+}？如何控制溶液的酸度？

解： 已知 $K_f^{\ominus}(FeY^-) = 10^{25.1}$，$K_f^{\ominus}(AlY^-) = 10^{16.3}$

同一溶液中的 EDTA 酸效应一定，在无其他副反应时：

$$\frac{c(Fe^{3+})K'_{FeY^-}}{c(Al^{3+})K'_{AlY^-}} = \frac{K_f^{\ominus}(FeY^-)}{K_f^{\ominus}(AlY^-)} = 10^{8.8} > 10^5$$

所以可以控制溶液的酸度来滴定 Fe^{3+}，而 Al^{3+} 不干扰。

根据 $\lg[c(Fe^{3+})K'_{FeY^-}] \geq 6$，可计算出滴定 Fe^{3+} 的最低 pH 约为 1.2。而在 pH>1.8 时，Fe^{3+} 发生水解生成 $Fe(OH)_3$ 沉淀，所以，由例 7-9 知，可控 pH = 1.2~1.8 滴定 Fe^{3+}。从酸效应曲线可看出，这时 Al^{3+} 不被滴定。

如果溶液中存在两种以上金属离子，要判断能否用控制溶液酸度的方法进行分别滴定，应该首先考虑配合物稳定常数最大和与之最接近的那两种离子，然后依次两两考虑。

在考虑滴定的适宜 pH 范围时还应注意所选用指示剂的适宜 pH 范围。如例 7-10 中滴定 Fe^{3+} 时，用磺基水杨酸作指示剂，在 pH = 1.5~1.8 时，它与 Fe^{3+} 形成红色配合物。若在此 pH 范围内用 EDTA 直接滴定 Fe^{3+}，终点颜色变化明显，Al^{3+} 不干扰。滴定 Fe^{3+} 后，调节溶液 pH=3，加入过量 EDTA，煮沸，使 Al^{3+} 与 EDTA 完全配位，再调 pH 至 5~6，用 PAN 作指示剂，用 Cu^{2+} 标准溶液滴定过量的 EDTA，即可测出 Al^{3+} 的含量。

当被测金属离子与干扰离子的配合物的稳定性相差不大，即不能满足式(7-11)时，B 可以通过下列方法提高滴定的选择性。

7.3.5.2 掩蔽与解蔽

加入某种试剂，使之仅与干扰离子 N 反应，这样溶液中游离 N 的浓度大大降低，N 对被测离子 M 的干扰也会减弱甚至消除，这种方法称为掩蔽法。常用的掩蔽法有配位掩蔽法、沉淀掩蔽法和氧化还原掩蔽法等，其中以配位掩蔽法最常用。

(1) 配位掩蔽法

利用配位剂（掩蔽剂）与干扰离子形成稳定的配合物，从而消除干扰的掩蔽方法。例如，pH=10 时用 EDTA 滴定 Mg^{2+} 时，Zn^{2+} 的存在会干扰滴定，若加入 KCN，与 Zn^{2+} 形成稳定配离子，Zn^{2+} 即被掩蔽而消除干扰。又如用 EDTA 滴定水中的 Ca^{2+}、Mg^{2+} 以测定水的硬度时，Fe^{3+}、Al^{3+}的干扰可用三乙醇胺掩蔽。

采用配位掩蔽法时，所用掩蔽剂必须具备下列条件：①干扰离子与掩蔽剂形成的配合物应远比它与EDTA形成的配合物稳定，且配合物应为无色或浅色，不影响终点判断；②掩蔽剂不与被测离子反应，即使反应形成配合物，其稳定性也应远低于被测离子与EDTA形成的配合物，这样在滴定时掩蔽剂可被EDTA置换；③掩蔽剂适用的pH范围应与滴定的pH范围一致。EDTA滴定法中常用的掩蔽剂见表7-5。

表7-5 滴定中常用的掩蔽剂

掩蔽剂	掩蔽离子	测定离子	pH	指示剂	备注
二硫基丙醇（BAL）	Ag^+,As^{3+},Bi^{3+},Cd^{2+},Hg^{2+},Pb^{2+},Sb^{3+},Sn^{4+},Co^{2+},Cu^{2+},Ni^{2+}	Ca^{2+},Mg^{2+},Mn^{2+}	10	铬黑T	Co^{2+},Cu^{2+},Ni^{2+}与BAL的配合物有色
三乙醇胺（TEA）	Al^{3+}	Mg^{2+},Zn^{2+}	10	铬黑T	
	Al^{3+},Fe^{3+},Mn^{2+}	Ca^{2+}	碱性	Cu-PAN	
		Ca^{2+}	>12	紫脲酸铵或钙指示剂	
		Ni^{2+}	10	紫脲酸铵	
	Al^{3+},Fe^{2+},Sn^{4+},Ti^{2+}	Cd^{2+},Mg^{2+},Mn^{2+},Pb^{2+},Zn^{2+}	10	铬黑T	
酒石酸盐	Al^{3+}	Zn^{2+}	5.2	二甲酚橙	
	Al^{3+},Fe^{3+}	Ca^{2+},Mn^{2+}	10	Cu-PAN	
	Al^{3+},Fe^{3+},少量Ti^{4+}	Ca^{2+}	>12	钙黄绿素或钙指示剂	
柠檬酸	少量Al^{3+}	Zn^{2+}	8.5~9.5	铬黑T	30℃丙酮(黄→粉红) 测定Cu^{2+}和Pb^{2+}时加入Cu-EDTA
	Fe^{3+}	Cd^{2+},Cu^{2+},Pb^{2+}	8.5	萘基偶氮羟啉S	
氰化物	Ag^+,Cd^{2+},Co^{2+},Cu^{2+},Fe^{2+},Hg^{2+},Ni^{2+},Zn^{2+}和铂系金属	Ba^{2+},Sr^{2+}	10.5~11	金属酞	50%甲醇溶液
		Ca^{2+}	>12	钙指示剂	
		Mg^{2+}	10	铬黑T	
	Cu^{2+},Zn^{2+}	$Mg^{2+}+Ca^{2+}$			
		Mn^{2+},Pb^{2+}	10	铬红B	
氟化物	Al^{3+}	Cu^{2+}	3~3.5	萘基偶氮羟啉S	氟化物又是沉淀掩蔽剂
	Al^{3+},Fe^{3+}	Zn^{2+}	5~6	二甲酚橙	
		Cu^{2+}	6~6.5	铬天青S	
碘化钾	Hg^{2+}	Cu^{2+}	7	PAN	70℃
		Zn^{2+}	6.4	萘基偶氮羟啉S	

（2）沉淀掩蔽法

利用某一沉淀剂与干扰离子生成难溶性沉淀，降低干扰离子浓度，在不分离沉淀的条件下可直接滴定被测离子。例如，在pH=10时用EDTA滴定Ca^{2+}，这时Mg^{2+}也被滴定，若加入NaOH，使溶液pH>12，则Mg^{2+}形成$Mg(OH)_2$沉淀而不干扰Ca^{2+}的滴定。

沉淀掩蔽法不是一种理想的掩蔽方法，在实际应用中有一定的局限性。必须注意：①沉淀反应要进行完全，沉淀溶解度要小，否则掩蔽效果不好；②生成的沉淀应是无色或浅色致密的，最好是晶形沉淀，否则由于颜色深、体积大，吸附被测离子或指示剂而影响终点观察。

（3）氧化还原掩蔽法

当某种价态的共存离子对滴定有干扰时，利用氧化还原反应改变干扰离子的价态，则可消除对被测离子的干扰。例如，用 EDTA 滴定 Hg^{2+}、Bi^{3+}、ZrO^{2+}、Sn^{4+}、Th^{4+} 等离子时，Fe^{3+} 有干扰[$\lg K_ف^{\ominus}(FeY^-)=25.1$]，若用盐酸羟胺或抗坏血酸将 Fe^{3+} 还原为 Fe^{2+}，由于 Fe^{2+} 的 EDTA 配合物稳定性较差[$\lg K_ف^{\ominus}(FeY^{2-})=14.33$]，因而可消除 Fe^{3+} 的干扰。有些离子（如 Cr^{3+}）对滴定有干扰，而其高价态与 EDTA 形成的配合物稳定性较差，不干扰 EDTA 滴定，可先将其氧化为高价态离子（如 $Cr_2O_7^{2-}$），就可消除干扰。

(4) 解蔽

将干扰离子掩蔽以滴定被测离子后，再加入一种试剂，使已被掩蔽剂掩蔽的干扰离子重新释放出来，这种作用称为解蔽，所用试剂称为解蔽剂。利用某些选择性的解蔽剂，可提高配位滴定的选择性。

例如，测定铜合金中的 Zn^{2+}、Pb^{2+} 时，可在氨性溶液中用 KCN 掩蔽 Cu^{2+}、Zn^{2+}，在 pH=10 时以铬黑 T 作指示剂，用 EDTA 滴定 Pb^{2+}。在滴定 Pb^{2+} 后的溶液中加入甲醛或三氯乙醛，则 $[Zn(CN)_4]^{2-}$ 被破坏而释放出来 Zn^{2+}，然后用 EDTA 滴定释放出来的 Zn^{2+}：

$$[Zn(CN)_4]^{2-}+4HCHO+4H_2O \rightleftharpoons Zn^{2+}+4HOCH_2CN+4OH^-$$

$[Cu(CN)_4]^{2-}$ 很稳定，不易被解蔽，但要注意甲醛应分次滴加，不宜过多，且温度不能高，否则 $[Cu(CN)_4]^{2-}$ 会部分被解蔽而使 Zn^{2+} 的测定结果偏高。

7.3.5.3 预先分离

如果用控制溶液酸度和使用掩蔽剂等方法都不能消除共存离子的干扰而选择滴定被测离子，就只有预先将干扰离子分离出来，再滴定被测离子。分离的方法很多，可根据干扰离子和被测离子的性质进行选择。例如，磷矿石中一般含 Fe^{3+}、Al^{3+}、Ca^{2+}、Mg^{2+}、PO_4^{3-}、F^- 等离子，欲用 EDTA 滴定其中的金属离子，F^- 有严重干扰，它能与 Fe^{3+}、Al^{3+} 生成很稳定的配合物，酸度小时又能与 Ca^{2+} 生成 CaF_2 沉淀，因此在滴定前必先加酸、加热，使 F^- 生成 HF 而挥发出去。

7.3.5.4 其他配位剂

除 EDTA 外，其他许多配位剂也能与金属离子形成稳定性不同的配合物，因而选用不同的配位剂进行滴定，有可能提高滴定某些离子的选择性。例如，多数金属离子与 EDTP 形成的配合物的稳定性比它们的 EDTA 配合物差很多，而 $[Cu(EDTP)]^{2-}$ 与 $[Cu(EDTA)]^{2-}$ 稳定性相差不大，因而可用 EDTP 直接滴定 Cu^{2+}，而 Zn^{2+}、Cd^{2+}、Mg^{2+}、Mn^{2+} 等都不干扰。又如 Ca^{2+}、Mg^{2+} 的 EDTA 配合物的稳定性相差不大，若用 EGTA 作为配位剂，则 $[Ca(EGTA)]^{2-}$ 稳定性要比 $[Mg(EGTA)]^{2-}$ 稳定性高很多，故可用 EGTA 直接滴定 Ca^{2+} 而 Mg^{2+} 不干扰。

7.3.6 配位滴定的方式和应用

7.3.6.1 滴定方式

在配位滴定中，采用不同的滴定方式，不仅可以扩大配位滴定的应用范围，使许多不能直接滴定的元素能够进行配位滴定，而且还可以提高滴定的选择性。

(1) 直接滴定法

反应符合滴定分析的要求且有合适的指示剂时，可直接进行滴定。

(2) 返滴定法

是在试液中先加入已知过量的 EDTA 标准溶液,用另一种金属离子的标准溶液滴定过量的 EDTA,求得被测物质含量的方法。通常在采用直接滴定法时,①缺乏符合要求的指示剂;②被测金属离子与 EDTA 反应的速度慢;③在测定条件下,被测金属离子水解等情况下使用。

(3) 置换滴定法

是利用置换反应置换出等物质的量的另一种金属离子,或置换出 EDTA,然后用标准溶液进行滴定,求得被测物质含量的方法:

① 置换出金属离子。被测离子 M 与 EDTA 反应不完全或所形成的配合物不稳定。可让 M 置换出另一配合物(如 NL)中等物质的量的 N,用 EDTA 滴定 N,即可求得 M 的含量。

$$M + NL \rightleftharpoons ML + N$$

例如,Ag^+ 与 EDTA 的配合物不稳定,不能用 EDTA 直接滴定,但将 Ag^+ 加入到 $[Ni(CN)_4]^{2-}$ 溶液中,可发生下列反应。

$$2Ag^+ + [Ni(CN)_4]^{2-} \rightleftharpoons 2[Ag(CN)_2]^- + Ni^{2+}$$

在 pH=10 的氨性溶液中,以紫脲酸铵作指示剂,用 EDTA 滴定置换出来的 Ni^{2+},即可求得 Ag^+ 的含量。

② 置换出 EDTA。将被测离子 M 与干扰离子全部用 EDTA 配合,加入选择性高的配合剂 L 以夺取 M,并释放出 EDTA:

$$MY + L \rightleftharpoons ML + Y$$

反应后,释放出与 M 等物质的量的 EDTA,用金属盐类标准溶液滴定释放出来的 EDTA,即可测得 M 的含量。例如,测定锡合金中的 Sn 时,可于试液中加入过量的 EDTA,将可能存在的 Pb^{2+}、Zn^{2+}、Cd^{2+}、Bi^{3+} 等与 Sn(Ⅳ)一起配位。用 Zn^{2+} 标准溶液滴定过量的 EDTA。加 NH_4F,选择性地将 SnY 中的 EDTA 释放出来,再用 Zn^{2+} 标准溶液滴定释放出来的 EDTA,即可求得 Sn(Ⅳ)的含量。

此外,利用置换滴定法的原理,可以改善指示剂指示滴定终点的敏锐性。例如,铬黑 T 与 Mg^{2+} 显色很灵敏,但与 Ca^{2+} 显色的灵敏度较差,为此,在 pH=10 的溶液中用 EDTA 滴定 Ca^{2+} 时,常于溶液中先加入少量 MgY,此时发生下列置换反应:

$$MgY + Ca^{2+} \rightleftharpoons CaY + Mg^{2+}$$

置换出来的 Mg^{2+} 与铬黑 T 显很深的红色。滴定时,EDTA 先与 Ca^{2+} 配合,当达到滴定终点时,EDTA 夺取 Mg-铬黑 T 配合物中的 Mg^{2+},形成 MgY,游离出指示剂,显蓝色,颜色变化很明显。在这里,滴定前加入的 MgY 和最后生成的 MgY 的物质的量是相等的,故加入的 MgY 不影响滴定结果。

(4) 间接滴定法

一些不能与 EDTA 发生配位反应的金属离子,可采用此方法。如钠的测定,将 Na^+ 沉淀为醋酸铀酰锌钠 $NaAc \cdot Zn(Ac)_2 \cdot 3UO_2(Ac)_2 \cdot 9H_2O$,分出沉淀,洗静并将它溶解,然后用 EDTA 滴定 Zn^{2+},从而求得试样中 Na^+ 的含量。

7.3.6.2 配位滴定的应用实例

(1) 水硬度的测定

一般含有钙、镁盐类的水称为硬水。水的总硬度指水中钙、镁离子的总浓度。以重碳酸钙与重碳酸镁形式存在的钙、镁离子，经煮沸后以碳酸盐形式沉淀下来，煮沸后硬度可去掉，这种硬度称为暂时性硬度，又叫碳酸盐硬度；水中含硫酸钙和硫酸镁等盐类物质而形成的硬度，经煮沸后也不能去除，称为永久性硬度。水的硬度包括暂时性硬度和永久性硬度。

水的硬度并非由一种金属离子或盐类所形成，因此，为了有一个统一的比较标准，常用 1L 水中 $CaCO_3$（美国度）或 CaO（德国度）的含量表示。单位常用 $mmol \cdot L^{-1}$ 和 $mg \cdot L^{-1}$ 表示。我国常用 CaO 的含量表示水的硬度，1L 水中含有 10mg 的 CaO 为 1 个德国度，即 1od。

测定水的硬度时，在 pH＝10 的氨性缓冲溶液中，以 EBT 为指示剂，用 EDTA 滴定至酒红色变为纯蓝色即为滴定终点。

（2）盐卤水中 SO_4^{2-} 的测定

盐卤水是电解制备烧碱的原料。卤水中 SO_4^{2-} 的测定原理是将试样调至微酸性，加入一定量的 $BaCl_2$-$MgCl_2$ 混合溶液，使 SO_4^{2-} 形成 $BaSO_4$ 沉淀。然后调节至 pH＝10，以 EBT 为指示剂，用 EDTA 滴定至酒红色变为纯蓝色即为滴定终点，滴定消耗 EDTA 的体积为 V，滴定的是 Mg^{2+} 和剩余的 Ba^{2+}。另取同样体积的 $BaCl_2$-$MgCl_2$ 混合溶液，用同样的步骤做空白实验，设滴定消耗 EDTA 的体积为 V_0，显然两者之差 V_0-V 即为与 SO_4^{2-} 反应的 Ba^{2+} 的量。

思 考 题

7-1 配合物与一般化合物有什么区别？

7-2 举例说明如何确定中心离子的氧化数？

7-3 配位化合物中心离子与配位原子之间形成的是什么键？是如何形成的？

7-4 配位化学创始人维尔纳发现，将等物质的量的黄色 $CoCl_3 \cdot 6NH_3$、紫红色 $CoCl_3 \cdot 5NH_3$、绿色 $CoCl_3 \cdot 4NH_3$ 和紫色 $CoCl_3 \cdot 4NH_3$ 四种配合物溶于水，加入硝酸银，立即沉淀的氯化银分别为 3mol、2mol、1mol、1mol，请根据实验事实推断它们所含的配离子的组成。

7-5 $[FeF_6]^{3-}$ 为六配位，而 $[FeCl_4]^-$ 为四配位，应如何解释？

7-6 配合物中的配位原子一般为哪些元素？为什么？

7-7 采取哪些措施可使配合物的稳定性降低？

7-8 为什么 EDTA 与金属离子形成的配合物一般为 1∶1 的关系？

7-9 在配位滴定中，EDTA、金属离子可发生哪些副反应？其大小可以用什么来衡量？

7-10 配位滴定曲线的纵、横坐标各为什么量？酸度对滴定突跃范围有什么影响？

7-11 在配位滴定中，最高酸度和最低酸度有什么区别？

7-12 在配位滴定中，金属指示剂是如何指示滴定终点的？请举例说明。

习 题

7-1 在 1.00mL 0.0400$mol \cdot L^{-1}$ $AgNO_3$ 溶液中加入 1.00mL 2.00$mol \cdot L^{-1}$ 氨水。计算平衡时溶液中 Ag^+ 的浓度。

7-2 在 100.0mL 0.0500$mol \cdot L^{-1}$ $[Ag(NH_3)_2]^+$ 溶液中加入 1.00mL 1.00$mol \cdot L^{-1}$ NaCl 溶液，溶液中 NH_3 的浓度至少需多大才能阻止 AgCl 沉淀生成？

7-3 在含有 Ag^+ 的溶液中加入 NaCl，有沉淀生成，若再加入 KCN，有何现象？并说明原因。

7-4 如果在 1L 氨水中溶解 0.10mol 的 AgCl，需要氨水的最初浓度是多少？若溶解

0.10mol 的 AgI,氨水的浓度应该是多少?

7-5 在 1L 1.00mol·L^{-1}的[Ag(NH$_3$)$_2$]$^+$溶液中加入 7.46g KCl,问是否有 AgCl 沉淀生成?

7-6 在 1L 水中加入 1.0mol AgNO$_3$ 与 2.0mol NH$_3$(假设无体积变化)。计算溶液中各组分浓度。当加入 HNO$_3$(设无体积变化),使配离子消失掉 99%时,溶液的 pH 为多少?[$K_b^\ominus$(NH$_3$)=1.8×10^{-5}]

7-7 在 0.30mol·L^{-1}[Cu(NH$_3$)$_4$]$^{2+}$溶液中,加入等体积的 0.20mol·L^{-1} NH$_3$ 和 0.02mol·L^{-1} NH$_4$Cl 混合液,是否有 Cu(OH)$_2$沉淀生成?

7-8 将含有 0.20mol·L^{-1} NH$_3$ 和 1.0mol·L^{-1} NH$_4^+$的缓冲溶液与 0.020mol·L^{-1} [Cu(NH$_3$)$_4$]$^{2+}$溶液等体积混合,有无 Cu(OH)$_2$沉淀生成?已知 Cu(OH)$_2$ 的 $K_{sp}^\ominus$=2.2×10^{-20}。

7-9 下列化合物中,哪些可作为有效的螯合剂?
(1) CH$_3$CH$_2$OH   (2) HS—CH$_2$—COOH   (3) HOOC—CH(CH$_3$)—OH
(4) HS—CH$_2$—CH$_2$—SH   (5) NH$_2$—NH$_2$ (6) EDTA

7-10 在 0.010mol·L^{-1} Zn^{2+}溶液中,用浓的 NaOH 溶液和氨水调节 pH 至 12.0,且使氨浓度为 0.010mol·L^{-1}(不考虑溶液体积的变化),此时游离 Zn^{2+}的浓度为多少?

7-11 pH=4.00 时,用 2.0×10^{-3}mol·L^{-1} EDTA 滴定 2.0×10^{-3}mol·L^{-1} Zn^{2+}溶液,能否准确滴定?

7-12 通过计算说明用 EDTA 滴定 Ca^{2+}时,为何必须在 pH=10.0 下进行,而不能在 pH=5.0 的条件下进行,但滴定 Zn^{2+},则可以在 pH=5.0 的条件下进行。

7-13 在 25.00mL 含 Ni^{2+}、Zn^{2+}的溶液中,加入 50.00mL 0.01500mol·L^{-1} EDTA 溶液,用 0.01000mol·L^{-1} Mg^{2+}返滴定过量的 EDTA,用去 17.52mL,然后加入二巯基丙醇解蔽 Zn^{2+},释放出 EDTA,再用去 22.00mL Mg^{2+}溶液滴定。计算原溶液中 Ni^{2+}、Zn^{2+}的浓度。

7-14 间接法测定 SO$_4^{2-}$时,称取 3.000g 试样溶解后,稀释至 250.00mL。在 25.00mL 试液中加入 25.00mL 0.05000mol·L^{-1} BaCl$_2$溶液,过滤 BaSO$_4$沉淀后,滴定剩余 Ba^{2+}用去 29.15mL 0.02002 mol·L^{-1} EDTA。试计算 SO$_4^{2-}$的质量分数。

7-15 计算 pH=2.0 和 pH=5.0 时的 lgK'_{ZnY}。

7-16 印染厂购进无水 ZnCl$_2$原料,用 EDTA 配位滴定法测定其含量,称取试样 0.2500g 溶解后,控制溶液的酸度 pH=6。以二甲苯橙为指示剂,用 0.1024 mol·L^{-1}的 EDTA 标准溶液滴定,用去 17.90mL。求试样中 ZnCl$_2$的含量。

7-17 铝盐中含有铜盐和锌盐的杂质,溶解后,加入过量的 EDTA,在 pH=5~6 时,用二甲酚橙作指示剂,用 0.1000mol·L^{-1} ZnCl$_2$标准溶液滴定过量的 EDTA 至终点,再加入 NH$_4$F,继续用 0.1000mol·L^{-1} ZnCl$_2$溶液滴定至终点,用去 22.30mL。已知试样为 0.4000g,求铝盐中 Al 的含量。

7-18 计算用 0.01000mol·L^{-1} EDTA 滴定 0.01000mol·L^{-1} Zn^{2+}时,允许的最低 pH。

7-19 用 0.01000mol·L^{-1} EDTA 滴定 0.0100 mol·L^{-1}的 Fe^{3+}溶液,计算允许的最高酸度和最低酸度。已知:lg$K_f^\ominus$(FeY)=25.1,lg$K_{sp}^\ominus$[Fe(OH)$_3$]=37.4。

7-20 称取 Bi、Pb、Cd 的合金试样 2.420g,用 HNO$_3$溶解并定容至 250mL,移取 50.00mL 试液于 250mL 锥形瓶中,调节 pH=1,以二甲酚橙为指示剂,用 0.02479mol·

L^{-1} EDTA 滴定，消耗 25.67mL，然后用六亚甲基四胺缓冲溶液将 pH 调制 5。再以上述 EDTA 溶液滴定，消耗 24.76mL；加入邻二氮菲，置换出 EDTA 络合物中的 Ca^{2+}，用 0.02174mol·L^{-1} $Pb(NO_3)_2$ 标准溶液滴定游离的 EDTA，消耗 6.76mL。计算此合金试样中 Bi、Pb、Cd 的质量分数。

7-21 称取硫酸镁样品 0.2500g，以适当方式溶解后，以 0.02115mol·L^{-1} EDTA 标准溶液滴定，用去 24.90mL，计算 EDTA 溶液对 $MgSO_4·7H_2O$ 的滴定度及样品中 $MgSO_4$ 的质量分数。

第 7 章电子资源网址：
http：//jpkc.hist.edu.cn/index.php/Manage/Preview/load＿content/sub＿id/123/menu＿id/2981

电子资源网址二维码：

第8章
分析化学中的分离和富集方法

> **学习要求**
>
> 1. 掌握挥发和蒸馏分离方法的基本原理,了解一些元素挥发和蒸馏分离的条件;
> 2. 掌握常用沉淀剂的类型及作用,了解常用沉淀剂的分离元素及条件;
> 3. 熟悉重要的萃取体系,掌握萃取分离的基本原理;
> 4. 了解离子交换剂的种类,熟悉离子交换反应及影响因素,掌握离子交换分离操作技术;
> 5. 了解色谱分离的类型,掌握色谱分离的基本原理。

  分析化学的试样有的组成比较简单,有的组成比较复杂。对于化学组成比较简单的样品,将其处理成溶液后,便可直接进行测定。对于组成复杂的试样,测定某一组分的含量时经常受到其他共存组分的干扰,通常可通过控制溶液的酸度或加入掩蔽剂等方法消除干扰。当这些办法不足以消除干扰时,必须在测定前将待测组分与干扰组分进行分离。对于试样中的微、痕量组分,在分离过程中还要进行浓缩和富集,使其达到被准确测定的要求。
  分离是指从某一均匀体系(相)中分出某种组分,使它与原来的相分开。这种分离过程包括固-气(挥发法)、液-气(蒸馏法)、固-液(沉淀法)、液-液(溶剂萃取法)等分离过程。在实际工作中,为了分离出所需的组分,常需要几个分离过程互相配合,经过多次反复分离才能达到目的。

8.1 挥发和蒸馏分离法

  挥发和蒸馏分离法是利用化合物的挥发性或沸点的差异进行分离的方法。该方法可用于干扰组分的去除,也可用于被测组分的定量测定。
  蒸馏法是一种分离液态混合物的重要方法,它基于气-液平衡的原理将组分分离。挥发分离与蒸馏分离类似,它是利用物质能挥发的特点,借挥发除去干扰物质,以此纯化,或利用挥发分离、富集痕量组分。
  在无机化合物中,具有挥发性的物质不多,常见的为非金属元素化合物,因此挥发和蒸馏分离法对于非金属元素特别有效,分离的选择性比较高,常可达到完全分离。如锗、锡、砷、锑、硒等元素的氯化物、氢化物和硅的氟化物都具有挥发性，可从试样中分离出来。如测定生物试样中的痕量砷，可在稀 HCl 溶液中用 $NaBH_4$ 将 As 还原成 AsH_3，经挥发和收集后，可用原子吸收分光光度法进行测定或用 AsH_3 将 Hg^{2+} 还原成 Hg 原子后，用测汞仪进行冷原子吸收法测定砷。另外，工业废水、饮用水中汞、CN^-、S^{2-}、SO_2、F^-、酚类等的测定，都能用蒸馏法分离后选择适当的方法进行测定。有时也采用挥发蒸馏分离方法来提纯试剂和标准物质。常见无机元素的挥发和蒸馏分离条件见表 8-1。

表 8-1 一些元素的挥发和蒸馏分离条件

组分	挥发性物质	分离条件	应用
B	$B(OCH_3)_2$	酸性溶液中加甲醇	B 的测定或去 B
C	CO_2	1100℃通氧燃烧	C 的测定
Si	SiF_4	$HF+H_2SO_4$	除 Si
S	SO_2	1300℃通氧燃烧	S 的测定
S	H_2S	$HI+H_3PO_4$	S 的测定
Se、Te	$SeBr_4$、$TeBr_4$	H_2SO_4+HBr	Se、Te 的测定或去 Se、Te
F	SiF_4	$SiO_2+H_2SO_4$	F 的测定
CN^-	HCN	H_2SO_4	CN^- 的测定
Ge	$GeCl_4$	HCl	Ge 的测定
As	$AsCl_3$、$AsBr_3$、$AsBr_5$	HCl 或 $HBr+H_2SO_4$	除 As
As	AsH_3	$Zn+H_2SO_4$	微量 As 的测定
Sb	$SbCl_3$、$SbBr_3$、$SbBr_5$	HCl 或 $HBr+H_2SO_4$	除 Sb
Sn	$SnBr_4$	$HBr+H_2SO_4$	除 Sn
Cr	CrO_2Cl_2	$HCl+HClO_4$	除 Cr
铵盐	NH_3	NaOH	氨态氮的测定

8.2 沉淀分离法

利用沉淀反应进行分离的方法称为沉淀分离法。分离时在试液中加入合适的沉淀剂，使待测组分沉淀出来，或将干扰组分沉淀除去，从而消除干扰，达到分离的目的。沉淀分离法可分为无机沉淀剂分离法、有机沉淀剂分离法（适用于常量组分的分离）和共沉淀分离法（常用于痕量组分的分离和富集）。通常，当溶液中被沉淀组分的残留浓度不大于 $10^{-5}\,mol\cdot L^{-1}$ 时，认为已经沉淀完全。

8.2.1 无机沉淀剂分离法

(1) 氢氧化物沉淀分离法

不同金属离子生成氢氧化物的溶解度差异很大。因此，可用控制溶液酸度的方法使某组分的氢氧化物沉淀而另一组分不形成沉淀，达到分离的目的。虽然从金属离子的原始浓度和它们的溶度积即可计算出开始沉淀和沉淀完全时溶液的酸度。但由于其他离子的存在、沉淀条件的不同以及溶液离子强度的改变等因素的影响，金属离子分离的最佳 pH 范围应由实验来确定。

① NaOH　用 NaOH 作为沉淀剂可使两性元素与非两性元素分离。非两性元素生成氢

氧化物沉淀，两性元素以含氧酸阴离子形态保留在溶液里。由于生成的氢氧化物沉淀常为胶态且共沉淀严重，导致分离效果并不理想。常采用尽量大的浓度和尽量小的体积及加入大量无干扰作用的盐类进行的"小体积沉淀法"来提高分离效果。NaOH"小体积沉淀法"常用于 Al^{3+}、Fe^{3+}、Ti^{4+} 等的分离。

② $NH_3 \cdot H_2O + NH_4Cl$ 混合沉淀剂　该沉淀剂为缓冲溶液，pH 为 8～10，可定量沉淀 Hg^{2+}、Be^{2+}、Fe^{3+}、Al^{3+}、Cr^{3+}、Bi^{3+}、Sb^{3+}、Sn^{4+}、Ti^{4+}、Mn^{4+}、Th^{4+} 等离子；Ag^+、Cu^{2+}、Cd^{2+}、Co^{2+}、Ni^{2+}、Zn^{2+} 等离子与氨生成稳定的配合物而留在溶液中；不能生成沉淀和配合物的 Ba^{2+}、Mg^{2+}、Ca^{2+}、Sr^{2+} 等离子也保留在溶液中。

(2) 金属硫化物沉淀分离法

金属硫化物的溶解度差异较大，通过控制溶液酸度的方法可使某些金属离子彼此分离。H_2S 是二元弱酸，平衡溶液中 $c(S^{2-})$ 与 $c(H^+)$ 的关系为：

$$c(S^{2-}) = \frac{K_{a_1}^{\ominus} K_{a_2}^{\ominus} c(H_2S)}{[c(H^+)]^2} \tag{8-1}$$

常温常压下，H_2S 饱和溶液的浓度大约为 $0.1\ mol \cdot L^{-1}$，因此，可通过控制溶液的酸度来控制硫离子浓度，以实现控制硫化物沉淀的目的。若体系中共存离子较多，为提高分离效果，可分别在强酸性 $[c(H^+) = 0.3\ mol \cdot L^{-1}]$、弱酸和碱性条件下进行分阶段沉淀。

硫化物沉淀大多数为胶体，共沉淀现象严重，有时还会出现后沉淀现象，分离效果并不理想，且 H_2S 剧臭有毒，应用受到限制。但利用分离除去某些重金属离子还是有效的。

(3) 硫酸盐沉淀分离法

用 H_2SO_4 作为沉淀剂，可使 Ca^{2+}、Sr^{2+}、Ba^{2+}、Pb^{2+}、Ra^{2+} 生成硫酸盐沉淀而与其他金属离子分离。

(4) 氟化物沉淀分离法

HF 或 NH_4F 作为沉淀剂，可使 Ca^{2+}、Cr^{2+}、Mg^{2+}、Th^{4+} 及稀土金属离子与 F^- 生成氟化物沉淀而与其他金属离子分离。

(5) 磷酸盐沉淀分离法

利用 Bi^{3+}、Zr^{4+}、Th^{4+}、Hf^{4+} 等金属离子与 H_3PO_4 生成磷酸盐沉淀而与其他金属离子分离。

8.2.2　有机沉淀剂分离法

有机沉淀剂进行沉淀分离的选择性和灵敏度较高，沉淀晶型好，共沉淀不严重，沉淀吸附杂质较少，易于过滤洗涤，应用日益广泛。有机沉淀剂种类繁多，常用的为 8-羟基喹啉、草酸、丁二酮肟 $[C_4H_6N_2(OH)_2]$、铜试剂（二乙基铵二硫代甲酸钠，简称 DDTC）、铜铁试剂（N-亚硝基苯胺铵盐）、四苯硼酸钠等。如利用草酸与 Ca^{2+}、Sr^{2+}、Ba^{2+}、Th^{4+} 等金属离子生成草酸盐沉淀可实现与 Fe^{3+}、Al^{3+}、Zr^{4+} 等金属离子分离；利用丁二酮肟与 Ni^{2+}、Pd^{2+}、Pt^{2+}、Fe^{2+} 生成沉淀可实现与其他金属离子分离。利用铜试剂与 Mn^{2+}、Fe^{3+}、Bi^{3+}、Ag^+、Hg^{2+}、Sn^{2+}、Ni^{2+}、Pb^{2+}、Cu^{2+}、Cd^{2+}、Co^{2+}、Zn^{2+} 等重金属离子生成沉淀而与 Al^{3+}、碱土金属和稀土元素离子分离。

8.2.3　共沉淀分离和富集

在重量分析法的过程中，并不希望出现共沉淀现象，但在分离方法中，共沉淀现象可用来分离和富集微量、痕量组分。该法是利用溶液中先生成的沉淀作为载体,把共存于溶液中的某些微量组分一起沉淀下来,达到分离和富集的目的。该分离方法主要用于微量和痕量组分的分离。

(1) 无机共沉淀剂

根据无机共沉淀剂与待测微、痕量组分的作用机理不同,分离方法分为表面吸附共沉淀法和生成混晶共沉淀分离法。

① 表面吸附共沉淀分离法 该方法是通过表面吸附形成共沉淀的,因此,作为载体的沉淀应具有表面积大和吸附力强的特点。所以,氢氧化物和硫化物(易形成胶体沉淀)常作为共沉淀载体分离和富集痕量组分。如利用 $Al(OH)_3$ 沉淀可以共沉淀微量 Fe^{3+}、Ti^{4+}、$U(VI)$ 等离子;利用 CuS 沉淀可以共沉淀痕量 Hg^{2+}。需要注意的是该方法的选择性并不高。

② 生成混晶共沉淀分离法 该方法通过生成混晶的方式将被分离或富集的离子一起沉淀下来。该方法要求被分离离子和与共沉淀剂生成沉淀的离子的离子半径相近,生成的晶体结构类似。例如,分离富集溶液中的微量 Pb^{2+} 时,加入大量的 Sr^{2+} 和过量的 Na_2SO_4。Pb^{2+} 和 Sr^{2+} 的半径分别为 0.132nm 和 0.137nm,$PbSO_4$ 和 $SrSO_4$ 的晶体结构类似,析出 $SrSO_4$ 和 $PbSO_4$ 混晶共沉淀。常见的混晶体系有 $BaSO_4$-$RaSO_4$、$BaSO_4$-$PbSO_4$、AgCl-AgBr、HgS-ZnS、$MgNH_4PO_4$-$MgNH_4AsO_4$ 等。

(2) 有机共沉淀剂

有机共沉淀剂生成沉淀的相对分子质量及体积较大,有利于微量组分的共沉淀。灼烧时有机沉淀剂易挥发除去,载体不干扰测定,分离效果好。

① 利用胶体的凝聚作用进行共沉淀 该法是利用有机共沉淀剂产生的异电溶胶与被测组分的胶体相互凝聚而共沉淀。例如,带负电荷的少量 H_2WO_4 胶体不易凝聚,当加入带正电荷的有机共沉淀剂辛可宁时,因胶体电性中和而凝聚,从而使少量的 H_2WO_4 定量沉淀下来。这类有机共沉淀剂还有单宁、动物胶等。

② 利用形成固体萃取剂进行共沉淀 例如,Ni^{2+} 与 8-羟基喹啉生成螯合物沉淀,当溶液中含有微量 Ni^{2+} 时,8-羟基喹啉不能将其沉淀出来,在此溶液中加入 β-萘酚的酒精溶液后,生成固态的 β-萘酚,把 8-羟基喹啉镍共沉淀下来。β-萘酚本身未参加化学反应,故称为惰性共沉淀剂,它的作用可理解为利用固体萃取剂进行的共沉淀。常用的惰性共沉淀剂还有酚酞、间硝基苯甲酸、丁二酮肟二烷酯等。

③ 利用形成离子缔合物进行共沉淀 在酸性溶液中,一些相对分子质量较大的有机物,如品红、甲基紫、亚甲基蓝、孔雀绿等均带有正电荷,当它们遇到金属配阴离子时,能生成微溶性的离子缔合物而被共沉淀出来。例如,在含有痕量 Zn^{2+} 的酸性溶液中,加入大量的 NH_4SCN 及甲基紫,由于甲基紫与 SCN^- 生成离子缔合物沉淀,从而使甲基紫与 $[Zn(SCN)_4]^{2-}$ 生成的离子缔合物被共沉淀出来。

8.3 萃取分离法

将互不相混溶的液相 1(水相)和液相 2(有机溶剂)一起振荡,液相 1 中的一些组分进入液相 2,另一些组分留在液相 1,从而进行分离富集的方法称为萃取分离法或液-液萃取分离法。互不相溶的两相一般为水相和有机溶剂相。组分从水相进入有机相的过程称为萃取。反之,组分从有机相返回水相的过程为反萃取。合理使用萃取和反萃取,可提高萃取分离的选择性。若被萃取的组分是有色物质,可直接用吸光光度法测定该微量组分的含量,这种方法称为萃取光度法。萃取分离法主要用于微量组分的分离与富集,具有设备简单、操作简便、分离效果好的优点;缺点是操作工作量较大,萃取时有机溶剂常是易燃、易挥发和有毒的物质,对环境造成污染,应用受到限制。

8.3.1 萃取分离的基本原理

8.3.1.1 萃取过程的本质

大多数无机化合物具有易溶于水形成水合离子而难溶于有机溶剂的性质,这种性质称为亲水性。许多有机化合物具有难溶于水而易溶于有机溶剂的性质,这种性质称为疏水性或亲油性。萃取分离就是从水相中将无机离子通过适当的萃取剂萃取到有机相中,以达到分离富集的目的。因此,萃取过程的本质就是将物质由亲水性转化为疏水性,反萃取过程的本质则是将物质由疏水性转化为亲水性。

水溶液中的 Ni^{2+} 以 $Ni(H_2O)_6^{2+}$ 形式存在,具有亲水性,若在 pH=8～9 的氨性溶液中,加入丁二酮肟萃取剂,使其与 Ni^{2+} 形成不带电荷且具有疏水性的螯合物,再与氯仿溶剂一起振荡转移到氯仿溶剂中,这一过程就是萃取。在 Ni^{2+}-丁二酮肟-氯仿体系中加入盐酸,当酸的浓度达到 $0.5～1 mol·L^{-1}$ 时,螯合物被破坏,Ni^{2+} 重新回到水相,恢复了亲水性,这就是反萃取。

8.3.1.2 分配定律与分配比

(1) 分配定律

萃取过程是一种溶质在互不相溶的溶剂中进行分配的过程。在一定温度下,当分配达到平衡时,如果物质 A 在两相中存在的型体相同,物质 A 在有机相中的浓度 $c_{eq}^o(A)$ 和水相中的浓度 $c_{eq}^w(A)$ 之比(严格说应为活度比)保持恒定,这一规律称为分配定律。用公式表示为:

$$K_D^\ominus = \frac{c_{eq}^o(A)}{c_{eq}^w(A)} \tag{8-2}$$

式中,$K_D^\ominus$ 称为分配系数,其数值与溶质 A、溶剂及温度等因素有关。$K_D^\ominus$ 值越大,分离富集效率越高。式(8-2)只适用于溶质在两相中均以单一的相同形式存在且浓度较低的稀溶液。

(2) 分配比

在实际工作中,由于解离、缔合、配合或其他组分发生化学反应等,溶质在水相和有机相中常以多种形式存在。而每一种存在形式都有各自的 $K_D^\ominus$,不能用一个简单的 $K_D^\ominus$ 来说明整个萃取过程的平衡问题。

通常将溶质 A 在有机相中的各种存在形式的总浓度 c_o 和在水相中的各种存在形式的总浓度 c_w 之比称为分配比,用 D 表示:

$$D = \frac{c_o}{c_w} = \frac{\sum c_{eq}^o(A)}{\sum c_{eq}^w(A)} \tag{8-3}$$

在萃取工作中,D 值越大,说明溶质 A 进入有机相的浓度越大,一般要求 D 大于 10,

而且越大越好。当溶质 A 在两相中存在形式相同且溶液较稀时，$K_D^\ominus = D$。对复杂萃取体系，$K_D^\ominus$ 与 D 不相等。

8.3.1.3 萃取率与分离系数

(1) 萃取率

萃取率表示溶质 A 被萃取到有机相中的百分率，它表示萃取的完全程度，用 E 表示。若已知溶质 A 在有机相和水相中的浓度分别为 c_o 和 c_w，有机相和水相的体积分别为 V_o 和 V_w，则

$$E = \frac{\text{溶质 A 在有机相中的总量}}{\text{溶质 A 在两相中的总量}} \times 100\%$$

$$= \frac{c_o V_o}{c_o V_o + c_w V_w} \times 100\% \tag{8-4}$$

将式(8-4)分子分母同除以 $c_w V_o$ 得

$$E = \frac{D}{D + V_w/V_o} \times 100\% \tag{8-5}$$

由式(8-5)可知，萃取率与分配比和两相体积比有关。分配比越大，萃取率越高。当分配比一定时，则 V_w/V_o 越小或增加有机溶剂的用量，萃取率越高，但增加并不明显，且有机溶剂用量的增加，将导致萃取后溶质 A 在有机相中浓度降低，不利于进一步分离和测定，造成大量有机溶剂浪费。因此，在实际工作中，当分配比值不大、一次萃取不能满足分离测定要求时，应采用加少量溶剂连续多次萃取的方法来提高萃取率。

设 V_w(mL)溶液中含有被萃取溶质 A 为 m_0(g)，用 V_o(mL)有机溶剂萃取一次，水相中未被萃取的溶质 A 为 m_1(g)，则进入有机相的质量为$(m_0 - m_1)$(g)，这时分配比 D 为：

$$D = \frac{c_o}{c_w} = \frac{(m_0 - m_1)/V_o}{m_1/V_w} \times 100\%$$

故

$$m_1 = m_0 \frac{V_w}{DV_o + V_w}$$

若每次使用溶剂 V_o(mL)，萃取 n 次，水相中未被萃取的溶质 A 为 m_n(g)，则：

$$m_n = m_0 \left(\frac{V_w}{DV_o + V_w} \right)^n \tag{8-6}$$

所以

$$\frac{m_n}{m_0} = \left(\frac{V_w}{DV_o + V_w} \right)^n \tag{8-7}$$

$$E = \frac{m_0 - m_n}{m_0} \times 100\% = (1 - m_n/m_0) \times 100\%$$

即

$$E = \left[1 - \left(\frac{V_w}{DV_o + V_w} \right)^n \right] \times 100\% \tag{8-8}$$

例 8-1 某螯合物在氯仿和水中的分配比为 6.40，现有浓度为 2.00×10^{-2} mol·L^{-1} 该螯合物的水溶液 25.0mL，试求以下操作的萃取率：(1) 用 60.0mL 的氯仿溶液萃取 1 次；(2) 用 30.0mL 的氯仿萃取 2 次；(3) 用 10.0mL 的氯仿萃取 6 次。

解： (1) $E = \left[1 - \left(\dfrac{25.0}{6.40 \times 60.0 + 25.0} \right) \right] \times 100\% = 93.9\%$

(2) $E = \left[1 - \left(\dfrac{25.0}{6.40 \times 30.0 + 25.0} \right)^2 \right] \times 100\% = 98.7\%$

$$(3) E = \left[1 - \left(\frac{25.0}{6.40 \times 10.0 + 25.0}\right)^6\right] \times 100\% = 99.95\%$$

由此可见，用同量的萃取液，分多次萃取比一次萃取的效率高。

(2) 分离系数

实际工作中常遇到两种或两种以上的溶质共存，为了定量描述两种物质 A、B 之间的分离效果，引入分离系数，用 β 表示。

$$\beta = D_A / D_B \tag{8-9}$$

分离系数反映了两组分在萃取中被分离的程度。D_A 与 D_B 的数值相差越大，β 值越大，则 A 与 B 越易分离。通常 $\beta \geqslant 10^4$ 时，A 与 B 才能较好地分离。

8.3.2　重要的萃取体系

为了使无机离子的萃取过程顺利地进行，必须在水中加入某种试剂，使被萃取物质与该试剂结合成不带电荷的、难溶于水而易溶于有机溶剂的中性分子。该加入的试剂称为萃取剂。

根据萃取原理和被萃取物质的不同，萃取体系可分为螯合物萃取体系、简单分子萃取体系、离子缔合物萃取体系、溶剂化合物萃取体系。

(1) 螯合物萃取体系

该体系所用的萃取剂为螯合剂。由于多数金属阳离子能与适当的螯合剂生成带有较多疏水基团且溶于有机溶剂的中性螯合物分子，所以该体系广泛应用于金属阳离子的萃取。例如，Cu^{2+} 与铜试剂、Hg^{2+} 与双硫腙、Ni^{2+} 与丁二酮肟等均属螯合物萃取体系。

(2) 简单分子萃取体系

某些无机共价化合物在水溶液中主要以不带电荷的简单分子形式存在，如 Cl_2、Br_2、I_2、OsO_4、$GeCl_4$ 等，可以利用苯、氯仿、四氯化碳等惰性溶剂萃取。这类体系属简单分子萃取体系。

(3) 离子缔合物萃取体系

借助静电引力使阳离子与阴离子结合生成的电中性的化合物称为离子缔合物。离子的体积越大，电荷越少，越容易形成疏水性的离子缔合物，便于有机溶剂萃取。如 Fe^{2+} 与吡啶配合生成配阳离子后，再与 SCN^- 缔合生成可被氯仿萃取的离子缔合物。

(4) 溶剂化合物萃取体系

该体系是通过无机化合物中的金属离子与某些溶剂分子中的配位原子相键合，形成溶剂化物而溶于有机溶剂中进行萃取的体系。例如，用磷酸三丁酯萃取 $FeCl_3$ 或 $HFeCl_4$ 等。

在具体分析工作中，根据不同的分离目的和不同的萃取体系，通过实验来确定合适的萃取条件。萃取操作包括分液漏斗的准备、萃取、分层、分液等操作步骤。萃取所需的时间，取决于达到萃取平衡的速度，需通过实验确定，通常为 30s 至数分钟不等。对于分配系数较小的物质的萃取，可以在各种不同形式的连续萃取器中进行连续萃取。

8.4　离子交换分离法

利用离子交换剂与试液中的离子发生交换反应而进行分离的方法叫离子交换分离法。具有离子交换能力的物质称为离子交换剂。离子交换树脂是目前常用的离子交换剂。利用离子与离子交换树脂的交换能力的不同,选用适当的洗脱剂可将被交换到树脂上的离子依次洗脱,从而达到分离不同离子的目的。

离子交换分离法所用的设备简单,树脂经洗脱、再生后可反复使用。但缺点是分离速度慢,操作比较麻烦。

8.4.1 离子交换剂的种类

离子交换剂主要分为无机离子交换剂和有机离子交换剂两大类。有机离子交换剂又称离子交换树脂,是一种具有立体网状结构的高分子聚合物。在网状结构的骨架上,有许多可以与溶液中的离子起交换作用的活性基团。按交换离子的类型,离子交换树脂常分为阳离子交换树脂和阴离子交换树脂。

(1) 阳离子交换树脂

能交换阳离子的树脂称为阳离子交换树脂。这类树脂的活性交换基团为酸性,依据酸性基团的不同,可分为强酸型和弱酸型两类。强酸型离子交换树脂含有磺酸基（—SO_3H）。弱酸型离子交换树脂含有羧基（—COOH,一般在 pH>4 时使用）或酚羟基（—OH,一般在 pH>9.5 时使用）,常用于不同强度的碱性氨基酸的分离。

(2) 阴离子交换树脂

能交换阴离子的树脂称为阴离子交换树脂。树脂的活性交换基团为碱性。根据活性基团碱性强弱,可分为强碱型和弱碱型两类。强碱型树脂含有季铵基$[—N(CH_3)_3]^+$。弱碱型树脂含有伯氨基（—NH_2）、仲氨基（=NH）或叔氨基（≡N）基团,这类树脂对 OH^- 的亲和力大,不宜在碱性溶液中使用。

8.4.2 离子交换反应及影响因素

离子交换树脂与被测溶液中的离子发生的反应称为离子交换反应。对于阳离子交换树脂,其交换反应的通式如下:

$$R^-—H^+(树脂) + M^+(溶液) \rightleftharpoons R^-—M^+(树脂) + H^+(溶液)$$

离子交换树脂的交联度、交换容量、溶胀性和酸碱性等因素对上述反应具有一定的影响。

(1) 交联度

离子交换树脂合成过程中,将链状分子相互联结成网状结构的过程称为交联。例如,常用的聚苯乙烯磺酸型阳离子交换树脂是由苯乙烯和二乙烯苯聚合经硫酸磺化后制得的。结构中的长链是由若干个苯乙烯聚合而成的,在长链之间,用二乙烯苯交联成网状结构。其中二乙烯苯是交联剂,交联剂质量占树脂总质量的百分率称为交联度。

交联度大,树脂结构紧密,网眼小,只允许小体积离子进入树脂,大体积离子难以进入,选择性高,但交换速度慢。交联度小,树脂网眼疏而大,交换速度快,但选择性差。一般树脂的交联度为 4%~14%。

(2) 交换容量

交换容量是指每克干树脂所能交换的物质的量,用 $mol \cdot g^{-1}$ 表示,其大小取决于树脂网状结构内所含活性基团的数目多少,它表示树脂进行离子交换能力的大小,通过实验测得。一般树脂的交换容量为 3~6 $mmol \cdot g^{-1}$。

(3) 溶胀性

溶胀是指干燥的树脂在液体介质中,吸收液体而膨胀的过程。其溶胀程度与交联度、交换容量、所交换离子的价态等因素有关。交联度小,交换容量大,溶液中所交换离子价态低,树脂溶胀程度就大。

(4) 酸碱性

离子交换树脂的活性交换基团的解离性决定了树脂的酸碱性。如磺酸基（—SO_3H）中的 H 几乎全部解离,呈现出强酸性。常用的磺酸型、羧酸型阳离子交换树脂及季铵型阴离子交换树脂的 pH 分别为 2.5~6 及 10~11。

8.4.3 离子交换分离操作技术

(1) 树脂的选择和处理

根据分离对象的性质、含量和要求,选择树脂的类型和粒度。对于常量组分的分析一般要求树脂的粒度在 100 目左右,微量组分的分析要求树脂的粒度更细。筛选后的树脂用水（蒸馏水）洗净,用稀 HCl 溶液浸泡 1~2 天,再用水洗至中性,并浸泡在水中备用。此时,阳离子交换树脂已处理成 H 型,阴离子交换树脂已处理成 Cl 型。若需特殊形式,可用相应溶液处理。如 H 型阳离子交换树脂经 NaCl 溶液处理后可转变为 Na 型,Cl 型阴离子交换树脂经 NaOH 溶液处理后可转变为 OH 型。

(2) 装柱

装柱时应先在柱中充满水（防止树脂层中夹带气泡）,再从柱顶缓缓加入树脂,至树脂的高度约为柱高的 90%。为防止树脂干裂,树脂上部应保持一定的液面。交换柱如图 8-1 所示。

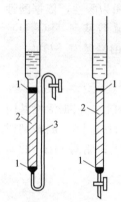

图 8-1 离子交换柱
1—玻璃纤维;2—离子交换树脂;3—毛细管

(3) 交换

试液自上而下以适当流速通过交换柱进行交换。试液浓度为 0.05~0.1mol·L^{-1} 时,流速一般为 1~5mL·min^{-1}。若试液中有多种离子存在,交换时亲和力大的离子先被交换到树脂上,根据亲和力大小顺序,离子分别集中在交换柱的某一区域。交换完成后,用洗涤液洗去残留的试液和树脂中被交换下来的离子。洗涤液通常为去离子水或不含试样的空白溶液。

(4) 洗脱

以适当的洗脱剂（淋洗液）和流速将交换到树脂上的离子置换下来的过程称为洗脱,它是交换过程的逆过程。阳离子交换树脂常选用 HCl 为洗脱剂,阴离子交换树脂常选用 NaCl、NaOH 或 HCl 作为洗脱剂。当洗脱被交换到树脂上的多种离子时,亲和力小的离子先流出交换柱。

(5) 树脂再生

树脂再生就是将柱内的树脂恢复到交换前的形式的过程。一般情况下,洗脱过程就是树脂的再生过程。再生后的树脂可反复使用。

8.5 色谱分离法

色谱分离法又称层析分离法,是一种物理化学分离方法。该方法是利用混合物各组分的物理化学性质的差异，使各组分不同程度地分布在固定相和流动相中。流动相带着样品流经固定相，由于各组分受固定相作用所产生的阻力和受流动相作用所产生的推动力不同，各组分以不同的速度在固定相中移动，从而达到分离的目的。该方法是利用各组分在两相中的分配比不同而实现分离的。其最大特点是分离效率高，能把许多结构、挥发度、溶解度等性质十分接近的化合物彼此分离，再分别加以测定。色谱分离法操作简便、设备简单、试样用量可多可少，既能用于实验室的分离分析，也适用于产品的制备和提纯。若与有关仪器结合，可组成各种自动的分离分析仪器，应用于微量组分的分离分析。在生物化学、医药卫生、环境保护、农业科学研究等领域中已成为经常使用的分离分析方法。

经典的液相萃取色谱分离法有纸上萃取色谱分离法、薄层萃取色谱分离法和反相萃取色谱分离法。本节只简单介绍两种分离方法。

8.5.1 纸上萃取色谱分离法

(1) 方法原理

纸上萃取色谱分离法又称为纸层析，是根据不同物质在固定相和流动相间的分配比不同而在层析纸上进行分离的方法。该法以滤纸为载体，滤纸纤维上吸附的水作为固定相，用有机溶剂作为流动相（或展开剂）。操作时用毛细管将试液点在滤纸条一端的原点位置上，然后将滤纸条挂在层析缸内，并使滤纸条下端浸入流动相中，但不要让点样点接触液面，如图 8-2 所示。由于滤纸的毛细管作用，流动相沿滤纸自下而上地展开（移动），当流动相接触到试样点时，试样中的各种组分就会由固定相分配到流动相中，进入流动相的组分随流动相继续向上移动，在移动过程中试样中的各组分不断地在固定相和流动相之间进行分配和再分配，从而使试样中分配系数不同的各种组分相互分离。分配比大的组分随流动相上升较快，分配比小的组分上升较慢。当溶剂前沿上升到接近滤纸条的上沿时，取出滤纸，喷上显色剂显斑（见图 8-2），然后再进行定性、定量分析。

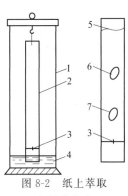

图 8-2 纸上萃取
色谱分离法
1—层析筒；2—滤纸；
3—原点；4—展开剂；
5—前沿；6、7—斑点

(2) 比移值 R_f

如图 8-3 所示，设 a 为斑点中心到原点的距离（cm），b 为溶剂前沿到原点的距离（cm），则比移值 R_f 为：

$$R_f = a/b \tag{8-10}$$

比移值的变动范围为 0～1。当某组分的 $R_f=0$ 时，表明该组分未被流动相展开而留在原点；若 $R_f=1$，表明该组分随溶剂同速移动，在固定相中浓度为零。在一定条件下 R_f 值是物质的特征值，可以用已知标准样品的 R_f 值与待测样品的 R_f 值对照，定性鉴定各种物质。一般情况下，当两组分的 R_f 值相差在 0.02 以上，则可用该法进行分离。R_f 值相差越大，分离效果越好。

(3) 应用

纸上萃取色谱分离法可广泛地应用于分离和鉴定复杂的有机物和无机物。例如，葡萄糖、麦芽糖和木糖的分离鉴定，将混合物试样点样于滤纸一端，用正丁醇：冰醋酸：水＝4：1：5 的展开剂展开，风干后用硝酸银氨溶液喷洒，显示出 Ag 的褐色斑点，待测物间不仅能很好地分离，而且根据 R_f 值还可鉴定出为哪种糖。木糖、麦芽糖、葡萄糖的 R_f 值分别为 0.28、0.11、0.16。

8.5.2 薄层萃取色谱分离法

薄层萃取色谱分离法又称为薄板层析法（或薄层层析法），该方法是把作为固定相的支持剂均匀地涂在玻璃板上，把样品点在薄层板的一端，放在密闭容器中，用适当的溶剂展开。借助薄层板的毛细作用，展开剂由下向上移动。当展开剂流过时，不同组分在吸附剂和展开剂之间发生不断吸附、解吸、再吸附、再解吸等过程。易被吸附的组分移动得慢些，较难被吸附的组分移动得快些。经过一定时间，不同组分彼此分开，最后形成相互分开的斑点。试样分离情况也可以用比移值 R_f 衡量。在相同条件下进行层析时，某一组分的 R_f 值是一定的，所以可根据 R_f 值进行定性鉴定。必须注意，影响 R_f 值的因素很多，如固定相吸附剂的种类、黏度、活化程度，展开剂的组成、配比，层析缸的形状、大小，层析时的温度等。这些因素要严格控制十分困难，因此必须做对照实验。

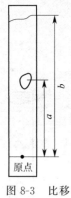

图 8-3 比移值的计算

薄层萃取色谱分离法是在纸上萃取色谱分离法的基础上发展起来的。是一种快速（一次只需 10~60min）、灵敏度高（可以检出 0.01μg 的物质）、分离效率高（可使性质相似的同系物、异构体等分离）和应用面广泛的分离方法。层析后可以采用各种方法显色，甚至可以喷浓硫酸，可以高温灼热，这些都是纸层析所不允许的。

在薄层色谱法中，被测组分要想获得良好的分离，必须选择适当的展开剂和吸附剂。一般情况下，极性大的物质要选用极性大的展开剂。薄层色谱法使用的展开剂为单一或混合有机溶剂，通常需经多次实验以确定适宜的展开剂。吸附剂必须具有适当的吸附能力，而且与溶剂、展开剂及欲分离的试样不发生任何化学反应。吸附剂常做成细粉状，其粒度一般以 150~250 目为宜。在薄层色谱法中最广泛使用的吸附剂为氧化铝和硅胶。

在薄层色谱过程中，有色物质经分离后可呈明显色斑。对于无色物质，与纸色谱一样，在展开后用物理或化学方法使之显色。若在展开后将该组分的斑点连同固定相吸附剂一起刮下，再将该组分从吸附剂上洗脱下来，收集洗脱液，即可进行定量测定。

近年来，随着科学技术的进步，分离方法的理论和技术也得到了快速发展。如固相微萃取分离技术、膜分离技术、超临界流体萃取技术、毛细管电泳分离法、液膜萃取分离技术等。其基本原理可查阅分析测试的相关期刊和有关专著。

思 考 题

8-1 分离过程的浓缩和富集有什么不同？

8-2 学习分离方法和分离技术有什么意义？

8-3 如何估算氢氧化物沉淀分离时溶液的 pH？

8-4 为什么在进行螯合物萃取时控制溶液的酸度十分重要？

8-5 用离子交换分离法、酸碱滴定法、配位滴定法测某试样中 Na 和 Ca 的含量，写出简要步骤和计算公式。

8-6 沉淀分离过程中，采取哪些措施有利于生成较大颗粒的晶形沉淀？

8-7 如何用离子交换树脂和酸碱滴定法来分析盐酸与氯化钠的混合溶液？指出存在的每个离子浓度的计算方法。

习 题

8-1 含有 Fe^{3+}、Mg^{2+} 的溶液中，若使 $NH_3 \cdot H_2O$ 浓度为 $0.10 mol \cdot L^{-1}$，$c(NH_4^+) = 1.0 mol \cdot L^{-1}$，能使 Fe^{3+}、Mg^{2+} 分离完全吗？

8-2 试述几种微量 Al^{3+} 与大量 Fe^{3+} 的分离方法，并加以比较。

8-3 某矿样溶液中含有 Fe^{3+}、Al^{3+}、Ca^{2+}、Cr^{3+}、Mg^{2+}、Cu^{2+}、Zn^{2+} 离子，加入 NH_4Cl 和氨水后，哪些离子以什么形式存在于溶液中？哪些离子以什么形式存在于沉淀中？能否分离完全？

8-4 欲制备纯的 $ZnSO_4$，已知粗 $ZnSO_4$ 溶液中含有 Fe^{3+}，为了分离除去 Fe^{3+}，采用提高溶液 pH 的办法，计算使 Fe^{3+} 沉淀完全时的 pH。

8-5 溶液含 Fe^{3+} 10mg，采用某萃取剂将它萃入有机溶剂中。若分配比 $D=99$，用等体积有机溶剂分别萃取 1 次和 2 次，在水溶液中各剩余 Fe^{3+} 多少毫克？萃取百分率各为多少？

8-6 用某有机溶剂从 100 mL 含溶质 A 的水溶液中萃取 A。若每次用 20.0 mL 有机溶剂，共萃取两次，萃取百分率可达 90.0%，计算该萃取体系的分配比。

8-7 取 $0.070 mol \cdot L^{-1}$ 的碘液 25.0mL 加入到 50.0mL CCl_4 中，振荡至平衡后，静置分层，取出 CCl_4 液 10.0mL，用 $0.050 mol \cdot L^{-1}$ $Na_2S_2O_3$ 溶液滴定用去 14.80 mL，计算碘的分配系数。

8-8 现有某试剂水溶液 100 mL，若将 99% 的有效成分萃取到苯中，问：(1) 用等体积苯萃取一次，分配比 D 至少需多少？(2) 每次用 50.0mL 苯萃取两次，D 至少应为多少？

8-9 今有 A、B、C、D 四种物质，它们在同一萃取体系中的分配比 D 分别为 50、0.050、1000、1.0。现按顺序将它们分成两组，每组两种溶质，在同一萃取体系中进行一次萃取分离，四种溶质的浓度均相等。当 $V_w = V_o$ 时，试比较两组的分离效果。

8-10 某溶液含 Fe^{3+} 10mg，将它萃取入某有机溶剂中时，分配比 $D=99.0$，问用等体积溶液萃取 1 次及分 2 次萃取，剩余 Fe^{3+} 的质量各是多少？若在萃取 2 次后，合并有机层，用等体积水洗 1 次，会损失 Fe^{3+} 多少毫克？

8-11 已知 18℃时 I_2 在 CS_2 和水中的分配比为 420。

(1) 如果 100mL 溶液中含有 I_2 0.018g，以 100mL CS_2 萃取之，将有多少克 I_2 留在水溶液中？

(2) 如改用两份 50 mL CS_2 萃取之，留在水中的 I_2 将是多少？

8-12 饮用水中含有少量 $CHCl_3$，取水样 100mL，用 10mL 戊醇萃取，有 90.5% 的 $CHCl_3$ 被萃取。计算取 10mL 水样用 10mL 戊醇萃取时，氯仿被萃取的百分数。

8-13 某物质用乙醚萃取，若每次用 50mL 乙醚，连续萃取 5 次，D 值最小为多少才能从 50mL 水中萃取出 99.9% 的溶质？

8-14 现有 100.0mL 浓度为 $0.1000 mol \cdot L^{-1}$ 的某一元有机弱酸，用 25.0mL 苯萃取后，取水相 25.0mL，用 $0.02000 mol \cdot L^{-1}$ 的 NaOH 标准溶液滴定，用去了 20.00mL，求该有机弱酸的分配系数。

8-15 碘在水与有机溶剂中分配比为 9.5，如果取 50.0 mL 浓度为 $0.1000 mol \cdot L^{-1}$ 的碘溶液与 100mL 有机溶剂振荡，平衡后取 10.0mL 有机相，用 $0.0500 mol \cdot L^{-1}$ 的 $Na_2S_2O_3$ 标准溶液滴定，计算需要多少毫升 $Na_2S_2O_3$ 标准溶液滴至终点。

8-16 含有 $NaNO_3$ 和多种非离子型的有机物的试样 2.000g，用少量水溶解后，定容至

100mL 容量瓶中,取 10.00mL 该溶液通过氢型阳离子交换柱,流出液用 0.1110mol·L^{-1} NaOH 滴定,达终点时消耗 15.00mL,计算试样中 NaNO$_3$ 的含量。

8-17 含 CaCl$_2$ 和 HCl 的水溶液,移取 20.00mL,用 0.1000mol·L^{-1} NaOH 滴至终点,用去了 15.60mL,另移取 10.00mL 试液稀释至 50.00mL,通过强碱性阴离子交换树脂,流出液及洗涤液用 0.1000mol·L^{-1} HCl 滴至终点,用去了 22.50mL。计算试样中 HCl 和 CaCl$_2$ 的浓度。

8-18 将 3.00g 糖和 KNO$_3$ 的试样溶于 100mL 水中,再通过一个 H 型阳离子交换柱,滴定流出物需要 5.30mL 0.0100mol·L^{-1} NaOH,计算试样中 KNO$_3$ 的百分含量。

8-19 将 0.2548g NaCl 和 KBr 的混合物溶于水后通过强酸性阳离子交换树脂,经充分交换后,流出液需用 0.1012mol·L^{-1} NaOH 35.28mL 滴定至终点。求混合物中 NaCl 和 KBr 的质量分数。

8-20 有两种性质相似的元素 A 和 B 共存于同一溶液中,用纸上萃取色谱分离法分离时,它们的比移值 R_f 分别为 0.45 和 0.63,欲使分离的斑点中心之间相隔 2cm,问滤纸条应截取多长?

第 8 章电子资源网址:

http://jpkc.hist.edu.cn/index.php/Manage/Preview/load_content/sub_id/123/menu_id/2980

电子资源网址二维码:

第 9 章

吸光光度法

学习要求

1. 了解吸光光度法的分类及特点，理解物质的颜色与吸收光的关系；
2. 掌握朗伯-比尔定律的物理意义、数学表达式及相关换算，理解光吸收曲线的绘制方法及特征；
3. 掌握比较法、工作曲线法的原理和应用，理解工作曲线的线性范围，了解朗伯-比尔定律的偏离原因和多组分的测定方法；
4. 熟悉分光光度计的组成及各部分的作用，了解紫外-可见分光光度计的类型；
5. 了解显色反应的要求和影响因素，掌握浓度测量的误差与透光率的关系、参比溶液的作用及测量条件的选择；
6. 掌握磷和铁的光度法测定原理，了解示差法的原理和应用。

有色溶液颜色的深浅与有色溶质的浓度大小有关。浓度越大，则颜色越深；浓度越小，则颜色越浅。因此，可以根据溶液颜色的深浅来确定溶液中溶质的含量。这种通过比较溶液颜色的深浅来确定物质含量的方法称为比色分析法。在比色分析中，根据进行的方式和使用仪器的不同，又分为目视比色法和光电比色法。其基本原理都是比较光线通过溶液后强度的变化情况进行测定的。

随着近代分析仪器的发展，目前已普遍使用分光光度计代替人眼测定溶液对光线的吸收程度。这种基于物质对光的选择性吸收而建立起来的分析方法称为吸光光度法。在测定过程中需要从复合光中分离出单色光进行测定，因此，这种方法也称为分光光度法。根据所用光源的波长区域不同，又分为可见分光光度法（光源波长 $400\sim760\text{nm}$）、紫外分光光度法（光源波长 $200\sim400\text{nm}$）和红外分光光度法（光源波长 $0.76\sim1000\mu\text{m}$）。可见分光光度法和紫外分光光度法主要用于定量分析，红外分光光度法主要用于物质的结构分析。本章重点学习可见分光光度法定量分析的基本原理。

吸光光度法主要应用于测定试样中微量组分的含量，与化学分析法相比较，有以下特点。

第一，灵敏度高。被测组分的物质的量浓度下限一般可达 $10^{-5}\sim10^{-6}\text{mol}\cdot\text{L}^{-1}$，是测定微量组分（$0.01\%\sim1\%$）的常用方法。

第二，准确度高。吸光光度法的相对误差一般为 $2\%\sim5\%$，对微量组分的测定来说已完全能够满足要求。

第三，操作简便，测定快速。用吸光光度法进行测定时，一般只经过显色和测定两步就可得到分析结果。

第四，应用广泛。几乎所有的无机离子和许多有机化合物都可以直接或间接地用吸光光度法进行测定，所以该方法被广泛应用于工农业生产和农学、食品、化学、医学、环保等领域。

9.1 吸光光度法的基本原理

9.1.1 物质的颜色和对光的选择性吸收

物质的颜色是物质对可见光选择性吸收的结果，物质呈现何种颜色，与光的组成和物质本身的结构有关。

9.1.1.1 光的波长与能量的关系

光是一种电磁辐射或叫电磁波，具有波粒二象性，即波动性和粒子性。光的波动性表现在光能产生干涉、辐射、折射和偏振等现象，可由波长 $\lambda(cm)$、频率 $\nu(Hz)$ 和光速 $c(cm \cdot s^{-1}$，在真空中约为 $3 \times 10^{10} cm \cdot s^{-1})$ 来定量描述，其关系式为

$$\lambda\nu = c \tag{9-1}$$

光可以看作是具有一定能量的粒子流，这种粒子称为光量子或光子。光子的能量与波长的关系为：

$$E = h\nu = h\frac{c}{\lambda} \tag{9-2}$$

式中，E 为光子的能量，J；h 为普朗克常数，$h = 6.626 \times 10^{-34} J \cdot s$。

由此可知，不同波长的光其能量不同，短波能量大，长波能量小。如果按波长或频率顺序把各种电磁波排列在一起，则得到如表 9-1 所示的电磁波谱。由表 9-1 可以看出，用不同能量的电磁波照射物质时，物质的原子或分子产生的运动形式也不同。（如用 X 射线照射某物质时，则可使该物质内层的电子吸收能量跃迁到能量较高的外层轨道上；如果用可见光对某物质照射，则只能使原子外层的电子产生跃迁；如果用能量更低的远红外线对物质进行照射，则只能使该物质的分子发生转动。）

表 9-1 电磁波谱

波谱区名称	波长范围	原子或分子产生的运动形式
X 射线	$10^2 \sim 10nm$	原子内层电子的跃迁
远紫外线	$10 \sim 200nm$	分子中原子外层电子的跃迁
近紫外线	$200 \sim 400nm$	分子中原子外层电子的跃迁
可见光	$400 \sim 760nm$	分子中原子外层电子的跃迁
近红外线	$0.76 \sim 2.5\mu m$	分子中涉及氢原子的振动
中红外线	$2.5 \sim 50\mu m$	分子中原子的振动及分子的转动
远红外线	$50 \sim 100\mu m$	分子的转动
微波	$0.1 \sim 100cm$	分子的转动
无线电波	$1 \sim 1000m$	核磁共振

注：波长范围的划分并不是很严格的，在不同的文献资料中会有所出入。

9.1.1.2 可见光与单色光

在电磁波谱中，波长范围在 $400 \sim 760nm$ 的电磁波能被人的视觉所感觉到，所以这一波长范围的光称为可见光。可见光具有不同的颜色，每种颜色的光具有一定的波长范围。

实验证明，白光（如日光、白炽灯光等）是一种复合光，它是由各种不同颜色的光按一定的强度比例混合而成的。白光经过色散作用可分解为红、橙、黄、绿、青、蓝、紫七种颜

色的光。这七种颜色均为单色光,每种单色光只含有一种颜色,但都具有一定的波长范围。

并非只有上述七种单色光可以混合为白光,两种适当颜色的单色光按照一定的强度比例混合也可成为白光,这两种单色光称为互补色光。图 9-1 是光的互补示意图。图中处于对角关系的两种单色光为互补色光,如黄光与蓝光互补,绿光与紫光互补。

9.1.1.3 物质的颜色

物质颜色的产生与光有着密切的关系。当白光照射到物质上时,由于物质对不同波长的光吸收、透过、反射、折射的程度不同,因而使其呈现出不同颜色。对于溶液来说,由于溶液中的质点(分子或离子)选择性吸收某种色光而使溶液呈现颜色。如白光透过溶液时,如果各种色光的透过程度相同,则这种溶液就是无色透明的;如果溶液将某一部分波长的光吸收,其他波长的光透过,则溶液呈现透过光的颜色,即溶液呈现的颜色是它吸收光的互补色。如硫酸铜溶液因吸收了白光中的黄色光而呈现

表 9-2 物质的颜色和对光的选择性吸收

物质的颜色	吸收光	
	颜色	波长/nm
黄绿	紫	400~450
黄	蓝	450~480
橙	青蓝	480~490
红	青	490~500
紫红	绿	500~560
紫	黄绿	560~580
蓝	黄	580~600
青蓝	橙	600~650
青	红	650~750

蓝色;高锰酸钾溶液因吸收了白光中的绿色光而呈现紫色等。物质吸收光的波长与呈现的颜色关系见表 9-2。由于不同物质本身的电子结构不同(不同轨道的电子能量不同),对不同能量的色光的选择性吸收也就不同,因而不同物质的溶液就呈现不同的颜色。

9.1.2 光吸收定律

9.1.2.1 朗伯-比尔定律及其数学表达式

当一束平行的单色光通过某一有色溶液时,由于有色质点(分子或离子)对光能的吸收,导致光的强度减弱。研究表明,溶液对光的吸收程度与该溶液的浓度、液层的厚度及入射光的强度等有关。如果保持入射光的强度不变,则溶液对光的吸收程度与溶液的浓度和液层的厚度有关。朗伯(Lambert)和比尔(Beer)分别于 1760 年和 1852 年研究了光的吸收程度与有色溶液液层厚度及溶液浓度的定量关系,其结论为:一束平行的单色光通过某一有色溶液时,溶液对光的吸收程度与溶液液层厚度及溶液浓度成正比。这一结论称为光吸收定律,或称为朗伯-比尔定律。它是光度分析的理论基础。

图 9-1 光的互补色原理

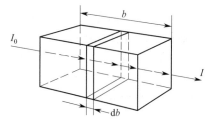

图 9-2 光通过溶液示意

如图 9-2 所示,当一束强度为 I_0 的平行单色光通过液层厚度为 b 的有色溶液时,由于溶液中吸光质点对光的吸收作用,使透过溶液后的光强度减弱为 I,设想把液层分为厚度为 db 的无限小

的相等的薄层，薄层中吸光质点数为 dn，薄层的面积为 S，其体积为 Sdb，照射在薄层上的光强度为 I_b，光透过该薄层后，其强度减弱为 dI，则 dI 与 dn 和 I_b 成正比，即：

$$-dI = k_1 I_b dn$$

或

$$-\frac{dI}{I_b} = k_1 dn \tag{9-3}$$

式中，"—"表示光强度减弱，k_1 为比例常数。

设有色金属离子溶液浓度为 c，薄层中吸光质点数 dn 与 c 和 db 成正比，即：

$$dn = 6.02 \times 10^{23} cS db = k'_c db \tag{9-4}$$

k' 为比例常数，将式(9-4)代入式(9-3)中，合并常数项，得：

$$-\frac{dI}{I_b} = k''c \, db \tag{9-5}$$

对式(9-5)积分可得：

$$-\int_{I_0}^{I} \frac{dI}{I_b} = \int_0^b k''c \, db$$

$$\ln \frac{I_0}{I} = k''cb$$

$$\lg \frac{I_0}{I} = \frac{k''}{2.303} bc = kbc \tag{9-6}$$

如果有色溶液对光无吸收，即 $I = I_0$，则 $\lg \frac{I_0}{I} = 0$；吸收程度越大，则 I 越小，$\lg \frac{I_0}{I}$ 就越大。因此 $\lg \frac{I_0}{I}$ 就表示溶液对光的吸收强度，称为吸光度，用符号 A 表示。这样式(9-6)变为：

$$A = kbc \tag{9-7}$$

式(9-7)是朗伯-比尔定律的数学表达式。它表明：当一束单色光通过有色溶液后，溶液的吸光度与有色溶液浓度及液层厚度成正比。

此外，常把 $\frac{I}{I_0}$ 称为透光度或透光率，用 T 表示，即：

$$T = \frac{I}{I_0}$$

吸光度 A 与透光率 T 的关系为：

$$A = \lg \frac{I_0}{I} = \lg \frac{1}{T} = -\lg T \tag{9-8}$$

式(9-7)中，比例常数 k 与吸光物质的性质、入射光波长、温度等因素有关，并随着 c、b 所取的单位不同而不同。

当 c 的单位为 $g \cdot L^{-1}$、液层厚度 b 的单位为 cm 时，常数 k 以 a 表示，称为吸光系数，单位为 $L \cdot g^{-1} \cdot cm^{-1}$。其物理意义是：浓度为 $1g \cdot L^{-1}$，液层厚度为 1cm，在一定波长下测得的吸光度。此时式(9-7)变为

$$A = abc \tag{9-9}$$

当浓度 c 的单位为 $mol \cdot L^{-1}$，液层厚度 b 的单位为 cm 时，k 用 ε 来表示。ε 称为摩尔吸光系数，单位为 $L \cdot mol^{-1} \cdot cm^{-1}$。它表示吸光质点的浓度为 $1 mol \cdot L^{-1}$，液层厚度为 1cm 时溶液的吸光度。此时式(9-7)变为：

$$A = \varepsilon bc \tag{9-10}$$

ε 反映了吸光物质对光的吸收能力，ε 值越大，表明有色溶液对光的吸收能力越强，溶液颜色越深，用光度法测定该吸光物质时的灵敏度越高。因此 ε 是衡量光度分析法灵敏度的重要指标。通常所说的摩尔吸光系数是指最大吸收波长处的摩尔吸光系数，以 ε_{max} 表示，一般认为：

$\varepsilon < 10^4 \text{L} \cdot \text{mol}^{-1} \cdot \text{cm}^{-1}$ 显色反应的灵敏度低

$10^4 \text{L} \cdot \text{mol}^{-1} \cdot \text{cm}^{-1} < \varepsilon < 5 \times 10^4 \text{L} \cdot \text{mol}^{-1} \cdot \text{cm}^{-1}$ 属中等灵敏度

$5 \times 10^4 \text{L} \cdot \text{mol}^{-1} \cdot \text{cm}^{-1} < \varepsilon < 10^5 \text{L} \cdot \text{mol}^{-1} \cdot \text{cm}^{-1}$ 属高等灵敏度

$\varepsilon > 10^5 \text{L} \cdot \text{mol}^{-1} \cdot \text{cm}^{-1}$ 属超高灵敏度

对于微量组分的分析，一般选 ε 较大的显色反应，以提高测定的灵敏度。

ε 只能通过计算求得，因为不能直接取 $1\text{mol} \cdot \text{L}^{-1}$ 这样高浓度的有色溶液去测定其吸光度。

例 9-1 已知用邻二氮菲光度法测定铁，试液中 Fe^{2+} 的浓度为 $500\mu\text{g} \cdot \text{L}^{-1}$，吸收池厚度为 2cm，在波长 508nm 处测得吸光度 $A = 0.19$。设显色反应很完全，计算 Fe-邻二氮菲有色配合物的摩尔吸光系数。已知 $M(\text{Fe}) = 55.85\text{g} \cdot \text{mol}^{-1}$。

解：$c(\text{Fe}^{2+}) = \dfrac{500 \times 10^{-6}}{55.85} = 8.95 \times 10^{-6} (\text{mol} \cdot \text{L}^{-1})$

即 Fe-邻二氮菲有色配合物的浓度为 $8.95 \times 10^{-6} \text{mol} \cdot \text{L}^{-1}$

则 $\varepsilon = \dfrac{A}{bc} = \dfrac{0.19}{2 \times 8.9 \times 10^{-6}} = 1.1 \times 10^4 (\text{L} \cdot \text{mol}^{-1} \cdot \text{cm}^{-1})$

9.1.2.2 光吸收曲线

物质对光的吸收与光的波长或能量有关。若将不同波长的光依次通过某一有色溶液，测量每一波长下有色溶液对该波长光的吸收程度（吸光度 A），然后以波长为横坐标，吸光度 A 为纵坐标作图，将得到一条曲线，即光吸收曲线或吸收光谱曲线。在光吸收曲线上，可以直观地看到物质对不同波长光的吸收程度并不相同，即物质对光的吸收具有选择性。

图 9-3 是四种不同浓度的 $KMnO_4$ 溶液的光吸收曲线。从图中可以得到如下结论。

① 在可见光范围内，$KMnO_4$ 溶液对波长 525nm 附近的绿光有最大吸收，此波长称为最大吸收波长，用 λ_{max} 表示。$KMnO_4$ 溶液的 $\lambda_{max} = 525\text{nm}$。由于 $KMnO_4$ 溶液对紫色和红色光吸收程度很小，因此其溶液呈紫红色。

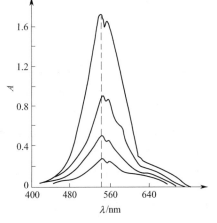

图 9-3 不同浓度的 $KMnO_4$ 溶液的吸收曲线

② 光吸收曲线具有特征性。不同的物质光吸收曲线形状不同，λ_{max} 不同。同一物质无论其浓度大小，光吸收曲线形状相似，λ_{max} 不变。由此可根据光吸收曲线进行定性分析。

③ 同一物质的溶液在某波长处的吸光度 A 随着浓度的改变而变化。这个特征可作为定量分析的依据。

9.2 吸光光度分析的测定方法

9.2.1 单一组分的测定

吸光光度法测定单一组分的方法通常采用工作曲线法和比较法。

9.2.1.1 工作曲线法

工作曲线法又称标准曲线法。测定时，首先按测定方法配制一系列浓度由低到高的标准色阶，然后使用相同厚度的吸收池（盛放溶液的容器），在一定波长下分别测其吸光度。以标准溶液的浓度为横坐标，相应的吸光度为纵坐标作图，所得曲线称为标准曲线或工作曲线，如图9-4所示。

然后用同样的方法，在相同的条件下测定试液的吸光度，从工作曲线上查得被测组分的浓度或含量。该方法适用于大批试样的分析。

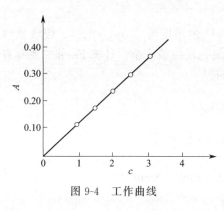

图 9-4 工作曲线

例 9-2 称取 0.4320g $NH_4Fe(SO_4)_2·12H_2O$ 溶于水，定量转移到 500mL 的容量瓶中定容，摇匀。按表 9-4 所给体积量取 Fe^{3+} 标准溶液于 50mL 容量瓶中，用邻二氮菲显色后定容，测定其吸光度见表9-3。取某含铁试样 5.00mL 稀释至 250.00mL，再取此稀释溶液 2.00mL，置于 50.00mL 容量瓶中，与上述相同条件下显色定容，测得吸光度为 0.450，计算试样中 Fe^{3+} 的含量（mg·L^{-1}）。已知 $M[NH_4Fe(SO_4)_2·12H_2O]$ = 482.22g·mol^{-1}，$M(Fe)$ = 55.85g·mol^{-1}。

表 9-3 Fe^{3+} 标准溶液体积及对应吸光度值

体积/mL	1.00	2.00	3.00	4.00	5.00	6.00
A	0.097	0.202	0.304	0.412	0.505	0.622

解： $c(Fe^{3+}) = \dfrac{0.4320 \times 55.85}{500.0 \times 482.22} \times 1000 = 0.1000(g·L^{-1}) = 0.1000(mg·mL^{-1})$

以吸光度为纵坐标，加入的标准溶液体积为横坐标，按表 9-4 数据绘制工作曲线（见图 9-5），从工作曲线上查找当 A=0.450 时对应 Fe 标准溶液的体积为 4.40mL，则试样中 Fe^{3+} 的浓度为：

$c(Fe^{3+})_{试样} = \dfrac{0.1000 \times 4.40 \times 250.0}{2.00 \times 5.00} = 11.0(mg·mL^{-1})$

目前，常采用 Excel 或 Origin 等计算软件对数据进行拟合得到一个线性回归方程，再根据被测试样的吸光度 A 计算被测组分的含量。如根据例 9-2 数据，利用 Excel 软件对数据进行处理得到的回归方程为：A = 0.1041V−0.0072，相关系数 R 为 0.9997（R 一般在 0~1，R 越大数据的线性越好）。将样品的吸光度 A =

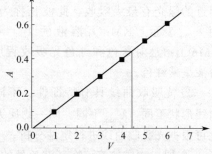

图 9-5 吸光度（A）-体积（V）工作曲线

0.450 代入方程计算得 $V_{试}=4.39\text{mL}$。按上述方法计算得试样中 Fe^{3+} 的浓度为 $11.0\text{g}\cdot\text{L}^{-1}$。

注意，工作曲线的横坐标可以根据实验条件选择标准溶液的物质的量浓度、标准溶液的体积或被测物质的质量等。横坐标的含义不同，后期的计算公式也不同。

9.2.1.2 比较法

比较法又称为计算法。该方法只需一个标准溶液，在相同条件下使标准溶液和被测试液显色，然后在相同的条件下分别测其吸光度。设标准溶液和被测试液的浓度分别为 c_s 和 c_x，吸光度分别为 A_s 和 A_x。根据朗伯-比尔定律：

$$A_s=\varepsilon_s b_s c_s, \quad A_x=\varepsilon_x b_x c_x$$

两式相比得：
$$\frac{A_s}{A_x}=\frac{\varepsilon_s b_s c_s}{\varepsilon_x b_x c_x}$$

由于标准溶液与被测试液性质一致、温度一致、入射光波长一致，所以
$$\varepsilon_s=\varepsilon_x$$

另外，测定时使用相同的吸收池，所以
$$b_s=b_x$$

因此
$$\frac{A_s}{A_x}=\frac{c_s}{c_x}$$

即
$$c_x=c_s\frac{A_x}{A_s} \tag{9-11}$$

该方法适用于个别试样的测定。测定时，应使标准溶液与被测试液的浓度相近，否则会引起较大的测定误差。

例 9-3 Fe^{3+} 标准溶液的浓度为 $6.00\mu\text{g}\cdot\text{mL}^{-1}$，其吸光度为 0.304。有一液体试样，在同一条件下测得的吸光度为 0.510，求试样中铁的含量（$\text{mg}\cdot\text{L}^{-1}$）。

解：已知 $A_s=0.304$，$A_x=0.510$，$c_s=6.00\mu\text{g}\cdot\text{mL}^{-1}$，所以
$$c_x=c_s\frac{A_x}{A_s}=6.00\times\frac{0.510}{0.304}=10.1(\text{mg}\cdot\text{L}^{-1})$$

9.2.1.3 线性范围

根据朗伯-比尔定律可知，在同样条件下，浓度与吸光度 A 应成直线关系。但在实际测定时发现浓度与吸光度 A 并不完全成直线关系，特别是当被测物质的浓度较高时，工作曲线将发生明显的弯曲，如图 9-6 所示。这种现象就称为偏离朗伯-比尔定律。

偏离朗伯-比尔定律的原因很多，主要有下列两个方面。

① 单色光不纯引起的偏离 严格地讲朗伯-比尔定律只适用于单色光。但在实际测定中，由于仪器本身条件的限制，所使用的入射光并非纯的单色光，而是具有一定波长范围的近似单色光。由于物质对不同波长光的吸收能力不同，因此其 ε 也不同，即得到的 A 的数值就不同，因此测出的总吸光度与浓度不成正比，数值偏小，产生负误差，导致工作曲线上端向下弯曲。浓度越大，测定结果负误差越大，因此测定时浓度不应过高，应选择适当的浓度范围进行测定。单色光的纯度越差，即波长范围越宽，这种负误差越大，因

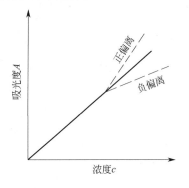

图 9-6 光度分析工作曲线

此测定时应选用质量较好的分光光度计进行测定,并选择物质的最大吸收波长为入射光,这样不仅可以保证测定有较高的灵敏度,也可使偏离朗伯-比尔定律的程度减轻。

② 溶液本身的原因引起的偏离 朗伯-比尔定律只适用于均匀、非散射性溶液。如果溶液不均匀,被测物以胶体、乳浊、悬浮状态存在时,测定时入射光除了被吸收之外,还会有因反射、散射作用而造成的损失。因而测出的吸光度数值要比实际数值大,导致偏离朗伯-比尔定律,产生正误差。

另外,溶液中的吸光物质常因解离、缔合及互变异构等化学变化而使其浓度发生改变,因而导致偏离朗伯-比尔定律。如测定一定浓度的$[Fe(SCN)]^{2+}$溶液的吸光度。由于$[Fe(SCN)]^{2+}$在溶液中存在下述解离平衡:

$$[Fe(SCN)]^{2+} \rightleftharpoons Fe^{3+} + SCN^-$$

如果溶液的酸度过强,SCN^-与H^+反应生成HSCN,则$[Fe(SCN)]^{2+}$的浓度减小,测出的吸光度则偏低。

③ 线性范围 在实际测定时,为了保证测定结果的准确度,常用工作曲线的直线部分进行计算,该直线部分所对应的待测物质的浓度或含量的变化范围称为吸光光度法的线性范围。利用工作曲线法对被测物质进行测定时,被测物质的浓度或含量应在工作曲线的线性范围之内,否则将出现较大的误差。

*9.2.2 多组分的测定

假定溶液中同时存在两种组分A和B,根据吸收峰相互干扰的情况(吸光度具有加和性),可按下列两种情况进行定量测定。

① 吸收曲线不重叠 在A的吸收峰λ_{max}^A处B没有吸收,而在B的吸收峰λ_{max}^B处A也没有吸收,见图9-7(a),则可分别在λ_{max}^A、λ_{max}^B处用单一物质的定量分析方法测定组分A和B,而相互无干扰。

② 吸收曲线相重叠 溶液中的A、B两组分相互干扰,如图9-7(b)所示。这时,可在波长λ_{max}^A和λ_{max}^B处分别测出A、B两组分的总吸光度A_1和A_2,然后再根据吸光度的加和性列联立方程:

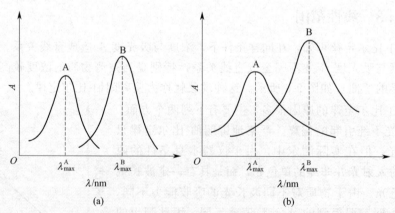

图9-7 多组分的吸收曲线

$$A_1 = \varepsilon_1^A bc(A) + \varepsilon_1^B bc(B)$$
$$A_2 = \varepsilon_2^A bc(A) + \varepsilon_2^B bc(B)$$

式中 $c(A)$、$c(B)$——A和B的浓度;

ε_1^A、ε_1^B——A 和 B 在波长 λ_{max}^A 处的摩尔吸光系数；

ε_2^A、ε_2^B——A 和 B 在波长 λ_{max}^B 处的摩尔吸光系数。

ε_1^A、ε_1^B、ε_2^A、ε_2^B 可由已知准确浓度的纯组分 A 和纯组分 B 在 λ_{max}^A、λ_{max}^B 处测得，代入上式解联立方程，即可求出 A、B 两组分的含量。

在实际应用中，常限于 2~3 个组分体系，对于更复杂的多组分体系，可由计算机处理测定结果。

9.3 紫外-可见分光光度计

9.3.1 分光光度计的组成

可见分光光度法和紫外分光光度法的理论基础都是朗伯-比尔定律，测定方法和所使用仪器的原理也相同（光源不同），因此，这两种方法的仪器常合二为一，称为紫外-可见分光光度计。从仪器的基本结构来说，各种形式的紫外-可见分光光度计均由五部分组成，即光源、单色器、吸收池、检测器及信号显示装置，其结构示意如图 9-8 所示。

光源 → 单色器 → 吸收池 → 检测器 → 信号显示装置

图 9-8　分光光度计结构示意

（1）光源

光源的作用是在仪器操作所需的光谱区域内发射连续的具有足够强度和稳定的光。通常用 12V、25W 的白炽钨丝灯作为可见光的光源（360~800nm），氢灯和氘灯作为紫外线的光源（160~375nm）。为了保持光源强度的稳定，以获得准确的测定结果，必须保持电源电压稳定，因此常采用晶体管稳压电源供电。

（2）单色器

单色器的作用是将光源发出的连续光谱分解并从中分出任一种所需要波长的单色光。单色器一般由分光器、狭缝及透镜组成。分光器有棱镜和光栅两种类型。棱镜的作用是利用折射原理将连续光谱分解成单色光。玻璃棱镜用于可见光部分，石英棱镜则在紫外和可见光范围都可使用。光栅根据光的衍射和干涉原理将复合光色散为不同波长的单色光。光栅的色散和分辨能力强，选用波长范围宽。狭缝和透镜系统的作用是控制光的方向、调节光的强度和取出所需要的单色光，狭缝的宽度在一定范围内对单色光的纯度起着调节作用。

（3）吸收池

吸收池又叫比色皿，其作用是在测定时用来盛放被测溶液和参比溶液。吸收池用透明无色、耐腐蚀、化学性质相同、厚度相等的光学玻璃或石英制成，一般为长方体。其底及两侧为毛玻璃，另两面为透光面，两透光面之间的距离即为"透光厚度"或"光程"。一般的分光光度计都配有多种厚度（0.5cm、1cm、2cm、3cm 和 5cm）的一套吸收池，供测定时选用。在使用吸收池时应注意保护其透光面，不能直接用手指接触，不得将透光面与硬物或脏物接触，否则将影响透光率。在紫外光谱区进行测定时，必须使用石英吸收池进行测定。

（4）检测器

分光光度计的检测器是用光电转换器件制成的。其作用是将透过吸收池的光转换为电信号。常用的检测器有光电管和光电倍增管。当一束单色光经过吸收池中的有色溶液吸收后，光的强度减弱，透过光照射到光电管上。吸收程度越大，照射到光电管上的光越弱，产生的光电流越小；反之越大。产生的光电流经放大器放大后，用微安表测定。

（5）信号显示装置

用于显示光电流变化的结果。显示的方式有标尺、数字等。目前多采用数字显示方法。现代精密的分光光度计许多带有计算机，能在计算机上显示操作条件和数据处理方法，能对光谱数据进行处理和结果计算。

*9.3.2 紫外-可见分光光度计的类型

紫外-可见分光光度计一般按工作波长分为单波长和双波长两类。

（1）单波长分光光度计

单波长分光光度计又分为单光束和双光束分光光度计。

① 单光束分光光度计 单光束分光光度计结构示意如图9-8所示，入射光交替通过参比溶液和被测试液进行测定。如常用的722型和751型等分光光度计都是单光束分光光度计。

② 双光束分光光度计 双光束分光光度计的原理如图9-9所示。经过单色器的光束被切换器分成两路，分别通过参比池和试样池。吸光度 A 与入射光强度无关。

图 9-9 双光束分光光度计原理

（2）双波长分光光度计

双波长分光光度计的工件原理见图 9-10。它采用两个单色器，将同一光源的光分为两束，分别经单色器后得到两束不同波长的单色光，经切光器使两束单色光以一定频率交替照射同一试样，然后经过检测器显示出两个波长下的吸光度差值 ΔA。

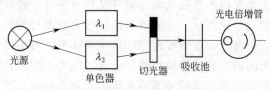

图 9-10 双波长分光光度计原理

9.4 吸光光度法的测量条件

9.4.1 显色反应的要求及影响因素

（1）显色反应的基本要求

有些物质本身没有颜色，它们对可见光不产生吸收；也有一些物质本身颜色较浅，其 ε 较小，分光光度法测定的灵敏度较低。因此，利用可见分光光度法进行测定时，当被测物质本身无色或颜色较浅时,常常需要加入合适的试剂使之生成颜色较深的物质,然后进行测定。这种将被测组分转变成有色化合物的反应称为显色反应。使被测组分转变成有色化合物的试剂叫显色剂。显色反应的类型主要有配位反应和氧化还原反应两大类。应用最多的是配位反应。作为显色反应,一般应满足下列要求。

① 选择性要好　所选用的显色剂最好只与被测组分发生显色反应。如果溶液中共存的其他组分也与显色剂发生反应产生干扰,则干扰应容易消除。

② 灵敏度要高　光度分析主要应用于测量微量组分,因此显色反应所生成的有色化合物的 ε 要大。ε 值越大,颜色越深,测定灵敏度越高。但是高灵敏的显色反应其选择性往往较差。因此选择显色反应既要考虑到测定的灵敏度,又要考虑到选择性。此外,对于高含量组分的测定,不一定要选用最灵敏的显色反应。

③ 有色化合物的组成要恒定,符合一定的化学式　一个显色反应如果生成几种组成不同的物质,而它们颜色又往往不同,即 ε 不同,势必给测定带来误差。

④ 有色化合物应有足够的化学稳定性　不易受环境条件及溶液中其他化学因素的影响,其颜色在较长时间内保持稳定,不分解,不褪色。

⑤ 有色化合物与显色剂之间颜色差别要大　如果使用的显色剂本身有颜色,那么它的颜色应与所生成的有色化合物的颜色有明显的区别,以避免显色剂对测定的干扰。颜色的差别通常用"反衬度(或对比度)"来表示,它是有色化合物和显色剂两者最大吸收波长之差的绝对值,即:

$$\Delta \lambda = |\lambda_{max}^{MR} - \lambda_{max}^{R}| \tag{9-12}$$

式中　MR——有色化合物;
　　　R——显色剂。

一般要求 $\Delta \lambda$ 在 60nm 以上。

(2) 影响显色反应的因素及显色条件的选择

可见分光光度法是测定显色反应达到平衡时溶液的吸光度,因此应严格控制反应条件,使显色反应趋于完全和稳定,以提高测定的准确度。

① 显色剂的用量　显色反应一般都为配位反应,可用下式来表示:

$$\text{M} + \text{R} \rightleftharpoons \text{MR}$$
被测组分　　显色剂　　有色化合物

该反应在一定程度上是可逆的。为了使显色反应尽可能进行完全,一般应加入过量的显色剂,但并非过量越多越好,对某些显色反应,当显色剂浓度太大时,将会引起副反应,如生成一系列配位数不同的配合物,有色配合物的组成不固定。对于这种情况,只有严格控制显色剂的用量,才能获得准确的结果。

在显色反应中,显色剂的用量究竟多大才合适,可通过实验来确定。其方法是:固定被测组分的浓度和其他条件,依次分别加入不同量的显色剂,分别测定其吸光度,根据吸光度的变化情况,选择最合适的显色剂用量。

② 溶液的酸度　溶液的酸度不仅影响显色剂的存在形式,而且影响被测金属离子的存在状态和有色配合物的组成,因此,控制适宜的酸度是保证分光光度分析得到良好结果的重要条件之一。通常通过实验来确定最适宜的酸度条件,并常采用缓冲溶液保持溶液酸度的稳定。

③ 显色时间　有些显色反应的速度很快,瞬间就可完成,并且颜色很快达到稳定状态,在较长的时间内保持不变;但有些显色反应虽能迅速完成,其稳定时间较短,颜色很快褪

去；有些显色反应进行得比较缓慢，需要经过一定时间后，显色反应才能完成，溶液颜色才能达到稳定状态。因此，应根据具体情况，掌握适当的显色时间，在颜色稳定的时间范围内进行测定。

④ 显色温度 不同显色反应所要求的温度不一样，大多数显色反应可在室温下进行，但有些显色反应需要加热至一定温度才能完成。有些有色化合物在较高的温度下容易分解，因此，在显色时应根据具体情况选择适宜的温度。

⑤ 溶液中共存离子的影响 溶液中共存离子本身有颜色或能够与显色剂生成有色化合物，使测定的吸光度不准确而造成误差。共存离子的干扰可采用控制溶液的酸度、加入掩蔽剂和分离干扰离子等方法消除。

9.4.2 分析条件的选择

9.4.2.1 仪器测量的误差

光度分析误差主要来源于两个方面：一方面是由于各种化学因素使溶液偏离朗伯-比尔定律，另一方面来源于测量仪器本身。任何光度计都有一定的测量误差，它是由多方面的因素引起的，如光源不稳定、单色光不纯、光电管不灵敏、吸收池厚度不一致、吸光度标尺精度不够等等。这种测量误差表现在透光率（T）的读数上，设透光率的读数误差为 ΔT。对同一台仪器来说，ΔT 为一常数，一般为 $0.01\sim0.02$。由于透光率与吸光度之间是负对数关系，所以同样大小的 ΔT 在不同的吸光度读数时所引起的吸光度的误差（ΔA）是不同的。由于吸光度 A 与被测组分浓度成正比，因此 ΔA 也与浓度测量的误差成正比。所以测定时在不同的吸光度范围内读数可带来不同程度的浓度测量误差，浓度与透光率 T 之间有如下关系：

$$\frac{\Delta c}{c}=\frac{\Delta T}{T\ln T} \tag{9-13}$$

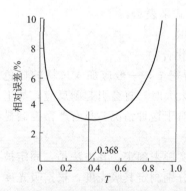

图 9-11 浓度测量的相对误差与透光率的关系

$\frac{\Delta c}{c}$ 为浓度测量的相对误差，对给定的仪器来说，ΔT 为常数，因此浓度测量的相对误差是透光率 T 的函数（也是吸光度 A 的函数）。以 $\frac{\Delta c}{c}$（%）为纵坐标，以 T 为横坐标作图可得 9-11 所示曲线。

由图 9-11 可以看出，当透光率很大或很小（即吸光度过低或过高）时，浓度测定的相对误差都较大。一般认为当透光率为 $15\%\sim65\%$（即 $A=0.2\sim0.8$）时，浓度的测量相对误差都较小。因此在测定时应尽可能使吸光度范围在 $0.2\sim0.8$，以得到较准确的结果。浓度测定的相对误差最小时，溶液的透光率为 36.8% 或吸光度为 0.434。

9.4.2.2 测量条件的选择

为了使吸光光度分析有较高的灵敏度和测定结果有较高的准确度，在进行测定时，应注意选择合适的测定条件。测定条件的选择，可从以下几个方面考虑。

(1) 入射光波长的选择

为使测定有较高的灵敏度,应选择合适波长的光作为入射光。根据"最大吸收原则",所选入射光的波长应等于有色物质的最大吸收波长 λ_{max}。这样不仅测定的灵敏度高,即吸光度最大,而且测定的准确度也高,因这时偏离朗伯-比尔定律的程度小。如果干扰组分在最大吸收波长处也有较大的吸收,这时应根据"吸收最大、干扰最小"的原则来选择入射光。测定时应放弃最大吸收波长,而选择不被干扰组分吸收的、灵敏度较低的波长作为入射光。虽然此时测定的灵敏度有所下降,但保证了测定的准确度。

(2) 控制适当的吸光度范围

由图 9-11 和式(9-13)可知,要使浓度测定的相对误差较小,测定时应控制溶液的吸光度在 0.2~0.8 范围内。由朗伯-比尔定律可知,控制溶液的吸光度有以下两种方法。

① 控制溶液浓度 c。通过控制试样的称出量或进行萃取、富集、稀释等手段,来控制被测溶液的浓度,以达到控制吸光度的目的。如所测 $A>0.8$,这时可将试液稀释一定倍数后再测定;如所测 $A<0.2$,这时可扩大试样称取量或将试液浓缩后再测定。

② 控制溶液层厚度 b。通过改变吸收池的厚度,即选择不同厚度的吸收池,来控制液层厚度,以达到控制吸光度的目的。如所测 $A>0.8$,这时可选光程较短的吸收池;如果测定 $A<0.2$,这时可选择光程较长的吸收池。

(3) 选择合适的参比溶液

在测定吸光度时常用到参比溶液,其作用是调节仪器的零点,消除由于溶剂、干扰组分、显色剂、吸收器壁及其他试剂等对入射光的反射和吸收带来的误差。在测定吸光度时,应根据不同的情况选择不同的参比溶液。

如果被测试液、显色剂及所用的其他试剂均无颜色,可选用蒸馏水作参比溶液。

如果显色剂有颜色而被测试液和其他试剂无色时,可用不加被测试液的显色剂溶液作参比溶液。

如果显色剂无颜色,而被测试液中存在其他有色离子,可用不加显色剂的被测试液作参比溶液。

如果显色剂和被测试液均有颜色,可将一份试液加入适当的掩蔽剂,将被测组分掩蔽起来,使之不再与显色剂作用,而显色剂和其他试剂均按照操作手续加入,以此作为参比溶液,这样可以消除显色剂和一些共存组分的干扰。

总之,所使用的参比溶液应能尽量使测得试液的吸光度真正反映待测物质的浓度。

9.5 吸光光度法的应用

吸光光度分析法广泛应用于测定微量组分,也能应用于常量组分的测定。此外还可以用于研究化学平衡、配合物组成的测定等。下面简要地介绍有关方面的应用。

*9.5.1 铵的测定——奈氏试剂分光光度法

水样中铵离子在碱性条件下能与奈氏试剂(HgI_2-KI-NaOH)作用生成氨基汞络离子碘衍生物(淡红棕色胶态化合物),其颜色深浅与铵离子浓度成正比。其反应可用下式表示:

$$2K_2(HgI_4) + 3KOH + NH_4OH \longrightarrow \left[O{\overset{Hg}{\underset{Hg}{\diagup\!\!\!\diagdown}}}NH_2\right]I + 7KI + 3H_2O$$

于 420nm 处测定显色体系的吸光度。

9.5.2 磷的测定

微量磷的测定通常用磷钼蓝法。在酸性溶液中，磷酸盐与钼酸铵作用生成黄色的磷钼酸。其反应为：

$$PO_4^{3-} + 12MoO_4^{2-} + 27H^+ \longrightarrow H_7[P(Mo_2O_7)_6] + 10H_2O$$

由于黄色的磷钼酸 ε 小，灵敏度低，因此在一定条件下，加入氯化亚锡和抗坏血酸还原剂将其还原为磷钼蓝，然后在 690nm 处测其吸光度，通过标准曲线法或比较法求出磷的含量。

9.5.3 铁的测定

邻二氮菲（又称邻菲罗啉）法是分光光度法测定微量铁常用的方法。在 pH＝2～9 的溶液中，邻二氮菲与 Fe^{2+} 生成稳定的橙红色配合物，其反应为：

该橙红色配合物的最大吸收波长 λ_{max} 为 508nm，摩尔吸光系数 ε 为 $1.1\times10^4 L\cdot mol^{-1}\cdot cm^{-1}$，反应的灵敏度高，稳定性好。如果铁以 Fe^{3+} 形式存在，则测定时应预先加入还原剂盐酸羟胺将 Fe^{3+} 还原为 Fe^{2+}：

$$4Fe^{3+} + 2NH_2OH \Longrightarrow 4Fe^{2+} + N_2O + 4H^+ + H_2O$$

以工作曲线法测定铁的含量。

*9.5.4 啤酒中双乙酰的测定

双乙酰及 2,3-戊二酮总称为连二酮，是赋予啤酒风味的重要物质。后酵酒中双乙酰含量的高低已成为衡量啤酒成熟程度的重要指标之一。双乙酰在成品啤酒中的含量一般小于 0.2×10^{-6}，可用邻苯二胺比色法进行测定。测定时样品中的连二酮类都能与邻苯二胺发生显色反应，所以，测定结果为双乙酰和戊二酮类的总含量。测定时邻苯二胺与连二酮类的显色反应可用下式表示：

利用生成物的盐酸盐在 335nm 波长下有一最大吸收值可对连二酮进行定量测定。

*9.5.5 高含量组分的测定——示差法

普通分光光度法一般只适用于微量组分的测定，当待测组分含量高时，测得的吸光度值常超出吸光度适宜读数范围而引入较大的误差。采用示差法进行测定则可以克服这些缺点。

示差分光光度法与一般分光光度法的不同之处在于参比溶液。一般分光光度法以空白溶液作参比溶液，而示差法则是采用比待测试液浓度稍低的标准溶液作参比溶液。

设用作参比的标准溶液的浓度为 c_s，待测试液浓度为 c_x，且 $c_x > c_s$，若以试剂空白作参比（正常的参比溶液），根据朗伯-比尔定律：

$$A_s = \varepsilon b c_s, \quad A_x = \varepsilon b c_x$$

两式相减：
$$A_x - A_s = \varepsilon b (c_x - c_s)$$

即
$$\Delta A = \varepsilon b \Delta c \tag{9-14}$$

由式(9-14)可知，当液层厚度 b 一定时，被测溶液与参比溶液吸光度的示差值与两溶液的浓度差成正比。若采用该标准溶液作参比，则 $A_s = 0$，所测吸光度即为 ΔA，式(9-14)就是示差法的基本原理。

在测定时，可采用工作曲线法。在系列标准溶液中以浓度最低的标准溶液为参比，调节其吸光度为零（透光率100%）然后测定其他标准溶液的吸光度 A［注意，该吸光度 A 就是式(9-14)中的 ΔA］。若以浓度差(Δc)为横坐标，吸光度 A(实为 ΔA)为纵坐标作图即得示差法的工作曲线。

在相同的条件下测定待测试液的吸光度(ΔA)，根据测得的(ΔA)在工作曲线上找出相应的 Δc 值，从 $c_x = c_s + \Delta c$，便可求出待测试液的浓度。

思 考 题

9-1 为什么物质会呈现出不同的颜色？

9-2 光吸收曲线有何实际意义？

9-3 偏离朗伯-比尔定律的原因有哪些？

9-4 摩尔吸光系数 ε 的大小与哪些因素有关？

9-5 工作曲线的横坐标有哪些选择方法？

9-6 吸光光度分析中，影响显色反应的因素有哪些？酸度对显色反应的影响主要表现在哪些方面？

9-7 参比溶液的作用是什么？如何选择？

9-8 吸光光度分析有哪些方面的应用？

习 题

9-1 某试液用 2cm 的吸收池测量时，$T=60\%$，若改用 1cm 的吸收池或 3cm 的吸收池，T 及 A 等于多少？

9-2 5.00×10^{-5} mol·L^{-1} $KMnO_4$ 溶液，在 $\lambda_{max} = 525$nm 用 3.0cm 吸收池测得吸光度 $A = 0.336$，计算吸光系数 a 和摩尔吸光系数 ε。

9-3 用邻二氮菲光度法测定铁含量时，测得铁的浓度为 x mol·L^{-1} 时，其透光率为 T。当铁浓度由 x mol·L^{-1} 变为 $1.5x$ mol·L^{-1} 时，在相同测量条件下的透光率为多少？

9-4 吸光光度法定量测定浓度为 c 的溶液，如吸光度为 0.434，假定透光率的测定误差为 0.05%，由仪器测定产生的相对误差为多少？

9-5 已知某 Fe^{3+} 标准溶液的浓度为 10.0μg·mL^{-1}，分别取 2mL、4mL、6mL、8mL、10mL Fe^{3+} 标准溶液于 50mL 容量瓶中，用邻二氮菲显色后定容，测定其吸光度分别为 0.084、0.16、0.243、0.325、0.415。取某含铁水样 5.00mL 于 50mL 容量瓶中，按上述方法

显色定容，测得吸光度为 0.201，采用回归方法计算水样中 Fe^{3+} 的含量（$\mu g \cdot mL^{-1}$）。

9-6 某钢样含镍约 0.12%，用丁二酮肟比色法（$\varepsilon = 1.3 \times 10^4 L \cdot mol^{-1} \cdot cm^{-1}$）进行测定。试样溶解后，显色、定容至 100mL。取部分试液于波长 470nm 处，用 1cm 吸收池进行测量，如希望此时测量误差最小，应称取试样多少克？

9-7 有一化合物在醇溶液中的 λ_{max} 为 240nm，其 ε 为 $1.7 \times 10^4 L \cdot mol^{-1} \cdot cm^{-1}$，摩尔质量为 $314.47 g \cdot mol^{-1}$，用 1.0cm 吸收池测量时，试问配制什么样的浓度（$g \cdot L^{-1}$）范围最为合适？

9-8 摩尔质量为 $125 g \cdot mol^{-1}$ 的某吸光物质的摩尔吸光系数 $\varepsilon = 2.5 \times 10^5 L \cdot mol^{-1} \cdot cm^{-1}$，当稀释 20 倍后，在 1.0cm 吸收池中测得的吸光度 $A = 0.60$，试计算在稀释前，1L 溶液中应准确溶入这种化合物多少克？

9-9 已知维生素 B12 在 361nm 条件下 $a_{标} = 20.7 L \cdot g^{-1} \cdot cm^{-1}$。精确称取样品 30.0mg，加水溶解稀释至 1000mL，在波长 361nm 下，用 1.00cm 吸收池测得溶液的吸光度为 0.618，计算样品维生素 B12 的质量分数。

9-10 维生素 D2 在 264nm 处有最大吸收，$\varepsilon_{264} = 1.82 \times 10^4 L \cdot mol^{-1} \cdot cm^{-1}$，$M = 397 g \cdot mol^{-1}$。称取维生素 D2 粗品 0.0081g，配成 1000mL 溶液，在 264nm 紫外线下用 1.50cm 吸收池测得该溶液透光率为 0.35，计算粗品中维生素 D2 的质量分数。

9-11 苯胺（$C_6H_5NH_2$）与苦味酸（三硝基苯酚）能生成 1:1 的盐-苦味酸苯胺，它的 $\lambda_{max} = 359nm$，$\varepsilon_{359} = 1.25 \times 10^4 L \cdot mol^{-1} \cdot cm^{-1}$。将 0.200g 苯胺试样溶解后定容为 500mL，取 25.0mL 该溶液与足量苦味酸反应后，转入 250mL 容量瓶，并稀释至刻度。再取此反应液 10.0mL，稀释到 100mL 后用 1cm 吸收池在 359nm 处测得吸光度 $A = 0.425$，计算该苯胺试样的纯度。

9-12 $5.00 \times 10^{-5} mol \cdot L^{-1}$ $KMnO_4$ 溶液，在 520nm 处用 2.0cm 吸收池测得吸光度 $A = 0.224$。称取钢样 1.00g，溶于酸后，将其中的 Mn 氧化为 MnO_4^-，定容 100mL 后在上述相同条件下测得吸光度为 0.314。求钢样中锰的质量分数。

9-13 称取钢样 0.512g，溶于酸后，将其中的锰氧化成高锰酸盐，定容至 100mL，在 520nm 波长下用 2.0cm 的吸收池，测得吸光度为 0.628，已知 $\varepsilon = 2235 L \cdot mol^{-1} \cdot cm^{-1}$，求锰的质量分数。[$M(Mn) = 54.94 g \cdot mol^{-1}$]

9-14 某苦味酸胺试样 0.0250g，用 95% 乙醇溶解并配成 1000mL 溶液，在 380nm 波长处用 1.0cm 吸收池测得吸光度为 0.760，试估计该苦味酸胺的相对分子质量。（已知在 95% 乙醇溶液中的苦味酸胺在 380nm 时 $\varepsilon = 1.35 \times 10^4 L \cdot mol^{-1} \cdot cm^{-1}$）

9-15 某有色络合物的 0.0010% 水溶液在 510nm 处，用 2cm 吸收池以水作参比测得透光率为 42.0%。已知 $\varepsilon = 2.5 \times 10^3 L \cdot mol^{-1} \cdot cm^{-1}$。试求此有色络合物的摩尔质量。

9-16 已知一种土壤含 0.40% P_2O_5，它的溶液显色后的吸光度为 0.32。在同样的条件下，测得未知土样的溶液显色后的吸光度为 0.20，求该土样中 P_2O_5 的质量分数。

9-17 称取 1.0000g 土壤，经消解处理后于 100mL 容量瓶中定容。吸取该溶液 10.00mL，同时取 4.00mL 质量浓度为 $10.0 \mu g \cdot mL^{-1}$ 的磷标准溶液分别于两个 50mL 容量瓶中显色、定容。用 1cm 吸收池测得标准溶液的吸光度为 0.260，土壤试液的吸光度为 0.362，计算土样中磷的质量分数。

9-18 $1.0 \times 10^{-3} mol \cdot L^{-1}$ 的 $K_2Cr_2O_7$ 溶液在波长 450nm 和 530nm 处的吸光度 A 分别为 0.200 和 0.050。$1.0 \times 10^{-4} mol \cdot L^{-1}$ 的 $KMnO_4$ 溶液在 450nm 处无吸收，在 530nm 处吸光度为 0.420。今测得某 $K_2Cr_2O_7$ 和 $KMnO_4$ 的混合溶液在 450nm 和 530nm 处的吸光度分

别为 0.380 和 0.710。试计算该混合溶液中 $K_2Cr_2O_7$ 和 $KMnO_4$ 的浓度。假设吸收池长为 10mm。

9-19 NO_2^- 在波长 355nm 处 $\varepsilon_{355}=23.3L \cdot mol^{-1} \cdot cm^{-1}$，$\varepsilon_{355}/\varepsilon_{302}=2.50$；$NO_3^-$ 在波长 355nm 处的吸收可忽略，在波长 302nm 处 $\varepsilon_{302}=7.24L \cdot mol^{-1} \cdot cm^{-1}$。今有一含 NO_3^- 和 NO_2^- 的试液，用 1cm 的吸收池测得 $A_{302}=1.010$，$A_{355}=0.730$。计算试液中 NO_3^- 和 NO_2^- 的浓度。

9-20 用普通吸光光度法测量 $0.00100mol \cdot L^{-1}$ 某标准溶液和待测试液 x，分别测得 $A_s=1.00$ 和 $A_x=1.22$，两种溶液的透光率各为多少？如果用 $0.00100mol \cdot L^{-1}$ 标准溶液作参比溶液，则待测试液的吸光度为多少？

9-21 用一般分光光度法测量 $0.0010mol \cdot L^{-1}$ 锌标准溶液和含锌的试液，分别测得 $A=0.700$ 和 $A=1.000$，两种溶液的透光率相差多少？如果用 $0.0010mol \cdot L^{-1}$ 标准溶液作参比溶液，试液的吸光度和透光率各是多少？

9-22 吸光光度法测定高锰酸钾溶液的浓度，以含锰 $10.0mg \cdot mL^{-1}$ 的标准溶液作参比液，其对水的透光率为 $T=20.0\%$，并以此调节透光率为 100%，此时测得未知浓度高锰酸钾溶液的透光率为 $T_x=40.0\%$，计算高锰酸钾的质量浓度（$mg \cdot mL^{-1}$）。

9-23 普通光度法测定 $0.50 \times 10^{-4} mol \cdot L^{-1}$、$1.0 \times 10^{-4} mol \cdot L^{-1}$ Zn^{2+} 标准溶液和试液的吸光度 A 分别为 0.600、1.200、0.800。

（1）若以 $0.5 \times 10^{-4} mol \cdot L^{-1}$ Zn^{2+} 标准溶液作为参比溶液，调节 $T \rightarrow 100\%$，用示差法测定第二标液和试液的吸光度各为多少？

（2）用示差法计算试液中 Zn 的含量（$mg \cdot L^{-1}$）。

第 9 章电子资源网址：

http://jpkc.hist.edu.cn/index.php/Manage/Preview/load_content/sub_id/123/menu_id/2979

电子资源网址二维码：

第 10 章 电势分析法

> **学习要求**
> 1. 了解电势分析法的基本原理；
> 2. 熟悉电极的分类及组成；
> 3. 掌握离子选择性电极的定量方法。

10.1 电势分析法的基本原理

10.1.1 电势分析法的基本原理及分类

(1) 电势分析法的基本原理

电势分析法（简称电势法）是以测量被测液中两电极间的电动势或电动势变化来进行定量分析的一种电化学分析方法。在此方法中，把待测试液作为化学电池的电解质溶液，在其中浸入两个电极，其中一个电极的电极电势与待测组分的浓度（严格地讲应该为活度）有定量的函数关系，能指示待测离子的浓度，称为指示电极；另一个电极的电极电势不随测定溶液的浓度变化而变化，具有较恒定的数值，称为参比电极，如图 10-1 所示。

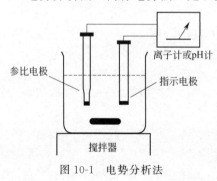

图 10-1 电势分析法

在溶液平衡体系不发生变化及电池回路零电流条件下，测得电池的电动势（或指示电极的电势）：

$$E = \varphi_{参比} - \varphi_{指示}$$

由于 $\varphi_{参比}$ 不变，$\varphi_{指示}$ 符合能斯特（Nernst）方程式：

$$\varphi_{M^{n+}/M} = \varphi^{\ominus}_{M^{n+}/M} + \frac{RT}{nF} \ln a_{M^{n+}} \tag{10-1}$$

式中 $a_{M^{n+}}$ ——M^{n+} 的活度，溶液浓度很低时，可以用浓度代替活度，所以式(10-1)变为：

$$\varphi_{M^{n+}/M} = \varphi^{\ominus}_{M^{n+}/M} + \frac{RT}{nF} \ln c(M^{n+}) \tag{10-2}$$

由式(10-2)可知，测得该电极的电极电势，就可以确定该离子的浓度。这就是电势法的依据和基本公式。

(2) 电势分析法的分类

根据测量方式可分为直接电势法和电势滴定法。

① 直接电势法　利用专用的指示电极——离子选择性电极，选择性地把待测离子的活度（或浓度）转化为电极电势加以测量，根据能斯特方程式，求出待测离子的活度（或浓度），也称为离子选择电极法。这是20世纪70年代初才发展起来的一种应用广泛的快速分析方法。

② 电势滴定法　利用指示电极在滴定过程中电势的变化及化学计量点附近电势的突跃来确定滴定终点的滴定分析方法。电势滴定法与一般的滴定分析法的根本差别在于确定终点的方法不同。

电势分析法中使用的指示电极和参比电极很多，某一电极是指示电极还是参比电极，不是绝对的，在一定情况下可用作参比电极，另一情况下也可用作指示电极。

10.1.2　参比电极

参比电极是测量各种电极电势时作为参照比较的电极。将被测定的电极与精确已知电极电势数值的参比电极构成电池，测定电池电动势数值，就可计算出被测定电极的电极电势。参比电极的电极电势的稳定与否直接影响到测定结果的准确性。因此，对参比电极的要求是：电极电势已知且稳定，不受试液组成变化的影响，电极反应为单一的可逆反应；电流密度小；温度系数小；重现性好；容易制备，使用寿命长等。

标准氢电极是基准电极，规定其电势值为零（任何温度）。标准氢电极是各种参比电极的一级标准，但是标准氢电极制作麻烦，所用铂黑容易中毒，使用很不方便。实际工作中最常用的参比电极是甘汞电极和银-氯化银（Ag-AgCl）电极。

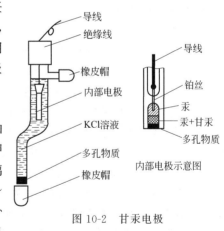

图 10-2　甘汞电极

(1) 甘汞电极

甘汞电极是最常用的参比电极之一。由金属汞和它的饱和难溶汞盐——甘汞（Hg_2Cl_2）以及氯化钾溶液所组成的电极，其构造如图10-2所示，由玻璃管封接一根铂丝，铂丝插入纯汞中（厚度为0.5～1cm），下置一层甘汞（Hg_2Cl_2）和汞的糊状物，外玻璃管中装入饱和KCl溶液，即构成甘汞电极。电极下端与待测溶液接触部分是熔结陶瓷芯或玻璃砂芯等多孔物质，构成与溶液互相连接的通道。

甘汞电极半电池符号：$Hg|Hg_2Cl_2(s)|KCl$

电极反应：$Hg_2Cl_2+2e^- \Longrightarrow 2Hg+2Cl^-$

电极电势（25℃）：

$$\varphi_{Hg_2Cl_2/Hg}=\varphi^{\ominus}_{Hg_2Cl_2/Hg}-\frac{0.0592}{2}\lg(a_{Cl^-})^2=\varphi^{\ominus}_{Hg_2Cl_2/Hg}-0.0592\lg a_{Cl^-} \quad (10\text{-}3)$$

由式(10-3)可知，甘汞电极是对Cl^-响应的电极，当温度一定时，甘汞电极的电极电势主要取决于Cl^-浓度。当溶液中Cl^-浓度固定时，甘汞电极电势固定，因此可作为参比电极。

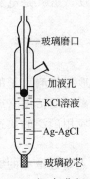

图 10-3 银-氯化银电极

甘汞电极的电势随温度变化而有所改变,此时必须使用银-氯化银电极作参比电极。

(2) 银-氯化银电极

银丝镀上一层 AgCl 沉淀,浸在一定浓度的 KCl 溶液中即构成了银-氯化银电极,如图 10-3 所示。

半电池符号:Ag|AgCl(s)|KCl

电极反应:$AgCl + e^- \rightleftharpoons Ag + Cl^-$

电极电势(25℃):

$$\varphi_{AgCl/Ag} = \varphi^{\ominus}_{AgCl/Ag} - 0.0592\lg a_{Cl^-} \quad (10-4)$$

由式(10-4)可知,银-氯化银电极是对 Cl^- 响应的电极,当温度一定时,银-氯化银电极的电极电势主要取决于 Cl^- 浓度。当溶液中 Cl^- 浓度固定时,银-氯化银电极电势固定,因此可作为参比电极。特点是可在高于 60℃ 的温度下使用不同浓度的 KCl 溶液组成的银-氯化银电极,具有不同的恒定的电极电势值。

10.1.3 指示电极

指示电极是电极电势随被测电活性物质活度变化的电极。指示电极应符合下列要求:

a. 电极电势与被测离子的浓度(活度)符合能斯特方程式;

b. 响应快,重现性好;

c. 结构简单,便于使用。

常见的指示电极可分为金属基电极和离子选择性电极。

(1) 金属基电极

金属基电极是以金属为基体,共同特点是电极上发生有电子交换的氧化还原反应。同时这类电极的电极反应大都有金属参加,可分为以下四种。

① 第一类电极 亦称金属-金属离子电极,有一个相界面。该电极是将金属浸入到含有该金属离子的溶液中而构成的。例如:$Ag\text{-}AgNO_3$ 电极(银电极)、$Zn\text{-}ZnSO_4$ 电极(锌电极)等。第一类电极的电势仅与金属离子的活度有关。

② 第二类电极 金属-金属难溶盐电极,有两个相界面,常用作参比电极。该类电极是在一种金属上涂上它的难溶盐,并浸入与难溶盐同类的阴离子溶液中而构成的。如把 Ag-AgCl 电极浸入含有氯离子的溶液中,可指示溶液中氯离子的浓度。

③ 第三类电极 该类电极是由两个含有相同阴离子的难溶盐(或难电离化合物)以及相应的金属和待测离子所构成的。例如,由 Pb、PbC_2O_4(固)、CaC_2O_4(固)及 $CaCl_2$ 溶液组成的电极,对 Ca^{2+} 有响应,用于测定溶液中 Ca^{2+} 浓度。

④ 惰性金属电极 又称零类电极,是将一惰性金属(如 Pt、Au 或 W)浸入含有两种不同氧化态的某种元素的溶液中而构成的。如 $Pt|Fe^{3+}$,Fe^{2+} 电极、$Pt|Ce^{4+}$,Ce^{3+} 电极等。

(2) 离子选择性电极

离子选择性电极又称膜电极,是最重要的一类电极。它是以固体膜或液体膜为传感器,能选择性地对溶液中某特定离子产生响应的电极(见图 10-4)。响应机制主要是基于离子交换和扩散,其特点是仅对溶液中特定离子有选择性响应(离子选择性电极)。在下一节中详述。

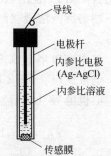

图 10-4 离子选择性电极

10.2 离子选择性电极

离子选择性电极又称膜电极（用符号 ISE 表示）。它是一种利用选择性薄膜对溶液中特定离子产生选择性的能斯特响应，以测量或指示溶液中离子浓度（或活度）的电极。1975 年国际纯粹与应用化学联合会（IUPAC）推荐的定义为：离子选择性电极是一类电化学传感器，它的电势对溶液中给定的离子的活度的对数呈线性关系，这些装置不同于包含氧化还原反应的体系。根据这个定义可以看出：第一，离子选择性电极是一种指示电极，它对给定的离子有能斯特响应；第二，这类电极的电势不是由于氧化或还原反应（电子转移）所形成的，因此它与金属指示电极在基本原理上有本质的区别。

近些年来，各种类型的离子选择性电极相继出现，并在工业、农业、医学及地质等部门得到了广泛的应用。如在农业方面，可利用离子选择性电极测定土壤中的钾、氨态氮、硝态氮、微量元素、有毒元素及酸碱度等。

10.2.1 离子选择性电极的分类

离子选择性电极发展迅速，品种繁多，1975 年国际纯粹与应用化学协会（IUPAC），依据膜电极特征，推荐将离子选择性电极分类如下。

10.2.1.1 玻璃电极

(1) 玻璃电极的构造

玻璃电极是 H^+ 的指示电极，包括对 H^+ 响应的 pH 玻璃电极及对 K^+、Na^+ 等一价离子响应的 pK、pNa 等玻璃电极。玻璃电极由电极腔体（玻璃管）、内参比溶液、内参比电极及敏感玻璃膜组成，内参比电极通常采用 Ag-AgCl 电极，因它的稳定性、重现性都较好，且制作方便。内参比液常用 $0.1\text{mol} \cdot \text{L}^{-1}$ HCl 溶液或含有一定浓度 NaCl 的 pH 为 4 或 7 的缓冲溶液。而关键部分为敏感玻璃膜，玻璃电极依据玻璃球膜材料的特定配方不同，可以做成对不同离子响应的电极。如常用的以考宁 015 玻璃做成的 pH 玻璃电极，其配方为：Na_2O 21.4%，CaO 6.4%，SiO_2 72.2%（摩尔分数），其 pH 测量范围为 pH=1~10，若加入一定比例的 Li_2O，可以扩大测量范围。因玻璃电极的内阻很高，故导线及电极引出线都要高度绝缘，并装有网状金属屏，以免漏电和静电干扰。pH 玻璃电极的结构如图 10-5 所示。现在不少 pH 玻璃电极制成复合电极，它集指示电极和外参比电极于一体，使用起来甚为方便和牢靠。

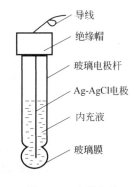

图 10-5 玻璃电极

(2) 玻璃电极膜电势产生的原理

pH 玻璃电极是一个对 H^+ 具有高度选择性响应的膜电极。当玻璃电极与溶液接触时，在玻璃表面与溶液接界处会产生电势差，此电势差的大小只与溶液中 H^+ 有关。

$$\varphi = K' - 0.0592 \text{pH}_{\text{试液}} \tag{10-5}$$

式中 K'——由玻璃膜电极本身性质决定的常数。

可见玻璃电极的电势只与膜外被测溶液中 H^+ 活度有关,所以 pH 玻璃电极对 H^+ 有选择性响应。这是使用玻璃电极测量 pH 的理论根据和基本计算关系式。

使用玻璃电极的几点注意事项:

① 玻璃电极是一种对 H^+ 具有高度选择性的指示电极,当溶液中 Na^+ 浓度比 H^+ 浓度高 10^{15} 倍时,两者才产生相同的电势;它不受氧化剂、还原剂的影响,可用于有色、浑浊或胶态溶液的 pH 测定。

② 玻璃电极在缓冲溶液中响应时间约 30ms,在高 pH 或非水溶液中响应时间长,往往需要几分钟才能达到平衡。

③ 玻璃电极可用作指示电极进行酸碱电势滴定。它的优点是达到平衡快,不破坏试液,操作简便,可连续测定;缺点是易损坏,电阻高,需用高阻抗的测量仪器。这是因为离子选择性电极(ISE)的内阻极高,尤以玻璃电极最高,达 $10^8\Omega$。若不是采用高输入阻抗的测量仪器,当有极微小的电流(如 10^{-9}A)通过回路时,在内阻 $10^8\Omega$ 的电极上电势降达 0.1V,造成 pH 测量误差近 2pH 单位。

10.2.1.2 晶体膜电极

晶体膜电极分为均相、非均相晶膜电极。均相晶体膜由一种化合物的单晶或几种化合物混合均匀的多晶压片而成。非均相膜由多晶中掺惰性物质经热压制成,对相应的金属离子和阴离子有选择性响应。以单晶膜为例作简单介绍。此类电极中最典型的是氟离子选择性电极,它是继玻璃电极之后,目前功能最好的离子选择性电极,其敏感膜由 LaF_3 单晶切片制成,晶体中掺有少量 Ca^{2+}、Eu^{3+},目的是降低电阻。氟电极的制作比较简单,其结构如图 10-6 所示。

氟电极是目前应用较广的电极之一。在有机物、矿物、废水、废气、牙齿、骨头、食品、药物等里面氟的分析中均可应用。

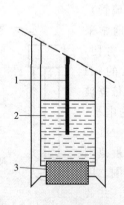

图 10-6 氟离子选择性电极
1—Ag-AgCl 内参比电极;
2—内参比溶液(NaF-NaCl 溶液);
3—LaF_3 单晶膜

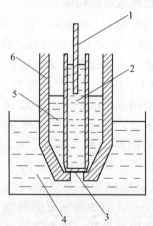

图 10-7 液态膜离子敏感电极
1—内参比电极;2—内参比溶液;3—多孔固态膜;
4—试液;5—液态离子交换剂;6—电极壁

10.2.1.3 液态膜电极(活动载体电极)

液态膜电极是利用液态膜作敏感膜,它是用活性物质溶于适当的有机溶剂,置于惰性微孔膜(如陶瓷、PVC)支持体中。此种液态膜与前面的玻璃电极、晶体膜电极不同,交换离子可自由流动,则称为中性载体电极,中性载体分子与待测离子形成带电荷的配离子,能在膜相中迁移。有机相的电活性物质如果是带正电或负电的离子交换剂,则称为荷电载体电极。这类电极中应用最广的是 Ca^{2+} 电极,其结构如图 10-7 所示。

*10.2.1.4 敏化电极

此类电极包括气敏电极、酶电极等。气敏电极是基于界面化学反应的敏化电极。实际上,它是一种化学电池,由一对电极,即离子选择性电极(指示电极)与参比电极组成。这一对电极组装在一个套管内,管中盛电解质溶液,管的底部紧靠选择性电极敏感膜,装有透气膜使电解液与外部试液隔开。试液中待测组分气体扩散通过透气膜,进入离子电极的敏感膜与透气膜之间的极薄液层内,使液层内某一能由离子电极测出的离子活度发生变化。从而使电池电动势发生变化而反映出试液中待测组分的量。由此可见,将气敏电极称为电极似不确切,故有的资料称之为"探头"、"探测器"或"传感器"。

与气敏电极相似,酶电极也是一种基于界面反应敏化的离子电极。此处的界面反应是酶催化的反应。酶是具有特殊生物活性的催化剂,它的催化反应选择性强,催化效率高,而且大多数催化反应可在常温下进行。而催化反应的产物如 CO_2、NH_3、NH_4^+、CN^-、F^-、I^- 等大多数离子可被现有的离子选择性电极所响应。

10.2.2 离子选择性电极的选择性

(1) 选择性及选择性系数

离子选择性电极的电极电势随被测离子活度的变化而变化称为响应。若这种响应服从能斯特方程,则称为能斯特响应。离子选择性电极的选择性是相对的,它对给定离子有敏感的响应,而对其他某种离子或某些离子也有不同程度的响应。给定离子称为响应离子,用符号"i"表示(这是被测离子);而后者称为干扰离子,用符号"j"表示。

例如,用玻璃电极测 pH,当 pH>10 时,由于有 Na^+ 的存在,玻璃电极的电势响应值偏离理想线性关系而产生误差(测得值低于实际值),这种误差称为钠误差,Na^+ 即为干扰离子。

用选择性系数 $K_{i,j}$ 作为衡量电极选择性能的量度。

选择性系数定义为:在实验条件相同时,引起离子选择性电极的电势有相同变化时,所需的被测离子活度与所需的干扰离子的活度的比值,即:

$$K_{i,j}^{\ominus} = \frac{a_i}{a_j^{n/m}} \tag{10-6}$$

式中 n、m——i、j 离子的电荷数。

例如,一个 pH 玻璃电极,当 H^+ 活度 $a_{H^+}=10^{-11}$ 时,对电极电势的响应与当 Na^+ 活度 $a_{Na^+}=1$ 时对电极电势的响应相同,那么此电极的选择性系数 $K_{H^+,Na^+}^{\ominus}=\frac{10^{-11}}{1^{1/1}}=10^{-11}$。这表示该电极对 H^+ 的响应比对 Na^+ 的响应灵敏 10^{11} 倍。

可见,$K_{i,j}$ 越小,表示干扰离子 j 对响应离子 i 的干扰越小,电极对被测离子选择性越高。

一个离子选择性电极的选择性系数不是一个确定的值,而是一个大略的范围,因为其值与溶液中离子活度和测定的方法有关,因此不能利用选择性系数来校正因干扰离子的存在而引起的误差,但利用 $K_{i,j}$ 可以判断电极对各种离子的选择性能,并可粗略地估算某种干扰

离子 j 共存下测定 i 离子所造成的误差,帮助分析者预先估算出不至于产生严重影响时干扰离子的最大允许值。

考虑了干扰离子的影响的膜电势通式应为:

$$\Delta\varphi_{\text{膜}} = K^{\ominus} \pm \frac{2.303RT}{nF}\lg[a_i + K_{i,j}(a_j)^{n/m}] \tag{10-7}$$

(2)测定的相对误差

用选择性系数可以估量干扰离子对测定造成的误差,以确定该干扰离子存在时所用的测定方法。

$$\text{相对误差} = \frac{K_{i,j}^{\ominus}(a_j)^{n/m}}{a_i} \times 100\% \tag{10-8}$$

离子选择性电极的选择性,也可以用"选择比 $K_{j,i}$"来表示。

$$K_{j,i} = \frac{1}{K_{i,j}^{\ominus}} \tag{10-9}$$

选择比表示干扰离子活度比被测离子活度大多少倍时,两种离子引起的电势值相同,选择比越大,选择性越好。

例 10-1 用 Ca^{2+} 选择性电极($K_{Ca^{2+},Mg^{2+}}^{\ominus} = 0.014$)测定 9.98×10^{-3} mol·L^{-1} 的 Ca^{2+} 并含有 5.35×10^{-2} mol·L^{-1} 的 Mg^{2+} 溶液时,将引入多大的误差?

解:

$$\text{相对误差} = \frac{K_{i,j}^{\ominus}(a_j)^{n/m}}{a_i} \times 100\% = \frac{K_{Ca^{2+},Mg^{2+}}^{\ominus}[a(Mg^{2+})]^{2/2}}{a(Ca^{2+})} \times 100\%$$

$$= \frac{0.014 \times (5.35 \times 10^{-2})^{2/2}}{9.98 \times 10^{-3}} = 7.50\%$$

10.2.3 离子选择性电极的测定原理

各种离子选择性电极的构造虽各有特点,但它们都有个共同点——薄膜,电极薄膜中含有与待测离子相同的离子,膜的内表面与具有相同离子的固定浓度溶液(内参比液)相接触。像 pH 玻璃电极一样,由于离子交换和扩散作用产生膜电势,即在薄膜与溶液两相间的界面上,由于离子扩散和交换作用,破坏了界面附近电荷分布的均匀性而建立双电层,因此产生相界电势。膜外与膜内两个相界电势之差就是膜电势。因为内参比溶液中有关离子的浓度恒定,内参比电极的电势固定,所以其电极电势只随待测离子的浓度(或活度)不同而变化,并符合能斯特方程式。

如阳离子选择性电极,如对阳离子 M^{n+} 有能斯特响应,则其电极电势(25℃):

$$\varphi = K' + \frac{0.0592}{n}\lg a(M^{n+}) \tag{10-10}$$

式中 $a(M^{n+})$——溶液中待测离子 M^{n+} 的活度;

K'——常数,K' 包括膜内相界电势、φ(Ag-AgCl)及 $\varphi_{\text{不对称}}$。

阴离子选择性电极,如对阴离子 R^{n-} 有能斯特响应,由于双电层结构中电荷的符号与阳离子选择性电极的情况相反,则相界电势的方向也相反,因此电极电势为(25℃):

$$\varphi = K' - \frac{0.0592}{n}\lg a(R^{n-}) \tag{10-11}$$

测定时,将离子选择性电极与参比电极(常用饱和甘汞电极)插入待测溶液组成一原电池，测定该电池的电动势（25℃）：

$$E = K^{\ominus} \pm \frac{0.0592}{n} \lg a \tag{10-12}$$

如以待测离子的浓度 c 代替活度 a，则：

$$E = K^{\ominus} \pm \frac{0.0592}{n} \lg c \tag{10-13}$$

可知电池的电动势与活度（或浓度）的对数呈线性关系，因此，测量出电动势便可根据上式求得待测离子的活度或浓度。

10.2.4　离子选择性电极的定量方法

使用离子选择性电极测定离子的活度，是直接电势法的应用。测定时，是以离子选择性电极为指示电极，饱和甘汞电极为参比电极，浸入到被测溶液中组成一原电池。电池的电动势通常通过精密酸度计或数字显示毫伏计而读得。

离子选择性电极测定溶液浓度的方法包括单标准比较法、标准曲线法、格氏作图法等。

(1) 单标准比较法

单标准比较法又称计算法。测定时选择一个与试液中被测离子浓度相近的标准溶液，在被测试液（设浓度为 c_x）和标准溶液（设浓度为 c_s）中各加入相同量的、适当的离子强度调节剂。然后，用同一支离子选择性电极在相同条件下测定电动势（以饱和甘汞电极为参比电极，并设为负极）。假定被测离子为 M^{n+}，则（25℃）：

$$E_x = K^{\ominus} + \frac{0.0592}{n} \lg c_x$$

$$E_s = K^{\ominus} + \frac{0.0592}{n} \lg c_s$$

两式相减可得：

$$E_x - E_s = \frac{0.0592}{n}(\lg c_x - \lg c_s)$$

$$\lg c_x = \lg c_s + \frac{n(E_x - E_s)}{0.0592} \tag{10-14}$$

根据上式，由 E_x、E_s、c_s 的值可求出被测溶液中 M^{n+} 的浓度 c_x。

(2) 标准曲线法

标准曲线法又称工作曲线法，是一种较常用的分析方法，适用于大批量且组成较为简单试样的分析。测定时，首先配制一系列（5 个以上）已知浓度的与试样溶液组成相似的标准溶液，加入适当的离子强度调节剂，然后以离子选择性电极为指示电极，以饱和甘汞电极为参比电极，依次测出电池电动势。然后以测得的电动势 E 为纵坐标，以相应的浓度 c 的负对数为横坐标，作出标准曲线。

取待测液，加离子强度调节剂，在与上述条件完全相同的情况下测定电动势。由所测得的电动势在标准曲线上查得 $\lg c_x$ 值，计算出试液中被测离子的浓度。

制作标准曲线时，一般测量顺序为从稀溶液到浓溶液，以减少电极吸附浓溶液对稀溶液测定带来的影响。

例 10-2　水中氟含量的测定：取 $100\mu g \cdot mL^{-1}$ 标准氟溶液 2mL、4mL、6mL、8mL、10mL 及试液 10mL 加入 50mL 容量瓶中，加 TISAB 溶液 10mL，用水稀至刻度，倒入 6 只洗净烘干了的小烧杯中，在电磁搅拌下，分别测得电势 E 为 67mV、51mV、41mV、33mV、

27mV。E_x 为 32mV,求水中氟含量 (mg·mL^{-1})。

解:(1) 在半对数纸上绘制工作曲线 (见图 10-8)。

(2) 根据 E_x 找出 c_x 为 810μg·50mL^{-1}。

(3) 计算:

$$c_{F^-} = \frac{c_x \times 10^{-3}}{V_{样}} \times 1000 = \frac{810 \times 10^{-3}}{10} \times 1000 = 81 (\text{mg} \cdot \text{L}^{-1})$$

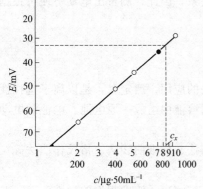

图 10-8 半对数纸工作曲线

(3) 一次标准加入法

在被测溶液的基体比较复杂,或者离子强度变化比较大,组成很难固定的情况下,采用该方法比较合适。

本法是以被测物质的标准溶液作为加入物质,只加一次。设某一试液被测体积为 V_x,其待测离子的浓度为 c_x,测定的工作电池电动势为 E_x,则:

$$E_x = K^\ominus + \frac{0.0592}{n} \lg f_1 c_x$$

往试液中准确加入一小体积 $V_s (V_s \ll V_x)$ 的用待测离子的纯物质配制的标准溶液,浓度为 $c_s (c_s \gg c_x)$。由于 $V_s \ll V_x$,可认为溶液体积基本不变。浓度增量为:

$$\Delta c = c_s V_s / V_x$$

再次测定工作电池的电动势为 E_s:

$$E_s = K^\ominus + \frac{0.0592}{n} \lg f_2 (c_x + \Delta c)$$

式中,f_1、f_2 为活度系数,由于 $V_x \gg V_s$,所以 $f_1 \approx f_2$。上述两式相减,得:

$$\Delta E = \frac{0.0592}{n} \lg \frac{c_x + \Delta c}{c_x}$$

$S = \frac{0.059}{n}$,则:

$$\frac{\Delta E}{S} = \lg \frac{c_x + \Delta c}{c_x}$$

$$c_x = \frac{\Delta c}{10^{\Delta E/S} - 1} \tag{10-15}$$

例 10-3 准确移取 100mL 水样于一干净的烧杯中,用钙离子选择性电极与甘汞电极测得 $E_{x1} = -0.0169\text{V}$。再加入 10mL 0.00731mol·L^{-1} Ca(NO$_3$)$_2$ 溶液,与水样混合均匀后,测得电动势 $E_{x2} = -0.0483\text{V}$,求原水样中钙离子的浓度。

解:

$$\Delta c = \frac{10 \times 0.00731}{100 + 10} = 0.000665 (\text{mol} \cdot \text{L}^{-1})$$

$$\Delta E = -0.0483 - (-0.0619) = 0.0136 (\text{V})$$

$$S = \frac{0.0592}{2} = 0.0296$$

$$c_x = \frac{\Delta c}{10^{\Delta E/S} - 1} = \frac{0.000665}{10^{0.0136/0.0296} - 1} = 3.52 \times 10^{-4} (\text{mol} \cdot \text{L}^{-1})$$

此外还有多次标准加入法,即格氏作图法,它与一次标准加入法不同的是在测定时要多次加入标准溶液,然后在格氏坐标纸上作图,间接求出待测离子的浓度。

10.3 直接电势法测定溶液的 pH

10.3.1 电势法测定溶液 pH 的原理

在溶液中，氢离子浓度对于多种化学、物理化学、生物化学等过程有着显著的影响。因此，在生物化学、土壤学、化学和化学工艺学等各个领域内，pH 都是一个被广泛应用的重要化学指标，pH 测定具有重要的意义。

测定 pH 的方法目前一般有两类：一类是比色分析，即根据酸碱指示剂随溶液的 pH 不同而呈现不同颜色这一特点来进行；另一类是电势测定法，即根据某些电极的电极电势随着溶液的 pH 变化而改变这一特点来进行。这两种方法相比，电势测定法有许多优点：首先是精确度高，可以测至 0.01pH；其次是它的应用不受溶液的颜色或浑浊等条件的限制，适应性强；再次是可以进行自动连续测定，并可自动记录测定结果。

电势法测定溶液 pH 采用的是直接电势法。它采用对 H^+ 敏感的电极作指示电极，如玻璃电极、氢电极、氢醌电极和锑电极等。这些电极的电极电势公式为（25℃）：

$$\varphi = K^{\ominus} + 0.0592 \lg c(H^+) = K^{\ominus} - 0.0592 pH$$

从上式可知，在一定温度下，K 为常数，这些指示电极的电极电势仅取决于溶液的 pH，而且与 pH 呈线性关系，其斜率为：

$$\frac{\Delta \varphi}{\Delta pH} = 0.0592$$

它表示在 25℃时，溶液 pH 改变一个单位，则电极电势相应改变 0.0592V 或 59.2mV。

测定时，将 pH 指示电极（常用玻璃电极）和一参比电极（常用饱和甘汞电极）同时浸入待测试液中，组成一原电池，然后测量此电池的电动势：

(−) 玻璃电极｜待测液‖饱和甘汞电极(+)

由于饱和甘汞电极的电极电势在一定温度下为一常数，则该电池电动势（25℃）为：

$$E = \varphi_{甘汞} - \varphi_{玻璃} = 0.2445 - (K^{\ominus} - 0.059 pH) = K' + 0.059 pH \tag{10-16}$$

$$K' = 0.2445 - K^{\ominus}$$

从上式可知，此电池电动势与溶液的 pH 也呈线性关系。25℃时，溶液 pH 改变一个单位，则电池电动势的变化为 59mV。因此只要测出电动势，则可求得试液的 pH。

10.3.2 溶液 pH 的测定

(1) 基本原理

用电势法测定溶液的 pH，是以 pH 玻璃电极为指示电极，以饱和甘汞电极作参比电极，浸入被测溶液中组成原电池，用酸度计直接测量此电池的电动势。上述原电池可用下式表示：

Ag｜AgCl(固)｜HCl(0.1mol·L^{-1})｜玻璃膜｜试液或标准缓冲溶液‖KCl(饱和)｜Hg$_2$Cl$_2$(固)｜Hg

如果被测试液与 KCl 溶液之间的液接电势通过盐桥消除，则 25℃时电池的电动势如下式所示：

$$E = \varphi_{甘汞} - \varphi_{玻璃} = 0.2445 - (K^{\ominus} - 0.0592\text{pH}) = K' + 0.0592\text{pH} \quad (10\text{-}17)$$

(2) pH 的实用定义

只要知道 K' 值，测出电动势 E，就可算出被测溶液的 pH。但 K' 是一个不确定的常数，这是因为它是 $\varphi_{甘汞}$、$\varphi_{不对称}$、$\varphi_{液接}$ 等电势的代数和，所以不能通过测定 E 直接求算 pH，而是通过与标准 pH 缓冲溶液进行比较，分别测定标准缓冲溶液（pH_s）及试液（pH_x）的电动势（E_s 及 E_x），得到：

$$E_x = K' + 0.0592\text{pH}_s$$
$$E_s = K' + 0.0592\text{pH}_x$$

两式相减可得：

$$E_x - E_s = 0.0592(\text{pH}_s - \text{pH}_x)$$
$$\text{pH}_x = \text{pH}_s + \frac{E_x - E_s}{0.0592} \quad (10\text{-}18)$$

即 pH 是试液和 pH 标准缓冲溶液之间电动势差的函数，这就是 pH 的实用（操作性）定义，通常也称为 pH 标度。

实验中标准缓冲溶液的 pH 见表 10-1。

表 10-1　标准缓冲溶液 pH

温度 /℃	草酸氢钾 0.05mol·L^{-1}	酒石酸氢钾 25℃，饱和	邻苯二甲酸氢钾 0.05mol·L^{-1}	磷酸二氢钾 0.025mol·L^{-1} 磷酸氢二钠 0.025mol·L^{-1}
0	1.666	—	4.003	6.984
10	1.670	—	5.998	6.923
20	1.675	—	4.002	6.881
25	1.679	3.557	4.008	6.865
30	1.683	3.552	4.015	6.853
35	1.688	3.549	4.024	6.844
40	1.694	3.547	4.035	6.838

实际工作中，用 pH 计测量 pH 时，先用 pH 标准溶液对仪器进行定位，然后测量试液，从仪表上直接读出试液的 pH。为了提高测定的准确度，在选用标准溶液时，其 pH 必须尽量与待测溶液的 pH 接近。

(3) 电极系数

由式(10-18)可以看出，E_x 和 E_s 之差与 pH_x 与 pH_s 之差呈直线关系，直线的斜率在 25℃时是 0.0592V。

一般地，令 $S = \dfrac{0.0592}{n}$，通常把 S 称为电极系数，也称为电极斜率。

为了检测电极系数理论值与实测值相符的程度，通常用两种或两种以上标准缓冲溶液，在 25℃条件下测定相应的电动势，以求得实测 S 的大小。

例 10-4　用 pH 玻璃电极测定溶液的 pH，测得 $\text{pH}_s = 4.0$ 的缓冲溶液的电池电动势为 -0.14V，测得试液电池电动势为 0.02V，计算试液的 pH。

解：
$$\text{pH}_s = 4.0$$
$$E_s = -0.14\text{V}$$
$$E_x = 0.02\text{V}$$
$$\text{pH}_x = \text{pH}_s + \frac{E_x - E_s}{0.0592} = 4.0 + \frac{0.02 - (-0.14)}{0.0592} = 6.7$$

10.4 电势滴定法

10.4.1 电势滴定法测定原理与测定方法

(1) 电势滴定法测定原理与特点

电势滴定法是借助指示电极电势的变化，以确定滴定终点的容量分析方法。

在容量分析中，滴定终点时溶液中某种离子的浓度发生突跃变化。电势滴定法的滴定部分与滴定分析相似，而确定终点的方法与电势法相似。在滴定分析中，如果在被测溶液中插入适当的指示电极，它对待测离子有能斯特（Nernst）响应，并配合参比电极构成一原电池，用滴定剂进行滴定，在滴定的同时测定电池电动势的变化。那么随着滴定的进行，电池电动势将相应地随着标准溶液的加入而变化。在计量点附近，被测离子的浓度发生突跃变化，从而引起电动势的突跃变化。滴定过程中电动势（或电极电势）的变化规律可用电动势（或电极电势）对标准溶液的加入体积作图来表示，所得的图形称为电势滴定曲线。根据滴定曲线，将滴定的突跃曲线上的拐点作为滴定终点，从而计算出被测物的含量。

电势滴定法与普通滴定分析的区别在于确定滴定终点的方法不同。相比之下，电势滴定法有着许多优越的特点：

① 可用于有色溶液或浑浊溶液的滴定，这是用指示剂确定终点的方法所不能及的。

② 可以解决没有指示剂或缺乏优良指示剂的困难。例如某些混合酸的分别滴定缺乏适当的指示剂，但可用电势滴定法分别测定。

③ 可用于浓度较稀的试液或滴定的化学反应进行不够完全的情况。例如滴定很弱的酸或碱（例如酸碱电势滴定可测定 K_a 或 K_b 为 10^{-10} 的弱酸或弱碱）和测定弱酸、弱碱的解离常数等。

④ 灵敏度和准确度高。例如在酸碱滴定中，用指示剂指示终点时，终点 pH 突跃变化范围要求有 2 个 pH 单位以上，而电势滴定法只需要有不足 1 个 pH 单位变化即可。

⑤ 可用于非水溶液的滴定。某些有机物的滴定需在非水溶液中进行，一般缺乏合适的指示剂，可采用电势滴定。

⑥ 可实现自动化和连续测定，这对于生产中的控制分析尤为有用。

(2) 电势滴定的基本装置与测定方法

电势滴定的基本装置如图 10-9 所示。

滴定管：根据所测物质含量的高低，可选用常量滴定管或微量滴定管、半微量滴定管。

指示电极：根据滴定反应的性质，可以是铂电极、玻璃电极或其他离子选择性电极。

参比电极：饱和甘汞电极。

搅拌磁子：是一铁棒用玻璃或塑料管密封。

电磁搅拌器：是一小电动机带动一永久磁铁转动，磁铁带动搅拌磁子转动。

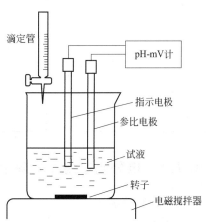

图 10-9 电势滴定基本装置

高阻抗毫伏计：可用酸度计或其他离子计代替。

滴定时，开动电磁搅拌器搅拌溶液，然后用标准溶液滴定。通常，每加一定量的滴定剂后，测量一次电动势。在滴定开始时，可多加一些滴定剂，不必记录电势值。一般只需要测量等量点前后 1~2mL 内电动势的变化，绘制滴定曲线，即可求得等量点时加入滴定剂的体积。为了绘制比较精确的滴定曲线，在等量点附近应该每加 0.1~0.2mL 滴定剂，测量一次电动势。这样就可以得到一系列的滴定剂用量（V）和相应的电动势（E）的数值。表 10-2 是用 $0.1000\text{mol}\cdot\text{L}^{-1}$ $AgNO_3$ 溶液滴定 Cl^- 时所得到的数据，指示电极是银电极，参比电极是双盐桥饱和甘汞电极。

表 10-2 用 $0.1000\text{mol}\cdot\text{L}^{-1}$ $AgNO_3$ 溶液滴定 NaCl 溶液

加入 $AgNO_3$ 溶液体积 V/mL	电势 E/V	$\Delta E/V$	$\Delta V/\text{mL}$	$\Delta E/\Delta V/V\cdot\text{mL}^{-1}$	$\bar{V}/\text{mL}$	$\Delta^2 E/\Delta V^2$
5.00	0.062					
		0.023	10.00	0.0023		
15.00	0.085					
		0.022	5.00	0.0044		
20.00	0.107					
		0.016	2.00	0.008		
22.00	0.123					
		0.015	1.00	0.015		
23.00	0.138					
		0.008	0.50	0.016		
23.50	0.146					
		0.015	0.30	0.050	23.65	
23.80	0.161					0.060
		0.013	0.20	0.065	23.90	
24.00	0.174					0.167
		0.009	0.10	0.090	24.05	
24.10	0.183					0.200
		0.011	0.10	0.110	24.15	
24.20	0.194					2.800
		0.039	0.10	0.390	24.25	
24.30	0.233					4.400
		0.083	0.10	0.830	24.35	
24.40	0.316					−5.900
		0.024	0.10	0.240	24.45	
24.50	0.340					−1.300
		0.011	0.10	0.110	24.55	
24.60	0.351					−0.400
		0.007	0.10	0.070	24.65	
24.70	0.358					−0.100
		0.015	0.30	0.050	24.85	
25.00	0.373					
		0.012	0.50	0.024		
25.50	0.385					

10.4.2 电势滴定终点的确定

(1) E-V 曲线法

利用表 10-2 的数据绘制 E-V 曲线，如图 10-10 所示，纵轴表示电池电动势 E（V 或 mV），横轴表示所加滴定剂的体积 V（mL）。在 S 型滴定曲线上，作两条与滴定曲线相切的平行线，两平行线与滴定曲线的突跃延长线相交于两点，等分两点间的距离，中点对应的体积即为滴定至终点时所需的滴定剂体积，根据此体积与 $AgNO_3$ 溶液的浓度可计算出溶液中 Cl^- 的浓度。E-V 曲线法简单，但准确性稍差。

（2） $\Delta E/\Delta V$-$\bar{V}$ 曲线法

对于平衡常数较小的滴定反应，终点时电势突跃不明显，利用 E-V 曲线确定终点较为困难，这时可绘制 $\Delta E/\Delta V$-$\bar{V}$ 曲线，$\Delta E/\Delta V$ 近似为电势对滴定剂体积的一级微商，ΔE 为相邻两次电势改变量；ΔV 为相邻两次加入的滴定剂体积增量；$\bar{V}$ 为相邻两次加入滴定剂的算术平均值。例如从 24.30mL 到 24.40mL 所引起的电势变化为：

$$\frac{\Delta E}{\Delta V}=\frac{0.316-0.233}{0.10}=0.830$$

用表 10-2 中 $\Delta E/\Delta V$ 值与相应的 $\bar{V}$ 值绘成 $\Delta E/\Delta V$-$\bar{V}$ 曲线，如图 10-11 所示。与曲线上最高点相对应的体积即为终点时所消耗的 $AgNO_3$ 溶液的体积。曲线的最高点一般是通过外延法得到的。

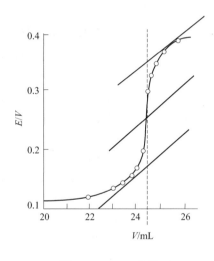

图 10-10　E-V 曲线

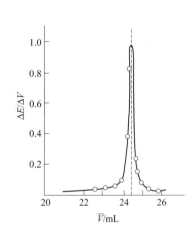

图 10-11　$\Delta E/\Delta V$-$\bar{V}$ 曲线

（3） $\Delta^2 E/\Delta V^2$-V 曲线法

上面的方法都假定滴定曲线在化学计量点附近是对称的，这样 E-V 法中曲线的拐点对应于滴定终点；$\Delta E/\Delta V$-V 曲线法中最高点常根据实验点的连线外推得出，这样都存在一定的误差。一个比较好的方法是二级微商法，$\Delta^2 E/\Delta V^2$ 表示 E-V 曲线的二级微商，$\Delta^2 E/\Delta V^2$ 为相邻两次 $\Delta E/\Delta V$ 值之差除以相应两次加入滴定剂的体积之差；V 为相邻两 $\Delta E/\Delta V$ 值所对应的滴定剂的算术平均值，即：

$$\frac{\Delta^2 E}{\Delta V^2}=\frac{\Delta E_2-\Delta E_1}{(V_2-V_1)^2}$$

$$V=\frac{V_1+V_2}{2}$$

根据表 10-2 中数据绘制二级微商曲线，如图 10-12 所示。一级微商的极值点对应于二级微商等于零处，曲线与

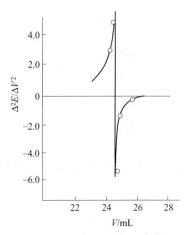

图 10-12　$\Delta^2 E/\Delta V^2$-V 曲线

横坐标的交点即为滴定终点。

应用二级微商曲线法，也可不必作图，用计算法直接确定终点，求出终点时所消耗标准溶液的体积。

当 $V=24.30$ mL 时，$\dfrac{\Delta^2 E}{\Delta V^2}=\dfrac{(\Delta E)_{24.35}-(\Delta E)_{24.25}}{(24.35-24.25)^2}=\dfrac{0.083-0.039}{0.10^2}=4.400$

当 $V=24.40$ mL 时，$\dfrac{\Delta^2 E}{\Delta V^2}=\dfrac{(\Delta E)_{24.45}-(\Delta E)_{24.35}}{(24.45-24.35)^2}=\dfrac{0.024-0.083}{0.10^2}=-5.900$

由于计量点附近微小体积的变化能引起很大的 $\Delta^2 E/\Delta V^2$ 变化值。并由正极大值变至负极大值，中间必有一点为零，即 $\Delta^2 E/\Delta V^2=0$ 处，所对应的体积即为终点。因此根据内插法，可由 $\Delta^2 E/\Delta V^2=0$ 附近的正值和负值数据计算出 $\Delta^2 E/\Delta V^2=0$ 时所对应标准溶液的体积。由表 10-2 可知，滴定终点应在 24.30～24.40 mL，则：

$$\dfrac{24.40-24.30}{-5.900-4.400}=\dfrac{V_终-24.30}{0-4.400}$$

$$V_终=24.30+\dfrac{0-4.400}{-5.900-4.400}\times 0.1=24.34(\text{mL})$$

现在可用计算机处理数据，输入一系列所加滴定剂体积 V 和对应的电动势 E 数值，由计算机算出 $\Delta E/\Delta V$ 和 $\Delta^2 E/\Delta V^2$ 值，求得滴定终点，还可以作出 E-V 曲线、$\Delta E/\Delta V$-$\bar V$ 曲线、$\Delta^2 E/\Delta V^2$-V 曲线。

当溶液中被测物质含量很低时，用上述几种方法确定终点都较困难，这时必须用格氏作图法来确定终点。有关格氏作图法的内容可参阅有关资料，在此不再赘述。

(4) 自动电势滴定

以前及目前均有不少自动电势滴定的装置，如图 10-13 所示，测定简便快速，如以 $AgNO_3$ 为标准溶液自动滴定水样中 Cl^-，指示电极可用银电极，参比电极可用双盐桥饱和甘汞电极。在滴定管末端连接可通过电磁阀的细乳胶管，此管下端接上毛细管。预先根据具体的滴定对象为仪器设置电势（或 pH）的终点控制值（理论计算值或滴定实验值）。滴定开始，在未达到终点电势时，电磁阀开放，滴定自动进行。电势测量值到达仪器设定值时，电磁阀自动关闭，滴定停止。根据 $AgNO_3$ 标准溶液消耗体积计算出水样中 Cl^- 含量。自动电势滴定克服了确定终点的不便，对大批同类试样的分析极为方便。

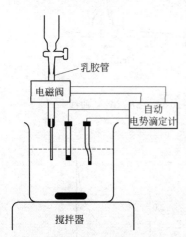

图 10-13　自动电势滴定装置

现代的自动电势滴定已广泛采用计算机控制。计算机对滴定过程中的数据自动采集、处理，并利用滴定反应化学计量点前后电势突变的特性，自动寻找滴定终点及控制滴定，因此更加自动和快速。

10.4.3　电势滴定分析的类型及其应用

根据滴定反应的类型，电势滴定和一般的容量分析一样，可分为四种类型。

(1) 酸碱滴定

一般酸碱滴定都可以采用电势滴定法；常常用于有色或浑浊的试样溶液，特别适合于弱酸（碱）的滴定；可在非水溶液中滴定极弱酸；指示剂法滴定弱酸碱时，准确滴定的要求为 $cK_a^{\ominus}$（或 $cK_b^{\ominus}$）$\geq 10^{-8}$，而电势法只需 $\geq 10^{-10}$。

指示电极：玻璃电极，锑电极。

参比电极：甘汞电极。

酸度计：测溶液的 pH。

① 在醋酸介质中用 $HClO_4$ 滴定吡啶。
② 在乙醇介质中用 HCl 溶液滴定三乙醇胺。
③ 在异丙醇和乙二醇混合溶液中用 HCl 溶液滴定苯胺和生物碱。
④ 在二甲基甲酰胺介质中可滴定苯酚。
⑤ 在丙酮介质中可以滴定高氯酸、盐酸、水杨酸混合物。

以 pH 为纵坐标，滴定剂体积为横坐标绘出曲线，按前述方法确定终点，然后根据终点消耗标准溶液的体积和标准溶液浓度计算被测物含量。

（2）沉淀滴定

基于沉淀反应的电势滴定称为沉淀电势滴定。这种滴定的情况比较复杂，具体的滴定反应较多，因此必须根据不同的沉淀反应选择不同的指示电极。

指示电极：主要是离子选择性电极，也可用银电极或汞电极。

参比电极：一般使用饱和甘汞电极或 Ag-AgCl 参比电极。

① 指示电极：银电极；标准溶液：$AgNO_3$；滴定对象：Cl^-、Br^-、I^-、CNS^-、S^{2-}、CN^- 等；可连续滴定 Cl^-、Br^-、I^-。

② 指示电极：汞电极；标准溶液：硝酸汞；滴定对象：Cl^-、Br^-、I^-、CNS^-、S^{2-}、$C_2O_4^{2-}$ 等。

③ 指示电极：铂电极；标准溶液：$K_4Fe(CN)_6$；滴定对象：Pd^{2+}、Cd^{2+}、Zn^{2+}、Ba^{2+} 等。

（3）氧化还原滴定

基于氧化还原反应的电势滴定称为氧化还原电势滴定。指示剂法准确滴定的要求是滴定反应中，氧化剂和还原剂的标准电势之差 $\Delta\varphi^{\ominus} \geq 0.36V$（$n=1$），而电势法只需 $\geq 0.2V$，应用范围广。

参比电极：饱和甘汞电极或 W 电极。

指示电极：铂电极或 Au 电极。

① 标准溶液：高锰酸钾；滴定对象：I^-、NO_2^-、Fe^{2+}、V^{4+}、Sn^{2+}、$C_2O_4^{2-}$。
② 标准溶液：$K_4Fe(CN)_6$；滴定对象：Co^{2+}。
③ 标准溶液：$K_2Cr_2O_7$；滴定对象：Fe^{2+}、V^{4+}、I^-、Sb^{2+} 等。

（4）配位滴定

基于配位反应的电势滴定称为配位电势滴定。指示剂法准确滴定的要求是：滴定反应生成络合物的稳定常数必须满足 $\lg c(M)K'_{MY} \geq 6$，而电势法可用于稳定常数更小的络合物。

指示电极：可根据不同的配位反应进行选择，常用离子选择性电极。

参比电极：饱和甘汞电极。

标准溶液：EDTA。

① 指示电极：汞电极；滴定对象：Cu^{2+}、Zn^{2+}、Ca^{2+}、Mg^{2+}、Al^{3+}。
② 指示电极：氟电极；用氟化物滴定 Al^{3+}。
③ 指示电极：钙离子选择性电极；滴定对象：Ca^{2+} 等。

思 考 题

10-1 电势分析法的理论基础是什么？它可以分成哪两类分析方法？

10-2 电势法的主要误差来源有哪些？应如何消除和避免？

10-3 为什么 pH 玻璃电极在使用前一定要在蒸馏水中浸泡 24h？

10-4 利用离子选择性电极是否可以制备生物传感器？

10-5 为什么测定溶液 pH 时必须使用 pH 标准缓冲溶液？

10-6 如何估量离子选择性电极的选择性？

10-7 电势滴定法的基本原理是什么？怎样确定滴定终点？

10-8 为什么一般来说，电势滴定法的误差比电势测定法小？

习 题

10-1 设溶液中 pBr=3，pCl=1，如用溴离子选择性电极测定 Br^- 活度，将产生多大误差？已知电极的选择性系数 $K_{Br^-,Cl^-}=6\times10^{-3}$。

10-2 某钠电极，其选择性系数 $K_{Na^+,K^+}=30$，如用此电极测定 pNa 等于 3 的钠离子溶液，并要求测定误差小于 3%，则试液的 pH 必须大于多少？

10-3 用标准加入法测定离子浓度时，于 100mL 铜盐溶液中加入 1.00mL 0.100mol·L^{-1} $Cu(NO_3)_2$ 后，电动势增加 4mV，求铜的原来总浓度。

10-4 下列电池（25℃）：

(－)玻璃电极|标准溶液或未知液‖饱和甘汞电极(＋)

当标准缓冲溶液 pH=5.00 时，电动势为 0.268V，当缓冲溶液由未知液代替时，测得下列电势值 (1) 0.188V；(2) 0.301V。求未知液的 pH。

10-5 将氯离子选择性电极与饱和甘汞电极插入 10^{-4} mol·L^{-1} 的 Cl^- 溶液中，测得 E_s=130mV，测未知 Cl^- 溶液，得 E_x=238mV，求试液中 Cl^- 的浓度（25℃）。

10-6 某钙电极 $K_{Ca^{2+},Na^+}=0.010$，若 $a(Ca^{2+})=0.0010$ mol·L^{-1}，$a(Na^+)=0.10$ mol·L^{-1}，则由此产生的相对误差为多少？

10-7 用 pH 玻璃电极测定 pH=5.00 的溶液，其电势为 0.0435V；测定另一未知试液时，电势为 0.0145V，电极的响应斜率为 58.0mV/pH。求未知溶液的 pH。

10-8 未知浓度的弱酸 HA 溶液，稀释至 100mL，以 0.1mol·L^{-1} NaOH 溶液进行电势滴定，用的是饱和甘汞电极-氢电极对。当一半酸被中和时，电动势读数为 0.524V，滴定终点时是 0.749V，已知饱和甘汞电极的电势为 0.2438V，求：

(1) 该酸的解离常数；

(2) 终点时溶液的 pH；

(3) 终点时消耗 NaOH 溶液的体积；

(4) 弱酸 HA 的原始浓度。

10-9 有一硝酸根离子选择性电极的 $K_{NO_3^-,SO_4^{2-}}=4.1\times10^5$。现欲在 1.0mol·$L^{-1}$ SO_4^{2-} 溶液中测定硝酸根，则若 SO_4^{2-} 造成的误差小于 5%，试计算待测的硝酸根离子的活度至少不小于何值。

10-10 用 F^- 选择性电极测定水样中的 F^-。取 25.00mL 水样，加入 25.00mL TISAB 溶液，测得电势值为 0.1372V (vs SCE)；再加入 1.00×10^{-3} mol·L^{-1} SO_4^{2-} 的 F^- 标准溶

液 1.00mL，测得电势值为 0.1170V，电势的响应斜率为 58.0mV/pF。计算水样中的 F^- 浓度（需考虑稀释效应）。

10-11 某滴定反应，当滴定接近化学计量点时，得表 10-3 所列电动势数据。

表 10-3 习题 10-11 表

滴定剂体积/mL	11.25	11.30	11.35	11.40	11.45
电动势/mV	225	238	265	291	306

计算到终点时，消耗滴定剂体积。

10-12 在下列滴定体系中应选用什么电极作指示电极？

(1) 用 S^{2-} 滴定 Ag^+；   (2) 用 Ag^+ 滴定 I^-；

(3) 用 F^- 滴定 Al^{3+}；   (4) 用 Ce^{4+} 滴定 Fe^{2+}。

第 10 章电子资源网址：

http://jpkc.hist.edu.cn/index.php/Manage/Preview/load_content/sub_id/123/menu_id/2978

电子资源网址二维码：

第 11 章 物质结构基础

学习要求

1. 了解核外电子运动的描述方法、实验现象和相关概念（波粒二象性、概率与概率密度、氢原子光谱、电子云等），理解波函数 ψ、原子轨道和原子轨道角度分布图；
2. 掌握四个量子数的物理意义、相互关系及合理组合；
3. 掌握多电子原子的能级、核外电子排布原理和核外电子排布式的书写方法（前四周期）；
4. 掌握元素周期表的排布方式及特点，理解电离能、电负性与元素性质的关系，了解原子性质的周期性变化；
5. 掌握离子键理论、共价键理论（VB法）和杂化轨道理论的要点、成键特征及应用；
6. 理解分子的极性与分子结构的关系，掌握分子间力和氢键的类型及对物质物理性质的影响；
7. 掌握配合物的价键理论要点，了解配离子的形成过程和各类晶体的特点。

11.1 原子结构基础

为了更好地理解物质的微观结构与元素性质的关系，本节讨论原子核外电子的运动状态、核外电子的排布情况以及元素基本性质的周期性变化规律。

11.1.1 原子结构理论发展简史

11.1.1.1 卢瑟福行星式原子模型

1911 年，英国物理学家卢瑟福（E. Rutherford）根据物理学的一些重要实验指出：原子内带正电荷的部分集中在一起，称为原子核。此原子核体积很小，但集中了原子的绝大部分质量，带负电荷的电子在原子核外的广大空间作高速运动，如同太阳系中行星绕着太阳运转一样。卢瑟福的这一观点，被称为卢瑟福行星式原子模型。

卢瑟福的原子模型理论是人类认识微观世界的一个重要里程碑。但这一理论却与当时的原子光谱实验发生了很大的矛盾。按照经典电磁理论，电子在电场中高速运动，必然会辐射出电磁波，电子的能量逐渐减小，这样必将引起两种后果：一是随着电磁波的不断辐射，逐渐失去能量的电子将以螺旋式运动向原子核靠近，最后坠落在原子核上，导致原子的毁灭；二是随着绕核旋转着的电子不断地放出辐射能，电磁波的频率应该连续地变化，那么由此而产生的光谱也应该是连续光谱。然而事实并非如此，原子是稳定存在的，所得原子光谱为线状光谱。为了解决上述矛盾，丹麦年轻的物理学家玻尔（N. Bohr）在1913年提出了关于原子结构的新理论。

11.1.1.2 玻尔原子模型

（1）氢原子光谱

将一支装有氢气的放电管，通过高压电流，氢原子被激发后的光通过分光镜，在屏幕上可见光区内得到不连续的红、青、蓝、紫、紫五条明显的特征谱线，如图11-1所示。这种谱线是线状的，所以称为线状光谱，它又是不连续的，所以也称为不连续光谱。线状光谱是原子受激后从原子内部辐射出不同波长的光而引起的，因而又称为原子光谱。

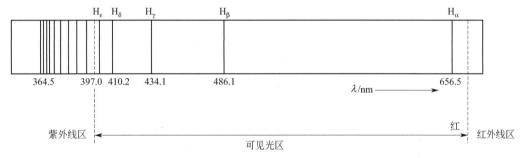

图 11-1 氢原子光谱

任何元素的气态原子在高温火焰、电火花或电弧作用下均能发光，形成各自特征的原子光谱。

（2）玻尔原子模型简介

玻尔在卢瑟福原子模型的基础上，结合普朗克（M. Plank）的量子论和爱因斯坦（A. Einstein）的光子学说，于原子模型理论中引入了两个假设，成功地解释了氢原子光谱产生的原因。

① 核外电子在定态轨道上运动，在此定态轨道上运动的电子既不吸收能量又不放出能量。

② 在定态轨道上运动的电子具有一定的能量，此能量值由量子化条件决定。当激发到高能级的电子跳回到较低能级时，则会释放出能量，产生原子光谱。

$$E_n = -\frac{13.6}{n^2}\text{eV} = -\frac{2.179\times10^{-18}}{n^2}\text{J} \qquad n=1,2,3,\cdots \text{正整数} \tag{11-1}$$

如当电子由 $n=3$ 的原子轨道跃回到 $n=2$ 的原子轨道时，产生的原子光谱的波长为 $\lambda_{3\to2}$，运用玻尔理论计算得到的 $\lambda_{3\to2}=656.4\text{nm}$，与实验值 $\lambda_{3\to2}=656.5\text{nm}$ 惊人地吻合，玻尔原子模型很好地解释了氢原子光谱。

（3）玻尔理论的局限性

玻尔理论冲破了经典物理中能量连续变化的束缚，引入量子化条件，成功地解释了经典物理无法解释地原子结构和氢原子光谱的关系。但将其用于解释多电子原子光谱时却产生了较大的误差，主要因为玻尔原子模型只是人为地加入一些量子化条件，并未完全摆脱经典力学的束缚，不能很好地揭示微观粒子运动的特征和规律。随着人们对波粒二象性和一些实验现象的研究以及量子力学的发展，产生了用波函数来描述原子结构的量子力学原子模型。

11.1.2 原子核外电子的运动特征

(1) 微观粒子运动具有波粒二象性

光具有波粒二象性，光的波动性主要表现于光存在干涉、衍射等性质；光的粒子性可以由光电效应等现象来证明。

1924年，法国物理学家德布罗意（De Broglie）预言：假如光具有波粒二象性，那么微观粒子在某些情况下，也能呈现波动性。

1927年，戴维森（C. J. Davisson）和革末（L. H. Germer）用已知能量的电子在晶体上的衍射实验证明了德布罗意的预言。一束电子经过金属箔时，得到了与X射线相像的衍射条纹，如图11-2所示。

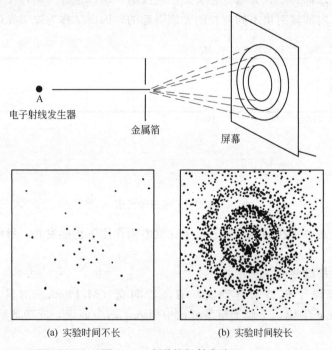

图 11-2 电子的衍射实验

后来又相继发现质子、中子等粒子流均能产生衍射现象，具有宏观物体难以表现出来的波动性，而这一点恰恰是经典力学所没有认识到的。

(2) 概率

对于微观粒子，不可能同时准确地测定出其在某一瞬间的位置和速度。这一规律称为海森堡（Heisenberg）测不准原理。因此，原子核外电子的运动需用概率来描述。

若用慢射电子枪（可控制射出的电子数的电子发射装置）取代电子束进行图11-2所示的实验，结果发现，每个电子在感光底片上弹着的位置是无法预料的，说明电子运动是没有确定的轨道的；但是当单个的电子不断地发射以后，在感光底片上仍然可以得到明暗相间的衍射环纹，这说明电子运动还是有规律的。亮环纹处无疑衍射强度大，说明电子出现的机会多，即概率大；暗环纹处则正好相反。

11.1.3 原子核外电子运动状态的描述

11.1.3.1 波函数和原子轨道

1926 年，奥地利物理学家薛定谔（E. Schröndinger）根据波粒二象性的概念，提出一个描述微观粒子运动的二阶偏微分方程，即薛定谔方程：

$$\frac{\partial^2 \psi}{\partial x^2}+\frac{\partial^2 \psi}{\partial y^2}+\frac{\partial^2 \psi}{\partial z^2}+\frac{8\pi^2 m}{h^2}(E-V)\psi=0 \tag{11-2}$$

式中 ψ ——波函数；
　　　h ——普朗克常数；
　　　m ——微粒的质量；
　　　E ——总能量；
　　　V ——势能。

为了求解 ψ 的方便，需将直角坐标系（x, y, z）表示的薛定谔方程变换为球坐标（r, θ, ϕ）表示的薛定谔方程。直角坐标与球坐标的转换关系如图 11-3 所示。

图 11-3　直角坐标与球坐标的转换关系

波函数是描述微观粒子在空间某范围内出现概率的数学函数。在解薛定谔方程式时，为了使得到的解有意义，必须引入主量子数（n）、角量子数（l）、磁量子数（m）等参数。这三个量子数在其可取值范围内取某一确定的值时，就可以得到一个波函数，如 $n=1$，$l=0$，$m=0$ 时，相应的波函数为 $\psi_{1,0,0}$（或 ψ_{1s}）；$n=2$，$l=0$，$m=0$ 时，相应的波函数为 $\psi_{2,0,0}$（或 ψ_{2s}）。求解薛定谔方程并不是得到唯一的解，而是得到一系列的波函数和相对应的能量值 E。求解得到的每个波函数都有对应的能量值。如求解氢原子（类氢原子，如 He^+）的薛定谔方程，可得到一系列的波函数和对应能量值。其 $\psi_{1,0,0}=\sqrt{\dfrac{1}{\pi a_0^3}}\mathrm{e}^{-\frac{r}{a_0}}$（$a_0$ 为玻尔半径），对应能量 $E=2.179\times10^{-18}$ J。

原子中描述单个电子运动状态的波函数习惯上称为"原子轨道"，这里"轨道"只是波函数的一个代名词，代表原子中电子的一种运动状态，也可把它称为"原子轨函"，它和玻尔理论中的原子轨道是完全不同的概念。

11.1.3.2 原子轨道的角度分布图

基态氢原子波函数可分为以下两部分

$$\psi(r,\theta,\varphi)=R(r)Y(\theta,\varphi)$$

如果将 Y 随 θ、φ 的变化作图，即可得波函数的角度分布图，即原子轨道的角度分布图。角量子数 l 的取值决定了原子轨道的类型，l 为 0、1、2、3 时所对应的轨道分别为 s、p、d、f 轨道。s 轨道的角度部分为：$Y(s)=\dfrac{1}{\sqrt{4\pi}}$，作图可知，s 原子轨道角度分布图是一个半径为 $\dfrac{1}{\sqrt{4\pi}}$ 的球面，与角度 θ、φ 没有关系，称之为球形对称。p_z 轨道（z 表示轨道的伸展方向在 z 坐标轴上）的角度部分为：$Y(p_z)=\sqrt{\dfrac{3}{4\pi}}\cos\theta=C\cos\theta$，是 θ 的函数。当 Y 随着 θ 变化时，其值如表11-1所示。将不同的 θ 角所对应的 $Y(p_z)$ 连接起来，所得到的图形为：分布在 Oxy 平面的上、下两侧，以 z 轴为对称轴的两个圆，常称为哑铃形，如图 11-4 所示。

表 11-1　不同 θ 的 $Y(p_z)$ 值

θ	0°	30°	45°	60°	90°	120°	135°	150°	180°
$\cos\theta$	+1	+0.866	+0.707	+0.5	0	−0.5	−0.707	−0.866	−1
$Y(p_z)$	+1C	+0.866C	+0.707C	+0.5C	0	−0.5C	−0.707C	−0.866C	−1C

s、p、d 原子轨道的角度分布图如图 11-4 所示（f 轨道的角度分布图更复杂，不予讨论）。图中的"+"、"−"表示波函数的角度部分在某一象限数值的正、负，不表示正、负电荷。

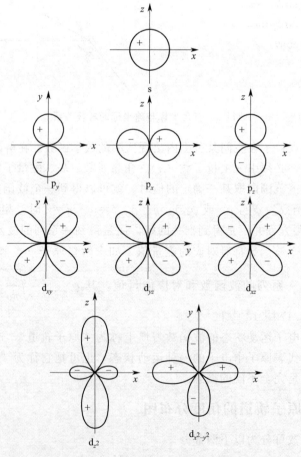

图 11-4　原子轨道的角度分布图

11.1.3.3 电子云及其角度分布图

(1) 电子云

电子在核外空间某处单位体积内出现的概率为概率密度，概率密度与$|\psi|^2$成正比。

为了形象地表示核外电子运动的概率分布情况，化学上习惯用小黑点分布的疏密表示电子出现概率密度的相对大小，小黑点较密的地方表示概率密度较大，单位体积内电子出现的机会多。这种用黑点的疏密表示概率密度分布的图形称为电子云图。如基态氢原子电子云呈球状，如图 11-5 所示。应当注意，对于氢原子来说，只有一个电子，图中黑点的疏密只代表电子在某一瞬间出现的可能性。

(2) 电子云角度分布图

既然概率密度与$|\psi|^2$成正比，那么若以$|\psi|^2$作图，应得到电子云的近似图像。

将$|\psi|^2$角度部分$|Y|^2$作图，所得的图像就称为电子云角度分布图，其方法类似于原子轨道角度分布图，如图 11-6 所示。

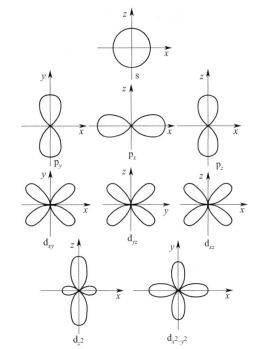

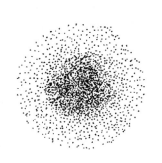

图 11-5　氢原子电子云图　　　　图 11-6　电子云的角度分布图

电子云的角度分布图与相应的原子轨道角度分布图近似，但有两点不同：

① 原子轨道角度分布图带有正、负号，而电子云角度分布图均为正值。

② 电子云角度分布图比原子轨道角度分布图要"瘦"些。

11.1.3.4 四个量子数

求解薛定谔方程引入的三个量子数 n、l、m，它们被称为轨道量子数，另有一个自旋量子数 m_s 用来描述电子的自旋状态。

(1) 主量子数 n

主量子数 n 是决定多电子原子核外电子所在原子轨道能量的主要因素。n 值越大，电子距核越远，能量越高。对氢原子来说，主量子数 n 是决定电子能量的唯一因素。n 的取值受量子化条件的限制,可取从1开始的正整数,即 $n=1,2,3,\cdots$。每一个 n 值代表原子核外的一个电子层,光谱学上用拉丁字母表示其电子层符号。

主量子数 $n=1$ 2   3   4   5   6   7
光谱项符号   K   L   M   N   O   P   Q

(2) 角量子数 l

角量子数 l 又称为副量子数,在多电子原子中它与主量子数 n 共同决定原子轨道的能量,确定原子轨道或电子云的形状,它对应于每一电子层上的电子亚层。l 的取值受 n 的影响,l 可以取 $0,1,2,3,\cdots,n-1$,共 n 个值。在原子光谱学上,分别用 s、p、d、f 等符号来表示对应电子亚层。不同的亚层,原子轨道具有不同的形状。

角量子数 $l=0$ 1   2   3$\cdots$
光谱项符号   s   p   d   f$\cdots$

对于多电子原子来说,同一电子层中 l 值越小,该电子亚层的能级越低,如 $E_{3s}<E_{3p}<E_{3d}$。

(3) 磁量子数 m

磁量子数 m 决定原子轨道在磁场中的分裂,对应于原子轨道在空间的伸展方向。m 的取值受 l 的限制,可取从 $-l$ 到 $+l$ 之间包含零的 $2l+1$ 个值,即 m 可取 $0, \pm 1, \pm 2, \cdots, \pm l$。每一个 m 值代表一个具有某种空间取向的原子轨道。每一亚层中,m 有几个取值,该亚层就有几个不同伸展方向的同类原子轨道。

如 $l=0$ 时,$m=0$,表示 s 亚层只有一个原子轨道,为球形对称,无所谓伸展方向。

$l=1$ 时,$m=-1, 0, +1$,表示 p 亚层有三个互相垂直的 p 原子轨道,即 p_x、p_y、p_z 原子轨道。

$l=2$ 时,$m=-2, -1, 0, +1, +2$,表示 d 亚层有五个不同伸展方向的 d 原子轨道,即 d_{xy}、d_{xz}、d_{yz}、d_{z^2}、$d_{x^2-y^2}$。

磁量子数 m 与原子轨道的能量无关。n、l 相同,m 不同的原子轨道(即形状相同,空间取向不同)其能量是相同的,这些能量相同的各原子轨道称为简并轨道或等价轨道。如:n_{p_x}、n_{p_y}、n_{p_z} 为等价轨道,$n_{d_{xy}}$、$n_{d_{xz}}$、$n_{d_{yz}}$、$n_{d_{z^2}}$、$n_{d_{x^2-y^2}}$ 为等价轨道。

(4) 自旋量子数 m_s

自旋量子数 m_s 只有 $+\dfrac{1}{2}$ 和 $-\dfrac{1}{2}$ 两个取值,其中每一个取值表示电子的一种自旋状态(顺时针自旋或逆时针自旋)。

综上所述,根据四个量子数可以确定出电子在核外运动的状态,可以算出各电子层中可能有的运动状态数,见表 11-2。

表 11-2   四个量子数与核外电子的运动状态

主量子数 n	K 1	L 2		M 3			N 4			
角量子数 l	s 0	s 0	p 1	s 0	p 1	d 2	s 0	p 1	d 2	f 3
磁量子数 m	0	0	-1 0 1	0	-1 0 1	-2 -1 0 1 2	0	-1 0 1	-2 -1 0 1 2	-3 -2 -1 0 1 2 3

续表

主量子数 n	K	L		M			N			
	1	2		3			4			
原子轨道数目	1	1	3	1	3	5	1	3	5	7
各层轨道数目 (n^2)	1	4		9			16			
自旋量子数 m_s	$\pm\dfrac{1}{2}$	$\pm\dfrac{1}{2}$		$\pm\dfrac{1}{2}$			$\pm\dfrac{1}{2}$			
每层容纳电子数 ($2n^2$)	2	8		18			32			

11.1.4 原子核外电子排布

11.1.4.1 基态原子中核外电子排布原理

通过对原子光谱与原子中电子排布的关系研究，人们归纳出当原子处于基态时，核外电子的排布必须遵循以下原理。

(1) 泡利（Pauli）不相容原理

在同一原子中，不可能有运动状态完全相同的两个电子存在，即同一轨道内最多只能容纳两个自旋方向相反的电子。

(2) 能量最低原理

多电子原子处在基态时，核外电子的分布在不违反泡利原理的前提下，总是最先分布在能量较低的轨道上，以使原子处于能量最低的状态。

(3) 洪特（Hund）规则

原子在同一亚层的等价轨道上分布电子时，将尽可能单独分占不同的轨道，而且自旋方向相同（即自旋平行）。

例如：N 原子的轨道表示式为：

N： ↑↓　 ↑↓　 ↑　↑　↑
　　 1s　　2s　　　2p

洪特规则特例：在等价轨道中，电子处于全充满（p^6、d^{10}、f^{14}）、半充满（p^3、d^5、f^7）和全空（p^0、d^0、f^0）时，原子的能量较低，体系稳定。

11.1.4.2 多电子原子轨道的能级

1939 年，鲍林（L. Pauling）根据原子光谱实验，对周期系中各元素原子轨道能级图进行分析归纳，总结出多电子原子中原子轨道近似能级图（见图 11-7）。它表示原子轨道之间能量的相对高低，可以反映随着原子序数的递增电子出现的先后顺序。

从图 11-7 中可以看出：

① 电子层能级相对高低为 K<L<M<N……

② 对多电子原子来说，同一原子同一电子层内，电子间的相互作用造成同层能级的分裂，各亚层能级的相对高低为 $E_{ns}<E_{np}<E_{nd}<E_{nf}$。

③ 同一电子亚层内，各原子轨道能级相同，如：$E_{np_x}=E_{np_y}=E_{np_z}$。

④ 同一原子内，不同类型的亚层之间，有能级交错的现象，例如：$E_{4s}<E_{3d}<E_{4p}$，

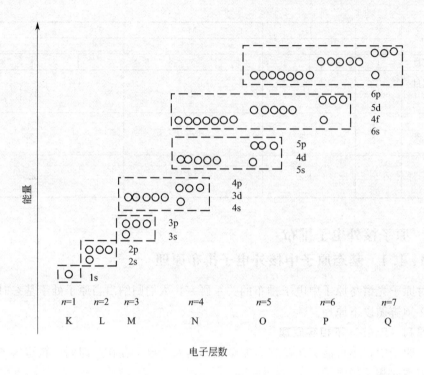

图 11-7 鲍林原子轨道能级图

$E_{5s} < E_{4d} < E_{5p}$，$E_{6s} < E_{4f} < E_{5d} < E_{6p}$。

11.1.4.3 基态原子核外电子的排布及原子电子层结构与周期系

（1）基态原子核外电子的排布

应用鲍林近似能级图，再根据泡利不相容原理、能量最低原理和洪特规则，就可以将电子填充到原子轨道中。用原子轨道符号表示电子填充的规律时，按主量子数 n 和角量子数 l 的次序依次从内层到外层写出，所得到的排布方式即为原子的电子结构式或电子排布式。例如：

^{21}Sc：$1s^2 2s^2 2p^6 3s^2 3p^6 3d^1 4s^2$

^{29}Cu：$1s^2 2s^2 2p^6 3s^2 3p^6 3d^{10} 4s^1$

^{80}Hg：$1s^2 2s^2 2p^6 3s^2 3p^6 3d^{10} 4s^2 4p^6 4d^{10} 4f^{14} 5s^2 5p^6 5d^{10} 6s^2$

元素周期表中各元素的电子排布式见表 11-3。

对于原子序数较大的元素，为了书写方便，常将内层已达稀有气体的电子层结构部分用该稀有气体元素符号加方括号（称为原子实）来表示。例如：

^{21}Sc：[Ar]$3d^1 4s^2$ ^{80}Hg：[Xe]$4f^{14} 5d^{10} 6s^2$

（2）原子电子层结构与周期系

① 周期与能级组。元素周期表中，元素周期的划分与鲍林近似能级组的划分一致。

a. 元素所在的周期序数，等于该元素原子外层电子所处的最高能级组的序数，也等于该元素原子最外电子层的主量子数（Pd 例外，其外电子构型为 $4d^{10} 5s^0$，但属于第 5 周期）。例如，K 原子的外电子构型为 $4s^1$，则 K 位于第 4 周期；Ag 原子的外电子构型为 $4s^{10} 5s^1$，最外电子层的主量子数 $n=5$，则 Ag 位于第 5 周期。

表 11-3 基态原子内电子的排布

周期	原子序数	元素符号	电子分布式	周期	原子序数	元素符号	电子分布式
1	1	H	$1s^1$		55	Cs	$[Xe]6s^1$
	2	He	$1s^2$		56	Ba	$[Xe]6s^2$
2	3	Li	$[He]2s^1$		57	La	$[Xe]5d^16s^2$
	4	Be	$[He]2s^2$		58	Ce	$[Xe]4f^15d^16s^2$
	5	B	$[He]2s^22p^1$		59	Pr	$[Xe]4f^36s^2$
	6	C	$[He]2s^22p^2$		60	Nd	$[Xe]4f^46s^2$
	7	N	$[He]2s^22p^3$		61	Pm	$[Xe]4f^56s^2$
	8	O	$[He]2s^22p^4$		62	Sm	$[Xe]4f^66s^2$
	9	F	$[He]2s^22p^5$		63	Eu	$[Xe]4f^76s^2$
	10	Ne	$[He]2s^22p^6$		64	Gd	$[Xe]4f^75d^16s^2$
3	11	Na	$[Ne]3s^1$		65	Tb	$[Xe]4f^96s^2$
	12	Mg	$[Ne]3s^2$		66	Dy	$[Xe]4f^{10}6s^2$
	13	Al	$[Ne]3s^23p^1$		67	Ho	$[Xe]4f^{11}6s^2$
	14	Si	$[Ne]3s^23p^2$		68	Er	$[Xe]4f^{12}6s^2$
	15	P	$[Ne]3s^23p^3$		69	Tm	$[Xe]4f^{13}6s^2$
	16	S	$[Ne]3s^23p^4$	6	70	Yb	$[Xe]4f^{14}6s^2$
	17	Cl	$[Ne]3s^23p^5$		71	Lu	$[Xe]4f^{14}5d^16s^2$
	18	Ar	$[Ne]3s^23p^6$		72	Hf	$[Xe]4f^{14}5d^26s^2$
4	19	K	$[Ar]4s^1$		73	Ta	$[Xe]4f^{14}5d^36s^2$
	20	Ca	$[Ar]4s^2$		74	W	$[Xe]4f^{14}5d^46s^2$
	21	Sc	$[Ar]3d^14s^2$		75	Re	$[Xe]4f^{14}5d^56s^2$
	22	Ti	$[Ar]3d^24s^2$		76	Os	$[Xe]4f^{14}5d^66s^2$
	23	V	$[Ar]3d^34s^2$		77	Ir	$[Xe]4f^{14}5d^76s^2$
	24	Cr	$[Ar]3d^54s^1$		78	Pt	$[Xe]4f^{14}5d^96s^1$
	25	Mn	$[Ar]3d^54s^2$		79	Au	$[Xe]4f^{14}5d^{10}6s^1$
	26	Fe	$[Ar]3d^64s^2$		80	Hg	$[Xe]4f^{14}5d^{10}6s^2$
	27	Co	$[Ar]3d^74s^2$		81	Tl	$[Xe]4f^{14}5d^{10}6s^26p^1$
	28	Ni	$[Ar]3d^84s^2$		82	Pb	$[Xe]4f^{14}5d^{10}6s^26p^2$
	29	Cu	$[Ar]3d^{10}4s^1$		83	Bi	$[Xe]4f^{14}5d^{10}6s^26p^3$
	30	Zn	$[Ar]3d^{10}4s^2$		84	Po	$[Xe]4f^{14}5d^{10}6s^26p^4$
	31	Ga	$[Ar]3d^{10}4s^24p^1$		85	At	$[Xe]4f^{14}5d^{10}6s^26p^5$
	32	Ge	$[Ar]3d^{10}4s^24p^2$		86	Rn	$[Xe]4f^{14}5d^{10}6s^26p^6$
	33	As	$[Ar]3d^{10}4s^24p^3$		87	Fr	$[Rn]7s^1$
	34	Se	$[Ar]3d^{10}4s^24p^4$		88	Ra	$[Rn]7s^2$
	35	Br	$[Ar]3d^{10}4s^24p^5$		89	Ac	$[Rn]6d^17s^2$
	36	Kr	$[Ar]3d^{10}4s^24p^6$		90	Th	$[Rn]6d^27s^2$
5	37	Rb	$[Kr]5s^1$		91	Pa	$[Rn]5f^26d^17s^2$
	38	Sr	$[Kr]5s^2$		92	U	$[Rn]5f^36d^17s^2$
	39	Y	$[Kr]4d^15s^2$		93	Np	$[Rn]5f^46d^17s^2$
	40	Zr	$[Kr]4d^25s^2$		94	Pu	$[Rn]5f^67s^2$
	41	Nb	$[Kr]4d^45s^1$		95	Am	$[Rn]5f^77s^2$
	42	Mo	$[Kr]4d^55s^1$		96	Cm	$[Rn]5f^76d^17s^2$
	43	Tc	$[Kr]4d^55s^2$		97	Bk	$[Rn]5f^97s^2$
	44	Ru	$[Kr]4d^75s^1$	7	98	Cf	$[Rn]5f^{10}7s^2$
	45	Rh	$[Kr]4d^85s^1$		99	Es	$[Rn]5f^{11}7s^2$
	46	Pd	$[Kr]4d^{10}$		100	Fm	$[Rn]5f^{12}7s^2$
	47	Ag	$[Kr]4d^{10}5s^1$		101	Md	$[Rn]5f^{13}7s^2$
	48	Cd	$[Kr]4d^{10}5s^2$		102	No	$[Rn]5f^{14}7s^2$
	49	In	$[Kr]4d^{10}5s^25p^1$		103	Lr	$[Rn]5f^{14}6d^17s^2$
	50	Sn	$[Kr]4d^{10}5s^25p^2$		104	Rf	$[Rn]5f^{14}6d^27s^2$
	51	Sb	$[Kr]4d^{10}5s^25p^3$		105	Db	$[Rn]5f^{14}6d^37s^2$
	52	Te	$[Kr]4d^{10}5s^25p^4$		106	Sg	$[Rn]5f^{14}6d^47s^2$
	53	I	$[Kr]4d^{10}5s^25p^5$		107	Bh	$[Rn]5f^{14}6d^57s^2$
	54	Xe	$[Kr]4d^{10}5s^25p^6$		108	Hs	$[Rn]5f^{14}6d^67s^2$
					109	Mt	$[Rn]5f^{14}6d^77s^2$

b. 各周期所包含的元素的数目，等于与周期相应的能级组内各轨道所能容纳的电子总数。例如，第4能级组内4s、3d和4p轨道总共可容纳18个电子，故第4周期共有18种元素。

② 区。根据元素最后一个电子填充的能级的不同，将周期表中的元素分为5个区，每个区都有其特征的外电子层构型，见表11-4。

表11-4 元素周期表中分区及各区价电子构型

周期 n	IA	IIA	IIIB	IVB	VB	VIB	VIIB	VIII	IB	IIB	IIIA	IVA	VA	VIA	VIIA	0
1																
2																
3	s区 $ns^{1\sim2}$										p区 $ns^2np^{1\sim6}$					
4			d区 $(n-1)d^{1\sim9}ns^{1\sim2}$						ds区 $(n-1)d^{10}ns^{1\sim2}$							
5																
6																
7																

| 镧系 | f区 $(n-2)f^{1\sim14}(n-1)d^{1\sim2}ns^2$ |
| 锕系 | |

③ 族。如表11-4所示，如果元素原子最后填入电子的亚层为s或p亚层，该元素便是主族元素，如果最后填入电子的亚层为d或f亚层，该元素便属副族元素，又称过渡元素（其中填入f亚层的又称内过渡元素，如镧系、锕系）。

11.1.5 原子性质的周期性

11.1.5.1 原子半径

(1) 原子半径的分类

通常所说的原子半径是根据该原子存在的不同形式来定义的，常用的有以下三种。

① 共价半径。两个相同原子形成共价键时，其原子核间距离的一半称为原子的共价半径。

② 金属半径。金属单质的晶体中，两个相邻原子核间距离的一半，称为该金属原子的金属半径。例如在锌晶体中，测得两原子的核间距为266pm，则锌原子的金属半径$r(Zn)=133$pm。

③ 范德华半径。分子晶体中，分子之间以范德华力（即分子间力）结合，如稀有气体晶体，相邻分子核间距离的一半，称为该原子的范德华半径。

各元素的原子半径见表11-5。其中金属原子为金属半径，非金属原子为共价半径（单键），稀有气体为范德华半径。原子半径的大小主要取决于原子的有效核电荷数和核外电子层结构。

(2) 原子半径在周期表中的变化规律

同一主族元素原子半径从上到下逐渐增大。因为从上到下，原子的电子层数增多起主要作用，所以半径增大。副族元素的原子半径从上到下递变不是很明显；第一过渡系到第二过渡系的递变较明显；而第二过渡系到第三过渡系基本没变。

表 11-5　元素的原子半径 r　　　　　　单位：pm

H 37.1																	He 122
Li 152	Be 111.3											B 88	C 77	N 70	O 66	F 64	Ne 160
Na 186	Mg 160											Al 143.1	Si 117	P 110	S 104	Cl 99	Ar 191
K 227.2	Ca 197.3	Sc 160.6	Ti 144.8	V 132.1	Cr 124.9	Mn 124	Fe 124.1	Co 125.3	Ni 124.6	Cu 127.8	Zn 133.2	Ga 122.1	Ge 122.5	As 121	Se 117	Br 114.2	Kr 198
Rb 247.5	Sr 215.1	Y 181	Zr 160	Nb 142.9	Mo 136.2	Tc 135.8	Ru 132.5	Rh 134.5	Pd 137.6	Ag 144.4	Cd 148.9	In 162.6	Sn 140.5	Sb 141	Te 137	I 133.3	Xe 217
Cs 265.4	Ba 217.3	Ln 镧系	Hf 156.4	Ta 143	W 137.0	Re 137.0	Os 134	Ir 135.7	Pt 138	Au 144.2	Hg 160	Tl 170.4	Pb 175.0	Bi 154.7	Po 167	At 145	Rn
Fr 270	Ra 220	An 锕系															
镧系	La 187.7	Ce 182.5	Pr 182.8	Nd 182.1	Pm 181.0	Sm 180.2	Eu 204.2	Gd 180.2	Tb 178.2	Dy 177.3	Ho 176.6	Er 175.7	Tm 174.6	Yb 194.0	Lu 173.4		
锕系	Ac 187.8	Th 179.8	Pa 160.6	U 138.5	Np 131	Pu 151	Am 184	Cm	Bk	Cf	Es	Fm	Md	No	Lr		

同一周期中原子半径的递变按短周期和长周期有所不同。在同一短周期中，由于有效核电荷数的逐渐递增，核对电子的吸引作用逐渐增大，原子半径逐渐减小。在长周期中，过渡元素由于有效核电荷数的递增不明显，因而原子半径减小缓慢。

11.1.5.2　原子的电离能

基态的气态原子失去电子变为气态阳离子，必须克服原子核对电子的吸引力而消耗能量，这种能量称为元素的电离能，用符号 I 表示，其单位为 $kJ \cdot mol^{-1}$。

从基态的中性气态原子失去一个电子形成氧化数为 +1 的气态阳离子所需要的能量，称为原子第一电离能，用 I_1 表示。由氧化数为 +1 的气态阳离子再失去一个电子形成氧化数为 +2 的气态阳离子所需要的能量，称为原子的第二电离能，用 I_2 表示，其余依次类推。

$$M(g) - e^- \longrightarrow M^+(g) \quad I_1$$

$$M^+(g) - e^- \longrightarrow M^{2+}(g) \quad I_2$$

$$I_1 < I_2 < I_3 < \cdots$$

元素原子的电离能越小，原子越易失去电子，反之，原子的电离能越大，原子越难失去电子，常用元素原子的第一电离能来衡量原子失去电子的难易程度。

元素原子的电离能受原子的有效核电荷数、原子半径和原子的电子层结构等因素的影响。元素周期表中各元素原子的第一电离能呈明显的周期性变化，见表 11-6。

同一周期元素原子的第一电离能自左向右总趋势是逐渐增大。同一主族元素从上至下，第一电离能明显减小，对副族元素来说，从上至下第一电离能减小趋势不甚明显。

表 11-6 元素原子的第一电离能 I_1 单位：$kJ \cdot mol^{-1}$

族\周期	IA	IIA	IIIB	IVB	VB	VIB	VIIB	VIII			IB	IIB	IIIA	IVA	VA	VIA	VIIA	0
1	H 1312																	He 2372
2	Li 520	Be 900											B 810	C 1086	N 1402	O 1314	F 1681	Ne 2081
3	Na 496	Mg 738											Al 578	Si 787	P 1012	S 1000	Cl 1251	Ar 1521
4	K 419	Ca 590	Sc 631	Ti 658	V 650	Cr 653	Mn 711	Fe 759	Co 758	Ni 737	Cu 746	Zn 906	Ga 579	Ge 762	As 944	Se 941	Br 1140	Kr 1350
5	Rb 403	Sr 550	Y 616	Zr 660	Nb 664	Mo 685	Tc 702	Ru 711	Rh 720	Pd 805	Ag 731	Cd 868	In 558	Sn 709	Sb 832	Te 869	I 1008	Xe 1170
6	Cs 376	Ba 503	La 538	Hf 654	Ta 761	W 770	Re 760	Os 840	Ir 880	Pt 870	Au 890	Hg 1007	Tl 589	Pb 716	Bi 703	Po 812	At	Rn 1037

镧系元素	La 538	Ce 528	Pr 523	Nd 530	Pm 536	Sm 543	Eu 547	Gd 592	Tb 564	Dy 572	Ho 581	Er 589	Tm 597	Yb 603	Lu 524

注：数据录自 J. E. Huheey. Inorganic Chemistry: Principles of Structure and Reactivity. 2nd ed. p40 Table 2. 4A.

11.1.5.3 电负性

为了较全面地描述不同元素原子在分子中对成键电子吸引的能力，鲍林（Pauling）提出了电负性的概念。他认为：元素的电负性是指元素的原子在分子中对电子吸引能力的大小。电负性越小，对电子吸引能力越小，金属性越强。他指定最活泼的非金属元素 F 原子的电负性 $\chi(F) = 4.0$，通过比较计算出其他元素原子的电负性值，见表 11-7。

表 11-7 元素的电负性 χ

周期	IA	IIA	IIIB	IVB	VB	VIB	VIIB	VIII			IB	IIB	IIIA	IVA	VA	VIA	VIIA
1	H 2.1																
2	Li 1.0	Be 1.5											B 2.0	C 2.5	N 3.0	O 3.5	F 4.0
3	Na 0.9	Mg 1.2											Al 1.5	Si 1.8	P 2.1	S 2.5	Cl 3.0
4	K 0.8	Ca 1.0	Sc 1.3	Ti 1.5	V 1.6	Cr 1.6	Mn 1.5	Fe 1.8	Co 1.9	Ni 1.9	Cu 1.9	Zn 1.6	Ga 1.6	Ge 1.8	As 2.0	Se 2.4	Br 2.8
5	Rb 0.8	Sr 1.0	Y 1.2	Zr 1.4	Nb 1.6	Mo 1.8	Tc 1.9	Ru 2.2	Rh 2.2	Pd 2.2	Ag 1.9	Cd 1.7	In 1.7	Sn 1.8	Sb 1.9	Te 2.1	I 2.5
6	Cs 0.7	Ba 0.9	La-Lu 1.0-1.2	Hf 1.3	Ta 1.5	W 1.7	Re 1.9	Os 2.2	Ir 2.2	Pt 2.2	Au 2.4	Hg 1.9	Tl 1.8	Pb 1.9	Bi 1.9	Po 2.0	At 2.2
7	Fr 0.7	Ra 0.9	Ac 1.1	Th 1.3	Pa 1.4	U 1.4	Np-No 1.4-1.3										

从表 11-7 可看出，随着原子序数递增，电负性明显地呈周期性变化。同一周期，自左向右，电负性增大（副族元素有些例外）。同族元素自上而下，电负性依次减小，但副族元素后半部，从上而下电负性略有增大。氟的电负性最大，因而非金属性最强，铯的电负性最小，因而金属性最强。

11.2 分子结构基础

11.2.1 离子键及其特点

(1) 离子键

1916年，柯塞尔（W. Kossel）提出了离子键的概念，他认为离子键的本质是阴、阳离子之间的静电作用力：

$$F = \frac{q^+ q^-}{d^2} \tag{11-3}$$

式中 q^+、q^-——阳离子、阴离子的电荷；

d——阳、阴离子核间距。

阳、阴离子电荷越大，核间距越小，离子键的强度越大。

(2) 离子键的特点

离子键的特点是没有方向性和饱和性。由于离子分布是球形对称的，所以它在空间各个方向静电效应是相同的，可以在任何方向吸引电荷相反的离子，因而离子键没有方向性。

离子键没有饱和性是指离子晶体中，每个离子总是尽可能多地吸引电荷相反的离子，使体系处于尽量低的能量状态。一个离子能吸引多少个异电离子，取决于正、负离子的半径比 r^+/r^-。其比值越大，正离子吸引负离子的数目越多，见表11-8。

表 11-8 半径比与配位数的关系

半径比（r^+/r^-）	配位数	晶体类型
0.225~0.414	4	ZnS 型
0.414~0.732	6	NaCl 型
0.732~1.000	8	CsCl 型

离子键是由正、负电荷的静电引力作用而形成的，但并不等于是纯粹的静电吸引，在正、负离子之间仍然存在有一定程度的原子轨道的重叠，也就是说仍有部分的共价性。一般情况下，相互作用的原子的电负性差值越大，所形成的离子键的离子性也就越大。例如，由电负性最小的铯与电负性最大的氟所形成的最典型的离子型化合物氟化铯中，其离子键有92%的离子性，8%的共价性。

11.2.2 共价键

1916年，路易斯（Lewis）提出了共价键理论，认为电负性相同或差别不大的原子是通过共用电子对结合成键的，但没有说明原子间共用电子对为什么会导致生成稳定的分子及共价键的本质是什么等问题。1927年，德国科学家海勒特（W. Heitler）和伦敦（F. London）把量子力学的成就应用于最简单的 H_2 分子结构上，由此建立了现代价键理论。

(1) 共价键理论的要点

价键理论，又称电子配对法，简称VB法，其基本要点如下：

① 原子接近时，自旋相反的未成对单电子相互配对，原子核间的电子云密度增大，形成稳定的共价键。

② 一个原子有几个未成对电子，便能和几个来自其他原子的自旋方向相反的电子配对，生成几个共价键。

③ 成键电子的原子轨道在对称性相同的前提下，原子轨道发生重叠，重叠越多，生成的共价键越稳定——最大重叠原理。

(2) 共价键的特点

共价键的特点是既有饱和性，又有方向性。

① **饱和性** 共价键的饱和性是指每个原子成键的总数或以单键连接的原子数目是一定的。因为共价键的本质是原子轨道的重叠和共用电子对的形成，每个原子的未成对的单电子数是一定的，所以形成共用电子对的数目也就一定。

② **方向性** 根据最大重叠原理，在形成共价键时，原子间总是尽可能地沿着原子轨道最大伸展的方向成键。共价键具有方向性的原因是除了 s 原子轨道球形对称以外，p、d、f 原子轨道具有一定的伸展方向，只有沿着它的伸展方向成键才能满足最大重叠的条件。

例如：在形成氯化氢分子时，氢原子的 1s 电子与氯原子的一个未成对电子（设为 $2p_x$）形成共价键，s 电子只有沿着 p_x 轨道的对称轴（x 轴）方向才能达到最大程度的重叠，形成稳定的共价键，如图 11-8 所示。

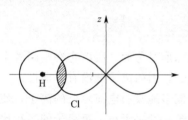

图 11-8　HCl 分子中的 σ 键

(3) 共价键的类型

根据原子轨道重叠方式的不同，共价键可分为 σ 键和 π 键。

① **σ 键** 成键原子轨道沿着两核的连线方向，以"头碰头"的方式发生重叠形成的共价键称为 σ 键（见图 11-9）。σ 键的特点是原子轨道重叠部分沿键轴方向具有圆柱形对称。由于原子轨道在轴向上重叠是最大程度的重叠，故 σ 键的键能大而且稳定性高。例如：H_2 分子中的 σ_{s-s} 键，HCl 分子中的 σ_{s-p} 键。

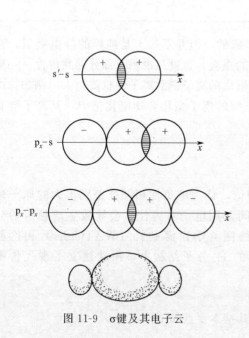

图 11-9　σ 键及其电子云

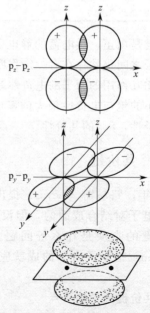

图 11-10　π 键及其电子云

② π键　成键原子轨道沿两核的连线方向，以"肩并肩"的方式发生重叠形成的共价键称为π键（见图 11-10）。π键的特点是原子轨道重叠部分是以通过一个键轴的平面呈镜面反对称。π键没有σ键牢固，较易断裂。

共价单键一般是σ键，在共价双键和共价叁键中，除σ键外，还有π键。例如 N_2 分子中的 N 原子有 3 个未成对的 p 电子，2 个 N 原子间除形成σ键外，还形成 2 个互相垂直的π键，如图 11-11 所示。

(4) 共价键的键参数

化学键的性质可以用某些物理量来描述，凡能表征化学键性质的量都可以称为键参数。

① 键能　键能是指气体分子每断裂单位物质的量的某键时体系能量的变化，近似地等于焓变，用 E_{AB} 表示，单位为 $kJ \cdot mol^{-1}$。

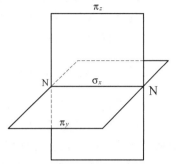

图 11-11　N_2 分子中的共价键

$$AB(g) \longrightarrow A(g) + B(g) \quad E_{AB} = \Delta H^{\ominus}_{298.15K}$$

键能可以作为衡量化学键牢固程度的键参数，键能越大，键越牢固。

对双原子分子来说，键能在数值上就等于键解离能。多原子分子中若某键不止一个，则该键键能为同种键逐级解离能的平均值。

$$H_2 \longrightarrow 2H(g)$$
$$E_{H-H} = D_{H-H} = 431 kJ \cdot mol^{-1}$$

② 键长　分子内成键两原子核间的平衡距离称为键长（L_b）。

两个确定的原子之间，如果形成不同的化学键，其键长越短，键能就越大，化学键就越牢固，见表 11-9。

表 11-9　某些分子的键能与键长

化学键	键长/pm	键能/$kJ \cdot mol^{-1}$	化学键	键长/pm	键能/$kJ \cdot mol^{-1}$
H—H	74	431	C—C	154	356
H—F	91.8	565	C=C	134	598
H—Cl	127.4	428	C≡C	120	813
H—Br	140.8	366	N—N	146	160
H—I	160.8	299	N≡N	109.8	946

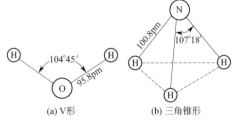

③ 键角　在分子中两个相邻化学键之间的夹角称为键角。如果知道了某分子内全部化学键的键长和键角数据，那么这个分子的几何构型就确定了，如图 11-12 所示。

④ 键的极性　由于形成共价键的两个原子的电负性完全相同或者相差不大，共价键可分为非极性键和极性键。

同种元素的两个原子形成共价键时，由于两个原子对共用电子对有相同的作用力，键轴方向上电荷的分布是对称的，正、负电荷重心重合，这种共价键称为非极性共价键，简称非极性键。当不同元素的原子形成共价键时，共用电子对偏

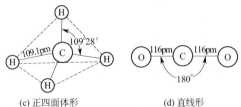

图 11-12　分子的几何构型

向于电负性大的原子,从而使键轴方向上出现正、负电荷中心,这种共价键称为极性共价键,简称极性键。

成键两原子的电负性差值 $\Delta\chi=0$ 时,化学键为非极性键,如 H_2、N_2、O_2。$\Delta\chi$ 越大,共价键的极性越大,如键的极性:HF>HCl>HBr>HI。一般来说,当 $\Delta\chi>1.7$ 时,共用电子对完全偏向电负性大的一方,便形成了离子键。

11.2.3 杂化轨道理论

价键理论在阐明共价键的本质和共价键的特征方面获得了相当的成功。随着近代物理技术的发展,人们已能用实验方法确定许多共价分子的空间构型,但用价键理论往往不能满意地加以解释。例如根据价键理论,水分子中氧原子的两个成键的 2p 轨道之间的夹角应为 90°,而实验测得两个 O—H 键间的夹角为 104.5°。为了阐明共价型分子的空间构型,1913 年,鲍林在价键理论的基础上,提出了杂化轨道理论。

(1) 杂化轨道理论要点

① 形成分子时,在键合原子的作用下,中心原子的若干不同类型的能量相近的原子轨道混合起来,重新组合生成一组新的能量相同的原子轨道。这种重新组合的过程叫作杂化,所形成的新的原子轨道叫作杂化轨道。

② 杂化轨道的数目与参加杂化的原子轨道的数目相等。

③ 杂化轨道的成键能力比原来原子轨道的成键能力强。因杂化轨道波函数角度分布图一端特别突出而肥大,在满足原子轨道最大重叠的基础上,所形成的分子更稳定。不同类型的杂化轨道成键能力不同。

④ 杂化轨道参与成键时,要满足化学键间最小排斥原理,键与键之间斥力的大小取决于键的方向,即取决于杂化轨道的夹角。

(2) 杂化类型与分子几何构型

根据杂化时参与杂化的原子轨道种类不同,杂化轨道有多种类型。

① sp 杂化。同一原子内由一个 ns 原子轨道和一个 np 原子轨道杂化而成,称为 sp 杂化,所形成的杂化轨道叫作 sp 杂化轨道。

sp 杂化轨道含有 $\frac{1}{2}$s 轨道和 $\frac{1}{2}$p 轨道成分。杂化轨道之间的夹角为 180°(见图 11-13)。

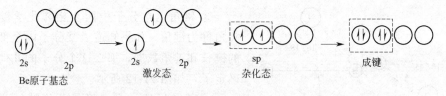

图 11-13 sp 杂化轨道与 $BeCl_2$ 分子几何构型

BeH_2、$BeCl_2$、CO_2、$HgCl_2$、C_2H_2 等分子的中心原子均采取 sp 杂化轨道成键,故其分子的几何构型均为直线形,分子内键角为 180°。

② sp^2 杂化。同一原子内由一个 ns 原子轨道和两个 np 原子轨道杂化而成,这种杂化称

为 sp² 杂化。所形成的杂化轨道称为 sp² 杂化轨道。它的特点是：每个杂化轨道都含有 $\frac{1}{3}$ s 轨道和 $\frac{2}{3}$ p 轨道成分。杂化轨道之间的夹角为 120°。形成的分子的几何构型为平面三角形（见图 11-14）。如：BCl_3、BBr_3、SO_2 分子及 CO_3^{2-}、NO_3^- 离子的中心原子均采取 sp² 杂化轨道与配位原子成键，故其分子构型为平面三角形，分子键角为 120°。

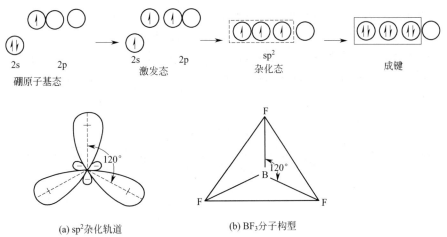

图 11-14　sp² 杂化轨道与 BF_3 分子几何构型

③ sp³ 杂化。同一原子内由一个 ns 原子轨道和三个 np 原子轨道杂化而成，这种杂化称为 sp³ 杂化，所形成的杂化轨道称为 sp³ 杂化轨道。它的特点是：每个杂化轨道都含有 $\frac{1}{4}$ s 轨道和 $\frac{3}{4}$ p 轨道成分。杂化轨道之间的夹角为 109°28′。例如 CH_4 分子的形成过程（见图 11-15）。

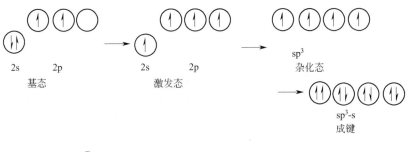

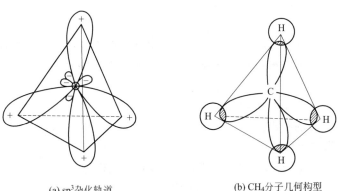

图 11-15　sp³ 杂化轨道与 CH_4 分子几何构型

(3) 等性杂化与不等性杂化

前面几种杂化都是能量和成分完全等同的杂化,称为等性杂化。如果参加杂化的原子轨道中有不参加成键的孤对电子存在,杂化后所形成的杂化轨道的形状和能量不完全等同,这类杂化称为不等性杂化。例如:NH_3分子中,N原子的价层电子构型为$2s^22p^3$,它的一个 s 轨道和三个 p 轨道杂化形成四个 sp^3 杂化轨道,其中一个杂化轨道有一对成对电子,称为孤对电子,另外三个杂化轨道各有一个单电子与 H 原子的 1s 原子轨道重叠,单电子配对成键。由于孤电子对对另外三个成键的轨道有排斥压缩作用,致使 NH_3 分子的键角不是 $109°28'$,而是 $107°18'$。NH_3 的几何构型是三角锥形,如图 11-16 所示。

对于 H_2O 分子,同样有两个杂化轨道被孤对电子占据,对成键的两个杂化轨道的排斥作用更大,以致两个 O—H 键间的夹角压缩成 $104°45'$,所以水分子的几何构型呈 V 形,如图 11-16 所示。

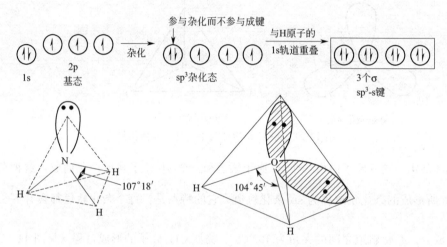

图 11-16 NH_3、H_2O 分子的几何构型

11.2.4 分子间力和氢键

分子中除有化学键外,在分子与分子之间还存在着一种比化学键弱得多的相互作用力,称为分子间力。例如,液态的水要汽化,必须吸收热量来克服分子间力才能汽化。早在 1873 年范德华(Van Der Waals)就注意到分子间力的存在并进行了卓有成效的研究,因此分子间力又叫范德华力。分子间力是决定物质物理性质的主要因素。

(1) 分子的极性

由于形成分子的原子电负性不同,分子内正、负电荷中心不在同一点,这样的分子就具有极性。分子极性的大小,用偶极距 μ 来衡量,此偶极矩称为固有偶极:

$$\mu = qd$$

式中 q——分子内正、负电荷中心所带电荷;

d——正、负电荷中心的距离。

如果 $\mu=0$,则分子为非极性分子。

如果 $\mu>0$,则分子为极性分子。μ 越大,极性越强,固有偶极越大。

对于双原子分子,分子的极性等同于化学键的极性。

对多原子分子来说,分子的极性要视分子的组成与几何构型而定,见表 11-10。

表 11-10　分子的极性与几何构型的关系

分子	几何构型	分子极性	分子	几何构型	分子极性
H_2	直线形	无	CH_4	正四面体形	无
HF	直线形	有	NH_3	三角锥形	有
BeH_2	直线形	无	H_2O	V 形	有
BF_3	平面三角形	无	CH_3Cl	四面体形	有

(2) 分子间力

① 取向力　当两个极性分子彼此靠近时，由于固有偶极的存在，同极相斥，异极相吸。使分子发生相对移动，并定向排列。因异极间的静电引力，极性分子相互更加靠近，由于固有偶极的取向而产生的作用力，称为取向力。

取向力的本质是静电引力，它只存在于极性分子间。

② 诱导力　当极性分子与非极性分子相互接近时，极性分子使非极性分子的正、负电荷重心彼此分离，产生诱导偶极。这种由于诱导偶极而产生的作用力，称为诱导力。

诱导力不仅存在于极性分子与非极性分子间，也存在于极性分子与极性分子之间。诱导力的本质也是静电引力。

③ 色散力　当非极性分子相互接近时，由于分子中电子的不断运动和原子核的不断振动，常发生电子云和原子核之间的瞬时相对位移，而产生瞬时偶极。分子间由于瞬时偶极而产生的作用力称为色散力。

色散力普遍存在于各种分子以及原子之间。分子的质量越大，色散力也越大。对大多数分子来说，色散力是分子间主要的作用力，三种作用力的大小一般为色散力≫取向力＞诱导力。

分子间力随着分子间的距离增大而迅速减小，其作用力约比化学键小 1~2 个数量级。分子间力没有方向性和饱和性。

(3) 氢键

① 氢键的形成　NH_3、H_2O 和 HF 与同族氢化物相比，沸点、熔点、汽化热等物理性质比其同族氢化物的高，不能用正常的分子间作用力进行解释，说明这些物质的分子间除了存在一般分子间力外，还存在另一种作用力，这种作用力被称为氢键。

当 H 原子与电负性很大、半径很小的原子 X（X 可以为 F、O、N）以共价键结合生成 X—H 时，共用电子对偏向于 X 原子，使 H 原子变成几乎没有电子云的"裸"质子，呈现相当强的正电性，且半径很小，使 H^+ 的电势密度很大，极易与另一个分子中含有孤对电子且电负性很大的原子相结合而生成氢键。氢键可表示为 X—H⋯Y。

形成氢键的两个条件：

a. 有一个与电负性很大的原子 X 形成共价键的氢原子；

b. 有另一个电负性很大，且有孤对电子的原子 Y。

氢键既有方向性又有饱和性。

氢键的键能一般在 $15\sim35\text{kJ}\cdot\text{mol}^{-1}$，比化学键的键能小得多，与分子间作用力的大小比较相近。

氢键可分为分子间氢键和分子内氢键，如图 11-17 所示。

图 11-17　分子间氢键与分子内氢键

② 氢键对化合物性质的影响 氢键的存在，影响到物质的某些性质。

a. 分子间氢键的生成使物质的熔点、沸点比同系列氢化物的熔点、沸点高。例如，HF、H_2O、NH_3的熔点、沸点比其同族氢化物的熔点、沸点要高。

b. 在极性溶剂中，氢键的生成使溶质的溶解度增大。例如，HF和NH_3在水中的溶解度较大。

c. 存在分子间氢键的液体，一般黏度较大。例如，磷酸、甘油、浓硫酸等多羟基化合物由于氢键的生成而为黏稠状液体。

d. 液体分子间若生成氢键，有可能发生缔合现象。分子缔合的结果会影响液体的密度。H_2O分子间也有缔合现象。降低温度，有利于水分子的缔合。温度降至0℃时，全部水分子结合成巨大的缔合物——冰。

11.3 配位化合物的化学键理论

11.3.1 价键理论

配合物的价键理论是鲍林首先将杂化轨道理论应用于配位化合物中而逐渐形成和发展起来的，其基本要点如下：

① 配合物的中心离子与配体之间以配位键结合。

要形成配位键，配体中配位原子必须含孤对电子（或 π 键电子），形成体必须具有空的价电子轨道。例如 $[Zn(NH_3)_4]^{2+}$ 配离子的形成：

$$Zn^{2+} + 4NH_3 \longrightarrow \left[H_3N \rightarrow \underset{\underset{NH_3}{\uparrow}}{\overset{\overset{NH_3}{\downarrow}}{Zn}} \leftarrow NH_3 \right]^{2+}$$

配位体 NH_3 分子中的 N 原子提供孤对电子，与 Zn^{2+} 共用形成配位键。

② 中心离子的空轨道必须杂化，以杂化轨道成键。

在形成配合物时，中心离子的杂化轨道与配体的孤对电子（π 键电子）所在的轨道发生重叠，从而形成配位键。在形成配合物时，中心离子全部以外层空轨道（ns、np、nd）参与杂化成键，所形成的配合物称为外轨型配合物。若中心离子的次外层 $(n-1)d$ 内层轨道参与杂化成键，则形成的配合物称为内轨型配合物。

*11.3.2 配离子的形成

(1) 外轨型配离子的形成

以外轨型配离子 $[Zn(NH_3)_4]^{2+}$ 为例，中心离子 Zn^{2+} 的价电子层结构是 $3d^{10}4s^04p^0$，在与 NH_3 分子接近时，Zn^{2+} 的 1 个 4s 和 3 个 4p 空轨道杂化形成 4 个等价的 sp^3 杂化轨道，分别接受 4 个 N 原子提供的孤对电子，形成 4 个配位键（见图 11-18）。因而形成的 $Zn(NH_3)_4^{2+}$ 配离子属外轨型，呈正四面体构型。对于外轨型配离子，中心离子的价电子层结构保持不变，即内层 d 电子尽可能分占每个 d 轨道且自旋平行，未成对电子数一般较多，因而表现为顺磁性，且磁矩较高，称为高自旋体（或高自旋型配合物）。

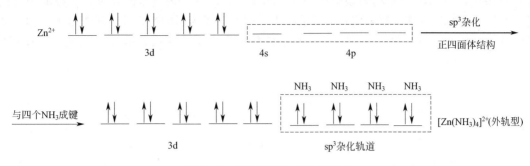

图 11-18 $[Zn(NH_3)_4]^{2+}$ 的形成

$[FeF_6]^{3-}$ 的中心离子 Fe^{3+} 在生成配位键之前,其空轨道 4s、4p、4d 进行了 sp^3d^2 杂化,与 6 个 F 原子形成 6 个配位键(见图 11-19)。Fe^{3+} 的 5 个 3d 轨道各有 1 个电子,$[FeF_6]^{3-}$ 为外轨型配离子,呈正八面体构型。

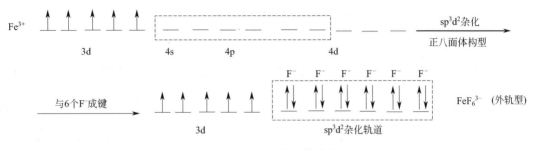

图 11-19 $[FeF_6]^{3-}$ 的形成

(2) 内轨型配离子的形成

以 $[Fe(CN)_6]^{3-}$ 配离子的形成为例,Fe^{3+} 受配体 CN^- 的强烈影响,Fe^{3+} 的价电子发生重排,5 个 d 电子配对集中到 3 个 3d 轨道上,空出两个 3d 轨道,于是 Fe^{3+} 以 d^2sp^3 杂化,与 CN^- 形成内轨型配离子(见图 11-20)。

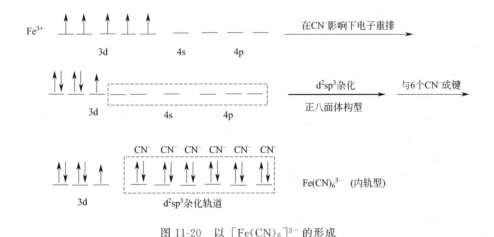

图 11-20 以 $[Fe(CN)_6]^{3-}$ 的形成

对于 $[Cu(NH_3)_4]^{2+}$,中心离子 Cu^{2+} 的价电子排布为 $3d^94s^04p^0$,在成键过程中,受配体 NH_3 的影响,Cu^{2+} 的 1 个 3d 电子激发到 4p 空轨道上。空出一个 3d 轨道,因而 Cu^{2+}

以 dsp^2 杂化，与 NH_3 形成内轨型配离子（见图 11-21）。对于内轨型配离子，中心离子的内层 d 电子经常发生重排。使未成对电子数减少，因而表现为弱的顺磁性，磁矩较小，称为低自旋体（或低自旋型配离子）。如果中心离子的价电子完全配对或重排后完全配对，则表现为抗磁性，磁矩为零。

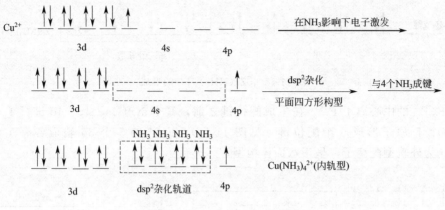

图 11-21 $[Cu(NH_3)_4]^{2+}$ 的形成

中心离子的配位数决定了中心离子的杂化类型、配离子的空间构型及其类型（见表 11-11）。

表 11-11 中心离子轨道杂化类型与空间构型等的关系

配位数	杂化类型	空间构型	配离子类型	实例
2	sp	直线形	外轨型	$[Ag(CN)_2]^-$,$[Cu(NH_3)_2]^{2+}$
3	sp^2	平面三角形	外轨型	$[CuCl_3]^-$,$[Cu(CN)_3]^{2-}$
4	sp^3	正四面体形	外轨型	$[Ni(NH_3)_4]^{2+}$,$[Co(SCN)_4]^{2-}$
4	dsp^2	平面四方形	内轨型	$[Cu(NH_3)_4]^{2+}$,$[PtCl_4]^{2-}$
6	sp^3d^2	正八面体形	外轨型	$[Fe(H_2O)_6]^{2+}$,$[FeF_6]^{3-}$
6	d^2sp^3	正八面体形	内轨型	$[Fe(CN)_6]^{4-}$,$[Cr(NH_3)_6]^{3+}$

对于一个配离子，究竟形成的是外轨型配合物，还是内轨型配合物，与中心离子的价电子层结构和配体的性质有关，其主要因素是中心离子的价电子结构。如中心离子内层 d 轨道已经全满（如 Zn^{2+}，$3d^{10}$；Ag^+，$4d^{10}$），没有可利用的内层空轨道，只能形成外轨型配离子；中心离子本身具有空的内层 d 轨道（如 Cr^{3+}，$3d^3$），一般倾向于形成内轨型配离子；中心离子的内层 d 轨道都有电子占据，但未完全充满（$d^4 \sim d^9$），则既可形成外轨型配离子，又可形成内轨型配离子，这时，配体就成为决定配合物类型的主要因素。如 F^-、H_2O、OH^- 等配位体中配位原子 F、O 的电负性较高，倾向于形成外轨型配离子；CN^-、CO 等配体中配位原子 C 的电负性较低，倾向于形成内轨型配离子。

(3) 物质的磁性

物质的磁性大小可用磁矩 μ 来衡量，它与所含未成对电子数 n 之间的关系可表示为：

$$\mu = \sqrt{n(n+2)}\mu_B \tag{11-4}$$

式中 μ_B——玻尔（Bohr）磁子，是磁矩单位。

由式（11-4）可知，磁矩 μ 越大，配离子所含未成对电子越多，即配离子的磁性与中心离子中所含未成对电子数的多少密切相关。例如，Fe^{3+} 在形成外轨型 $[FeF_6]^{3-}$ 配离子时，具有 5 个自旋平行的未成对电子，为高自旋体，磁矩大（实测为 $5.88\mu_B$）；而在形成内轨型

[Fe(CN)₆]³⁻ 配离子时，由于 3d 电子重排后只有一个未成对电子，因而磁矩较小（实测为 $2.3\mu_B$），为低自旋体；Fe^{2+} 在形成内轨型配离子 [Fe(CN)₆]⁴⁻ 时，3d 轨道发生了重排，不含未成对电子，磁矩为零。

注意，利用磁矩判断内轨型和外轨型配离子具有一定的局限性，例如 Cu^{2+}（3d⁹），有一个未成对电子，它在形成内轨型配离子 [Cu(NH₃)₄]²⁺ 或外轨型配离子 [CuCl₃]⁻ 时，磁矩相同，这时就不能根据磁矩大小来判断配离子类型。

*11.4 晶体结构基础

固体物质可分为晶体和非晶体两种，在自然界中，大多数固体物质是晶体。为了便于研究晶体中微粒（原子、分子或离子）的排列规律，法国结晶学家布拉维（A. Bravais）提出：把晶体中规则排列的微粒抽象为几何学中的点，并称为结点。这些结点的总和称为空间点阵。沿着一定的方向按某种规则把结点连接起来，则可以得到描述各种晶体内部结构的几何图像——晶体的空间格子（简称为晶格）。图 11-22 为最简单的立方晶格示意图。

根据晶格结点上粒子种类及粒子间结合力不同，晶体可分为离子晶体、原子晶体、分子晶体和金属晶体等基本类型。

11.4.1 离子晶体

凡靠离子间引力结合而成的晶体统称为离子晶体。离子化合物在常温下均为离子晶体。

离子晶体中，晶格结点上有规则地交替排列着阴、阳离子。由于阴、阳离子间静电引力较大，破坏离子晶体就需要克服这种引力。因此离子晶体具有较高的熔点、沸点和硬度。晶格能越大，离子晶体的熔点、沸点越高，硬度越大，离子化合物越稳定。

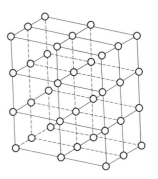

图 11-22 立方晶格

晶格能是指相互远离的气态正离子和负离子结合成离子晶体时所释放的能量，以符号 U 表示。晶格能越大，表明所形成的离子键越强。对于相同类型的离子晶体来说，离子电荷越大，正、负离子的核间距越短，晶格能的绝对值就越大，见表 11-12。

表 11-12 晶格能与离子型化合物的物理性质

NaCl 型晶体	NaI	NaBr	NaCl	NaF	BaO	SrO	CaO	MgO	BeO
离子电荷	1	1	1	1	2	2	2	2	2
核间距/pm	318	294	279	231	277	257	240	210	165
晶格能/kJ·mol⁻¹	686	732	786	891	3041	3204	3476	3916	—
熔点/K	933	1013	1074	1261	2196	2703	2843	3073	2833
硬度（莫氏标准）	—	—	—	—	3.3	3.5	4.5	6.5	9.0

通常把晶体内（或分子内）某一粒子周围最接近的粒子数目，称为该粒子的配位数。AB 型离子晶体中有三种典型的结构类型：CsCl 型（配位数为 8）、NaCl 型（配位数为 6）、和立方 ZnS 型（配位数为 4），如图 11-23 所示。

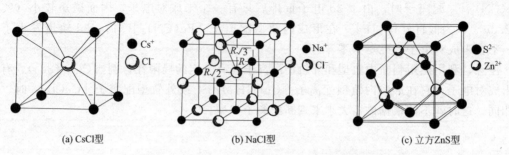

(a) CsCl型　　(b) NaCl型　　(c) 立方ZnS型

图 11-23　CsCl、NaCl 和立方 ZnS 型离子晶体

11.4.2 原子晶体

有一类晶体物质，晶格结点上排列的是原子，原子之间通过共价键结合。凡靠共价键结合而成的晶体统称为原子晶体。例如金刚石就是一种典型的原子晶体，如图 11-24 所示。

由于共价键的结合力强，键的强度也较大，因此原子晶体的硬度很大，熔点和沸点很高，例如：

原子晶体物质	硬度（莫氏标准）	熔点
金刚石	10	>3550℃
金刚砂（SiC）	9.5	2700℃

这类晶体通常不导电（即使熔融也不导电），是热的不良导体，延展性差。

属于原子晶体的物质为数不多。除金刚石外，单质硅（Si）、单质硼（B）、碳化硅（SiC）、石英（SiO_2）、碳化硼（B_4C）、氮化硼（BN）和氮化铝（AlN）等，亦属原子晶体。

11.4.3 分子晶体

凡靠分子间力（有时还可能有氢键）结合而成的晶体统称为分子晶体。分子晶体中晶格结点上排列的是分子（也包括像稀有气体那样的单原子分子）。干冰（固体 CO_2）就是一种典型的分子晶体，如图 11-25 所示。由于分子间力比离子键、共价键要弱得多，所以分子晶体物质一般熔点低、硬度小、易挥发。

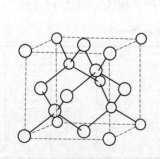
图 11-24　金刚石的原子晶体

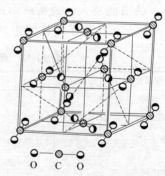
图 11-25　CO_2 的分子晶体

稀有气体、大多数非金属单质（如氢气、氮气、氧气、卤素单质、磷、硫黄等）和非金属之间的化合物（如 HCl、CO_2 等），以及大部分有机化合物，在固态时都是分子晶体。

11.4.4　金属晶体

在金属晶体中，晶格结点上排列的粒子是金属原子。

(1) 金属键理论

金属键理论认为，在固态或液态金属中，价电子可以自由地从一个原子跑向另一个原子，这样一来就好像价电子为许多原子或离子（指每个原子释放出自己的电子便成为离子）所共有。这些共用电子起到把许多原子（或离子）黏合在一起的作用，形成了所谓的金属键。这种键可以认为是改性的共价键，这种键是由多个原子共用一些能够流动的自由电子所组成的。对于金属键有两种形象化的说法：一种说法是在金属原子（或离子）之间有电子气在自由流动；另一种说法是"金属离子浸沉在电子的海洋中"。金属键没有方向性和饱和性。

自由电子的存在使金属具有良好的导电性、导热性和延展性。但金属结构毕竟是很复杂的，致使某些金属的熔点、硬度相差很大。

(2) 金属晶体的密堆积结构

为了形成稳定的金属结构，金属原子将尽可能采取最紧密的方式堆积起来（简称金属密堆积），所以金属一般密度较大，而且每个原子都被较多的相同金属原子包围，配位数较大。

根据研究，金属中最常见的三种晶格分别为配位数为 8 的体心立方晶格、配位数为 12 的面心立方晶格和配位数为 12 的密堆六方晶格，如图 11-26 所示。

(a) 体心立方晶格　　　(b) 面心立方晶格　　　(c) 密堆六方晶格

图 11-26　金属晶体的密堆积晶格

体心立方晶格：K、Rb、Cs、Li、Na、Cr、Mo、Fe 等。
面心立方晶格：Sr、Ca、Pb、Ag、Au、Al、Cu、Ni 等。
六方晶格：La、Y、Mg、Zr、Hf、Cd、Ti、Co 等。

以上介绍了晶体的四种基本类型，表 11-13 中列出了它们的组成、键型、一般性质等。

表 11-13　四种晶体类型的比较

晶体类型	晶格结点上的粒子	粒子间的作用力	晶体的一般性质	物质示例
离子晶体	阳、阴离子	静电引力	熔点较高、略硬而脆、固态不导电(熔化或溶于水时能导电)	活泼金属的氧化物和盐类等
原子晶体	原子	共价键	熔点高、易挥发、硬度高、不导电	金刚石、单质硅、单质硼、碳化硅、石英、氮化硼等
分子晶体	分子	分子间力、氢键	熔点低、易挥发、硬度低、不导电	稀有气体、多数非金属单质、非金属之间的化合物、有机化合物等
金属晶体	金属原子、金属阳离子	金属键	导电性、导热性、延展性好、有金属光泽	金属或合金

思 考 题

11-1 求解薛定谔方程得到的波函数具有什么意义？

11-2 如何理解教材中氢原子光谱的 5 条谱线？

11-3 举例说明电子运动的统计解释。

11-4 如何做到电子排布式的正确书写？

11-5 p 轨道的形状和伸展方向与什么参数有关？

11-6 主族元素最外电子层结构有什么特点？

11-7 元素的电离能与电负性有什么关系？它们与元素的金属性与非金属性有什么关系？

11-8 共价键的形成需要什么条件？

11-9 杂化轨道理论常用来解释什么问题？举例说明。

11-10 分子的极性与哪些因素有关？

11-11 氢键是如何形成的？

11-12 如何利用偶极矩来判断分子的极性？

11-13 化学键、分子间作用力与晶体的类型有什么关系？

11-14 外轨型配离子与内轨型配离子的形成过程有什么不同？

习 题

11-1 波函数 Ψ 与原子轨道有何关系？$|\Psi|^2$ 与电子云有何关系？

11-2 s、2s、$2s^1$ 各代表什么意义？

11-3 假定有下列电子的各套量子数（其次序为 n, l, m, m_s），指出哪几种不可能存在，并说明原因。

(1) 2，2，0　　　　(2) 2，3，-1

(3) 3，0，-1　　　(4) 1，0，0，0

11-4 为什么元素周期表中各周期的元素数目并不一定等于原子中相应电子层电子最大容纳数 $2n^2$？

11-5 不看元素周期表，试推测下列每一对元素中哪一个元素的原子具有较高的第一电离能和较大的电负性。

(1) 19 号和 29 号元素

(2) 37 号和 55 号元素

(3) 37 号和 38 号元素

11-6 离子键是怎样形成的？有何特征？

11-7 价键理论的要点是什么？共价键有何特征？

11-8 下列说法哪些是不正确的？

(1) 键能越大，键越牢固，分子也越稳定。

(2) 共价键的键长等于成键原子共价半径之和。

(3) sp^2 杂化轨道是由某个原子的 1s 轨道和 2s 轨道混合形成的。

(4) 在 CCl_4、CCl_3H 和 CH_2Cl_2 分子中，碳原子都采取 sp^3 杂化，因此这些分子都是正四面体。

(5) 原子在基态时没有未成对电子，就一定不能形成共价键。

11-9 试指出下列分子中哪些含有极性键。

Br_2、CO_2、H_2O、H_2S、CH_4

11-10 CH_4、H_2O、NH_3 分子中键角最大的是哪个分子？键角最小的是哪个分子？为什么？

11-11 写出下列各轨道的名称。

(1) $n=2$，$l=0$　　(2) $n=3$，$l=2$

(3) $n=4$，$l=1$　　(4) $n=5$，$l=3$

11-12 下列各组量子数中，恰当填入尚缺的量子数。

(1) $n=?$，$l=2$，$m=0$，$m_s=+1/2$

(2) $n=2$，$l=?$，$m=-1$，$m_s=-1/2$

(3) $n=4$，$l=2$，$m=0$，$m_s=?$

(4) $n=2$，$l=0$，$m=?$，$m_s=+1/2$

11-13 在 Fe 原子核外的 3d、4s 轨道内，下列电子分布哪个正确？哪个错误？为什么？

(1) ... (2) ...
(3) ... (4) ...
(5) ...

11-14 下列轨道中哪些是等价轨道？

$2s$、$3s$、$3p_x$、$4p_x$、$2p_x$、$2p_y$、$2p_z$

11-15 量子数 $n=4$ 的电子层有几个亚层？各亚层有几个轨道？第四电子层最多能容纳多少个电子？

11-16 以 (1) 为例，完成下列 (2)~(6) 中所空缺的内容。

(1) Na（$z=11$）　　$1s^2 2s^2 2p^6 3s^1$

(2) _____　　$1s^2 2s^2 2p^6 3s^2 3p^3$

(3) Sc（$z=21$）　　_____

(4) ____ $z=24$　　[　] $3d^5 4s^1$

(5) _____　　[Ar] $3d^{10} 4s^1$

(6) Pb（$z=82$）　　[Xe] $4f^? 5d^? 6s^? 6p^?$

11-17 试填出表 11-14 中的空白。

表 11-14 习题 11-17 表

原子序数	电子排布式	电子层数	周期	族	区	元素名称
16						
19						
42						
48						

11-18 写出下列各组中第一电离能最大的元素。

(1) Na，Mg，Al　　(2) Na，K，Rb

(3) Si，P，S　　(4) Li，Be，B

11-19 下列元素中哪组电负性依次减小?
(1) K, Na, Li   (2) O, Cl, H
(3) As, P, H   (4) Zn, Cr, Ni

11-20 写出下列各物质的分子结构式并指明σ键和π键。
HClO、BBr$_3$、C$_2$H$_2$

11-21 按键的极性由强到弱的次序重新排列下列物质。
O$_2$、H$_2$S、H$_2$O、H$_2$Se、Na$_2$S

11-22 根据杂化轨道理论，预测分子的空间结构，并推断分子的极性。
HgCl$_2$、BF$_3$、CHCl$_3$、PH$_3$、H$_2$S

11-23 用分子间力说明以下事实。
(1) 常温下 F$_2$、Cl$_2$是气体，Br$_2$是液体，I$_2$是固体。
(2) HCl、HBr、HI 的熔点、沸点随相对分子质量的增大而升高。

11-24 指明下列各组分之间存在哪种类型的分子间作用力（取向力、诱导力、色散力、氢键）。
(1) 苯和四氯化碳   (2) 甲醇和水   (3) 氢和水

11-25 判断下列化合物中有无氢键存在，如果有氢键是分子间氢键还是分子内氢键。
(1) C$_6$H$_6$ (2) C$_2$H$_6$ (3) NH$_3$ (4) HNO$_3$

11-26 根据价键理论和磁矩数据推断中心离子的电子分布，并指出是内轨型还是外轨型配合物以及杂化轨道类型和空间构型。
[Zn(NH$_3$)$_4$]$^{2+}$ ($\mu=0$)   [Co(en)$_2$Cl$_2$]$^+$ ($\mu=0$)
[Fe(C$_2$O$_4$)$_3$]$^{3-}$ ($\mu=5.8$)   [Mn(CN)$_6$]$^{4-}$ ($\mu=2.0$)

11-27 填充表 11-15。

表 11-15 习题 11-27 表

化合物	晶体中质点间作用力	晶体类型	熔点高低
NaCl			
SiC			
H$_2$O			
干冰			
MgO			

第 11 章电子资源网址：

http://jpkc.hist.edu.cn/index.php/Manage/Preview/load_content/sub_id/123/menu_id/2989

电子资源网址二维码：

第 12 章

生命元素简介

学习要求

1. 掌握生物体中宏量元素的种类，了解人体宏量元素的功能及在元素周期表中的分布；

2. 掌握生物体中微量元素的种类，熟悉微量元素在生物体中的作用，了解微量元素在元素周期表中的分布；

3. 掌握生物危害元素的种类，熟悉危害元素的来源和性质，了解危害元素在元素周期表中的分布。

元素又称化学元素，是对质子数相同的一类原子的总称。迄今为止，人类已经发现的元素和人工合成的元素共有 118 种。根据元素的生物效应，元素可以分为具有生物活性的生命元素和不具有生物活性的非生命元素。目前，在生物体中已经发现了 70 多种与生命活动有关的元素，这些元素在生物体内的含量千差万别，其作用各不相同，大致可分为三大类：宏量元素、微量元素和有害元素。

12.1 宏量元素

生物体内存在的宏量元素都是必需元素，所谓必需元素通常符合以下三个条件：该元素直接影响生物功能，并参与代谢过程；该元素在生物体内的作用不能被其他元素所代替；缺乏该元素时，生物体不能完成其正常的生命周期。生物体内属于宏量元素的有碳（C）、氢（H）、氧（O）、氮（N）、磷（P）、硫（S）、钙（Ca）、钠（Na）、钾（K）、镁（Mg）、氯（Cl）11 种元素，其中仅 C、H、O、N 这 4 种元素就约占人体总质量的 96%，是人体最主要的组成元素，其余 7 种约占 3.95%。C、H、O、N、P、S 构成了人体内几乎所有的有机物，如蛋白质、糖类、脂肪、核酸等。现将生物体内的宏量元素逐一进行简单介绍。

(1) 氢（H）

氢原子序数为 1，价电子结构为 $1s^1$，位于元素周期表的第一位，是最轻的元素，无色无味，也是宇宙中含量最多的元素，大约占宇宙总质量的 75%。在常温下，氢的化学性质并不活泼,但它可以直接或间接地与金属或非金属结合,形成的化合物的种类和数目非常多。

氢是生物体所必需的宏量元素,可与氧结合形成水,水是生命不可缺少的物质,人体内水分约占人体总质量的2/3,没有水就没有生命。氢也是构成生命体中一切有机物不可缺少的重要元素,许多与生、老、病、死有着密切关系的生物大分子,如蛋白质、糖类、脂肪、核酸、维生素等的合成,都离不开氢元素的参与。

(2) 碳(C)

碳位于元素周期表的第二周期、ⅣA族,价电子结构为$2s^22p^2$。单质碳有多种同素异形体,如金刚石、石墨、富勒烯、石墨烯等。碳元素在元素周期表中正好处于电正性元素和电负性元素的中间,既能给出电子,又能接受电子,其核外的电子轨道较小,容易靠近其他原子并生成较强的化学键,同时碳与碳之间也可形成稳定的化学键(碳碳单键、双键和叁键),这就使得碳化合物的数量众多,已有的已达数百万种,并且每天都有新的发现,这在其他元素中是绝无仅有的。

碳是生命的物质基础,生命就是在元素碳的基础上形成和发展的,无论是植物还是动物的各种组织器官,均是由碳和其他元素所构成的。实际上,单质碳难以被动植物所利用,但碳可以通过各种途径转化为CO_2,CO_2被植物吸收后,通过叶绿素的光合作用,最终形成碳水化合物等有机物,并放出氧气,把光能转变为化学能储存在植物体内,供其生长发育。动植物的代谢过程和人类活动,又把CO_2排放到大气中,构成了碳在自然界中的循环。但随着工业、交通的发展,矿物燃料消耗的增加,引起全球CO_2排放量增加,导致了气候变暖等环境问题,温室效应将会使农业和自然生态发生难以预测的变化,可能导致物种的灭绝和作物的减产,已经引起了全世界的广泛关注。

(3) 氮(N)

氮位于元素周期表的第二周期、ⅤA族,价电子结构为$2s^22p^3$,其单质氮气是大气的主要成分。生命体里的氮主要以氨基的形态与碳、氢、氧、硫、磷等组成了生命的机体材料——蛋白质、核酸等,其基本的结构单位就是由氨基参与组成的氨基酸,从而构成了细胞和组织的物质基础。

所有地球上的生物都在大气下生活,而大气成分的79%都是氮气,可是动植物却不能直接吸收大气中的氮元素,主要因为氮气分子中的两个氮原子之间是以叁键结合的极强的化学键,要使其断裂,需要非常高的能量。动物可以通过食用植物或动物蛋白来获得氮,植物通常通过吸收氨来获取氮,土壤里有一种固氮菌,能使空气里的氮转变为氨,这个过程叫作氮的固定,此外,人工氮肥是植物获取氮的另一个重要途径。氮有着较多的化学价,可在生物体内参与多种类型的生化反应,参与生物体内氮循环的化合物有很多,除了氨之外,还有硝酸盐和亚硝酸盐等。

(4) 氧(O)

氧位于元素周期表的第二周期、ⅥA族,价电子结构为$2s^22p^4$,是地壳中含量最多的元素,也是对人类最重要的元素之一。氧的单质主要有氧气(O_2)和臭氧(O_3)两种同素异形体,其中O_2存在于空气中,约占大气总量的20%,O_3存在于离地面20～40km的臭氧层中。氧气主要用于助燃和呼吸,可以说没有氧气就没有人类的生命活动。臭氧可以阻挡过多的太阳紫外线照射到地球表面,从而起到保护人类的作用。

氧是地球上最丰富的元素,地球的大气层里有着12万亿吨的氧。生活在大气之下的所有生物都要呼吸,除了极少数生命外,尤其对动物而言,每时每刻都离不开氧。含氧化合物广泛分布于生物体的各个器官和体液中,在生命体的细胞中要占到 65% 左右,特别是与氢构成了生命不可缺少的水。植物在光合作用中合成碳水化合物并放出氧气,形成了氧在生物界的循环。人体内氧的储备甚微,必须从外界源源不断地获取氧气以维持生命:呼吸时氧气首先进入肺泡,弥散到肺部的毛细血管中,与血红蛋白结合,形成氧合血红蛋白,在心脏血泵的作用下,携氧的血液由动脉输往全身,当到达毛细血管时,氧血红蛋白解离出氧并带走二氧化碳,同食物等其他化学能共同转化为机械能,从而使我们的肌肉产生力量。

(5) 磷(P) 和钙(Ca)

磷位于元素周期表的第三周期、ⅤA族,价电子结构为 $3s^2 3p^3$,磷的单质有多种同素异形体,其中最主要的是红磷、白磷和黑磷。钙位于元素周期表的第四周期、ⅡA族,价电子结构为 $4s^2$,是人体内含量最多的金属元素,占体重的 2% 左右。骨骼的主要成分就是磷和钙,人体中 99% 以上的钙和 80% 以上的磷均存在于骨骼中,它们是构成骨骼和牙齿的重要成分,其余则分布于全身各组织及体液中。磷和钙相互之间有着非常密切的联系。

磷是所有细胞中核糖核酸、脱氧核糖核酸的构成元素之一,也是人类能量转换的关键物质三磷酸腺苷(ATP)的重要成分,此外,磷还是多种酶的有效组分,对生物体的遗传代谢、生长发育、能量供应等方面都有着十分重要的作用。钙在人体中,99%构成了骨盐,以矿物形式存在于骨骼和牙齿中,其余 1% 以游离态或结合态分布于各部分软组织和体液中,量虽少,其生理功能却很强大,具有维持细胞正常的通透性、抑制神经肌肉的兴奋性、促进血凝、激活酶的活性等生物学功能。

钙、磷的主要吸收部位在小肠,其中十二指肠和空肠为最有效的吸收区。食物中的钙虽然含量不低,但大多以难溶的钙盐形式存在,只有转变为游离 Ca^{2+} 后才会被吸收。成人的吸收率通常只有 20%,40 岁之后,钙吸收率以每 10 年平均减少 5%~10% 的速率直线下降,因此老年人常因摄入钙不足而易患骨质疏松症。

影响钙吸收的主要因素有:肠道的酸性环境可使钙处于易溶解状态,胃酸、氨基酸、乳酸等因与钙形成可溶性钙盐,都能增加它的溶解度而促进钙的吸收;植物成分中的植酸盐、纤维素、糖醛酸、藻酸钠和草酸因与钙形成不溶性钙盐而降低钙的吸收;食物中的钙通常与磷同时存在,当磷酸盐含量过高时可在肠道形成难溶的磷酸钙复合物,不仅抑制钙的吸收,同时也抑制磷的吸收,目前虽仍有争论,但较多学者认为:食物中的钙磷比例在 1.5∶1 时,人体对钙与磷都有最佳的吸收率。

(6) 钠(Na) 和钾(K)

钠和钾分别位于元素周期表的第三、第四周期,ⅠA族,电子结构分别为 $3s^1$ 和 $4s^1$。金属钠和钾质软可切,呈银白色,是电和热的良导体。在自然界中,钠和钾主要以化合物的形式存在。生命起源于海洋,至今人类仍离不开 NaCl,但在成人的器官中,钾要多于钠,钾在动物和人类的肝脏和脾脏中含量最多,但在婴儿体内,钠却多于钾,钠和钾是人体内除钙之外最重要的金属离子。

钠和钾的生物功能主要体现在以下几个方面:①保持神经肌肉的应激性。钠离子和钾离子承担着传递神经脉冲的功能。②保持一定的渗透压。由于渗透压的变化将直接影响肌体对水的吸收和体内水的转移,因此保持一定的渗透压是肌体正常生命活动的需要。当细胞外钠离子、钾离子浓度升高时,水分子由细胞内转移到细胞外,引起细胞皱缩;相反,水则由细胞外转移到细胞内引起细胞肿胀。③维持体液酸碱平衡。钠离子和钾离子与其他离子组成的各种缓冲体系具有调节体液酸碱平衡的重要作用,从而保证生物体的物质代谢和生理机能得以正常进行,若平衡遭到破坏,人体就会出现疲乏、头昏、血压降低、恶心、呕吐等反应。④参与某些物质的吸收过程。体液中的钠离子可参与糖和氨基酸的吸收过程,钾离子可以作为某些酶的辅基,具有稳定细胞内部结构的作用,如糖分解所必需的丙酮酸激酶就需要高浓度的钾离子。

(7) 硫(S)

硫位于元素周期表的第三周期、ⅥA族,价电子结构为$3s^2 3p^4$。硫在自然界中通常以硫化物、硫酸盐和单质硫形式存在。硫是人体内蛋白质的重要组成元素,在人体内的百分组成约为0.15%。我们身体的每一个细胞都含有硫,其中毛发、皮肤和指甲中浓度最高。硫也是蛋白质中三种重要的氨基酸即胱氨酸、半胱氨酸和蛋氨酸的组成部分,还是多种维生素的重要组成之一,例如维生素B1、维生素B2和维生素H。硫在植物的生长发育过程中同样具有重要的生理功能,它是叶绿素形成的必备元素,是继氮、磷、钾之后第四位植物必需的中量营养元素。

(8) 氯(Cl)

氯位于元素周期表中的第三周期、ⅦA族,电子结构为$3s^2 3p^5$。其单质氯气常温常压下为黄绿色气体,具有毒性,自然界中游离态的氯主要存在于大气层中,是破坏臭氧层的主要物质之一。氯和钠一样是人体细胞体液的主要成分之一。在人体的胃液中,有着大量的氯离子,相当于千分之几浓度的盐酸,氯也参与人体的酸碱平衡,也能对某些酶起激活作用,例如胃蛋白酶。但总的来说,氯并未构成生命体细胞或器官的某一部分,它并不直接参加生命结构物质和生命大分子的组成,它只是作为电解质组成的一部分参与生命活动,具有电化学和信使的功能。

(9) 镁(Mg)

镁位于元素周期表中的第三周期、ⅡA族,电子结构为$3s^2$。镁在人体中所占的质量分数为0.01%左右,其含量其实介于常量和微量元素之间,但对生命体而言,却是一种非常重要的元素。镁是300多种酶促反应的辅助因子,特别是一系列ATP酶所必需的辅助因子。镁几乎参与了机体内所有的能量代谢过程,特别是镁在植物的光合作用中起着极其重要的作用,植物的光合作用主要依赖于叶绿素,而叶绿素正是以镁离子作为其中心金属离子。镁与心血管系统的功能也密切相关,镁主要作用于周围血管系统,小剂量镁可引起血管扩张,较大剂量则可降低血压,对正常人尤为明显。此外,镁还影响心肌的收缩,在缺氧情况下,心肌中的镁很快丢失,心肌纤维坏死,而摄入镁盐后可使其逆转。研究发现,死于心肌梗死患者,其心肌镁含量降低,而死于慢性心脏病患者,其心肌镁含量却并不减少,因此,认为心肌含镁量降低是心肌梗死患者易发猝死的一个因素。

12.2 微量元素

生物体内的微量元素可分为必需的和非必需的两大类,必需微量元素是保证生物体健康所必不可少的元素,但如果没有它们,生命体也勉强能在不健康的情况下继续生存。目前确定对人体有益,且必须摄取的微量元素有14种,包括:钒(V)、铬(Cr)、锰(Mn)、铁(Fe)、钴(Co)、镍(Ni)、铜(Cu)、锌(Zn)、钼(Mo)、锡(Sn)、硒(Se)、氟(F)、碘（I）和硅（Si），绝大多数为金属元素。微量元素主要来自于食物，动物性食物含量较高。微量元素在生命体内的作用是多种多样的，但主要还是通过与蛋白质、酶、激素和维生素等相结合而发挥作用。成年人对必需微量元素的需要量见表 12-1。

表 12-1 人体必需微量元素的主要作用体及日需要量

微量元素	作用体	日需要量/mg
V	(Na^+,K^+)-ATP 酶、Ca^{2+}-ATP 酶	0.1~0.3
Cr	葡萄糖耐量因子(GTF)	0.29
Mn	超氧化物歧化酶、精氨酸酶	2.5~5.0
Fe	过氧化氢酶、血红素酶、细胞色素	10~15
Co	维生素 B12、造血	0.02~0.16
Ni	核糖核酸	0.05~0.08
Cu	铜蓝蛋白、络氨酸酶、单胺氧化酶	1.0~2.8
Zn	碱性磷酸酶、肽酶、醇脱氢酶等	10~15
Mo	黄嘌呤氧化酶、醛氧化酶	0.1
Sn	脂肪组织、神经系统	2~3
Si	黏多糖代谢	3.0
Se	谷胱甘肽过氧化物酶等	0.03~0.06
F	碱性磷酸酶	0.5~1.7
I	甲状腺素	0.1~0.14

(1) 钒(V)、铬(Cr)、锰(Mn)

钒位于元素周期表第四周期、ⅤB 族，价电子构型为 $3d^34s^2$。钒在人体内含量极低，体内总量不足 1mg。主要分布于内脏，尤其是肝、肾、甲状腺等部位，骨组织中含量也较高。环境中的钒可经皮肤和肺吸收入人体中，钒在胃肠吸收率仅 5%，其吸收部位主要在上消化道。钒与骨骼和牙齿的正常发育及钙化有关，能增强牙齿对龋牙的抵抗力。此外，钒还可促进糖代谢，增强脂蛋白脂酶活性，加快腺苷酸环化酶活化和氨基酸转化以及促进红细胞生长等。人体内钒缺乏时，可导致牙齿、骨骼和软骨发育受阻。钒在人体内累积过量时，也会对人体产生毒性作用，例如会影响肠胃、神经系统和心脏功能。

铬位于元素周期表第四周期、ⅥB 族，价电子构型为 $3d^54s^1$。铬在肌体的糖代谢和脂代谢过程中发挥着特殊作用，可降低血浆胆固醇、调节血糖、促进血红蛋白的合成以及造血过程。三价的铬是对人体有益的元素，而六价铬是有毒的。人体对无机铬的吸收利用率极低，不到 1%，但对有机铬的利用率可达 10%~25%。铬在天然食品中的含量较低、均以三价的形式存在。老年人缺铬时易患糖尿病和动脉粥样硬化。此外，铬为皮肤病态反应源，可引起过敏性皮炎或湿疹，病程长，久而不愈，我国和欧盟等有关国家已明确将铬元素列为化妆品禁用物质。

锰位于元素周期表第四周期、ⅦB 族，价电子构型为 $3d^54s^2$。锰是许多氧化酶的组成部分，能参与蛋白质的合成和遗传信息的传递，对植物的光合作用也有影响，具有十分重要的生理作用。锰在人体中的总含量一般在 12~20mg，主要集中在肌肉、表皮、肝脏、大脑、骨骼、血液等器官中。锰元素一般以 Mn(Ⅱ) 形式被人体吸收，在十二指肠的碱性环境中转化为 Mn(Ⅲ)，并随血液流动带到各组织器官。Mn(Ⅱ)、Mn(Ⅲ) 是多种酶的激活剂，也是精氨酸酶、脯氨酸酶和谷胱甘肽过氧化物酶的活性中心，对人体的氧化还原、脂肪代谢、能量转化以及信息传递等过程具有重要的作用。人体缺锰会引发多种疾病，如骨骼发生畸变、精神病、生育障碍、动脉硬化等，而吸收过量锰，同样会引起机体病变，如产生震颤性麻痹等。

(2) 铁(Fe)、钴(Co)、镍(Ni)

铁、钴、镍是元素周期表中第Ⅷ族第一列元素，其价电子构型分别是 $3d^64s^2$、$3d^74s^2$ 和 $3d^84s^2$。

铁是一切生命体不可缺少的元素，是生命体系中研究最多的金属元素，人体内含量约为 4~6 g，其中 70% 左右主要以血红蛋白和肌红蛋白的形式储存于血液和肌肉组织中，其余则与蛋白质和酶相结合。铁主要参与氧的转运和利用，机体如果缺铁或铁利用不良时，就不能合成血红蛋白，继而无法输送氧，新陈代谢就不能进行，生命就会停止。

钴是维生素 B12 的组成成分，是一种独特的营养物质，有造血功能，能够促进各种物质的代谢。正常人体内钴含量约为 1.1~1.5 mg，分布于骨骼、肌肉和其他软组织内，钴在人体内主要通过维生素 B12 的形式发挥其生物学作用，但人类不能利用食物中的钴合成维生素 B12，必须通过胃肠道从食物中摄取维生素 B12。经研究发现，钴与锌、铜、锰有协同作用，钴能促进锌的吸收并改善锌的生物活性，钴和锌相互作用，具有延长寿命的作用。人体缺钴会使红细胞的生长发育受到干扰，可引发巨细胞性贫血、急性白血病、骨髓疾病等。

人体中的镍主要通过食物由消化道进入人体，分布于脑、肺、肝、心脏、淋巴结、睾丸、血液和肌肉等组织中。镍是胰岛素分子中的一种成分，相当于胰岛素的辅酶，实验证明添加少量镍的胰岛素可以增强胰岛素降低血糖的作用。此外，镍还具有刺激生血机能的作用，能促进红细胞再生。人体缺镍可引发生长发育缓慢、严重贫血等症状。

(3) 铜(Cu)、锌(Zn)

铜、锌位于元素周期表的第四周期，分别属于ⅠB族和ⅡB族，其价电子构型为 $(n-1)d^{10}ns^{1\sim2}$。

铜是植物生长中不可缺少的微量元素，和铁一样，与叶绿素的合成有直接关系。缺铜时，叶绿素的合成受到干扰，叶片会失绿，此外，在叶绿体中还含有铜蛋白，通过铜的价态变化起着传递电子的作用。由于含铁，大多数动物的血液是红色的，但也有蓝色的血液，例如虾和蟹，它们不依赖血红蛋白来输送氧气，而是依赖血蓝蛋白，每个血蓝蛋白分子中都含有一个铜离子，与铁一样，起着承载氧的作用，并参与造血的过程。人体的血液中含有一种血浆铜蓝蛋白，是一种氧化酶，是把二价铁氧化成三价铁的催化剂，从而促进血红蛋白的合成，如人体缺铜，就合成不出足够的血红蛋白。此外，人体内还有许多含铜酶，有 30 余种，例如络氨酸酶，它能催化生成黑色素的反应，如人体缺铜，黑色素合成不足，就会引起头发褪色、发黄，严重时引起白化病。

人体内锌的含量约为铁含量的一半，主要集中于肝脏、肌肉、骨骼和皮肤（包括头发）等组织中。锌是人体内六大酶类 200 多种酶的组成部分，在人体蛋白质的合成、物质代谢、能量代谢、生长发育等方面都有重要作用。血液中的锌大部分分布于红细胞中，主要以酶的形式存在。研究表明，锌还能促进创伤愈合，增强免疫力和抗毒能力，此外，人体高血压也与缺锌有一定的关联。锌也是植物体内许多酶（如谷氨酸酶、苹果醋酶等）的必要元素，植物体内生长激素的合成必须要有锌的参与，植物体内缺锌常表现为生长停滞，可以通过喷施锌盐稀溶液来促进其生长。

(4) 钼(Mo)、锡(Sn)

钼位于元素周期表第五周期、ⅥB族，是一种过渡态金属，极易改变氧化态，在机体内的氧化还原反应中起着传递电子的作用。经研究发现，某些微生物的固氮与钼有着密切关系，固氮菌通常含有两种重要成分：一种是钼铁蛋白，另一种是固氮铁蛋白，而钼是这两种酶的核心。一般来说，大多数植物的含钼量在 $(1\sim10)\times10^{-6}$，如果达不到这个量，就会生黄斑病，严重时会大量死亡。钼在人体内仅有 0.1×10^{-6}，散布于全身各器官和体液中。近年来的研究证明，钼对心肌有保护作用，对一些死于心肌梗死的病人进行心脏检查时，发现其中的钼含量低于正常人。缺钼易引发食管癌，摄取过多的钼也会引发中毒现象，引起痛风病等。

锡是大名鼎鼎的"五金"——金、银、铜、铁、锡之一，位于元素周期表第五周期、ⅣA族。人体内共含锡约 17mg，主要存在于皮肤、肝脏、骨骼、肺、脾、肾等器官组织中。目前人们对锡的生理作用知道的还很少，只知道它可促进核酸和蛋白质的合成，具有维持某些化合物立体结构的作用。锡过多也可使人中毒。

(5) 硅(Si)、硒(Se)

硅是位于元素周期表第三周期、ⅣA族的类金属元素，主要以复杂的硅酸盐和二氧化硅的形式存在于自然界，是地壳中含量第二丰富的元素，仅次于第一位的氧。与人体相比，硅在动物和植物中有着更加重要的作用。所有的植物中都含有硅，特别是禾本科植物含硅最多，例如竹子和马尾草，动物的毛发和羽毛中含硅最多。硅在人体中主要分布于人体皮肤及结缔组织中，有助于维护骨骼和皮肤的健康，硅缺乏容易导致骨骼变形，皮肤失去弹性。经研究发现，硅也与心血管疾病有关。虽然人们目前对硅的生理作用有了一定的了解，然而，硅在生命中所扮演的角色，人们至今仍知之甚少。

硒位于元素周期表第四周期、ⅥA族，硒在自然界的存在方式分为两种：无机硒和有机硒。无机硒一般指亚硒酸钠和硒酸钠，主要从金属矿藏的副产品中获得；有机硒主要通过生物转化与氨基酸结合而成，一般以硒蛋氨酸的形式存在。

硒在人体内含量约为 14～21mg，是多种酶的主要成分。硒的生理功能主要表现在以下几个方面：①硒对自由基有良好的清除能力，可促进并激活人体谷胱甘肽过氧化物酶的合成和活性，表现出良好的抗氧化作用；②硒可以保护心血管，修补心肌损伤，能预防冠心病和心脏病；③硒具有抗癌作用，是肝癌、乳腺癌、皮肤癌、结肠癌、鼻咽癌及肺癌等的抑制物；④硒可提高红细胞的携氧能力和刺激免疫球蛋白及抗体的产生，从而促进生长发育，提高机体免疫力。但是，硒过多也会对人体产生毒性作用，如脱发、指甲脱落、周围性神经炎、疲乏无力、恶心呕吐、生长迟缓及生育力降低等，因此也不可盲目补硒。

(6) 氟(F)、碘(I)

氟和碘分别位于元素周期表中的第二周期和第五周期，属于ⅦA族，价电子结构分别为 $2s^22p^5$ 和 $5s^25p^5$。单质 F_2 常温常压下为淡黄色气体，剧毒，具有强的腐蚀性，氟也是已知元素中非金属性最强的元素，没有正价氧化态。单质碘呈紫黑色固体，易升华，有毒性和腐蚀性，碘单质遇到淀粉会变蓝色。

氟是人和动物必需的微量元素，人体牙齿的健康状况与氟元素密切相关，氟在组织和牙齿中可使羟基磷灰石转化为氟磷灰石，从而在牙齿表面形成更加坚固的保护层，使其硬度、抗酸性、抗腐蚀性都增强，有利于牙齿的保护。人体缺氟，易患龋齿病，但是若体内氟过量，除了会引起斑釉齿之外，还会影响骨质正常发育，引起骨质病变、韧带钙化和骨质硬化或疏松，从而患上氟骨病。

碘对人和动物来讲是必需的微量元素。动物和人体里的碘主要集中于甲状腺内，其生理功能主要通过甲状腺素的作用而得以发挥。若人体缺碘，会引起"大脖子病"，缺碘地区发生的克汀病，危害最严重，故我国提倡在食盐中添加碘，适当补充碘。但要注意，若长期食用碘含量较高的食品，也会引起高碘甲状腺肿，若一次性接受大剂量碘，也会引起急性碘中毒。

12.3 有害元素

有害元素是指存在于生物体内，会阻碍机体正常代谢过程和影响生理功能的元素，如铍（Be）、铅（Pb）、镉（Cd）、汞（Hg）、砷（As）、铊（Tl）、镓（Ga）、碲（Te）、铀（U）等，其中铅、镉、汞、砷、铊的毒性已经普遍被人所知。这些金属进入机体的途径和对细胞代谢过程的影响，正是当代国内外研究的重要课题。通常认为可能的路径为：有毒金属通过大气、水源和食物等途径侵入机体，与活性生物分子的功能基相结合或者置换出生物分子中的必需金属离子，从而干扰生物酶的正常功能，影响代谢，最终造成毒害。常见有害元素对人体的危害及致死量见表 12-2。

表 12-2 常见有害元素对人体的危害及致死量

元素	危害	最小致死量/mg·kg^{-1}
Be	全身性中毒，致癌	4
Ba	心脏损害、四肢瘫痪、呼吸麻痹	8
Pb	贫血，损害肾脏及神经系统	50
Cd	骨软化变形、高血压、肾病致癌	0.3～6
Hg	损害神经及肾脏，水俣病，新生儿畸形，致癌	16
As	损害肠胃、肝、肾及神经，致癌	40
Tl	损害肝、肾及神经系统，致畸，致癌	12
Cr	损害肺，致癌	400
Sn	损害肾脏、肠胃及视神经	100

(1) 铅(Pb)

铅是当今世界上对人类危害最大的一种有毒元素，其工业产量超过所有有毒元素，大气中的铅已知有 90% 来源于汽车尾气。1921 年，米奇利发现汽油中添加四乙基铅能够使发动机更好地发挥作用，从此，汽车就广泛地使用四乙基铅作为防爆剂，而铅在 490℃ 即转化为蒸气，大量的铅就会从汽车尾气中排放出来，最终造成对大气的严重污染。目前，世界各国正在大力推广使用无铅汽油，但为了抑制汽车中气门和气门导管的磨损，某些"无铅汽油"中仍然含有少量铅化合物。燃料、油漆、颜料中均含有铅化合物，触摸后可经皮肤渗入人体；儿童糖果纸、连环画和玩具上的彩色油墨等都可能成为儿童体内铅的来源；此外，在某些化妆品中也常含有铅白（碱式碳酸铅），长时间使用也会有碍健康。

铅对人体的危害主要在于它对酶的抑制作用，能损伤人体的各主要器官，几乎无一幸免。人体内的铅主要经呼吸道、消化道吸收后转入血液，与红细胞结合后，再传输到体内的各组织器官。铅对神经系统有很强的亲和力，它侵入中枢神经系统后会导致大脑皮层的兴奋和抑制过程紊乱，从而引起中毒性脑病和神经麻痹。铅中毒的症状主要有：头痛、失眠、痉挛、贫血、精神障碍等，除此之外，铅中毒还可以引起脑水肿、肾病、高血压等。

急性中毒者可以用 25%～30% 硫酸镁或 1% 硫酸钠洗胃，慢性中毒者可采用对症保健疗法，大量服用维生素 C 和维生素 B1，增加营养性高蛋白饮食等，比如膳食中可增加瘦肉、牛奶、鸡蛋、胡萝卜等高蛋白和高维生素 C 含量的食物，维生素 C 能与铅形成抗坏血酸铅，既不溶于水也不溶于脂肪，可阻止人体对铅的吸收。

(2) 镉(Cd)

镉是被联合国粮农组织（FAO）和世界卫生组织列为最优控制的食品中的严重污染元素，镉通过呼吸道、消化道和皮肤进入人体，在人体内逐渐蓄积，半衰期为6～18年，人体内镉的40%来源于主动与被动吸烟。硫化镉和硒化镉是用来制造高级颜料和涂料的两种镉化合物，用这类颜料制作的文身彩贴粘在手臂、手腕等肌肤上，镉能经皮肤渗入人体。

镉对磷有很强的亲和力，进入人体的镉能将骨质磷酸钙中的钙置换出来，从而引起骨质疏松、软化、变形和骨折。在某些情况下，镉可以取代锌，从而干扰某些含锌酶的功能，继而影响人体正常的生理代谢功能。进入人体的镉能和含巯基的蛋白质分子结合，从而降低和抑制许多酶的活性，使得蛋白质和脂肪难以消化，引发高血压和心血管疾病。镉通常会蓄积在肝脏和生殖系统等组织中，镉中毒首先会引发这些组织器官的病变，镉中毒的典型病症是肾功能受损，肾小管对低分子蛋白的再吸收功能发生障碍，导致糖、蛋白质代谢紊乱，尿蛋白、尿糖增多，引发糖尿病。镉进入消化系统可引发肠胃炎，进入呼吸系统可引起肺炎、肺气肿。此外，进入人体的镉会损害睾丸组织，阻断睾丸酮的合成，抑制精子的成熟和活动能力，从而使生育能力受到影响。

钙可以拮抗镉，高钙食物会抑制消化道对镉的吸收，维生素 D 也会影响镉的吸收。此外，经研究发现，人体中的碘离子能与镉结合，使之变为无毒物而排出体外，所以多吃海产品可利于镉的代谢排放。

(3) 汞(Hg)

汞，俗称水银，位于元素周期表中第80位，还有"元水、汞砂、赤汞、子明"等别称，是常温常压下唯一以液态存在的金属，其化学性质较稳定，既不溶于酸，又不溶于碱。汞在常温下就可挥发，汞蒸气易被墙壁或衣物吸附，常形成持续的污染空气的二次汞源。

存在于环境中的汞及其化合物可经肺、皮肤、消化道等途径进入人体，还可由母体胎盘、乳汁进入胎儿、婴儿体内。汞在人和动物体中多蓄积于肾、肝、脑中，肾功能障碍通常是汞中毒的首要标志。汞的毒性会因化学形态的不同而有很大的差别，通常可分为金属汞、无机汞和有机汞三种类型，以有机汞化合物的毒性最大。有机汞中的苯汞、甲氧基乙基汞的毒性较轻，而烷基汞等是剧毒的，其中甲基汞的毒性较大，危害最普遍。金属汞和无机汞主要蓄积在肝、肾、骨髓、脾等脏器，有机汞多存在于肝、肾、肌肉、血液和神经系统中。进入体内的低毒低价汞，很容易被氧化成高毒的二价汞，汞离子与细胞膜中含巯基的蛋白质有特殊的亲和力，产生巯基汞化合物，能直接损害此类蛋白质和酶，这也是汞中毒的机理所在。例如，甲基汞可与红细胞中血红素分子的巯基结合，生成稳定的巯基汞和烷基汞，蓄积在细胞和大脑中，滞留时间长，可导致中枢神经和全身性中毒。水俣病就是由甲基汞中毒引起的，表现为失眠，震颤，情绪失控，手、足、唇麻木刺痛，严重时可导致死亡。

在日常生活中容易发生水银温度计落地破碎，汞外泄的事故，此时的汞容易经液态挥发而进入空气中，然后通过呼吸系统渗透到肺泡，如果遇到这种情况，可用硫黄粉将散落在地上的汞收集，以防汞中毒。发生急性汞中毒应尽快吸出胃内物，以牛奶、蛋清、豆浆或2%～5%碳酸氢钠溶液反复洗胃，对休克患者及时进行输液、注射强心剂、吸氧等。慢性中毒者可服用维生素 B1、维生素 B12、维生素 E、烟酸等，都有较好的排汞效果。

(4) 砷(As)

砷位于元素周期表中第四周期、第ⅤA族，砷元素广泛存在于自然界中，已有数百种的砷矿物被发现，砷及其化合物常被应用于农药、杀虫剂、除草剂以及其他合金中。

科学家们经过多年的研究发现，微量的砷具有促进新陈代谢的作用，比如可以使皮肤更加光滑白嫩，但如果砷在体内积聚过多，容易造成慢性中毒，主要表现为抑制酶的活性，引起糖代谢停止，危害中枢神经，引发癌症。单质砷几乎无毒性，有机砷化物的毒性也相对较低，剧毒的主要指砷的三价氧化物 As_2O_3，俗称砒霜。水生甲壳类食物中常含有五价砷，如果在食用此类食物后同时再服用大量维生素 C，进入人体的五价砷会转化为低价砷化物而对人体产生危害，所以一定要注意饮食安全，但是只要不食用过量，对人体就相对安全。利用砷化物性能的两面性具有以毒攻毒的一面，近些年来我国医学工作者用砒霜来治疗白血病，疗效甚好。

砷及其化合物可经皮肤、呼吸系统、消化道等途径进入人体，还可由母体胎盘进入胎儿体内，水污染、使用含砷饲料添加剂或农药，也可使砷通过食物链进入人体。急性砷中毒多由人为引发，慢性中毒一般由职业性接触引发，常表现的症状为疲劳、恶心、呕吐、头痛、知觉神经障碍、心脏麻痹等。急性中毒者可用温水或温水加活性炭洗胃，用药催吐或导泻，慢性中毒者可用二硫基丙醇药物驱砷或静脉注射10%硫代硫酸钠溶液等。

(5) 铊(Tl)

铊是一种剧毒物，是毒性最高的重金属物质之一，曾在20世纪70年代之前作为灭鼠药而广泛应用，后因一系列的误服或职业中毒事件而被禁用。但近年来随着工业的不断发展，铊在低温温度计、多种化学催化剂及颜料中仍有较广泛的应用。近年来国内外文献报道的铊中毒多见于自杀或谋杀以及意外事件。铊及其化合物的蓄积作用较强，可引起肝、肾受损，三价铊的毒性大于一价铊。研究发现铊的化合物除了在脑内蓄积产生明显的神经毒性作用之外，还有明显的致畸和致突变作用。

铊与钾有着相似的离子半径，细胞膜不能分辨这两种离子，所以铊在多数生命活动中可以模仿钾离子，进入体内按照钾的分布路径分布，并借此改变多种钾依赖的活动。铊进入体内取代了钾，与钾的相关受体部位结合后，可竞争性抑制钾的生理作用，尤其是体内与钾有关的酶系统，从而破坏体内 Na^+、K^+ 的平衡，干扰细胞的正常代谢活动。神经系统、肝脏及肌肉中铊含量是最多的，所以不难理解铊中毒后上述系统临床症状最为突出。铊对钾离子平衡的破坏也被认为是铊毒性的最重要机制。

急性铊中毒的临床表现主要为肠胃道和神经系统症状，有腹泻便血、血尿、恶心、呕吐等，继而出现精神症状，高热，昏迷反复发作，严重时出现心肌梗死。慢性铊中毒的主要症状有头痛、全身乏力、肌肉萎缩、记忆力减退、失眠、嗜睡等。

对于铊中毒，一般认为氯化钾是较为安全的解毒药，对急性中毒患者进行利尿并配合血液透析是比较有效的治疗方法。对慢性中毒患者，可使用不良反应较小的金属螯合剂或巯基化合物进行治疗。

思 考 题

12-1 从元素周期表上看，生命必需元素的组成有何特点？

12-2 什么是微量元素？试设计一组实验，证明某一种微量元素是人体健康所必需的。

12-3 有害元素对生物体的致病机理一般体现在哪些方面？我们该怎样减少有害元素对健康的影响？

12-4 汞是人体有害元素，日常生活中如果遇到水银温度计破碎，我们该如何正确处理？

12-5 铅是当今世界上对人类危害最大的一种有毒元素，日常生活中铅的主要来源有哪些？我们该如何有效防治铅的危害？

习　题

12-1　人体中宏量元素和微量元素的划分标准是什么？

12-2　组成生物体的宏量元素有哪些？它们在生物体内的主要作用分别是什么？

12-3　经研究发现，长期使用铁锅炒菜做饭，可以有效地减少缺铁性贫血的发生，其原因是什么？如果在炒菜时加入适量的食用醋，效果会更好，为什么？

12-4　简述硒的生理功能。补硒应适量，硒过量会对人体产生怎样的影响？

12-5　为什么虾等水生甲壳类食物不易和维生素 C 同时服用？试简述其背后的化学原理。

12-6　氮是生命体的必需元素，简述植物获取氮元素的途径。

12-7　判断题

（1）宇宙中含量最多的元素是碳。（　　）

（2）水是生命不可缺少的物质，约占人体总质量的 2/3。（　　）

（3）氮气是大气的主要成分，大气的 90% 都是氮气。（　　）

（4）骨骼的主要成分是磷和钙，人体内大部分的磷和钙都存在于骨骼中。（　　）

（5）微量元素由于在人体内的含量甚微，所以对人体来讲可有可无。（　　）

（6）重金属元素砷对人体百害而无一利，我们应竭力抵制该元素。（　　）

（7）维生素 D 可以促进人体对钙质的吸收。（　　）

（8）人体缺碘会引发"大脖子病"。（　　）

（9）空气中的氮气可以被植物直接吸收利用。（　　）

（10）所有动物的血液都是红色的，依靠血红蛋白来输送氧。（　　）

12-8　选择题

（1）下列说法正确的是（　　）。

A. 微量元素都是人体必需的元素

B. 人体所需元素很多，因青少年生长发育快，应该多食保健品

C. 人体每天对碘元素的摄入量比铁元素多

D. 化学元素与人体健康有着密切的联系

（2）人体中含量最多的化学元素是（　　）。

A. 碳　　B. 氢　　C. 氧　　D. 钙

（3）某元素被誉为"智力之花"，人体中缺少或含量过多都会导致甲状腺疾病，这种元素是（　　）。

A. 碘　　B. 钙　　C. 锌　　D. 铁

（4）现代医学证明，人类牙齿由一层称为碱式磷酸钙的坚硬物质保护着，碱式磷酸钙的化学式中除钙离子外，还含有一个氢氧根离子和三个磷酸根离子（PO_4^{3-}），则其正确的化学式是（　　）。

A. $Ca_2(OH)(PO_4)_3$　　B. $Ca_3(OH)(PO_4)_3$

C. $Ca_4(OH)(PO_4)_3$　　D. $Ca_5(OH)(PO_4)_3$

（5）血红蛋白的相对分子质量是 68000，其中铁的质量分数为 0.33%，则平均每个血红蛋白分子中铁原子数是（　　）。

A. 1　　B. 2　　C. 3　　D. 4

附 录

附录 I 常见物质的 $\Delta_f H_m^\ominus$、$\Delta_f G_m^\ominus$ 和 $S_m^\ominus$ (298.15K, 100kPa)

物 质	$\Delta_f H_m^\ominus$/kJ·mol^{-1}	$\Delta_f G_m^\ominus$/kJ·mol^{-1}	$S_m^\ominus$/J·K^{-1}·mol^{-1}
Ag(s)	0	0	42.55
AgCl(s)	−127.07	−109.80	96.2
AgBr(s)	−100.4	−96.9	107.1
Ag$_2$CrO$_4$(s)	−731.74	−641.83	218
AgI(s)	−61.84	−66.19	115
Ag$_2$O(s)	−31.1	−11.2	121
AgNO$_3$(s)	−124.4	−33.47	140.9
Al(s)	0.0	−0.0	28.33
AlCl$_3$(s)	−704.2	−628.9	110.7
α-Al$_2$O$_3$(s)	−1676	−1582	50.92
B(s,β)	0	0	5.86
B$_2$O$_3$(s)	−1272.8	−1193.7	53.97
Ba(s)	0	0	62.8
BaCl$_2$(s)	−858.6	−810.4	123.7
BaO(s)	−548.10	−520.41	72.09
Ba(OH)$_2$(s)	−944.7	—	—
BaCO$_3$(s)	−1216	−1138	112
BaSO$_4$(s)	−1473	−1362	132
Br$_2$(l)	0	0	152.23
Br$_2$(g)	30.91	3.14	245.35
Ca(s)	0	0	41.2
CaF$_2$(s)	−1220	−1167	68.87
CaCl$_2$(s)	−795.8	−748.1	105
CaO(s)	−635.09	−604.04	39.75
Ca(OH)$_2$(s)	−986.09	−898.56	83.39
CaCO$_3$(s,方解石)	−1206.92	−1128.8	92.88
CaSO$_4$(s,无水石膏)	−1434.1	−1321.9	107
C(石墨)	0	0	5.74
C(金刚石)	1.987	2.900	2.38
CO(g)	−110.53	−137.15	197.56
CO$_2$(g)	−393.51	−394.36	213.64
CO$_2$(aq)	−413.8	−386.0	118
CCl$_4$(l)	−135.4	−65.2	216.4
CH$_3$OH(l)	−238.7	−166.4	127

续表

物　　质	$\Delta_f H_m^\ominus/kJ \cdot mol^{-1}$	$\Delta_f G_m^\ominus/kJ \cdot mol^{-1}$	$S_m^\ominus/J \cdot K^{-1} \cdot mol^{-1}$
$C_2H_5OH(l)$	−277.7	−174.9	161
$HCOOH(l)$	−424.7	−361.4	129.0
$CH_3COOH(l)$	−484.5	−390	160
$CH_3CHO(l)$	−192.3	−128.2	160
$CH_4(g)$	−74.81	−50.75	186.15
$C_2H_2(g)$	226.75	209.20	200.82
$C_2H_4(g)$	52.26	68.12	219.5
$C_2H_6(g)$	−84.68	−32.89	229.5
$C_3H_8(g)$	−103.85	−23.49	269.9
$C_6H_6(g)$	82.93	129.66	269.2
$C_6H_6(l)$	49.03	124.50	172.8
$Cl_2(g)$	0	0	222.96
$HCl(g)$	−92.31	−95.30	186.80
$Co(s)(a,六方)$	0	0	30.04
$Co(OH)_2(s,桃红)$	−539.7	−454.4	79
$Cr(s)$	0	0	23.8
$Cr_2O_3(s)$	−1140	−1058	81.2
$Cu(s)$	0	0	33.15
$Cu_2(s)$	−169	−146	93.14
$CuO(s)$	−157	−130	42.63
$Cu_2S(s)$	−79.5	−86.2	121
$CuS(s)$	−53.1	−53.6	66.5
$CuSO_4(s)$	−771.36	−661.9	109
$CuSO_4 \cdot 5H_2O(s)$	−2279.7	−1880.06	300
$F_2(g)$	0	0	202.7
$Fe(s)$	0	0	27.3
$Fe_2O_3(s,赤铁矿)$	−824.2	−742.2	87.40
$Fe_3O_4(s,磁铁矿)$	−1120.9	−1015.46	146.44
$H_2(g)$	0	0	130.57
$Hg(g)$	61.32	31.85	174.8
$HgO(s,红)$	−90.83	−58.56	70.29
$HgS(s,红)$	−58.2	−50.6	82.4
$HgCl_2(s)$	−224	−179	146
$Hg_2Cl_2(s)$	−265.2	−210.78	192
$I_2(s)$	0	0	116.14
$I_2(g)$	62.438	19.36	260.6
$HI(g)$	25.9	1.30	206.48
$K(s)$	0	0	64.18
$KCl(s)$	−436.75	−409.2	82.59
$KI(s)$	−327.90	−324.89	106.32
$KOH(s)$	−424.76	−379.1	78.87
$KClO_3(s)$	−397.7	−296.3	143
$KMnO_4(s)$	−837.2	−737.6	171.7
$Mg(s)$	0	0	32.68

续表

物　　质	$\Delta_f H_m^\ominus/kJ \cdot mol^{-1}$	$\Delta_f G_m^\ominus/kJ \cdot mol^{-1}$	$S_m^\ominus/J \cdot K^{-1} \cdot mol^{-1}$
$MgCl_2(s)$	−641.32	−591.83	89.62
$MgO(s,方镁石)$	−601.70	−569.44	26.9
$Mg(OH)_2(s)$	−924.54	−833.58	63.18
$MgCO_3(s,菱镁石)$	−1096	−1012	65.7
$MgSO_4(s)$	−1285	−1171	91.6
$Mn(s,a)$	0	0	32.0
$MnO_2(s)$	−520.03	−465.18	53.05
$MnCl_2(s)$	−481.29	−440.53	118.2
$Na(s)$	0	0	51.21
$NaCl(s)$	−411.15	−384.15	72.13
$NaOH(s)$	−425.61	−379.53	64.45
$Na_2CO_3(s)$	−1130.7	−1044.5	135.0
$NaI(s)$	−287.8	−286.1	98.53
$Na_2O_2(s)$	−510.87	−447.69	94.98
$HNO_3(l)$	−174.1	−80.79	155.6
$NH_3(g)$	−46.11	−16.5	192.3
$NH_4Cl(s)$	−314.4	−203.0	94.56
$NH_4NO_3(s)$	−365.6	−184.0	151.1
$(NH_4)_2SO_4(s)$	−901.90	—	187.5
$N_2(g)$	0	0	191.5
$NO(g)$	90.25	86.57	210.65
$NO_2(g)$	33.2	51.30	240.0
$N_2O(g)$	82.05	104.2	219.7
$N_2O_4(g)$	9.16	97.82	304.2
$O_3(g)$	143	163	238.8
$O_2(g)$	0	0	205.03
$H_2O(l)$	−285.84	−237.19	69.94
$H_2O(g)$	−241.82	−228.59	188.72
$H_2O_2(l)$	−187.8	−120.4	—
$H_2O_2(aq)$	−191.2	−134.1	144
$P(s,白)$	0	0	41.09
$P(红)(s,三斜)$	−17.6	−12.1	22.8
$PCl_3(g)$	−287	−268.0	311.7
$PCl_5(s)$	−443.5	—	—
$Pb(s)$	0	0	64.81
$PbO(s,黄)$	−215.33	−187.90	68.70
$PbO_2(s)$	−277.40	−217.36	68.62
$H_2S(g)$	−20.6	−33.6	205.7
$H_2S(aq)$	−40	−27.9	121
$H_2SO_4(l)$	−813.99	−690.10	156.90
$SO_2(g)$	−296.83	−300.19	248.1
$SO_3(g)$	−395.7	−371.1	256.6
$Si(s)$	0	0	18.8
$SiO_2(s,石英)$	−910.94	−856.67	41.84

续表

物 质	$\Delta_f H_m^\ominus / kJ \cdot mol^{-1}$	$\Delta_f G_m^\ominus / kJ \cdot mol^{-1}$	$S_m^\ominus / J \cdot K^{-1} \cdot mol^{-1}$
$SiF_4(g)$	−1614.9	−1572.7	282.4
$Sn(s,白)$	0	0	51.55
$Sn(s,灰)$	−2.1	0.13	44.14
$SnCl_2(s)$	−325	—	—
$SnCl_4(s)$	−511.3	−440.2	259
$Zn(s)$	0	0	41.6
$ZnO(s)$	−348.3	−318.3	43.64
$ZnCl_2(aq)$	−488.19	−409.5	0.8
$ZnS(s,闪锌矿)$	−206.0	−201.3	57.7
$HBr(g)$	−36.40	−53.43	198.70

注：摘自 Robert C. Weast，CRC Handbook Chemistry and Physics，69ed.，1988～1989，D50～93，D96～97，已换算成 SI 单位。

附录Ⅱ 弱酸、弱碱的解离平衡常数 $K^\ominus$

弱电解质	$t/℃$	解离常数	弱电解质	$t/℃$	解离常数
H_3AsO_4	18	$K_1^\ominus = 5.62 \times 10^{-3}$	H_2S	18	$K_1^\ominus = 9.1 \times 10^{-8}$
	18	$K_2^\ominus = 1.7 \times 10^{-7}$		18	$K_2^\ominus = 1.1 \times 10^{-12}$
	18	$K_3^\ominus = 3.95 \times 10^{-12}$	HSO_4^-	25	1.2×10^{-2}
H_3BO_3	20	7.3×10^{-10}	H_2SO_3	18	$K_1^\ominus = 1.54 \times 10^{-2}$
$HBrO$	25	2.06×10^{-9}		18	$K_2^\ominus = 1.02 \times 10^{-7}$
H_2CO_3	25	$K_1^\ominus = 4.30 \times 10^{-7}$	H_2SiO_3	30	$K_1^\ominus = 2.2 \times 10^{-10}$
	25	$K_2^\ominus = 5.61 \times 10^{-11}$		30	$K_2^\ominus = 2 \times 10^{-12}$
$H_2C_2O_4$	25	$K_1^\ominus = 5.90 \times 10^{-2}$	$HCOOH$	25	1.77×10^{-4}
	25	$K_2^\ominus = 6.40 \times 10^{-5}$	CH_3COOH	25	1.76×10^{-5}
HCN	25	4.93×10^{-10}	$CH_2ClCOOH$	25	1.4×10^{-3}
$HClO$	18	2.95×10^{-5}	$CHCl_2COOH$	25	3.32×10^{-2}
H_2CrO_4	25	$K_1^\ominus = 1.8 \times 10^{-1}$	$H_3C_6H_5O_7$	20	$K_1^\ominus = 7.1 \times 10^{-4}$
	25	$K_2^\ominus = 3.20 \times 10^{-7}$	（柠檬酸）	20	$K_2^\ominus = 1.68 \times 10^{-5}$
HF	25	3.53×10^{-4}		20	$K_3^\ominus = 4.1 \times 10^{-7}$
HIO_3	25	1.69×10^{-1}	$NH_3 \cdot H_2O$	25	1.77×10^{-5}
HIO	25	2.3×10^{-11}	$AgOH$	25	1×10^{-2}
HNO_2	12.5	4.6×10^{-4}	$Al(OH)_3$	25	$K_1^\ominus = 5 \times 10^{-9}$
NH_4^+	25	5.64×10^{-10}		25	$K_2^\ominus = 2 \times 10^{-10}$
H_2O_2	25	2.4×10^{-12}	$Be(OH)_2$	25	$K_1^\ominus = 1.78 \times 10^{-6}$
H_3PO_4	25	$K_1^\ominus = 7.52 \times 10^{-3}$		25	$K_2^\ominus = 2.5 \times 10^{-9}$
	25	$K_2^\ominus = 6.23 \times 10^{-8}$	$Ca(OH)_2$	25	$K_2^\ominus = 6 \times 10^{-2}$
	25	$K_3^\ominus = 2.2 \times 10^{-13}$	$Zn(OH)_2$	25	$K_1^\ominus = 8 \times 10^{-7}$

注：摘自 Robert C. Weast，CRC Handbook Chemistry and Physics，69ed.，1988～1989，D159～164。

附录Ⅲ 常见难溶电解质的溶度积 $K_{sp}^{\ominus}$(298.15K)

难溶电解质	$K_{sp}^{\ominus}$	难溶电解质	$K_{sp}^{\ominus}$
AgCl	1.77×10^{-10}	$Fe(OH)_2$	4.87×10^{-17}
AgBr	5.35×10^{-13}	$Fe(OH)_3$	2.64×10^{-39}
AgI	8.51×10^{-17}	FeS	1.59×10^{-19}
Ag_2CO_3	8.45×10^{-12}	Hg_2Cl_2	1.45×10^{-18}
Ag_2CrO_4	1.12×10^{-12}	HgS(黑)	6.44×10^{-53}
Ag_2SO_4	1.20×10^{-5}	$MgNH_4PO_4$	2.5×10^{-13}
$Ag_2S(\alpha)$	6.69×10^{-50}	$MgCO_3$	6.82×10^{-6}
$Ag_2S(\beta)$	1.09×10^{-49}	$Mg(OH)_2$	5.61×10^{-12}
$Al(OH)_3$	2×10^{-33}	$Mn(OH)_2$	2.06×10^{-13}
$BaCO_3$	2.58×10^{-9}	MnS	4.65×10^{-14}
$BaSO_4$	1.07×10^{-10}	$Ni(OH)_2$	5.47×10^{-16}
$BaCrO_4$	1.17×10^{-10}	NiS	1.07×10^{-21}
$CaCO_3$	4.96×10^{-9}	$PbCl_2$	1.17×10^{-5}
$CaC_2O_4 \cdot H_2O$	2.34×10^{-9}	$PbCO_3$	1.46×10^{-13}
CaF_2	1.46×10^{-10}	$PbCrO_4$	1.77×10^{-14}
$Ca_3(PO_4)_2$	2.07×10^{-33}	PbF_2	7.12×10^{-7}
$CaSO_4$	7.10×10^{-5}	$PbSO_4$	1.82×10^{-8}
$Cd(OH)_2$	5.27×10^{-15}	PbS	9.04×10^{-29}
CdS	1.40×10^{-29}	PbI_2	8.49×10^{-9}
$Co(OH)_2$(桃红)	1.09×10^{-15}	$Pb(OH)_2$	1.42×10^{-20}
$Co(OH)_2$(蓝)	5.92×10^{-15}	$SrCO_3$	5.60×10^{-10}
$CoS(\alpha)$	4.0×10^{-21}	$SrSO_4$	3.44×10^{-7}
$CoS(\beta)$	2.0×10^{-25}	$Sn(OH)_2$	5.45×10^{-27}
$Cr(OH)_3$	7.0×10^{-31}	$ZnCO_3$	1.19×10^{-10}
CuI	1.27×10^{-12}	$Zn(OH)(\gamma)$	6.68×10^{-17}
CuS	1.27×10^{-36}	ZnS	2.93×10^{-25}

注:摘自 Robert C. West, CRC Handbook Chemistry and Physics, 69ed., 1988~1989, B207~208。

附录Ⅳ 常用的缓冲溶液

pH 值	配制方法
0	1 mol·L^{-1} HCl①
1	0.1 mol·L^{-1} HCl
2	0.01 mol·L^{-1} HCl
3.6	NaAc·$3H_2O$ 8g,溶于适量水中,加 6mol·L^{-1} HAc 134mL,稀释至 500mL
4.0	NaAc·$3H_2O$ 20g,溶于适量水中,加 6mol·L^{-1} HAc 134mL,稀释至 500mL
4.5	NaAc·$3H_2O$ 32g,溶于适量水中,加 6mol·L^{-1} HAc 68mL,稀释至 500mL
5.0	NaAc·$3H_2O$ 50g,溶于适量水中,加 6mol·L^{-1} HAc 34mL,稀释至 500mL

续表

pH 值	配 制 方 法
5.7	NaAc·3H₂O 100g,溶于适量水中,加 6mol·L⁻¹HAc 13mL,稀释至 500mL
7	NH₄Ac 77g,用水溶解后,稀释至 500mL
7.5	NH₄Cl 60g,溶于适量水中,加 15mol·L⁻¹氨水 1.4mL,稀释至 500mL
8.0	NH₄Cl 50g,溶于适量水中,加 15mol·L⁻¹氨水 3.5mL,稀释至 500mL
8.5	NH₄Cl 40g,溶于适量水中,加 15mol·L⁻¹氨水 8.8mL,稀释至 500mL
9.0	NH₄Cl 35g,溶于适量水中,加 15mol·L⁻¹氨水 24mL,稀释至 500mL
9.5	NH₄Cl 30g,溶于适量水中,加 15mol·L⁻¹氨水 65mL,稀释至 500mL
10.0	NH₄Cl 27g,溶于适量水中,加 15mol·L⁻¹氨水 197mL,稀释至 500mL
10.5	NH₄Cl 9g,溶于适量水中,加 15mol·L⁻¹氨水 175mL,稀释至 500mL
11	NH₄Cl 3g,溶于适量水中,加 15mol·L⁻¹氨水 207mL,稀释至 500mL
12	0.01 mol·L⁻¹NaOH②
13	0.1mol·L⁻¹NaOH

① Cl^- 对测定有妨碍时,可用 HNO_3。
② Na^+ 对测定有妨碍时,可用 KOH。

附录 Ⅴ 常见配离子的稳定常数 $K_f^{\ominus}$(298.15K)

配 离 子	$K_f^{\ominus}$	配 离 子	$K_f^{\ominus}$
$Ag(CN)_2^-$	1.3×10^{21}	$Fe(CN)_6^{4-}$	1.0×10^{36}
$Ag(NH_3)_2^+$	1.1×10^7	$Fe(CN)_6^{3-}$	1.0×10^{42}
$Ag(SCN)_2^-$	3.7×10^7	$Fe(C_2O_4)_3^{3-}$	2×10^{20}
$Ag(S_2O_3)_2^{3-}$	2.9×10^{13}	$Fe(NCS)^{2+}$	2.2×10^3
$Al(C_2O_4)_3^{3-}$	2.0×10^{16}	FeF_3	1.13×10^{12}
AlF_6^{3-}	6.9×10^{19}	$HgCl_4^{2-}$	1.2×10^{15}
$Cd(CN)_4^{2-}$	6.0×10^{18}	$Hg(CN)_4^{2-}$	2.5×10^{41}
$CdCl_4^{2-}$	6.3×10^2	HgI_4^{2-}	6.8×10^{29}
$Cd(NH_3)_4^{2+}$	1.3×10^7	$Hg(NH_3)_4^{2+}$	1.9×10^{19}
$Cd(SCN)_4^{2-}$	4.0×10^3	$Ni(CN)_4^{2-}$	2.0×10^{31}
$Co(NH_3)_6^{2+}$	1.3×10^5	$Ni(NH_3)_4^{2+}$	9.1×10^7
$Co(NH_3)_6^{3+}$	2×10^{35}	$Pb(CH_3COO)_4^{2-}$	3×10^8
$Co(NCS)_4^{2-}$	1.0×10^3	$Pb(CN)_4^{2-}$	1.0×10^{11}
$Cu(CN)_2^-$	1.0×10^{24}	$Zn(CN)_4^{2-}$	5×10^{16}
$Cu(CN)_4^{3-}$	2.0×10^{30}	$Zn(C_2O_4)_2^{2-}$	4.0×10^7
$Cu(NH_3)_2^+$	7.2×10^{10}	$Zn(OH)_4^{2-}$	4.6×10^{17}
$Cu(NH_3)_4^{2+}$	2.1×10^{13}	$Zn(NH_3)_4^{2+}$	2.9×10^9
$FeCl_3$	98		

注:摘自 Lange's Handbook of Chemistry, 13ed., 1985, (5): 71~91。

附录 Ⅵ 标准电极电势(298.15K)

一、在酸性溶液中

电极反应	$\varphi^{\ominus}/V$	电极反应	$\varphi^{\ominus}/V$
$Li^+ + e^- \rightleftharpoons Li$	-3.0401	$Cu^+ + e^- \rightleftharpoons Cu$	0.521
$Rb^+ + e^- \rightleftharpoons Rb$	-2.98	$I_2 + 2e^- \rightleftharpoons 2I^-$	0.5355
$K^+ + e^- \rightleftharpoons K$	-2.931	$I_3^- + 2e^- \rightleftharpoons 3I^-$	0.536
$Cs^+ + e^- \rightleftharpoons Cs$	-2.92	$H_3AsO_4 + H^+ + 2e^- \rightleftharpoons HAsO_2 + 2H_2O$	0.560
$Ba^{2+} + 2e^- \rightleftharpoons Ba$	-2.912	$AgAc + e^- \rightleftharpoons Ag + Ac^-$	0.643
$Sr^{2+} + 2e^- \rightleftharpoons Sr$	-2.89	$Ag_2SO_4 + 2e^- \rightleftharpoons 2Ag + SO_4$	0.654
$Ca^{2+} + 2e^- \rightleftharpoons Ca$	-2.868	$O_2 + 2H^+ + 2e^- \rightleftharpoons H_2O_2$	0.682
$Na^+ + e^- \rightleftharpoons Na$	-2.71	$Fe^{3+} + e^- \rightleftharpoons Fe^{2+}$	0.771
$La^{3+} + 3e^- \rightleftharpoons La$	-2.522	$Hg_2^{2+} + 2e^- \rightleftharpoons 2Hg$	0.7973
$Ce^{3+} + 3e^- \rightleftharpoons Ce$	-2.483	$Ag^+ + e^- \rightleftharpoons Ag$	0.7996
$Mg^{2+} + 2e^- \rightleftharpoons Mg$	-2.372	$Hg^{2+} + 2e^- \rightleftharpoons Hg$	0.851
$Y^{3+} + 3e^- \rightleftharpoons Y$	-2.372	$2Hg^{2+} + 2e^- \rightleftharpoons Hg_2^{2+}$	0.920
$AlF_6^{3-} + 3e^- \rightleftharpoons Al + 6F^-$	-2.069	$NO_3^- + 3H^+ + 2e^- \rightleftharpoons HNO_2 + H_2O$	0.934
$Be^{2+} + 2e^- \rightleftharpoons Be$	-1.847	$NO_3^- + 4H^+ + 3e^- \rightleftharpoons NO + 2H_2O$	0.957
$Al^{3+} + 3e^- \rightleftharpoons Al$	-1.662	$HNO_2 + H^+ + e^- \rightleftharpoons NO + H_2O$	0.983
$SiF_6^{2-} + 4e^- \rightleftharpoons Si + 6F^-$	-1.24	$Br_2(l) + 2e^- \rightleftharpoons 2Br^-$	1.066
$Mn^{2+} + 2e^- \rightleftharpoons Mn$	-1.185	$IO_3^- + 6H^+ + 6e^- \rightleftharpoons I^- + 3H_2O$	1.085
$Cr^{2+} + 2e^- \rightleftharpoons Cr$	-0.913	$Cu^{2+} + 2CN^- + e^- \rightleftharpoons Cu(CN)_2^-$	1.103
$H_3BO_3 + 3H^+ + 3e^- \rightleftharpoons B + 3H_2O$	-0.8698	$ClO_4^- + 2H^+ + 2e^- \rightleftharpoons ClO_3^- + H_2O$	1.189
$Zn^{2+} + 2e^- \rightleftharpoons Zn(Hg)$	-0.7628	$2IO_3^- + 12H^+ + 10e^- \rightleftharpoons I_2 + 6H_2O$	1.195
$Zn^{2+} + 2e^- \rightleftharpoons Zn$	-0.7618	$ClO_3^- + 3H^+ + 2e^- \rightleftharpoons HClO_2 + H_2O$	1.214
$Cr^{3+} + 3e^- \rightleftharpoons Cr$	-0.744	$MnO_2 + 4H^+ + 2e^- \rightleftharpoons Mn^{2+} + 2H_2O$	1.224
$Fe^{2+} + 2e^- \rightleftharpoons Fe$	-0.447	$O_2 + 4H^+ + 4e^- \rightleftharpoons 2H_2O$	1.229
$Cd^{2+} + 2e^- \rightleftharpoons Cd$	-0.4030	$Cr_2O_7^{2-} + 14H^+ + 6e^- \rightleftharpoons 2Cr^{3+} + 7H_2O$	1.232
$PbSO_4 + 2e^- \rightleftharpoons Pb + SO_4^{2-}$	-0.3588	$Cl_2 + 2e^- \rightleftharpoons 2Cl^-$	1.35827
$Co^{2+} + 2e^- \rightleftharpoons Co$	-0.28	$ClO_4^- + 8H^+ + 8e^- \rightleftharpoons Cl^- + 4H_2O$	1.389
$Ni^{2+} + 2e^- \rightleftharpoons Ni$	-0.257	$2ClO_4^- + 16H^+ + 14e^- \rightleftharpoons Cl_2 + 8H_2O$	1.39
$Mo^{3+} + 3e^- \rightleftharpoons Mo$	-0.200	$BrO_3^- + 6H^+ + 6e^- \rightleftharpoons Br^- + 3H_2O$	1.423
$AgI + e^- \rightleftharpoons Ag + I^-$	-0.15224	$ClO_3^- + 6H^+ + 6e^- \rightleftharpoons Cl^- + 3H_2O$	1.451
$Sn^{2+} + 2e^- \rightleftharpoons Sn$	-0.1375	$Pb + 4H^+ + 2e^- \rightleftharpoons Pb^{2+} + 2H_2O$	1.455
$Pb^{2+} + 2e^- \rightleftharpoons Pb$	-0.1262	$2ClO_3^- + 12H^+ + 10e^- \rightleftharpoons Cl_2 + 6H_2O$	1.47
$Fe^{3+} + 3e^- \rightleftharpoons Fe$	-0.037	$2BrO_3^- + 12H^+ + 10e^- \rightleftharpoons Br_2 + 6H_2O$	1.482
$2H^+ + 2e^- \rightleftharpoons H_2$	0	$HClO + H^+ + 2e^- \rightleftharpoons Cl^- + H_2O$	1.482
$AgBr + e^- \rightleftharpoons Ag + Br^-$	0.07133	$MnO_4^- + 8H^+ + 5e^- \rightleftharpoons Mn^{2+} + 4H_2O$	1.507
$S_4O_6^{2-} + 2e^- \rightleftharpoons 2S_2O_3^{2-}$	0.08	$Mn^{3+} + e^- \rightleftharpoons Mn^{2+}$	1.5415
$S + 2H^+ + 2e^- \rightleftharpoons H_2S(aq)$	0.142	$HClO_2 + 3H^+ + 4e^- \rightleftharpoons Cl^- + 2H_2O$	1.570
$Sn^{4+} + 2e^- \rightleftharpoons Sn^{2+}$	0.151	$Ce^{4+} + e^- \rightleftharpoons Ce^{3+}$	1.61
$Cu^{2+} + e^- \rightleftharpoons Cu^+$	0.153	$2HClO_2 + 6H^+ + 6e^- \rightleftharpoons Cl_2 + 4H_2O$	1.628
$SO_4^{2-} + 4H^+ + 2e^- \rightleftharpoons H_2SO_3 + H_2O$	0.172	$HClO_2 + 2H^+ + 2e^- \rightleftharpoons HClO + H_2O$	1.645
$AgCl + e^- \rightleftharpoons Ag + Cl^-$	0.22233	$MnO_4^- + 4H^+ + 3e^- \rightleftharpoons MnO_2 + 2H_2O$	1.679
$Hg_2Cl_2 + 2e^- \rightleftharpoons 2Hg + 2Cl^-$	0.26808	$PbO_2 + SO_4^{2-} + 4H^+ + 2e^- \rightleftharpoons PbSO_4 + 2H_2O$	1.6913
$Cu^{2+} + 2e^- \rightleftharpoons Cu$	0.3419	$Au^+ + e^- \rightleftharpoons Au$	1.692
$Cu^{2+} + 2e^- \rightleftharpoons Cu(Hg)$	0.345	$H_2O_2 + 2H^+ + 2e^- \rightleftharpoons 2H_2O$	1.776
$Fe(CN)_6^{3-} + e^- \rightleftharpoons Fe(CN)_6^{4-}$	0.358	$Co^{3+} + 2e^- \rightleftharpoons Co^{2+}$ $(2mol \cdot L^{-1} H_2SO_4)$	1.83
$Ag_2CrO_4 + 2e^- \rightleftharpoons 2Ag + CrO_4^{2-}$	0.4470	$S_2O_8^{2-} + 2e^- \rightleftharpoons 2SO_4^{2-}$	2.010
$H_2SO_3 + 4H^+ + 4e^- \rightleftharpoons S + 3H_2O$	0.449	$F_2 + 2e^- \rightleftharpoons 2F^-$	2.866
$Ag_2C_2O_4 + 2e^- \rightleftharpoons 2Ag + C_2O_4^{2-}$	0.4647	$F_2 + 2H^+ + 2e^- \rightleftharpoons 2HF$	3.053

二、在碱性溶液中

电 极 反 应	$\varphi^{\ominus}/V$	电 极 反 应	$\varphi^{\ominus}/V$
$Ca(OH)_2 + 2e^- \rightleftharpoons Ca + 2OH^-$	-3.02	$AgCN + e^- \rightleftharpoons Ag + CN^-$	-0.017
$Ba(OH)_2 + 2e^- \rightleftharpoons Ba + 2OH^-$	-2.99	$NO_3^- + H_2O + 2e^- \rightleftharpoons NO_2^- + 2OH^-$	0.01
$Mg(OH)_2 + 2e^- \rightleftharpoons Mg + 2OH^-$	-2.690	$HgO + H_2O + 2e^- \rightleftharpoons Hg + 2OH^-$	0.0977
$Mn(OH)_2 + 2e^- \rightleftharpoons Mn + 2OH^-$	-1.56	$Co(NH_3)_6^{3+} + e^- \rightleftharpoons Co(NH_3)_6^{2+}$	0.108
$Cr(OH)_3 + 3e^- \rightleftharpoons Cr + 3OH^-$	-1.48	$Hg_2O + H_2O + 2e^- \rightleftharpoons 2Hg + 2OH^-$	0.123
$ZnO_2^{2-} + 2H_2O + 2e^- \rightleftharpoons Zn + 4OH^-$	-1.215	$Mn(OH)_3 + e^- \rightleftharpoons Mn(OH)_2 + OH^-$	0.15
$SO_4^{2-} + H_2O + 2e^- \rightleftharpoons SO_3^{2-} + 2OH^-$	-0.93	$Co(OH)_3 + e^- \rightleftharpoons Co(OH)_2 + OH^-$	0.17
$P + 3H_2O + 3e^- \rightleftharpoons PH_3 + 3OH^-$	-0.87	$PbO_2 + H_2O + 2e^- \rightleftharpoons PbO + 2OH^-$	0.247
$2H_2O + 2e^- \rightleftharpoons H_2 + 2OH^-$	-0.8277	$IO_3^- + 3H_2O + 6e^- \rightleftharpoons I^- + 6OH^-$	0.26
$AsO_4^{3-} + 2H_2O + 2e^- \rightleftharpoons AsO_2^- + 4OH^-$	-0.71	$Ag_2O + H_2O + 2e^- \rightleftharpoons 2Ag + 2OH^-$	0.342
$Ag_2S + 2e^- \rightleftharpoons 2Ag + S^{2-}$	-0.691	$O_2 + 2H_2O + 4e^- \rightleftharpoons 4OH^-$	0.401
$Fe(OH)_3 + e^- \rightleftharpoons Fe(OH)_2 + OH^-$	-0.56	$MnO_4^- + e^- \rightleftharpoons MnO_4^{2-}$	0.558
$HPbO_2^- + H_2O + 2e^- \rightleftharpoons Pb + 3OH^-$	-0.537	$MnO_4^- + 2H_2O + 3e^- \rightleftharpoons MnO_2 + 4OH^-$	0.595
$S + 2e^- \rightleftharpoons S^{2-}$	-0.47627	$BrO_3^- + 3H_2O + 6e^- \rightleftharpoons Br^- + 6OH^-$	0.61
$Cu_2O + H_2O + 2e^- \rightleftharpoons 2Cu + 2OH^-$	-0.360	$ClO_3^- + 3H_2O + 6e^- \rightleftharpoons Cl^- + 6OH^-$	0.62
$Cu(OH)_2 + 2e^- \rightleftharpoons Cu + 2OH^-$	-0.222	$ClO^- + H_2O + 2e^- \rightleftharpoons Cl^- + 2OH$	0.841
$O_2 + 2H_2O + 2e^- \rightleftharpoons H_2O_2 + 2OH^-$	-0.146	$O_3 + H_2O + 2e^- \rightleftharpoons O_2 + 2OH^-$	1.24
$CrO_4^{2-} + 4H_2O + 3e^- \rightleftharpoons Cr(OH)_3 + 5OH^-$	-0.13		

注：数据摘自 R. C. Weast, Handbook of Chemistry and Physics 66th Edition, 1985~1986。

附录 Ⅶ 一些氧化还原电对的条件电极电势 φ' (298.15K)

电 极 反 应	φ'/V	介 质
$Ag^{2+} + e^- \rightleftharpoons Ag^+$	2.00	$4mol \cdot L^{-1} HClO_4$
	1.93	$3mol \cdot L^{-1} HNO_3$
$Ce(Ⅳ) + e^- \rightleftharpoons Ce(Ⅲ)$	1.74	$1mol \cdot L^{-1} HClO_4$
	1.45	$0.5mol \cdot L^{-1} H_2SO_4$
	1.28	$1mol \cdot L^{-1} HCl$
	1.60	$1mol \cdot L^{-1} HNO_3$
$Co(Ⅲ) + e^- \rightleftharpoons Co(Ⅱ)$	1.95	$4mol \cdot L^{-1} HClO_4$
	1.86	$1mol \cdot L^{-1} HNO_3$
$Cr_2O_7^{2-} + 14H^+ + 6e^- \rightleftharpoons 2Cr^{3+} + 7H_2O$	1.03	$1mol \cdot L^{-1} HClO_4$
	1.15	$4mol \cdot L^{-1} H_2SO_4$
	1.00	$1mol \cdot L^{-1} HCl$
$Fe(Ⅲ) + e^- \rightleftharpoons Fe(Ⅱ)$	0.75	$1mol \cdot L^{-1} HClO_4$
	0.70	$1mol \cdot L^{-1} HCl$
	0.68	$1mol \cdot L^{-1} H_2SO_4$
	0.51	$1mol \cdot L^{-1} HCl - 0.25mol \cdot L^{-1} H_3PO_4$

续表

电 极 反 应	φ'/V	介 质
$Fe(CN)_6^{3-} + e^- \rightleftharpoons Fe(CN)_6^{4-}$	0.56	$0.1 mol \cdot L^{-1} HCl$
	0.72	$1 mol \cdot L^{-1} HClO_4$
$I_3^- + 2e^- \rightleftharpoons 3I^-$	0.545	$0.5 mol \cdot L^{-1} H_2SO_4$
$Sn(IV) + 2e^- \rightleftharpoons Sn(II)$	0.14	$1 mol \cdot L^{-1} HCl$
$Sb(V) + 2e^- \rightleftharpoons Sb(III)$	0.75	$3.5 mol \cdot L^{-1} HCl$
$SbO_3^- + H_2O + 2e^- \rightleftharpoons SbO_2^- + 2OH^-$	-0.43	$3 mol \cdot L^{-1} KOH$
$Ti(IV) + e^- \rightleftharpoons Ti(III)$	-0.01	$0.2 mol \cdot L^{-1} H_2SO_4$
	0.15	$5 mol \cdot L^{-1} H_2SO_4$
	0.10	$3 mol \cdot L^{-1} HCl$
$V(V) + e^- \rightleftharpoons V(IV)$	0.94	$1 mol \cdot L^{-1} H_3PO_4$
$U(VI) + 2e^- \rightleftharpoons U(IV)$	0.35	$1 mol \cdot L^{-1} HCl$

附录Ⅷ 一些化合物的相对分子质量

化 合 物	相对分子质量	化 合 物	相对分子质量
AgBr	187.78	C_6H_5COOH	122.12
AgCl	143.32	C_6H_5COONa	144.10
AgCN	133.84	$C_6H_4COOHCOOK$(苯二甲酸氢钾)	204.23
Ag_2CrO_4	331.73	CH_3COONa	82.03
AgI	234.77	C_6H_5OH	94.11
$AgNO_3$	169.87	$(C_9H_7N)_3H_3(PO_4 \cdot 12MoO_3)$(磷钼酸喹啉)	2212.74
AgSCN	169.95	$COOHCH_2COOH$	104.06
Al_2O_3	101.96	$COOHCH_2COCNa$	126.04
$Al_2(SO_4)_3$	342.15	CCl_4	153.81
As_2O_3	197.84	CO_2	44.01
As_2O_5	229.84	Cr_2O_3	151.99
$BaCO_3$	197.34	$Cu(C_2H_3O_2)_2 \cdot 3Cu(AsO_2)_2$	1013.80
BaC_2O_4	225.35	CuO	79.54
$BaCl_2$	208.24	Cu_2O	143.09
$BaCl_2 \cdot 2H_2O$	244.27	CuSCN	121.63
$BaCrO_4$	253.32	$CuSO_4$	159.61
BaO	153.33	$CuSO_4 \cdot 5H_2O$	249.69
$Ba(OH)_2$	171.35	$FeCl_3$	162.21
$BaSO_4$	233.39	$FeCl_3 \cdot 6H_2O$	270.30
$CaCO_3$	100.09	FeO	71.85
CaC_2O_4	128.10	Fe_2O_3	159.69
$CaCl_2$	110.99	Fe_3O_4	231.54
$CaCl_2 \cdot H_2O$	129.00	$FeSO_4 \cdot H_2O$	169.93
CaF_2	78.08	$FeSO_4 \cdot 7H_2O$	278.02
$Ca(NO_3)_2$	164.09	$Fe_2(SO_4)_2$	399.89
CaO	56.08	$FeSO_4 \cdot (NH_4)_2SO_4 \cdot 6H_2O$	392.14
$Ca(OH)_2$	74.09	H_3BO_3	61.83
$CaSO_4$	136.14	HBr	80.91
$Ca_3(PO_4)_2$	310.18	$C_4H_6O_6$(酒石酸)	150.09
$Ce(SO_4)_2$	332.24	HCN	27.03
$Ce(SO_4)_2 \cdot 2(NH_4)_2SO_4 \cdot 2H_2O$	632.54	H_2CO_3	62.03
CH_3COOH	60.05	$H_2C_2O_4$	90.04
CH_3OH	32.04	$H_2C_2O_4 \cdot 2H_2O$	126.07
CH_3COCH_3	58.08	HCOOH	46.03

续表

化 合 物	相对分子质量	化 合 物	相对分子质量
HCl	36.46	NaCl	58.44
$HClO_4$	100.46	NaF	41.99
HF	20.01	$NaHCO_3$	84.01
HI	127.91	NaH_2PO_4	119.98
HNO_2	47.01	Na_2HPO_4	141.96
HNO_3	63.01	$Na_2H_2Y_2 \cdot H_2O$(EDTA 二钠盐)	372.26
H_2O	18.02	NaI	149.89
H_2O_2	34.02	$NaNO_3$	69.00
H_3PO_4	98.00	Na_2O	61.93
H_2S	34.08	NaOH	40.01
H_2SO_3	82.08	Na_3PO_4	163.94
H_2SO_4	98.03	Na_2S	78.05
$HgCl_2$	271.50	$Na_2S \cdot 9H_2O$	240.18
Hg_2Cl_2	472.09	Na_2SO_3	126.04
$KAl(SO_4)_2 \cdot 12H_2O$	474.39	Na_2SO_4	142.04
$KB(C_6H_5)_4$	358.33	$Na_2SO_4 \cdot 10H_2O$	322.20
KBr	119.01	$Na_2S_2O_3$	158.11
$KBrO_3$	167.01	$Na_2S_2O_3 \cdot 5H_2O$	248.19
KCN	65.12	Na_2SiF_6	188.06
K_2CO_3	138.21	NH_3	17.03
KCl	74.56	NH_4Cl	53.49
$KClO_3$	122.55	$(NH_4)_2C_2O_4 \cdot H_2O$	142.11
$KClO_4$	138.55	$NH_3 \cdot H_2O$	35.05
K_2CrO_4	194.20	$NH_4Fe(SO_4)_2 \cdot 12H_2O$	482.20
$K_2Cr_2O_7$	294.19	$(NH_4)_2HPO_4$	132.05
$KHC_2O_4 \cdot H_2C_2O_4 \cdot 2H_2O$	254.19	$(NH_4)_3PO_4 \cdot 12MoO_3$	1876.53
$KHC_2O_4 \cdot H_2O$	146.14	NH_4SCN	76.12
KI	166.01	$(NH_4)_2SO_4$	132.14
KIO_3	214.00	$NiC_8H_{14}O_4N_4$(丁二酮肟酸)	288.91
$KIO_3 \cdot HIO_3$	389.92	P_2O_5	141.95
$KMnO_4$	158.04	$PbCrO_4$	323.18
KNO_2	85.10	PbO	233.19
K_2O	92.20	PbO_2	239.19
KOH	56.11	Pb_3O_4	685.57
KSCN	97.18	$PbSO_4$	303.26
K_2SO_4	174.26	SO_2	64.06
$MgCO_3$	84.32	SO_3	80.06
$MgCl_2$	95.21	Sb_2O_3	291.50
$MgNH_4PO_4$	137.33	Sb_2S_3	399.70
MgO	40.31	SiF_4	104.08
$Mg_2P_2O_7$	222.60	SiO	60.08
MnO	70.94	$SnCO_3$	178.82
MnO_2	86.94	$SnCl_2$	189.60
$Na_2B_4O_7$	201.22	SnO_2	150.71
$Na_2B_4O_7 \cdot 10H_2O$	381.37	TiO_2	79.88
$NaBiO_3$	279.97	WO_3	231.85
NaBr	102.90	$ZnCl_2$	136.30
NaCN	49.01	ZnO	82.39
Na_2CO_3	105.99	$Zn_2P_2O_7$	304.72
$Na_2C_2O_4$	134.00	$ZnSO_4$	161.45

参 考 文 献

[1] 王泽云．基础化学．成都：四川科学技术出版社，1998．
[2] 王泽云，范文秀，娄天军．无机及分析化学．北京：化学工业出版社，2005．
[3] 范文秀，娄天军，侯振雨．无机及分析化学．第二版．北京：化学工业出版社，2012．
[4] 董元彦，王运，张方钰．无机及分析化学．第三版．北京：科学出版社，2011．
[5] 张方钰，王运，董元彦．无机及分析化学学习指导．第二版．北京：科学出版社，2011．
[6] 华东理工大学化学系．四川大学化工学院．北京：高等教育出版社，2003．
[7] 倪静安，商少明，翟滨等．无机及分析化学学习释疑．北京：高等教育出版社，2009．
[8] 钟国清．无机及分析化学学习指导．第二版．北京：科学出版社，2014．
[9] 钟国清．无机及分析化学．北京：科学出版社，2014．
[10] 司文会．无机及分析化学．北京：科学出版社，2009．
[11] 朱灵峰．无机及分析化学．北京：中国农业出版社，2004．
[12] 南京大学《无机及分析化学》编写组．无机及分析化学．第四版．北京：高等教育出版社．2006．
[13] 《化学分离富集方法及应用》编委会．化学分离富集方法及应用．长沙：中南工业大学出版社，2001．
[14] 贾之慎．无机及分析化学．第二版．北京：中国农业大学出版社，2014．
[15] 天津轻工业学院，大连轻工业学院等编著．工业发酵分析．北京：轻工业出版社，1994．
[16] 呼世斌，翟彤宇．无机及分析化学．第三版．北京：高等教育出版社，2010．
[17] 江元汝．化学与健康．北京：科学出版社，2008．
[18] 朱万森．生命中的化学元素．上海：复旦大学出版社，2014．
[19] 韩忠霄，孙乃有．无机及分析化学．第三版．北京：化学工业出版社，2014．
[20] [美] Lucy Pryde Eubanks，[美] Catherine H. Middlecamp 等编著．化学与社会．原著第五版．段连运等译．北京：化学工业出版社，2008．
[21] 朱裕贞．现代基础化学．第二版．北京：化学工业出版社，2004．
[22] 马世昌．基础化学反应．西安：陕西科学技术出版社，2003．
[23] 天津大学无机化学教研室编．无机化学．第四版．北京：高等教育出版社，2010．
[24] 武汉大学主编．分析化学．第五版．北京：高等教育出版社，2006．
[25] 张爱芸．化学与现代生活．郑州：郑州大学出版社，2009．
[26] 韦红梅，邓益凤．趣味课堂化学．北京：化学工业出版社，2009．
[27] 杨金田，谢德明．生活的化学．北京：化学工业出版社，2009．
[28] 涂华民．大自然色彩探秘．北京：化学工业出版社，2015．

元素周期表